中央引导地方科技发展专项"贫杂磷矿高效生产高品质绿色饲料磷酸钙盐产业化技术开发与转化"（202207AC110017）资金支持

氟资源与加工利用

何宾宾　梅　毅　周琼波
姜　威　朱桂华　杨文娟　编著

北　京
冶金工业出版社
2024

内 容 提 要

本书是关于氟资源与加工利用的重要科技专著，系统论述了氟资源概述到后续的加工利用，包括萤石资源、磷矿资源的储量情况、磷矿伴生氟资源的回收利用的原理、技术和无机氟化工产品、有机氟化工产品的生产技术、产品规格和具体应用等。本书立足于国情，跟踪时代，注重发展，着力创新，具有较强的前瞻性、导向性和可读性。

本书主要作为氟化工领域的学术研究和从业人员的参考书，还可作为高等院校氟化工专业博士和硕士研究生的参考书。

图书在版编目(CIP)数据

氟资源与加工利用/何宾宾等编著. —北京：冶金工业出版社，2024.2
ISBN 978-7-5024-9822-1

Ⅰ．①氟… Ⅱ．①何… Ⅲ．①氟—化学工业—资源开发 ②氟—化学工业—资源利用 Ⅳ．①TQ124.3

中国国家版本馆 CIP 数据核字(2024)第 066855 号

氟资源与加工利用

出版发行	冶金工业出版社	电　话	(010)64027926
地　址	北京市东城区嵩祝院北巷 39 号	邮　编	100009
网　址	www.mip1953.com	电子信箱	service@ mip1953.com

责任编辑　赵缘园　刘小峰　美术编辑　彭子赫　版式设计　郑小利
责任校对　梁江凤　责任印制　禹　蕊
北京捷迅佳彩印刷有限公司印刷
2024 年 2 月第 1 版，2024 年 2 月第 1 次印刷
710mm×1000mm　1/16；20 印张；389 千字；308 页
定价 199.00 元

投稿电话　(010)64027932　投稿信箱　tougao@cnmip.com.cn
营销中心电话　(010)64044283
冶金工业出版社天猫旗舰店　yjgycbs.tmall.com
(本书如有印装质量问题，本社营销中心负责退换)

前　　言

　　氟化学工业是现代化学工业的重要组成部分，是国民经济发展的重要基础，是发展高新技术的重要支撑。我国氟化工产业发展迅速，产品品种众多，国际市场竞争力不断增强，氢氟酸、氟硅酸、无机及有机氟化工产品等产能和产量位居世界第一。

　　氟主要赋存于萤石与磷矿中，如何实现氟资源的高效利用与加工，是氟、磷化工工作者和广大读者关心的重点热点问题。进入 21 世纪，我国氟资源与化工行业在技术方面产生了众多科研成果，积累了丰富的生产经验。总结这些成果和经验，既可以促进氟、磷化工产业节能减排，也有助于氟、磷化工科技成果的转化，推动我国氟、磷化工产业的绿色低碳发展。

　　本书以氟为主线，重点论述了萤石、磷矿石中氟资源禀赋现状以及无机氟化物和有机氟化物产品概述、生产工艺等。在内容上力求取材新颖，与时俱进，紧扣国内外氟产业开发利用的新发展、新趋势和新特点，展现最新技术。本书既描述了已有成熟的产业化技术，也介绍了一些正在探索中的发展理念和有发展前途的新型技术，以启迪人们的创新思维。本书具有明确的产业导向，提出了以创新思维构建经济绿色氟化工发展产业链，建立资源节约型、技术创新型和环境友好型的氟化工产业。

　　国家磷资源开发利用工程技术研究中心与昆明理工大学相关专家组成编写组，全面整理了国内外开展的氟产业科研和技术创新工作，共同编写了本书。

　　本书共分 9 章。第 1 章氟的性质与用途，由姜威高级工程师和杨文娟工程师撰写，简要介绍氟的发现、性质及用途。第 2 章萤石资源概述，由龚丽工程师和张儒学博士生撰写，从萤石的成因、特点出发，介绍了萤石资源现状、市场需求与富集技术。第 3 章萤石硫酸法生产氢氟酸技术，由杨文娟工程师和牛司江高级工程师撰写，该章从萤石硫酸法生产氢氟酸原理出发，详细描述了目前两种成熟的产业化工艺，并对正在开发的新工艺进行阐述。第4章磷矿资源概述，由傅英工程师和何宾宾正高级工程师撰写，全面总结了世界与中国磷矿矿床、浮选技术与基础磷化工加工技术。第5章磷矿伴生氟资源的回收，由周琼波高级工程师、何宾宾正高级工程师和傅英工程师撰写，阐述了磷矿加工过程中氟排放的危害及资源的损失，并介绍了氟回收的方法。第6章氟硅酸生产氟化氢技术，由朱桂华高级工程师和杨文娟工程师撰写，分别介绍了氟硅酸直接法、间接法生产氟化氢技术现状与趋势，并对氟化氢市场做了详细分析研究。第7章氟硅酸生产氟化工产品技术，由侯屹东工程师与高智城工程师撰写，详细介绍了氟硅酸生产氟硅酸盐、氟化盐及其他产品工艺路线等。第8章氟化氢生产无机氟化工产品技术，由杨军博士和高智城工程师撰写，从氢氟酸生产碱金属氟化盐、碱土金属氟化盐出发，详细阐述了氢氟酸生产无机氟化盐的技术路线、无机氟化工产品用途等。第9章氟化氢生产有机氟化工产品技术，由涂忠兵博士、杨文娟工程师撰写，详细阐述了氟制冷剂、氟树脂等技术路线，并对部分有机氟化工相关参数进行介绍。全书由梅毅教授与何宾宾正高级工程师统稿、审稿，朱桂华高级工程师和杨文娟工程师参与其中工作。

　　本书的撰写得到了中央引导地方科技发展专项"贫杂磷矿高效生产高品质绿色饲料磷酸钙盐产业化技术开发与转化"的资金支持，也得到了国家磷资源开发利用工程技术研究中心、云南省磷资源技术创新中心、云南省磷化工节能与新材料重点实验室、云南磷化集团有限公司、瓮福云天化有限公司、三环中化有限公司、天安化工有限公司、云天化红磷化工有限公司等单位的支持，其中的许多技术均来自参编单位的技术创新成果，因为篇幅和参编人员的限制，无法将所有人员作一一说明，在此，对所有对本书作出贡献的专家、企业家、学者、博士生、硕士生表示衷心感谢！

　　由于氟资源加工与利用包括的范围极其广泛，许多技术也在不断进步和完善，且鉴于篇幅、时间和编者水平，书中疏漏或不妥之处在所难免，敬请广大读者批评指正。

何宾宾

2023 年 12 月

目　　录

1 氟的性质与用途

氟（Fluorine）是一种非金属化学元素，化学符号为 F，原子序数为 9，卤族元素之一，属周期系ⅦA族，在元素周期表中位于第二周期；氟是自然界中最活泼的非金属元素，没有正氧化态，基态原子价电子层结构为 $2s^2 2p^5$，半径极小，具有强烈的得电子倾向与强氧化性，是已知最强的氧化剂之一；氟是特种塑料、橡胶和冷冻剂（氟氯烷）中的关键元素；最基础的酸性含氟化合物是氟化氢和氟硅酸，为氟化工之母，可生产无机与有机氟化物产品。氟的特殊化学性质使其在化学发展史上有重要的地位。本章将从氟的发现及性质做详细介绍。

1.1 氟 的 发 现

氟元素不是先发现元素物质，后形成元素概念，而是一个从假说到客观存在的验证过程。科学家以实践为基础，运用逻辑思维和直觉思维预见了氟元素的存在，并不断探索、创新研究方法、自制实验仪器，最终证实了氟元素假说，同时也验证了元素周期律，使卤族元素概念走向成熟，使化学元素观得以演进[1]。

在卤族元素的发现史中，氯、溴、碘的发现均是首先在物质世界中发现了新物质，随后在观念世界中被确认为新元素。但氟元素的发现是例外，氟元素在未被分离出单质状态前就预见了它的存在，随后开始了漫长而曲折的发现历程。关于氟元素的发现史，在相关化学史论著中均有不同程度的涉及，也有一些关于氟元素发现史的专门研究[2-4]。从内容看，已有研究成果大都注重与氟元素发现相关史料的解读，但对氟元素发现史所蕴含的科学本质缺乏深入分析[1]。

关于氟化物应用的史料最早出现在德国矿物学家阿格里科拉（George Agricola，1494—1555）的著作中。1529 年，他曾在著作中提到德国的矿工将萤石用作矿物熔剂，以降低熔炼矿石的熔点[3]。在 1556 年的《矿冶全书》（De Re Metallica）① 中描述金属制造（Manufacturing of Metals）时写道："那些石头（萤石）被投入熔炉中竟然流动了，说明它们在火中很容易熔化[4]。" 1670 年，德国纽伦堡的一个著名的玻璃切割家族的成员斯瓦恩哈德（Heinrich Schwanhard）偶然将萤石与硫酸接触，发现产生的蒸气腐蚀了玻璃。于是，他运用这个方法在玻

---

① 1638—1640 年间，德国耶稣会士汤若望（Johann Adam Schallvon Bell，1592—1666 年）将此书中的重要篇章译为中文，名为《坤舆格致》。

璃上刻蚀出美丽的花纹和精巧的图案。他意识到这一技术的商业价值，并保密多年[5]。1768 年，德国化学家马格拉夫（Andreas Sigismund Marggraf，1709—1782 年）研究了萤石的成分，发现它与石膏（主要成分 $CaSO_4$）和重晶石（主要成分 $BaSO_4$）不同，因此判断它们不是同一类硫酸盐[6]。1771 年，瑞典化学家舍勒（Carl Wilhelm Scheele，1742—1786 年）用曲颈瓶加热萤石和硫酸的混合物时，发现容器内壁被腐蚀了，并且在容器底部有白色物质沉淀，他认为硫酸从萤石中释放出一种特殊的酸，这种酸和石灰结合存在于萤石中[5]，他将其称为氢氟酸（Fluorhydric Acid）[6]，并分离出了不纯净的氢氟酸。

可见，氟元素假说的提出不是偶然，而是以一定的实验事实为根据，捕捉到氟元素客观存在的迹象，从而提出氟元素客观存在的本质猜想。从科学方法论角度看，它是科学家们基于一定的实验事实，运用类比、想象等思维方法经过科学抽象而提出的，这是科学研究中极富创造性的阶段[7]。

同时，元素周期表在氟元素的推测过程中发挥了重要作用，尤其是基于元素周期律的科学模型，用于解释已离析出的卤族元素性质规律，也能预言尚未离析出的氟的性质。它是氟元素假说成熟的标志，对科学家在实验中离析该单质有重要的指引作用。

在氟元素假说形成和发展的过程中，各国化学家从 19 世纪初期就开始探索使氟游离出来的方法。1813 年，英国科学家戴维师徒尝试用电化学方法开展氯与氟系列化合物反应的实验[8]。直到 1834 年，戴维的学生法拉第（Michael Faraday，1791—1867 年）继续设法制取单质氟，期望完成戴维没有完成的研究工作。1836 年，爱尔兰皇家科学院科学家乔治·诺克斯（George Knox）和牧师托马斯·诺克斯（Thomas Knox）两兄弟用萤石制成精巧的仪器，在加热的条件下，利用氯气干燥氟化汞[9]；1846 年，比利时化学家鲁耶特（P. Louyet，1818—1850 年）不畏艰险，重复了诺克斯兄弟的实验，为科学献出了自己宝贵的生命[10]。1854—1856 年，弗雷米尝试离析单质氟，还有许多化学家也在尝试着制备氟，他们没有因为氟及其化合物的毒性而退缩，虽然最终没有成功，但是这些实验证据、经验事实，为氟元素假说奠定了基础。

从药房学徒到获得诺贝尔奖的法国化学家莫瓦桑（Henri Moissan，1852—1907 年）最终成功制得游离态氟。莫瓦桑 1852 年出生于巴黎一个贫困的铁路职员家庭里，他小时候总想着去药房工作挣钱，也因此喜欢学习化学[11]。18 岁那年，他中途辍学，到巴黎一家药房当学徒。1872 年，莫瓦桑通过谈话考试成为弗雷米的学生，开始在真正的化学实验室工作[10]，认识了氟，并且了解到氟是使化学家费尽心机的一种元素。他开始对氟产生了兴趣，仔细地研究各种含氟物质性质，后于 1884 年，莫瓦桑开始致力提取氟的研究课题[10]。并在前人研究的基础上，经过艰辛、曲折的努力，对制取氟的实验方法、实验条件、仪器装置等进行了刻苦钻研，1886 年终于"驯氟"成功，并由高等药学院学术委员会推选莫瓦桑就任毒物学教授。20 年后，莫瓦桑因最早用电解方法获取纯氟单质和发明高温反射电炉的特殊贡献，被授予了 1906 年的诺贝尔化学奖[12]。

综上，从科学认识的角度看，氟元素的发现是从假说到客观存在的过程。从拉瓦锡提出"氟酸素"概念到门捷列夫元素周期表中卤族的出现，氟元素假说逐渐成熟。为了验证这一假说，科学家们不畏艰险、前仆后继，最终由莫瓦桑成功地离析出氟气，证明了氟元素的客观存在。从科学方法论的角度看，氟元素的发现史是科学方法的发展史的体现。在氟元素的发现过程中，科学家们在实践的基础上，通过逻辑思维和直觉思维预见了氟元素的存在，并通过不断创新实验方法、控制实验条件等尝试终于成功证实了氟元素假说。从化学思想的角度看，氟元素的发现验证了元素周期律的正确性，使卤族元素概念趋于成熟，这是化学元素观的演进[1]。

总之，氟元素的发现是一个艰险、曲折、漫长且复杂的历史过程，凝聚了许多化学家的心血[8]。

⟨1.2⟩　氟 的 性 质

氟元素的单质是 F_2（氟气），它是一种淡黄色气体，熔点是 $-219.6\ ℃$，沸点是 $-188.1\ ℃$[13]，在液态时具有刺激性的类似氯气和臭氧混合气体的气味[14]，即使在很低的浓度（如 $10\ \mu L/L$）也能察觉得到。氟由于原子小而挤下了 9 个互相排斥的电子，所以它是单质非金属元素中活性最强的（3.98 鲍林标度），也是最强的单质氧化剂、氟化剂，且有极强的腐蚀性、剧毒，也是卤族中腐蚀性和毒性最强的元素[15]。

氟在自然界中以纯 ^{19}F 同位素形式存在，化合状态氟占地壳组成的 0.078%，较氯和溴含量丰富（氯占 0.031%，溴占 6×10^{-4}%）。在少数的矿物中可以发现游离氟的存在，例如，Wolsenberg（德国奥伯法兹）发现了一种紫蓝色的萤石，将它粉碎时可以察觉到游离氟的特殊气味。氟在自然界中最主要的存在形式是萤石（CaF_2，又名氟石），萤石（CaF_2）在水中溶解度极低（溶解度仅为 17×10^{-10}，298 K），海水中的氟离子浓度是非常低，约 $1.4\ mg/L$[16]；另外一大类含有少量氟的矿石有氟磷灰石、碳氟酸盐、硫氟酸盐、磷氟酸盐及铌氟酸盐，许多方解石和霰石也含有少量化合态氟。大部分天然水中均含有微量氟，并在某些情况下其含量比较高。例如，每升海水中可含约 $0.3\ mg$ 氟，而在河水中含量变化较大。在动植物体中也含有微量化合状态氟，其中，氟在植物体中多集中在含磷最多的地方，如每克植物叶中可含有 $3\sim14\ mg$ 氟，而在植物体中含磷较少的部分，如芽、果实、木质部等，含氟较少；在人和动物中，氟一般通过食物和水进入动物体内，其中在骨骼、牙齿、指甲、毛发及羽毛中氟的含量一般较高。骨化石较正常骨骼的氟含量高，因为它从土壤中吸收了氟[14]。自然界中甚至还存在着氟气（F_2），它被包含在萤石之中（每克 CaF_2 大约含有 0.46 mg F_2）。这些所谓的"臭萤石"或"呕吐石"由于受到来自铀矿的 γ 射线的辐射而产生氟气，在摩擦或粉碎时释放出氟气而产生刺激性臭味[17]。尽管在岩石圈中氟含量相当丰富，但在生物圈中仅有少数几个有机氟代谢过程得到了证实[18]。迄今为止，尚未发现依赖以氟为基础的中心代谢过程。探其原因可能是 CaF_2 溶解度太低，而钙离子却是所有生物体存在的重要成分之一；另外一个原因是小的氟离子有强烈的水合倾向，因此在含水介质中它的亲核能力受到很大的阻碍，在发生亲核反应之前它必须有一步能量很高的去水合过程[18]。

氟作为最强电负性元素（电负性为 3.98）[19]，因此它在化合物中总是以 -1 价存在。在少量氟气通过冰面时反应生成不稳定的氟氧酸（HOF），其中 F 仍为 -1 价氧化态、氧为 0 价、氢为 +1 价还原态，它具有强电子亲和性（3.448 eV）、极高的离解能（17.418 eV）以及其他一些特殊的性能，这都可以从它在元素周期表中所处的特殊位置得到解释，氟是卤素中的第一个元素，具有 p 轨道，只要获得一个额外电子即可达到惰性气体（Ne）的电子结构。同样原因也使氟负离子成为最小的阴离子（离子半径 0.133 nm），也是极化率最小的单原子阴离子。这些不同寻常的特性使得氟离子或难以极化的含氟阴离子能够稳定许多最高价态的元素，在其他情况下这些元素也无法达到如此高化学价态（如 IF_7、XeF_6、KrF_2、$O_2^+PtF_6^-$、$N_5^+AsF_6^-$）[14]。

⬡ 1.3　氟 的 用 途

目前工业上多采用氟硅酸、氟化氢作为中间物生产无机及有机氟化合物，无机氟化合物如氟硅酸盐类、氟化盐类、四氟化硅、二氧化硅等；有机氟化合物如氟利昂、全氟氯烃、含氢氟氯烃、含氢氟烃、聚四氟乙烯（PTFE）、六氟丙烯、聚偏氟乙烯树脂（PVDF）等。其应用领域也较广泛，如航天航空、医药、农药、防火材料、高级涂料、电子元件、含氟塑料、橡胶、光学器件、含氟染料、含氟表面活性剂等领域，这些氟化合物已成为各自精细化工领域的高附加值、新开发、有发展前景的材料。

1.3.1　含氟高分子材料的制造

含氟高分子材料具有优异的物理及化学性能，如耐高温性、耐酸碱、不黏性、耐候性、憎水性等，广泛应用于通信、新能源、电子电器、航空航天、机械、纺织、建筑、医药、汽车等领域。目前，主要含氟高分子材料有聚四氟乙烯、聚全氟乙丙烯（FEP）、聚偏氟乙烯、全氟离子交换膜等，它们的性质详见第 9 章。

1.3.2 氟用于表面活性剂的制造

由于氟表面活性剂具有优越的表面活性，使其具有极为重要的用途，可用于条件苛刻和一般碳氢表面活性剂不适用的场合，因其独特的性能，氟已得到了广泛的应用[20]。

1.3.2.1 消防行业

（1）泡沫灭火剂的添加剂。在普通蛋白泡沫灭火剂中添加 0.02%（质量分数）阴离子氟表面活性剂，由于低的表面张力，使蛋白泡沫能很好地在烃类燃料液面上展开，显著地提高灭火能力。在泡沫灭火剂加入氟表面活性剂，基于它的低表面张力，可在烃类燃料表面迅速形成一层水膜，抑制油汽化，控制火焰。

（2）轻水灭火剂。1964 年美国 3M 公司和美国海军部共同开发了商品名为轻水灭火剂、内含 0.1%（质量分数）季铵型阳离子氟表面活性剂。

1.3.2.2 机械和冶金工业

（1）酸洗缓蚀剂、浸蚀剂及光亮处理剂。金属材料在加工前必须进行去除油污及表面氧化层的工艺，常用的化学清洗剂是硫酸、盐酸等无机酸，如在酸中加入表面活性剂可提高清洗效果。在酸洗液中加入少量氟表面活性剂，不仅除锈速度快、表面平整性好，而且对金属有一定的缓蚀保护作用，可明显提高清洗效果。在对金属表面进行侵蚀处理或光亮处理时，在处理剂中加入氟表面活性剂，可以改善金属表面的润湿性能，并减少处理剂蒸发损失，缩短处理时间，提高金属表面光洁度等。在强酸强碱介质中，在通常的表面活性剂会失效的情况下，使用氟表面活性剂做润湿剂会更有效，因为在这种条件下，它们性能是稳定的。在金属刻蚀液中加入氟表面活性剂，能使刻蚀操作更顺利。在光刻工艺中，氟表面活性剂加入光致抗蚀膜中，可以改善基片的密着性，抗蚀膜变得容易剥离，得到更清晰的图形花纹。

（2）金属防腐抑制剂、防污处理剂。在金属后加工中进行表面处理，可以减少金属被腐蚀，增强抗污能力。在金属防污处理剂中加入氟表面活性剂，可使金属表面有防水、防油、防污效果，如铝板在用含氟烷基磷酸酯的防污处理剂处理后，不仅防污，而且可使水在其表面吸附量减少 80%，这样处理过的飞机，对飞机在寒冷的冬季飞行是极为有利的。同样，用它处理汽车挡风玻璃，也可防止玻璃在冬季结冰[21]。

（3）金属清洗剂。我国每年用于清洗金属零部件和车辆保养使用的汽油大约要 50 万吨，这是一个很大的消耗。使用成品油情况进行清洗，不仅浪费能源，毒性大，而且易引起火灾和污染环境。在这样的大背景下，各国已开始改用以表面活性剂为主要成分的水基化学清洗剂代替或部分代替成品油基型清洗剂，这样不仅能节约能源，防止环境污染，而且能提高清洗效果，保护清洗人员免受侵害，降低劳动强度。当前国内外使用的水基清洗剂，主要以阴离子、非离子含氟表面活性剂复配而成，不仅洗涤效果好，而且用量较少[22]。同时具有对金属不腐蚀，清洗效率提高的作用，且可赋予清洗后的金属表面防水、防油、防污的效果。

（4）铬雾抑制剂。铬雾抑制剂是氟表面活性剂的一项十分重要而典型的应用[23]。镀铬过程中，阴阳极上分别有氢气、氧气产生，气体逸出时带出大量的铬酸雾。最根本的解决办法是抑制铬雾产生或少产生，但由于电镀液是强氧化性的，通常使用的碳氢表面活性剂在其中会很快氧化分解而失效，只有使用化学稳定性优良的氟表面活性剂才有效，若在电镀液中添加少量氟表面活性剂（如全氟辛基磺酸钾），就能大大降低镀液与基体间的界面张力，并在液面形成连续致密的细小泡沫层，能有效地阻止铬雾逸出。

（5）电镀添加剂。在电镀液中添加氟表面活性剂有提高电镀质量的作用，在镀铬中如此，在镀其他金属时同样有效[23]。经过此工艺处理的电镀镍、铬件，结合力好，经反复折曲试验直至折断，镀层仍不剥落。

（6）金属镀塑助剂。在聚四氟乙烯微粒的悬浮液中，加入阳离子或两性氟表面活性剂，可使聚四氟乙烯微粒带上正电荷[24]，加在电镀液中，可在钢表面镀上一层聚四氟乙烯保护层，保护钢材不被腐蚀。

1.3.2.3 造纸工业

（1）分散剂。分散剂是纸张涂料中最重要的助剂，其作用为：1）赋予颜料粒子电荷，使之相互间产生斥力[25]；2）覆盖于各颜料粒子表面，起着保护性胶体作用；3）在颜料粒子周围形成高黏度状态，防止粒子相互聚集，以保证颜料不发生絮聚和沉降，并使涂料黏度保持尽可能低，从而具有良好的流动性和涂布适应性；4）提高胶黏剂与颜料的混合均匀性以达到提高涂布纸的表面强度和印刷适应性的效果。

随着刮刀和刮棒涂布机的使用，为提高车速和节能，需使用高固含量的涂料，为满足上述要求，用含氟表面活性剂作为分散剂是较理想的选择。

（2）消泡剂。制备后的涂料经过泵、筛和涂布过程，尤其是气刀涂布时，往往会产生泡沫，引起涂料增稠并使涂布产生针孔、斑点，从而降低纸张的质量。因此，当起泡严重时必须加入防泡剂、消泡剂。使用氟表面活性剂作消泡剂，其降低表面张力良好能力可使消泡作用更佳。

（3）润滑剂。涂布过程中辊与纸面间存在摩擦力，因此要加入表面活性剂作为润滑剂。特别是在热感记录纸、传真纸的涂布过程中加入氟表面活性剂，可提高运行适应性，减轻过程中的糊头现象。用在有磁性记录纸卡片上，可大大减少信号干扰，提高使用效果。

（4）在特种纸方面作为防油、防水、防污剂。由于氟表面活性剂既耐水又憎油，被大量使用在憎油处理上，使纸张具有耐水、耐油、耐污染的性能，特别适用于食品包装纸、快餐包装盒、耐油容器包装方面，也适于非包装纸的生产，如标签、无碳复写纸等。对纸张进行防油处理的方式有三种：一是外添加型，将含有氟表面活性剂的防油整理剂直接敷于纸张表面，进行表面施胶；二是内添加型，即进行内部施胶，将氟表面活性剂加入纸浆中，再加工成形；三是加在纸张上色处理前，将氟表面活性剂加在涂料中，与涂料混匀一起施于纸张表面，借涂料中黏合剂的作用与纸张形成较牢固的结合，不仅使纸张有防油防水功能，而且也使涂料获得较亮泽的理想外观，增强其防污能力。还可以与聚合物淋膜技术一起应用。但氟表面活性剂做施胶剂使用是依靠肉眼看不见的分子"隔绝层"来实现抗油性能，而聚合物淋膜则依靠形成可见的薄膜，这种区别给氟表面活性剂的应用带来许多方便。

1.3.2.4 纺织行业

（1）用作纺织油剂的添加剂。在合成纤维织造过程中，油剂是最重要的助剂，它可以增强合成纤维的可纺性，提高效率，保证纤维的产量，确保化纤生产工艺的顺利进行。如果在通常使用的油剂中添加质量浓度为 0.05% 含氟表面活性剂产品，可以使油剂的流平性、辅展性大大增强，从而提高油剂在化纤表面的扩散性，增加化纤表面的润滑性。实践证明，在添加了含氟表面活性剂的油剂（1.0 kg 油剂内加入 0.5 g 含氟表面活性剂）进行化纤丝的拉伸实验（温度为 250~280 ℃），随着纤维丝的拉伸变化，该油剂也同步地流向拉伸后的纤维表面上，既降低了纤维断裂的概率，又使拉伸后的纤维及时受到油剂赋予它的各种性能。

（2）用作聚酯浆料内的分散剂。化纤纺丝过程中，因工艺要求，需在聚酯浆液内加入特定的固体粉末添加剂（改善化纤的性能），此时因受熔融物料温度影响，一般表面活性剂较难作为分散剂使用。经实验证明，此时加入含氟表面活性剂作为分散剂（使固体添加剂能均匀的混溶在聚酯浆料内），其效果就很明显地体现出来，目前已投入实际使用。

（3）用作化纤产品的防静电剂。化纤产品在制备过程中受摩擦影响必定产生静电作用。合成纤维憎水性强，静电问题尤为突出，其结果就会吸附大气中的灰尘，影响产品的外观质量。因此，防止和消除纤维加工过程中的静电是极为重要的。如果把具有防静电作用的含氟表面活性剂添加到化纤纺丝的原料内，或添加到纤维后续加工过程中所需接触到的溶液中，它能赋予纤维表面一定的吸湿性和离子性，从而提高纤维的导电性，并能中和电荷，达到防止和消除静电的目的，使纤维表面有如穿上一层防护衣，既不影响纤维本身的性能，又能起到防静电作用。含氟表面活性剂作织物的抗静电剂，其抗静电的效果比碳氢表面活性剂强得多。电荷半衰期是衡量织物上静电衰减速度大小的物理量，如使用含氟表面活性剂作为抗静电剂，其电荷半衰期可以比碳氢表面活性剂缩短几千倍至数万倍。使用含氟表面活性剂既能防止静电产生，又能使产生的静电很快失散，而且它保持时间长，耐久性好，同时兼有防水防油的功效。

（4）在纺织产品染整工艺中作添加剂。将含氟表面活性剂加入织物染色加工溶液中，可以提高溶液对织物的渗透性、染色均匀性，改善染色工艺的质量问题，提高效率。曾有研究表明，染醋酸纤维时，在阳离子染料液中加入一种阴离子的含氟表面活性剂，可显著提高上染率[26]。

（5）在纺织制品的印染业中作添加剂。经过整理工序后的纺织制品，如果要在其制品上再进行染色、印花时，由于此时该制品的表面因受整理剂处理后，制品的界面张力很低，此时如用一般的涂料是很难印染上需要的花纹或颜色的。如果在印染的涂料或染料内加入表面张力很低（比制品的界面张力低）的含氟表面活性剂来改变涂、染料的表面性能，使其表面张力降低下来，这样就可以使已整理过的制品再进行表面的印染处理。这类使用方法已在灯箱布及汽车外套的织物制品上经过了详细的试验研究，并取得了预期的效果。

1.3.2.5　石油工业

（1）用于油罐内防腐涂料。由于油品组成复杂，特别是含有水分和盐类时，对罐体材料会产生腐蚀，因此，要求罐内层必须覆以防腐涂料，以延长油罐的寿命，传统的涂料主要为生漆、环氧树脂等，但这些物质都易于受到储存油品的侵蚀，每隔一段时间必须加以清洗重涂。而如果采用氟表面活性剂的涂料，则由于其既疏水又疏油的特点，防污染性能明显增强。有报道称，采用氟涂料用于油罐内层涂覆时，油罐使用寿命可延长 3 倍。

（2）燃油增效剂。研究表明，在燃料油中加入氟表面活性剂，可使燃油充分雾化，燃烧完全，提高燃烧效率；同时改善发动机工作状况，降低尾气烟雾排放，减少环境污染，并能使喷油嘴积碳减少，延长机械寿命。如在汽油中加入质量分数 0.02% 的 Surfron S-381，可使汽油发动机的工作效率提高 15%。

另外，氟表面活性剂在原油开采、原油破乳和原油泄漏处理等方面也有应用。

1.3.2.6　颜料、涂料和油墨工业

利用普通油墨对表面难以被润湿的物质，如聚乙烯薄膜、塑料制品或是表面经过处理的光滑纸张等进行印刷或书写时，往往碰到缺色、断线、难上色彩或墨附着性差，涂液出现鱼鳞状现象。此时如在油墨的制备过程中添加少量（质量浓度一般为 0.01%~0.1%）的氟表面活性剂后即可改变以上的各类缺陷。由于氟

表面活性剂的加入改变了油墨的流平性、铺展性和润滑性，并降低了油墨的表面张力，提高了它的黏附性，帮助其形成良好的涂膜层，从而使普通的油墨上一个档次。同样，在涂料生产过程中，氟表面活性剂的添加也能使现有涂料的性能起很大的变化[27]。

在水溶性涂料中，利用少量氟表面活性剂作为乳化剂的一部分，可使该涂料的耐水性明显提高，并增强了它的润湿性和渗透性，使其在使用时能均匀地涂刷于被涂物体的表面。另外有的氟表面活性剂产品还可改善涂料的防污性能。在油溶性涂料中，氟表面活性剂作为分散剂使用，可使该涂料在生产过程中所用的各类添加物质分散均匀，无结块现象，并能提高该涂料的润湿性，降低其表面张力，有利于提高涂层的质量。

1.3.2.7　化妆品工业

据国外报道，由全氟化合物和全氟聚醚表面活性剂混配制备高档化妆品乳液和调配高档化妆品[28]。其中：采用全氟化合物有全氟聚甲基异丙基醚、全氟聚丙基醚、全氟聚异丙基醚、全氟聚甲乙醚等；用于这类化妆品的表面活性剂还有全氟烷硫醇表面活性剂、全氟烷基酰胺表面活性剂和氟烷基混合双尾表面活性剂。

1.3.2.8　其他方面的应用

（1）抗静电剂。大多数高分子聚合物材料（如橡胶、塑料、聚氨酯等）都有一定的绝缘性，又不易导电，因此在某些使用过程或进一步深加工时，因摩擦而产生的静电现象一般较难自行消除，而当静电压达到一定的数值（大于 4 kV）时就会产生电火花。这样不仅会造成触电现象，也很易导致火灾或爆炸事故。此时如选用相应的氟表面活性剂作为抗静电剂使用，利用氟表面活性剂所特有的性能，使其在塑料、橡胶等物体的表面形成摩擦系数很低的全氟烃基链定向排列层，会大大减少摩擦过程中所产生的静电现象。如感光胶片的生产过程中，选用非离子型的氟表面活性剂作为抗静电剂混溶于某些溶液内涂在胶片的片基上，解决了胶片生产过程中因片基的高速转动摩擦而产生静电火花的可能，保证了胶片生产过程中的产品质量。在塑料薄膜的加工过程中，因静电作用时常造成薄膜间的粘连、吸附现象，此时在加工过程中加入一定量的氟表面活性剂作为内抗静电剂或在塑料膜进行预处理，这样就能避免塑料膜在加工时产生的粘连现象。作为抗静电剂的应用场合是较多的，除了工业上有广泛的用途之外，在日常生活中也有很多地方需用抗静电剂来解决可能发生的静电、易吸尘等现象，如电视机的荧屏、电风扇的叶子等都可用氟表面活性剂作为抗静电剂进行涂擦处理，从而消除物体表面因静电效应而易吸尘的现象，同时对高档家具、家用电器等物件的表面也能进行擦洗，起到清洁防尘、不易沾污、保持表面光洁的作用。

（2）脱模剂。目前在高分子聚合物的成形加工领域内，脱模剂的使用是必不可少的，通常用作脱模剂的物质主要为碳氢类表面活性剂或聚硅氧烷类有机硅表面活性剂[29]。利用碳氢类的酯化物（如磷脂类化合物）配制的脱模剂，其脱模后的产品可直接进行二次加工，但长期使用后将会在模具表面形成棕色结焦物而污染模具。选用有机硅类（如硅油、硅橡胶）物质配制的脱模剂，其脱模的效果要比前一类优越，但对脱模后的产品表面产生一定油状污染，使该产品无法进行二次使用。目前国外已利用氟表面活性剂配制成新一代高效含氟脱模剂取代以往的产品，其优点主要为：使用浓度低，使用寿命长，对高黏度的原料有良好的脱模性，对制品表面污染性小，制品可直接进行二次加工，对模具表面无污染，制备后的脱模剂产品质量稳定，储存时间长。目前国产的含氟脱模剂产品也已逐步投入市场，并取得了预期的效果。

（3）文物保护。全氟聚醚油具有优异的防水性、防油性、透气性和低折射率性能，在国外已经广泛应用在文物保护方面。在国内，已开展了用聚全氟醚型表面活性剂配制全氟聚醚文物保护剂的研究，试验表明其对文物保护具有较好的效果。

（4）航空工业。全氟聚醚表面活性剂可用于航空工业作密封和固体推动的助剂。

1.3.3 氟用于医药、农药中间体的制造

由于氟原子具有模拟效应、电子效应、阻碍效应、渗透效应等特殊性质，因此它的引入，有时可使化合物的生物活性倍增[29]。近几年公认含氟化合物对环境影响较大，因此无论在农药还是医药创制中均对含氟化合物的开发研究十分活跃。据统计，超高效农药中有 70% 为含氮杂环，而含氮杂环农药中又有 70% 为含氟化合物。据不完全统计，目前，正式商品化的含氟农药近 150 种。美国 Dow-Science 公司与佛罗里达大学昆虫学教授苏南尧合作发明含氟杀白蚁药荣获美国总统 2000 年绿色化学奖。含氟农药主要是根据生物等排理论，以氟或含氟基团（如 CF_3、OCF_3、$OCHF$）代替原有农药品种中的 H、Cl、Br、CH、OCH 而得到的农药，如杀菌剂氟喹唑啉酮，以 F 替代喹唑啉酮中的 H，二苯醚类除草剂以 CF_3 代替 CH_3，除虫菊类杀虫剂以 F 或 CF_3 替换氯氰菊酯、氰戊菊酯中的 H 或 Cl 等。

利用已知的含氟活性基团与其他活性基团间的组合，优化得到新的含氟化合物，如氟虫脲、定虫隆和溴氟菊酯等。这些含氟农药的共同特点是引入氟原子后，增加化合物的亲脂性，而且电子效应发生变化，影响甚至改变了药物的体内代谢，导致代谢半衰期延长甚至终止。因此，其生物活性比相应的无氟化合物高。碘氟醇溶液很长时间以来被用作医用消毒剂，被称为人造血液的氟碳代血液，其成功应用说明了氟对医学的贡献是巨大的[30]。

1.3.4 氟用于电子元件的制造

氟材料在电子领域中也有着广泛的应用。由于氟材料具有高绝缘性和低介电常数，因此它可以用于制造电子元器件，如电容器、绝缘材料、电缆等。此外，氟材料还可以用于制造光学器件，如透镜、棱镜以及太阳能电池板等。

⬡ 1.4 氟化氢概述

氟化氢（CAS 登录号：7664-39-3；分子式：HF；分子量：20.006），是氟化学工业的基础。氟化氢通常包括无水氟化氢和有水氢氟酸，其中无水氟化氢是指含氟化氢在 95%（质量分数）以上、含水量在 5%（质量分数）以下的溶液，无水氟化氢特指含水量在 0.1%（质量分数）以下的氟化氢，为无色发烟液体[31,32]。

1.4.1 氟化氢的物理性质

氟化氢，是一种无机化合物，化学式为 HF，在常态下是一种无色、有刺激性气味的有毒气体，具有非常强的吸湿性，接触空气即产生白色烟雾，易溶于水，可与水无限互溶形成氢氟酸。氢氟酸是氟化工之母，清澈、无色、发烟的腐蚀性液体，有剧烈刺激性气味。熔点−83.3 ℃，沸点 19.54 ℃，闪点 112.2 ℃，密度 1.15 g/cm^3。易溶于水、乙醇，微溶于乙醚。氟化氢在减压或高温下易汽化，也易缔合，形成（HF）$_2$·（HF）$_3$ 等链形分子，在液态时，缔合度更容易增加。HF 分子的强极性和形成牢固氢键的能力，使得无论是气体、液体、固体以及在水溶液中 HF 分子都有强缔合现象，使其熔点、沸点在卤素氢化物中不是最低，而是高于其他卤化氢。HF 的缔合程度随着温度的降低和压力的增高而增加。HF 的蒸发热很低，是因为气态 HF 的缔合热较高，在低压、温度为 1.954 ℃时，液态 HF 变成简单气态 HF，蒸发热为 32.66 kJ/mol。由于 HF 分子的缔合作用，使其在不同温度下的蒸汽密度相差较大[33]。

1.4.2 氟化氢的化学性质

无水氟化氢有很高的化学活性和很强的吸水性，不仅可以和多种金属及其氧化物进行反应，也可以与有机物进行氟化反应。

氟化氢溶液与金属、金属氧化物、氢氧化物和碳酸盐反应时，与其他卤素氢化物相似。虽然氢氟酸的化学性质活泼，但它实际上是弱酸，其电离常数为 7.4×10^{-4}。

与其他酸类不同，氢氟酸具有溶解硅和硅酸盐的性质，能腐蚀玻璃和破坏其他含硅物质。

$$SiO_2 + 4HF \longrightarrow SiF_4 \uparrow + 2H_2O \tag{1-1}$$

这一性质决定了氢氟酸不能使用由硅酸盐类材料制作的容器、管道和设备，但它却为氢氟酸在玻璃刻蚀业开辟了新的应用途径。

氢氟酸与许多金属氧化物、氢氧化物或碳酸盐反应都生成金属氟盐和水。例如：

$$Al_2O_3 + 6HF \longrightarrow 2AlF_3 + 3H_2O \tag{1-2}$$

$$KOH + HF \longrightarrow KF + H_2O \tag{1-3}$$

$$Na_2CO_3 + 2HF \longrightarrow 2NaF + CO_2 \uparrow + H_2O \tag{1-4}$$

因其这一性质被广泛应用于生产各类氟化盐。

氢氟酸能与电位序列中氢以下的所有金属发生化学反应，除非它们形成耐溶氟化物的不溶解保护层。

HF 同 SO_3 或 HSO_3Cl 反应生成氟磺酸：

$$SO_3 + HF \longrightarrow HSO_3F \tag{1-5}$$

$$HSO_3Cl + HF \longrightarrow HSO_3F + HCl \uparrow \tag{1-6}$$

在有机化学中，HF 可以作为烷基化触媒，参与加成、氧化等反应，也可用以制备各类含氟有机物，生产氟制冷剂、氟聚合物、氟医药、氟农药等[33]。

$$CHCl_3 + 2HF \xrightarrow{SbCl_5} CHClF_2 + 2HCl \uparrow \tag{1-7}$$

这是一类制备氟制冷剂的典型反应。

$$CH_3CH_2OH + HF \longrightarrow CH_3CH_2F + H_2O \tag{1-8}$$

1.4.3 氟化氢的用途

纯氟化氢是一种酸性非常强的溶剂，能够质子化硫酸与硝酸，但氟化氢在水溶液中是一元弱酸，是氟化工行业最基础的化工原料，也是氟化工产业蓬勃发展的基础，广泛应用于含氟高分子材料、化工、医药、农药等领域[34,35]。主要用于生产氟制冷剂、含氟树脂，可用作聚合、缩合、烷基化等有机合成的催化剂，制造有机或无机氟化物（如氟碳化合物、氟化铝、六氟化铀、冰晶石等），用于蚀刻玻璃、电镀、发酵、陶瓷处理，用作分析试剂，在石油工业中可用作催化剂，可用于磨砂灯泡制造、金属铸件除砂、石墨灰分去除、金属净洗（酸洗铜、黄铜、不锈钢等）和半导体（锗、硅）制造等。

⬡ 1.5 氟硅酸概述

1.5.1 氟硅酸的性质

氟硅酸作为氟化工最基础的化工原料之一，主要来源于湿法磷酸生产过程[36]。具体表现为：在湿法磷酸生产过程中，磷矿石与硫酸反应产生氟化氢和四氟化硅气体，通过水吸收后得到氟硅酸[37,38]。

氟硅酸一般以水溶液形式存在，市场上氟硅酸质量浓度大概为20%～35%。氟硅酸是一种强酸，对大多数金属、玻璃、陶瓷有腐蚀性，密度1.32 g/mL，最高沸点为107.3 ℃。氟硅酸不燃，易溶于水，有消毒性能，对皮肤有强烈腐蚀，对人体吸收器官有毒害作用[38-40]。

常温下氟硅酸易挥发，以HF和SiF_4的形式从溶液中缓慢溢出，因此需要在密封容器中保存。同时，在氟硅酸水溶液中，SiF_6^{2-}易水解为$Si(OH)_{4-x}F_y^{y-x}$，其中$(4-x+y)=4，5，6$。水解方程如下：

$$SiF_6^{2-} + 4H_2O \Longrightarrow Si(OH)_4 + 4H^+ + 6F^- \tag{1-9}$$

氟硅酸在强酸溶液中稳定性差，易水解，方程式可写为：

$$SiF_6^{2-} + 2H_3O^+ \Longrightarrow 6HF + SiO_2 \tag{1-10}$$

氟硅酸在碱性溶液中水解机制如下：SiF_6^{2-}碱性水解时以SN_1机制（反应物）首先解离为碳正离子与带负电荷的离去基团，分子解离后，碳正离子马上与亲核试剂结合，首先是氟的碱化，并瞬时完成下一步水解：

$$SiF_6^{2-} + 6OH^- \longrightarrow Si(OH)_6^{2-} + 6F^- \tag{1-11}$$

氟硅酸作为一种强酸，化学性质复杂，不仅可以与碱性氧化物反应，而且还可以与碱、酸以及其他化合物发生反应。（1）与金属氧化物反应：当氧化镁、氧化铅以及氧化锌等在氟硅酸溶液中将会形成它们各自的硅酸盐沉淀[38-40]。（2）与碱反应：当氟硅酸少量时，与氢氧化铝反应会形成二氧化硅，当氟硅酸过量时，将会产生氟化氢气体；氟硅酸也可以和氢氧化钠反应，当溶液碱过量时，将会产生二氧化硅沉淀和氟化钠，当溶液碱少量时，会产生氟硅酸钠；氟硅酸和氨水将会产生氟化铵和二氧化硅[38]。（3）与酸反应：氟硅酸与浓硫酸反应将会产生四氟化硅和氟化氢，这是目前从化肥工业副产品H_2SiF_6制备HF和SiF_4重要且较为成熟的方法；氟硅酸与硼酸溶液反应会产生二氧化硅沉淀[38]。（4）与其他化合物反应[40]：氟硅酸产生的氟硅酸铵和$CaCl_2$是制备人造萤石的方法；氟硅酸和氟化钠会产生氟硅酸钠和氟化氢；氟硅酸形成的氟硅酸钙与$CaCO_3$也可以制备萤石。其具体方程式如表1-1所示。

表1-1　氟硅酸化学性质

Table 1-1　Chemical properties of fluorosilicic acid

反应类型	化学方程式	
氟硅酸与金属氧化物的反应	$H_2SiF_6 + MgO + 5H_2O \Longrightarrow MgSiF_6 \cdot 6H_2O \downarrow$	(1-12)
	$H_2SiF_6 + PbO + 3H_2O \Longrightarrow PbSiF_6 \cdot 4H_2O \downarrow$	(1-13)
	$H_2SiF_6 + ZnO + 5H_2O \Longrightarrow ZnSiF_6 \cdot 6H_2O \downarrow$	(1-14)

反应类型	化学方程式	
氟硅酸与碱反应	$H_2SiF_6 + 2Al(OH)_3 \Longrightarrow 2AlF_3 \downarrow + SiO_2 + 4H_2O$	(1-15)
	$3H_2SiF_6 + 2Al(OH)_3 \Longrightarrow 2Al_2(SiF_6)_3 \downarrow + 6H_2O$	(1-16)
	$Al_2(SiF_6)_3 + 6H_2O \Longrightarrow 2AlF_3 \downarrow + 3SiO_2 + 12HF$	(1-17)
	$12HF + 4Al(OH)_3 \Longrightarrow 4AlF_3 \downarrow + 12H_2O$	(1-18)
	$2NaOH + H_2SiF_6 \Longrightarrow Na_2SiF_6 \downarrow + 2H_2O$	(1-19)
	$6NaOH + H_2SiF_6 \Longrightarrow 6NaF + SiO_2 \downarrow + 4H_2O$	(1-20)
	$H_2SiF_6 + 6NH_3 + 2H_2O \Longrightarrow 6NH_4F + SiO_2 \downarrow$	(1-21)
氟硅酸与酸反应	$H_2SiF_6 \xrightarrow{H_2SO_4} SiF_4 + 2HF$	(1-22)
	$2H_2SiF_6 + 3H_3BO_3 \Longrightarrow 3HBF_4 + 2SiO_2 + 5H_2O$	(1-23)
氟硅酸与其他化合物反应	$2NH_4F + CaCl_2 \Longrightarrow 2NH_4Cl + CaF_2$	(1-24)
	$H_2SiF_6 + 2NaF \Longrightarrow Na_2SiF_6 + 2HF$	(1-25)
	$CaSiF_6 + 2CaCO_3 \Longrightarrow 3CaF_2 + SiO_2 + 2CO_2 \uparrow$	(1-26)

1.5.2 氟硅酸的用途

氟硅酸可以直接用来作为木材防腐剂、杀菌剂和水氟化剂等，也可加工成氟硅酸盐、氟化盐以及氢氟酸等。

国内湿法磷加工副产品氟硅酸的利用始于 20 世纪 70 年代，主要用于氟硅酸钠的生产[41]。自 20 世纪 90 年代以来，贵州宏福、广西鹿寨、江西贵溪和湖北荆襄分别引进 4 套以氟硅酸法生产氟化铝的生产线；原云南氮肥厂则采用南京化工设计院技术建成了以氟硅酸法年产 8500 t 冰晶石工业装置。但由于当时管理、市场等方面的影响，只是间断性生产，目前均已停产。但随着我国大型湿法磷加工装置的建成，加快了湿法磷加工副产品氟硅酸综合利用技术的开发与转化。目前已形成了由湿法磷副产品氟硅酸转化的产品，主要有氟硅酸钠、氟化铝、冰晶石、氢氟酸/无水氟化氢、氟化铵/氟化氢铵，还有少量的氟硅酸钾、氟硅酸镁、氟化钠等[42]。氟硅酸还可以制备四氟化硅和介孔二氧化硅等物质[43,44]。湿法磷酸加工副产物氟硅酸综合利用主要途径[43]如图 1-1 所示。

氟硅酸及其深加工产品应用非常广泛，不仅可以用作木材防腐剂、杀菌消毒剂的氟化物等，而且还可以应用于氟化合物的生产。例如，氟硅酸和氢氧化钠生产的氟硅酸钠可以制作杀虫剂、橡胶发泡剂[45]；而其生产的氟硅酸钾是陶瓷工业的釉料。氟硅酸生产的氟化钾可以用于玻璃雕刻、食品防腐剂、杀虫剂等方面[46,47]。氟硅酸生产的氟硅酸钠在加入碳酸钠后可以制备出附加值更高的氟化钠[48]。氟硅酸和氢氧化铝生产的氟化铝可以作为铝工业的助熔剂，氟化钠与氟

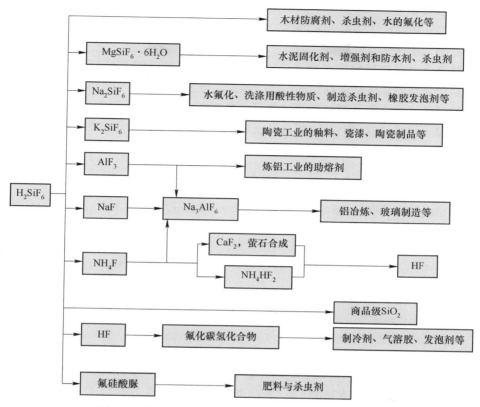

图 1-1 湿法磷酸加工副产物氟硅酸综合利用主要途径

Fig. 1-1 Main ways of comprehensive utilization of fluorosilicic acid

化铝合成冰晶石［别名六氟铝酸钠（Na_3AlF_6）］，在工业中主要作为助熔剂，并且还能用于氧化铝电解、精炼铝以及玻璃的制造[49,50]。稀氟硅酸和氨水制备的氟化铵在加入 $CaCl_2$ 后可以用于制造氟化钙（CaF_2），即萤石的合成[51,52]。氟硅酸还是商品级 SiO_2 的主要来源，其可以用作电子产品、大型及超大规模集成电路填充剂[53,54]。由氟硅酸生产的氟化氢主要作为基础化工原料，在含氟高分子材料、化工医药、农药等领域广泛应用，同时在制冷剂、清洗剂、发泡剂和缩合剂等方面均有广泛用途[55]。目前最有前景的是如何用氟硅酸制备高质量的氟化氢，已成为当下国内外讨论的热门课题[56-59]。

⬡1.6 本章小结

氟发现过程是一个从假说到客观存在的验证过程。科学家以实践为基础，运用逻辑思维和直觉思维预见了氟元素的存在，并不断探索、创新研究方法、自制实验仪器，最终证实了氟元素假说，同时也验证了元素周期律，使卤族元素概念走向成熟，使化学元素观得以演进。

氟及含氟材料种类多，用途广。其中氟化氢和氟硅酸是最基础的氟化工原料，氟化氢水溶液极具强腐蚀性，能强烈地腐蚀金属、玻璃和含硅的物体，主要作为蚀刻剂、清洗剂及制备氟化工产品；氟硅酸作为氟化工最基础的化工原料，主要来源于湿法磷酸副产品，其自身及加工产品可用于木材防腐剂、杀菌剂和氟化剂等，也可加工成氟硅酸盐、氟化盐以及氢氟酸等。

参 考 文 献

［1］袁振东，李珊珊.氟元素的发现：从假说到客观实在［J］.化学教育，2020，41（21）：103-107.

［2］阎梦醒.氟的发现与莫瓦桑［J］.化学教学，1994（8）：29-30.

［3］Richard H L, Welch L. Fluorine［J］. Journal of Chemical Edu-cation, 1983, 60（9）：759-761.

［4］Wisniak J. Heat radiation lawb-from newton to stefan［J］. Indian Journal of Chemical Technology, 2002, 9（6）：545-555.

［5］凌永乐.化学元素的发现［M］.北京：科学出版社，2001.

［6］袁翰青，应礼文.化学重要史实［M］.北京：人民教育出版社，2000.

［7］李世雁.自然辩证法：科学技术哲学基础［M］.北京：北京师范大学出版社，2014.

［8］特立丰诺夫.化学元素发现简史［M］.崔浣化，郑同，译.北京：科学技术文献出版社，1986.

［9］赵匡华.107种元素的发现［M］.北京：北京出版社，1983.

［10］刘放桐.法国哲学的现代转型［J］.甘肃社会科学，2013（1）：46-52.

［11］卡·马诺洛夫.世界著名化学家的故事［M］.丘琴，潘吉星，马约，等译.北京：科学普及出版社，1987.

［12］杨成章，司徒志雄.诺贝尔化学奖金获得者［M］.福州：福建教育出版社，1985.

［13］皮尔·基尔施，现代有机氟化学——合成、反应、应用［M］.吴永明，刑春晖，译校.北京：化学工业出版社，2018.

［14］卿凤翎，邱小龙.有机氟化学［M］.北京：科学出版社，2007.

［15］陈前林，左永辉，等.一种在溶液中萃取氟离子的方法：CN108114507B［P］.2021.

［16］Alice K, L D C. Fluoride hesitancy：A mixed methods study on decision-making about forms of fluoride［J］. Community Dentistry and Oral Epidemiology, 2022, 51（5）：997-1008.

［17］auf der Günne J S, Mangstl M, Kraus F. Occurrence of difluorine F_2 in nature-in situproof and quantification by NMR spectroscopy［J］. Angewandte Chemie（Internationaled. in English），2012，51（31）：7847-7849.

［18］俞槐根，宓菊华，倪弘熙，等.NMR法研究有机氟中毒机理［J］.含氟材料，1987（3）：3-7.

［19］ Wasson J R, Hall J W. Electronegativity: the distance factor ［J］. Journal of Molecular Structure: THEOCHEM, 2004, 674 (4): 29-32.

［20］ 袁绪政, 王学川. 含氟表面活性剂的合成及应用 ［J］. 皮革与化工, 2008, 25 (1): 25-28.

［21］ 李玉芳, 伍小明. 含氟表面活性剂的生产和应用前景 ［J］. 有机氟化工, 2010, 3: 52-57.

［22］ 陈延林, 张永峰, 郝振文. 氟碳表面活性剂工业应用研究进展 ［J］. 有机氟工业, 2007, 2: 39-43.

［23］ 刘振林. 氟表面活性剂在表面处理中的应用 ［J］. 电镀与精饰, 2001, 23 (1): 35-37.

［24］ Uemura C. Electroplating pastics method of metallic surface: JP95182993 ［P］. 1995.

［25］ 于学春. 氟表面活性剂在造纸中的应用 ［J］. 天津造纸, 2000 (1): 22-23.

［26］ 王涛, 李峰. 氟表面活性剂的工业应用 ［J］. 日用化学工业, 2011, 41 (4): 23-27.

［27］ 陈荣圻. PFOS 的禁用及相关产品的替代 ［J］. 印染, 2008 (19): 38-40.

［28］ 罗伟宏. 化妆品用表面活性剂的发展与应用研究 ［J］. 粘接, 2020, 41 (3): 19-22.

［29］ 刘长令. 含氟农药的创制途径 ［J］. 农药, 1998 (8): 3-7.

［30］ 陈维洲, 李汉青, 沈幼棠, 等. 氟碳乳剂的心血管作用 ［J］. 药学学报, 1986 (2): 86-91.

［31］ 陈鸿昌. 高纯氢氟酸制备的概况 ［J］. 有机氟工业, 2000 (3): 25-30.

［32］ 陈克重, 黄小麟. 常用无机化合物制备手册 ［M］. 北京: 化学工业出版社, 2006.

［33］ 胡伟. 氟化工生产技术 ［M］. 北京: 科学出版社, 2010.

［34］ 徐登平. 我国氟化工产业发展存在的问题及对策探究 ［J］. 当代化工研究, 2018 (4): 4-5.

［35］ 刘伟霞. 我国盐化工产业发展的问题及对策建议 ［J］. 中国盐业, 2019 (20): 44-46.

［36］ 刘玉强. 磷肥工业副产含氟硅渣的利用现状和建议 ［J］. 硫磷设计与粉体工程, 2021 (5): 39-42.

［37］ 王睿哲, 朱静, 李天祥, 等. 磷肥副产氟硅酸综合利用研究现状与展望 ［J］. 无机盐工业, 2018, 50 (12): 4.

［38］ 黄江生, 刘飞, 李子艳, 等. 氟化氢的制备及纯化方法概述 ［J］. 无机盐工业, 2015, 47 (10): 5-8.

［39］ 王俊中, 魏昶, 姜琪. 氟硅酸性质 ［J］. 昆明理工大学学报（自然科学版）, 2001 (3): 93-96.

［40］ 王跃林, 廖吉星, 吴有丽, 等. 湿法磷酸萃取尾气中氟硅资源回收利用工业化技术研究 ［J］. 磷肥与复肥, 2017, 32 (10): 31-33.

［41］ 朱建国, 袁浩. 磷矿加工中副产氟硅酸及其盐的综合利用 ［J］. 贵州化工, 2007, 32 (3): 34-36.

［42］ 李志祥, 吉晓玲, 陈红琼. 湿法磷加工副产物氟硅酸综合利用现状概述 ［J］. 云南化工, 2019, 46 (11): 64-68.

［43］ 龚海涛, 马圭, 徐丽丽. 氟硅酸（H_2SiF_6）的制备和应用 ［J］. 化工文摘, 2005 (2): 51-52.

［44］ 管凌飞，张海燕．我国磷矿伴生氟资源回收利用制无水氟化氢的发展现状及前景［J］．有机氟工业，2014（1）：17-22.

［45］ 张明军，訾玉航，常志强，等．氟硅酸制氟硅酸钠法工艺探析及优化改造［J］．河南化工，2017，34（7）：35-36.

［46］ 严永生．一种采用电渗析分解氟硅酸制备氟化钾工艺方法：CN113086993A［P］．2021.

［47］ 丁一刚，李泽坤，龙秉文，等．一种利用湿法磷酸副产物氟硅酸直接制备氟化钾的方法：CN108083295A［P］．2018.

［48］ 张美，李茹蕾，郭佩，等．固废氟硅酸钠合成氟化钠的工艺研究［J］．江西化工，2021，37（6）：32-33.

［49］ 吕天宝，武文焕，冯怡利，等．湿法磷酸副产氟硅酸钠制无水氟化氢联产沸石分子筛工艺：CN109179330B［P］．2018.

［50］ 张自学，王煜，郑浩，等．用氟硅酸制备冰晶石联产水玻璃的新工艺［J］．磷肥与复肥，2016，31（6）：37-40.

［51］ 施浩进，丁铁福，杨波，等．氟硅酸制备 HF 和 CaF$_2$ 生产方法简述［J］．有机氟工业，2019（3）：54-57.

［52］ 侯屹东．氟硅酸制备氟化钙联产白炭黑研究［D］．昆明：昆明理工大学，2021.

［53］ 隋岩峰，刘松林，杨帆．氟硅酸铵氨化制备纳米二氧化硅的实验研究［J］．无机盐工业，2018，50（2）：33-36.

［54］ 罗建洪，杨兴东，屈吉艳，等．一种氟硅酸制备无水氟化氢和纳米二氧化硅的方法：CN112340703B［P］．2021.

［55］ 唐波，陈文兴，田娟，等．氟硅酸制取氟化氢的主要工艺技术［J］．山东化工，2015，44（13）：41-43.

［56］ 陈文兴，田娟，周昌平，等．一种利用磷酸中氟硅酸生产无水氟化氢的方法：CN112897466A［P］．2021.

［57］ 田辉明，田正芳，喻瑜丽，等．一种氟硅酸一步热解制备气相 SiO$_2$ 并回收 HF 的方法：CN112047349A［P］．2020.

［58］ 钟雨明，钟娅玲，汪兰海，等．一种氟硅酸法生产无水 HF 精制的 FTrPSA 深度脱水除杂的分离与净化方法：CN112744788A［P］．2021.

［59］ 郝建堂．氟硅酸、氧化镁制无水氟化氢联产优质硫酸镁工艺研究［J］．无机盐工业，2019，51（8）：40-43.

2 萤石资源概述

萤石，又称氟石，是工业上氟元素的主要来源，是世界上二十多种重要的非金属矿物原料之一，它被广泛应用于冶金、炼铝、玻璃、陶瓷、水泥和化学工业。纯净无色透明的萤石可作为光学材料，色泽艳丽的萤石也可作为宝玉石和工艺美术雕刻原料。萤石又是氟化学工业基本原料，其产品广泛用于航天、航空、制冷、医药、农药、防腐、灭火、电子、电力、机械和原子能等领域。随着科技和国民经济的不断发展，萤石已成为现代工业中重要的矿物原料，许多发达国家把它作为一种重要的战略物资进行储备[1-5]。我国萤石资源丰富，分布广泛，矿床类型繁多，生产量和出口量均居世界首位。

2.1 萤石特点

氟是自然界广泛存在的元素，它的主要化合物有萤石（CaF_2）、氟磷灰石 [$Ca_5(PO_4)_3F$]、冰晶石（Na_3AlF_6）、氟镁石（MgF_2）、氟化钠（NaF）、氟碳铈矿 [$(Ce,La)(CO_3)F$] 等 150 多种，其中最重要的矿物是萤石。

萤石主要成分是氟化钙（CaF_2），纯净萤石含钙（Ca）51.3%，氟（F）48.7%。但萤石矿物中常混入氯、稀土、铀、铁、铅、锌、沥青等。萤石矿物属等轴晶系，晶形多呈立方体，少数为菱形十二面体及八面体，多形成穿插双晶，集合体为致密块状，偶成土状块体。萤石，莫氏硬度为4，性脆，密度为 3.18 g/cm^3，熔点 1360 ℃。萤石一般不溶于水，在盐酸、硝酸中微溶，在热的浓硫酸中可完全溶解，生成氟化氢气体和硫酸钙。萤石有多种颜色，在 X 射线、热紫外线和压力的作用下色泽会发生变化，有些萤石在紫外线或阴极射线作用下会发出萤蓝色或紫罗兰色光，有些在受热和阳光或紫外线照射下发磷光，还有些会发出摩擦萤光。结晶状态完好的萤石还具有很低的折射率（$n=1.4339$）和低的色散率，同时也是异向同性的物质，具有不寻常的紫外线透过能力。

萤石常与石英、方解石、重晶石、高岭石、金属硫化物矿共生。根据矿物的共生组合构造条件及围岩特征，并结合加工性能，萤石矿床可分为单一型萤石矿床和"伴生"型萤石矿床[6-11]。单一型萤石矿床矿石组成以萤石、石英为主，并有少量的方解石、重晶石、高岭石、黄铁矿、冰长石、钾长石、微量的金属硫化物和含磷矿物，此类矿石主要是作为冶金萤石块矿、浮选化工级（酸级）萤石精矿、陶瓷（建材）级萤石粉矿和光学萤石、宝玉石萤石等。另一类就是"伴生"型萤石矿床，在这类萤石矿床中，矿石主要矿物以铅锌硫化物、钨锡多金属硫化物和稀土磁铁矿为主，萤石作为脉石矿物分布于硫化矿物或磁铁矿之中，随主矿开采而被综合回收利用，它只能生产化工级（酸级）萤石精矿和陶瓷级（建材）萤石粉矿。

⟨2.2⟩ 萤石矿业简史

萤石的开采大约是 1775 年始于英国，到 1800—1840 年间美国的许多地方也相继开采，但大量开采时期是在发展和推广平炉炼钢之后[12]。

我国萤石资源丰富，是开发利用历史悠久的国家之一。1917 年首先在浙江新昌—武义一带由当地农民进行少量开采，其后开采范围不断扩大，至 1930 年，浙江省就有 21 个县开采萤石，年产量达 1.2 万吨，其次在辽宁、内蒙古、河北等省区也有少量开采。在此期间均是民采小矿，没有正规的萤石矿山。1938 年浙江被日军占领，到 1945 年被日军掠夺的浙江萤石超过 30 万吨。与此同时，内蒙古的喀喇沁旗大西沟萤石矿也开始开采，采出矿石达 10 多万吨。新中国成立以后，随着经济建设，特别是钢铁工业、炼铝工业、建材工业和氟化工业的发展，各行各业对萤石的需求大幅度增长。1950 年 4 月 16 日建立了浙江省氟矿办事处，恢复浙江武义地区萤石矿山生产。生产萤石省区，由新中国成立前的 3~4 个，发展到如今全国近 30 个，建设了一大批萤石矿山，并已形成超 600 万吨/年生产能力[7]。

我国萤石矿产不仅开采历史悠久，而且矿产地质调查工作也较早。1932 年 5 月，浙江省矿产调查所地质技师燕春台调查了浙江武义一带 24 处萤石矿床共 38 个矿体露头，并撰写了《武义氟矿资源调查报告》[12]。

抗战胜利后，地质学家李璞、刘国忠、盛莘夫、段国章等对浙江，特别是浙江武义杨家等萤石矿山做了全面的地质调查并提出了工作建议。1950 年，胡克俭等对浙江武义、新昌、嵊县的萤石矿进行了野外调查。1956 年，高振西、潘江等对浙江武义一带萤石矿进行了系统的野外地质调查，首次对这一带萤石矿的地质特征做了精辟的总结。经过广大地质工作者几十年的艰辛工作，现已探明浙江杨家、后树，湖南柿竹园，内蒙古四子王旗苏莫查干敖包等萤石矿床 200 多处，矿物量大约 1.7 亿吨[12]。

⟨2.3⟩ 萤石资源现状

萤石资源分布十分普遍，世界各大洲都有发现。从成矿地质环境来看，环太平洋成矿带的萤石储量最多，约占全球萤石储量一半以上[13-17]。萤石资源主要分布在亚洲的中国、蒙古、泰国，北美洲的墨西哥、美国、加拿大等地，非洲的南非、肯尼亚和欧洲的法国、意大利和英国等地也有一定的储量[18-29]。据 1996 年《Mineral Cammodity Summaries》报道，1995 年世界萤石资源储量为 1.9 亿吨、基础储量为 2.8 亿吨。

2.3.1 世界萤石矿资源现状

从图 2-1 可以看出，2017—2023 年，全球萤石储量稳定增长，根据 2023 年美国地质调查局公布的世界萤石储量数据，截至 2023 年底，世界萤石总储量约2.8 亿吨（折合 100%氟化钙）。

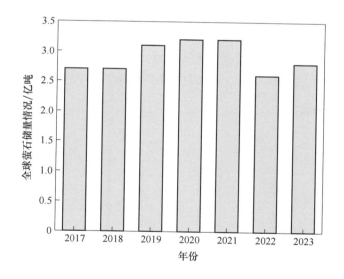

图 2-1 2017—2023 年全球萤石储量分布

Fig. 2-1 Global fluorite reserves distribution from 2017 to 2023

从图 2-2 可知，2023 年，全球萤石储量主要分布在墨西哥、中国、南非、蒙古，萤石储量分别为 6800 万吨、6700 万吨、4100 万吨、3400 万吨，占全球萤石储量比分别为 24.28%、23.93%、14.64%、12.14%[30-33]。其他国家如美国、欧盟、日本、韩国和印度等几乎少有萤石资源储量，世界范围内，萤石分布形成结构性稀缺。

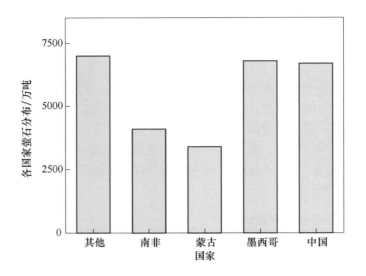

图 2-2　2023 年各国家萤石储量分布

Fig. 2-2　Distribution of fluorite reserves in all countries in 2023

从图 2-3 可以看出，近五年全球萤石产量稳步增长，根据 2023 年美国地质调查局公布的世界萤石产量数据，截至 2023 年底全球萤石总产量为 883 万吨。中国萤石生产量超过 570 万吨，其次为墨西哥和蒙古（图 2-4）。

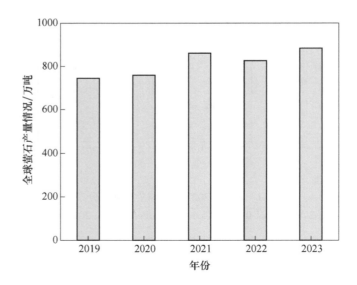

图 2-3　2019—2023 年全球萤石产量情况

Fig. 2-3　Global fluorite production from 2019 to 2023

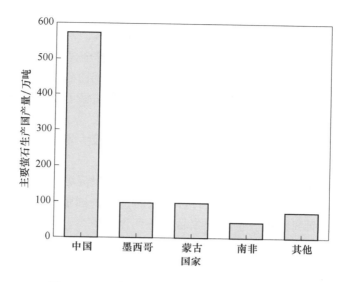

图 2-4　2023 年世界各主要萤石生产国萤石产量

Fig. 2-4　Production of fluorite by major fluorite producing countries in 2023

2.3.2　中国萤石矿资源现状

据美国地质调查局数据，近五年我国萤石储量相对平稳，2023 年萤石储量达到 6700 万吨（图 2-5）[34-37]。

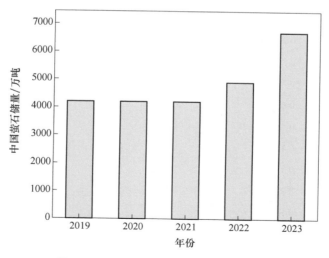

图 2-5　2019—2023 年中国萤石储量情况

Fig. 2-5　Fluorite distribution in China from 2019 to 2023

我国萤石产能与矿石主产区基本一致，集中化特征明显。目前有效产能主要集中在内蒙古、河南、浙江、安徽、江西等五省区，占我国产能的80%，且以民营企业为主[34]。其中，浙江省的萤石产量位居全国前列，主要是华东地区氟化工市场需求量大[38-41]，而从萤石储量来看，湖南省萤石储量较大，但当地矿山以伴生矿为主，开采难度高[42-44]，另外内蒙古萤石资源丰富，但由于市场需求、地质勘察等因素制约当地萤石资源开发[45-47]。国内萤石矿山超1000座，大多数是小型矿山，规模较大且在行业内具有较大影响力的萤石采选企业仅几家。

我国单一矿萤石品质优良，适用于高端产业。世界各国的萤石资源的品质存在较大差异，举例来说，南非萤石含铁较高、蒙古国萤石含磷较高、墨西哥萤石含砷较高，而我国单一萤石资源品质高且含杂质少，优质资源，被大量用于高端产业，他国资源难以替代，重要性凸显[48]，但过度开采问题严重，储采比远低于世界平均水平，综合回收开采率有待提高。尽管我国作为世界第二大萤石资源国，但是萤石储量与资源开发量并不匹配，2022年我国萤石储量占世界储量的18%，却贡献了69%的产量。另外，据美国地质勘探局（United States Geological Survey，USGS）数据可知，2021年我国萤石资源的储采比仅为7.78，远低于世界平均水平37.21，储采比严重失衡。综合回收率低同样是我国萤石开采中一大问题，据中国矿业联合会萤石产业发展委员会数据，目前我国萤石资源的综合回收率仅为51.43%，造成萤石资源的严重浪费和环境污染，回收率亟须提升[49,50]。2019—2023年我国萤石产量占全球产量比重情况如图2-6所示。

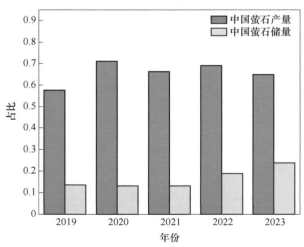

图 2-6　2019—2023 年我国萤石产量占全球产量比重情况

Fig. 2-6　Proportion of China's fluorite production in global from 2019 to 2023

2.3.2.1 我国萤石资源分布

我国萤石资源总量丰富，从地域分布来看，我国萤石资源分布的区域性集中特征显著，主要分布于内蒙古、浙江、江西、安徽、云南，以上五省区萤石资源量占全国总量的87%左右（图2-7）[33,35,36]。

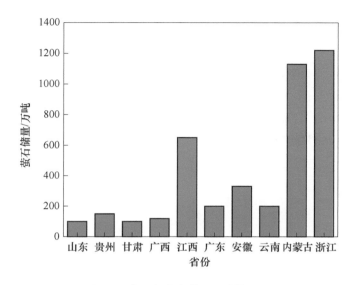

图 2-7　全国各省市萤石查明资源量

Fig. 2-7　Identified resources of fluorite in provinces and cities of China

2.3.2.2 我国萤石矿山分布

我国萤石矿床主要分为沉积改造型、热液充填型和伴生型矿床3种类型[51-55]。沉积改造型矿床主要分布于内蒙古、贵州和云南省区，典型矿床为苏莫查干敖包萤石矿，该矿床萤石资源量达1000万吨，品位在22%~86%，平均为78%，是世界级的大规模单一萤石矿床。热液填充型矿床主要分布于东南沿海浙江、福建、江西等省，典型矿床为安徽宁国庄村和浙江遂昌湖山等。伴生型矿床主要分布于湖南省东部、南部和云南省南部及内蒙古白云鄂博一带，典型矿床有内蒙古白云鄂博式铁铌稀土伴生萤石矿矿床和湖南省郴州市柿竹园钨锡钼铋伴生萤石矿床，其中白云鄂博矿是我国重要的铁、稀土、铌共生矿，稀土折氧化物储量3500万吨，居世界第一，萤石储量1.3亿吨，居世界第二[56]。2014年，王吉平等根据陈毓川院士成矿系列理论，综合考虑萤石矿床的成因类型和工业类型，将中国萤石矿床划分为沉积改造型、热液充填型和伴生型3种矿床类型。根据相同或相似的二级成矿要素组合，进一步划分出11个矿床亚类型–矿床式（表2-1）。

表 2-1 中国萤石矿床类型

Table 2-1 Types of fluorite deposits in China

重要性	矿床类型	矿床式（类型）	成矿必要要素组合	典型矿床
主要	沉积改造型	苏莫查干敖包式沉积改造型萤石矿	裂陷盆地+灰岩+海底火山喷发+褶皱（断裂）+岩浆活动	内蒙古苏莫查干敖包
				内蒙古北敖包吐
		晴隆式沉积改造型萤石矿	沉积盆地+灰岩+火山喷发活动+褶皱（断裂）	贵州晴隆大厂
				云南富源老厂
	热液充填型	七坝泉式热液充填型萤石矿	侵入岩+断裂	甘肃七坝泉、内蒙古七一山、湖北红安华河、福建将乐常口、河南嵩县陈楼、广东河源
		武义式热液充填型萤石矿	火山岩+断裂	浙江武义杨家、河北平泉郝家楼、安徽宁国庄村、辽宁义县三宝屯
		八面山热液充填型萤石矿	灰岩+断裂+侵入岩	浙江常山八面山、江西德安洪溪畈
		湖山式热液充填型萤石矿	火山岩+侵入岩（次火山岩）+断裂	浙江遂昌湖山
		双江口热液充填型萤石矿	侵入岩+断裂+灰岩（捕虏体）	湖南衡南双江口
重要	伴生型	白云鄂博式铁铌稀土伴生萤石矿		内蒙古白云鄂博铁铌稀土伴生萤石矿床
		柿竹园式钨锡钼铋伴生萤石矿		湖南柿竹园钨锡钼铋伴生萤石矿床
		桃林式铅锌伴生萤石矿		湖南桃林铅锌伴生萤石矿床
		苦草坪式重晶石伴生萤石矿		重庆苦草坪重晶石伴生萤石矿床

  截至 2018 年，我国主要萤石矿床约 230 处，其中单一型萤石矿 190 处，占总矿床数的 82.6%；共伴生型矿床数 40 个，占总矿床数的 17.4%。单一型萤石矿床数量多，但单个矿床储量少。根据中国矿业联合会萤石产业发展委员会调查，伴生型矿床占比 68.5%，单一型矿床占比 31.5%。伴生矿数量少，储量大，

资源品质较差。伴生矿中湖南、内蒙古等地以有色金属、稀有金属伴生为主，云南、贵州、四川等地主要以重晶石共生的重晶石萤石矿为主[57]。我国单一型矿床萤石资源每年消耗氟化钙 610 万吨，开发程度高。

2.3.2.3 我国萤石产量

随着下游氟化工整体需求不断增长，我国萤石需求量增加，带动国内萤石产量持续升高。依据数据，2023 年我国萤石产量为 573 万吨，约占全球萤石产量 883 万吨的 64.89%（图 2-8）。

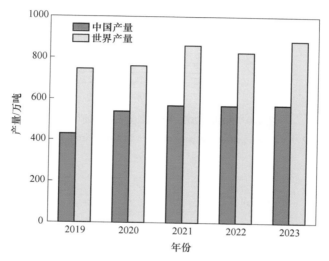

图 2-8　2019—2023 年中国及全球萤石产量

Fig. 2-8　China and global fluorite production from 2019 to 2023

2.3.2.4 我国萤石表观消费量

近年来随着我国水泥玻璃工业、炼铝工业、炼钢工业以及氟化学工业的迅速发展，我国萤石消费量表现为稳步上涨趋势，截至 2023 年已达 634 万吨（图 2-9）[58]。

2.3.2.5 我国萤石进出口量

萤石在冶金、化学、建材等工业生产中被广泛使用，国际市场需求极为旺盛。就我国萤石进出口状况而言，近十年，我国萤石进口量呈上升趋势，而出口量震荡下滑。自 2019 年起，进口量均超过出口量，我国正式成为萤石进口国，2021 年以来，因墨西哥、加拿大两大矿山自身原因停产，以及全球疫情原因，进口数量急剧减少，从整年来看，我国萤石进口量略低于 2020 年进口，出口量小幅度上升。截至 2022 年全年萤石进口量约 27.86 万吨，出口量约 47.79 万吨（其中氟化钙含量≤97%为 24.22 万吨，氟化钙含量>97%为 23.57 万吨）[59]，2023 年萤石进口量约 100.09 万吨。2019—2023 年中国萤石进出口量如图 2-10 所示。

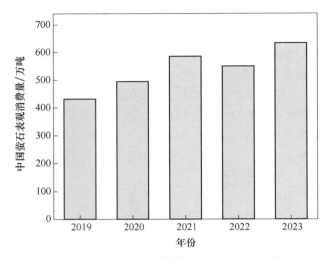

图 2-9 2019—2023 年中国萤石表观消费量

Fig. 2-9 Apparent fluorite consumption in China from 2019 to 2023

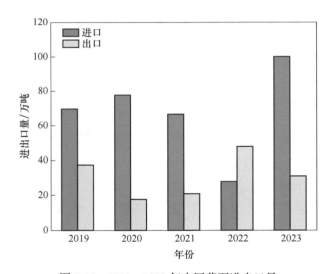

图 2-10 2019—2023 年中国萤石进出口量

Fig. 2-10 Imports and exports of fluorite in China from 2019 to 2023

目前我国萤石进口主要来源于蒙古、墨西哥等，出口地主要包括日本、韩国和印度尼西亚等。2021 年以来，由于受到新冠疫情对进口市场的冲击，萤石进口量大幅减少，2022 年我国萤石进口量为 27.9 万吨，同比下滑 58.23%；出口量为 47.8 万吨，同比上升 128.71%。主要原因是国外部分矿山停产，国外客户转向我国厂商购买，拉动萤石出口量提升[59]。2022 年各月中国萤石进出口量如图 2-11 所示。

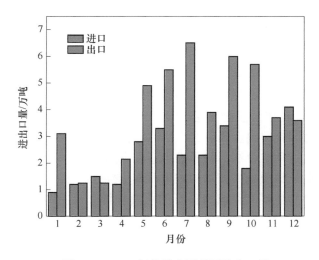

图 2-11　2022 年各月中国萤石进出口量

Fig. 2-11　China's fluorite import and export volume by month in 2022

　　我国通过加强萤石出口关税调控、提高萤石回采率等多举措，保护国内萤石资源。首先，在进出口方面，我国对萤石出口采取配额许可制度，从出口退税逐步发展为征收出口关税。2007—2009 年，财政部多次调整萤石和氢氟酸出口关税，控制萤石资源出口量；其次，国内方面，不断提升萤石矿资源税额。2010年 6 月起，我国将萤石资源税使用税额由 3 元/吨调整至 20 元/吨，2016 年 5 月将萤石矿资源税按应税产品销售额（不含运杂费）的 3.05% 计缴。在上述基础上，工信部划定准入标准，严格限制新企业进入，并进一步限制开采规模，提高露天开采回采率，以保护国内萤石资源[60]。

　　我国萤石产量近五年逐年提高，现已为萤石进口国。产量方面，2019—2023年我国萤石产量呈现出上升趋势，产量从 2019 年的 430 万吨提高到 2023 年的573 万吨；进口方面，2019—2023 年我国萤石进口量整体增加，进口量从 2019年的 69.8 万吨提高到 2020 年的 77.8 万吨，2022 年略有下降，为 27.9 万吨；出口方面，2019—2023 年我国萤石出口整体呈现波动下降的态势，出口量从 2019年的 37.4 万吨下降到 2020 年的 17.6 万吨，2022 年出口量有所上升，为 47.79万吨，2023 年出口量约 31.5 万吨，低于 2022 年全年。

2.3.2.6　其他伴生萤石资源

　　伴生萤石矿因存在诸多技术问题，多年来未被大量利用。（1）萤石多与钼、钨、锡、铋等金属共生，选矿工艺中的金属浮选药剂对萤石选别影响较大，萤石被强烈抑制。（2）传统的萤石捕收方法中，所采用的药剂不耐低温，冬季使用的经济性与回收率均较低。（3）伴生萤石矿的萤石品位低，与钨锡矿、铅锌矿、稀土-铁伴生的萤石品位一般为 15%~20%；与石英、硫化物、石英-重晶石-方解石伴生的萤石品位一般为 30%~60%，且矿物性质相近，分离难度大。因此，在过去的诸多年中，伴生萤石矿并未被大规模开采。开采技术进步加快伴生矿利用，后期或将成为重要萤石来源。经诸多探索，现有新工艺应用于萤石开采过程中，如新型萤石活化剂、耐低温萤石捕收剂和复杂脉石矿物分步抑制剂，可以显著提高萤石精矿回收率。以郴氟公司为例，该矿区萤石矿品位为 17%~20%（CaF_2 含量）柿竹园钼铋钨金属矿选厂浮钨尾矿矿浆，新工艺所得的矿石品位和回收率较原有工艺有明显提高。技术进步直接提高萤石选矿厂的经济效益，伴生矿开采局面也将随着该类选矿技术的进步而逐步打开，在我国单一萤石矿品位下降的背景下，后期伴生矿有望成为萤石的重要来源[61]。伴生萤石矿利用情况如表 2-2 所示。

表 2-2　伴生萤石矿利用情况
Table 2-2　Utilization of associated fluorite ore

工艺	产品名称	CaF_2 品位/%	综合 CaF_2 品位/%	回收率/%
原工艺	高品位精矿	87.47	85.79	46.34
	低品位精矿	74.99		6.16
新工艺	高品位精矿	94.57	92.40	60.23
	低品位精矿	76.17		6.50

2.4　萤石需求情况

目前萤石的需求状况呈现"传统领域企稳回升，新兴领域贡献增量"局面。萤石下游主要产品为氢氟酸和氟化铝。根据百川盈孚数据，2021 年萤石下游主要消费领域为氢氟酸和氟化铝，占比分别为 56.33% 和 24.80%，冶金、建材和其他领域应用占比分别为 8.63%、8.09% 和 2.16%。制冷剂、冶金和建材为传统需求领域，随着国家加大稳增长政策力度，传统领域的萤石消费有望回升；电子级氢氟酸、含氟锂电材料、多种含氟聚合物为新兴领域，近年来快速发展且景气持续上行，未来有望贡献巨大需求增量。

2.4.1　传统领域需求

2.4.1.1　制冷剂

制冷剂是氟化氢下游最主要的应用，2021 年占比 37.1%（图 2-12）。制冷剂，也称冷媒、雪种，是各种热机中借以完成能量转化的媒介物质。其工作原理：在制冷系统中不断改变自身状态，进行吸、放热转移热量来实现制冷。制冷剂应用广泛，主要用于空调、冰箱、汽车、商业制冷设备等产品。2021 年无水氟化氢下游应用领域中制冷剂消费占比达 37.1%。

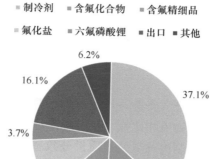

■ 制冷剂 ■ 含氟化合物 ■ 含氟精细品
■ 氟化盐 ■ 六氟磷酸锂 ■ 出口 ■ 其他

图 2-12 2021 年我国无水氟化氢下游应用

Fig. 2-12 Downstream application of anhydrous hydrogen fluoride in China in 2021

为降低臭氧层破坏度和温室效应，制冷剂现已迭代至第三代。第一代制冷剂是氯氟烃（CFCs）类物质，具有高臭氧消耗潜能值（ODP）和全球变暖系数（GMP），破坏性极强，在全球范围内已淘汰；第二代制冷剂是含氢氯氟烃（HCFCs）类物质，虽然具有较低臭氧消耗潜能，但从长期来看仍具有较高破坏性，目前发达国家已基本淘汰，发展中国家进入减产阶段；第三代制冷剂是氢氟烃（HFCs）类物质，对臭氧层无影响，但具有较高全球变暖系数，大量使用会加剧温室效应，目前发达国家已进入淘汰初期，发展中国家进入淘汰基准期；第四代制冷剂是氢氟烯烃（HFOs）类物质，对臭氧层无影响同时温室效应小，但其在效果、成本、安全等方面技术还不成熟，目前仍处于初期探索阶段。

第三代制冷剂为我国主流制冷剂。根据《蒙特利尔协定书》的淘汰要求，我国需要在 2025 年削减至基线水平的 32.5%。2016 年，《蒙特利尔议定书》缔约方达成《基加利修正案》，旨在限控温室气体氢氟碳化物（HFCs），协同应对臭氧层耗损和气候变化。2021 年我国宣布接受《基加利修正案》，我国应在 2020—2022 年 HFCs 使用量平均值基础上，于 2024 年冻结三代制冷剂的消费和生产于基准值，2029 年削减 10%，到 2045 年后将使用量削减至其基准值 20% 以内，其间过程较长。

2020—2022 年的产销情况为我国未来 HFCs 配额分配的基准线，制冷剂生产企业不惜通过牺牲业绩、压低价格的方式提升销量，抢夺三代制冷剂配额。2022

年是《基加利修正案》基线期的最后一年，我国制冷剂企业的配额争夺战已经完结，制冷剂行业逐步回归正常状态。根据百川盈孚数据，2023年制冷剂R134a价格整体震荡偏强运行，1月R134a市场均价为24500元/吨，12月市场均价为27666元/吨，年内上涨12.93%。据统计，国内汽车市场的R134a使用率为89%。近两年新能源汽车高度繁荣，带动汽车行业整体增长，汽车保有量稳定增长，2024年汽车领域制冷剂需求量有望稳步提升，将对制冷剂R134a价格起到较强支撑。

第三代制冷剂氟含量提升，将进一步带动萤石需求。第三代制冷剂是氢氟烃类物质，与前代氢氯氟烃类物质相比氟含量更高，对氟的需求更大。根据百川盈孚公司数据和公告，第二代制冷剂氟元素质量分数基本在16%~44%，而第三代制冷剂氟元素质量分数普遍在67%以上，其中HFC-125氟元素质量分数高达79.15%。萤石作为唯一提供氟元素的原材料，其需求将被进一步带动。

2.4.1.2　冶金

萤石在冶金领域主要用作助熔剂，有助于金属性能提升和杂质脱除。萤石熔点为1437℃，在高温下具有熔点低、黏度低等特点，因此在冶金领域主要是作为助熔剂，以降低难熔金属的熔点，加强炉渣的流动性，从而提高渣和金属的分离拉伸强度。此外，在冶炼过程中它还有助于金属脱除杂质元素，进而加强金属的热塑性和拉伸强度，是冶金工业中重要的矿物原料。用于冶金的萤石品质要求CaF_2含量大于65%，杂质二氧化硅含量低于32%，磷和硫的含量不得超过0.08%和0.3%，因此用于冶金的萤石产品需要是高品质萤石矿或是经过提炼的萤石精粉。

从我国电解铝表观消费量来看，2017—2021年我国电解铝消费整体呈现增长趋势，尤其是2020年以来，受新能源汽车的发展带动，车用铝材得到显著提升，拉动电解铝消费量持续上行，2020年和2021年其表观消费量分别同比增长8%和5%。氟化铝多数用于电解铝的生产，电解铝的需求提升将带动氟化铝需求向好，进而带动萤石的需求增量。

2022年11月，国家有关部门联合发布了《有色金属行业碳达峰实施方案》，在该方案的指引下，中国有色金属全行业重点开展了电解铝产业结构调整，推动了中国电解铝用能的优化布局。根据百川盈孚数据，2023年，与国际铝市场低迷不振状态相反，国内铝市场在国家政策引导下，展现了良好的韧性，3月下旬市场铝价开始反弹修复，重新回归供需基本面。截至2022年10月27日，我国电解铝库存处于自2018年以来的历史低位。市场总库存方面，目前库存量为63.85万吨，同比降低36.81%。随着国内稳经济等相关举措的推出，终端需求转好将刺激电解铝需求恢复，低库存下，电解铝有较强的补库存需求，氟化铝及萤石需求有望迎来反转。

2.4.1.3 建材

萤石在建材方面，可用于水泥、玻璃、陶瓷等多个领域（表 2-3）。建材工业中，萤石主要作为助熔剂、矿化剂、瓷釉，广泛用于玻璃、水泥、陶瓷的生产过程中。具体来说，在玻璃生产领域，萤石可以作为助熔剂促进玻璃熔化，加入量为炉料的 1%～3%，也可作为遮光剂将玻璃变成乳白色半透明体，加入量为炉料的 10%～20%。在水泥领域，萤石作为矿化剂能降低炉料的烧结温度，减少燃料消耗，同时增强烧结时熟料液的黏度，促进 $3CaO \cdot SiO_2$ 的形成，加入量一般为炉料的 0.8%～5%。在陶瓷领域，萤石在瓷釉生产过程中起到助色和助熔作用，如在红色瓷釉中加入萤石后能色泽光亮鲜艳，加入量一般约 10%～20%。

表 2-3 萤石在建材中作用

Table 2-3 Functions of fluorite in building materials

领域	作用	产品	与炉料的质量比/%
玻璃	助熔剂	普通玻璃板材	1～2
		碱性玻璃球	1～2
		氧化玻璃	3
	遮光剂	白色、乳白、彩色玻璃	10～20
水泥	矿化剂	水泥	0.8～5
陶瓷	助色、助熔	瓷釉	10～20

近年来建筑业稳步增长，房地产复苏需求有望拉动萤石需求量提升，我国建筑业发展较为稳健。根据国家统计局数据，2023 年建筑业总产值为 31.59 万亿元，2022 年，全国建筑业总产值为 31.2 万亿元，是 2013 年的 1.95 倍，十年平均增长 7.67%。2023 年以来，为拉动经济稳定增长，克服疫情影响，国家加大基建投资力度，充分发挥基建托底作用。随着"稳增长"一揽子政策落地，建筑业有望持续复苏，拉动萤石需求提升。

2.4.2 新兴领域需求

2.4.2.1 含氟锂电材料

含氟精细化学品有很好的电化学稳定性，因此在锂电池中具有非常广泛的应用，主要包括黏结剂、电解质锂盐、添加剂等。在电解液中，含氟精细化学品主要有六氟磷酸锂、双氟磺酰亚胺锂、FEC 等。在正极中，锂电级 PVDF 作为黏结剂难以被替代；在负极中，氢氟酸在石墨负极的生产中起到重要的作用。

（1）黏结剂 PVDF。动力锂电池与储能锂电池高速发展，拉动锂电级 PVDF 需求量持续提升。动力锂电池方面，PVDF 在锂电池中主要用作正极黏结剂和隔膜涂覆材料，2014—2023 年，我国动力锂电池出货量从 3.7 GWh 增长到 630 GWh，同比增长 31.4%。储能锂电池方面，2016—2023 年，我国储能锂电池出货量从 3.1 GWh 增长到 206 GWh，同比增长 58.5%。"双碳"目标驱动下，锂电行业有望维持高速发展态势，拉动锂电级 PVDF 需求量持续提升。2019—2023年我国储能锂电池出货量如图 2-13 所示。

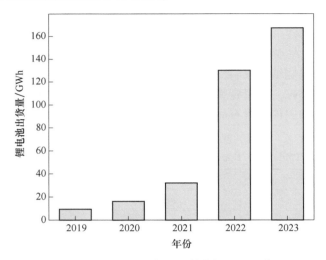

图 2-13　2019—2023 年我国储能锂电池出货量

Fig. 2-13　Shipments of lithium energy storage batteries in China from 2019 to 2023

（2）电解液六氟磷酸锂。电解液主要组成成分包括电解质锂盐、有机溶剂和添加剂，其中电解质锂盐是锂离子电池充放电工作时传输锂离子的关键主体。目前常见的锂盐包括六氟磷酸锂（$LiPF_6$）、四氟硼酸锂（$LiBF_4$）、双氟磺酰亚胺锂 [$HN(SO_2F)_2$] 等，其中 $LiPF_6$ 为主流锂盐。目前，工业上生产 $LiPF_6$ 的方法以氟化氢溶剂法为主，即先将卤化锂溶解在无水氟化氢中，通入高纯 PF_5 气体反应得到 $LiPF_6$ 溶液，再经过结晶、分离、干燥得到 $LiPF_6$ 产品。

（3）电解液双氟磺酰亚胺锂。双氟磺酰亚胺锂 [$HN(SO_2F)_2$] 是一种新型锂盐，与六氟磷酸锂相比，$HN(SO_2F)_2$ 中的 F 可以减弱锂盐阴阳离子间的配位作用，进而增强 Li^+ 的活动性。因此 $HN(SO_2F)_2$ 具有比 $LiPF_6$ 更高的电导率、化学稳定性和热稳定性。此外，$HN(SO_2F)_2$ 能显著提升电池性能，包括低温性能、循环寿命和耐高温性能等，优势明显，发展潜力较大。

电解液添加剂的应用可显著改善电解液性能，种类众多，其中氟代碳酸乙烯酯（$C_3H_3FO_3$）能抑制电解液的分解，具备较好的形成固体电解质界面膜（Solid Electrolyte Interface，SEI）的性能，能显著改善电解液的低温性能，为国内主流添加剂。2020 年在国内电解液添加剂出货量中，FEC 出货量占比达 21.7%，仅次于 VC。

电解液产量高速增长，拉动电解质锂盐与 FEC 需求量持续提升。产能方面，根据百川盈孚数据，2021 年我国电解液产能为 99.99 万吨，同比增长 67.94%。产量方面，2017—2021 年，我国电解液产量从 11.92 万吨增长到 47.93 万吨，年均复合增长率为 41.61%，其中 2021 年同比增长 60.68%。随着锂电行业高速发展，电解液新增产能陆续释放，锂盐和 FEC 需求量有望持续提升。

2.4.2.2　电子级氢氟酸

电子级氢氟酸主要用于光伏和集成电路领域，国产替代空间广阔。电子级氢氟酸是氟化氢的水溶液，对金属、玻璃、混凝土等具有强烈腐蚀性。由于氢氟酸是少有的能够和 SiO_2 发生反应的电子化学品之一，故电子级氢氟酸被广泛用于集成电路、太阳能光伏和液晶显示屏等领域。它的纯度和洁净度对集成电路的成品率、性能及可靠性十分重要。2019—2023 年全球半导体设备市场规模如图 2-14 所示。

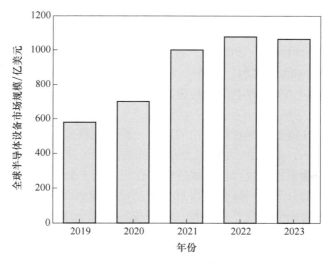

图 2-14　2019—2023 年全球半导体设备市场规模

Fig. 2-14　Global semiconductor equipment market size from 2019 to 2023

目前电子级氢氟酸的纯度判断依据国际 SEMI 标准，共有 G1～G5 五个等级。目前我国湿电子化学品主流产能仍以 G2、G3 产品为主，G5 产品仍多数依赖进口，少有国内企业可进行 G5 级别产品的生产，国产替代空间广阔。光伏行业和半导体行业高速发展，拉动电子级氢氟酸需求提升。光伏方面，2012—2021 年，我国光伏新增装机量从 3610 MW 增长到 52985 MW，年均复合增长率达 34.8%。随着发展可再生能源成为全球共识，光伏行业有望维持高速发展。半导体方面，根据国际半导体产业协会（SEMI）数据，2021 年全球半导体设备市场规模为 1026 亿美元，同比增长 44%。在 5G、智能穿戴设备等新兴领域的推动下，半导体市场有望迎来较大增长。

2.4.2.3 含氟聚合物

含氟聚合物是指有机高分子主链或侧链中与碳原子直接共价键相连的氢原子用氟原子全部或部分取代的高分子聚合物，其单体众多、结构各异，主要包括氟树脂、氟涂料、氟橡胶三大类。由于 C—F 键能较高、主链骨架稳定，且氟原子极化率较低，故含氟聚合物具有耐化学性、气候稳定性、低表面能等多项优良特性，被广泛用于汽车、化工、电子电气、工程、医疗等领域。

目前我国主要的氟聚合物产品包括聚四氟乙烯（PTFE）、聚偏氟乙烯（PVDF）、全氟乙烯丙烯共聚物（FEP）；另外，氟橡胶（FKM）、乙烯-四氟乙烯共聚物（ETFE）、全氟烷氧基树脂（PFA）、乙烯-三氟氯乙烯共聚合物（ECTFE）等也具备较大的发展潜力。锂电行业高速发展，有望带动 PVDF 需求量持续上升。PVDF 即聚偏氟乙烯，是一种高度非反应性热塑性含氟聚合物，理论氟含量约为 60%。据华经产业研究院数据，PVDF 广泛应用于计算机、航空航天、光学仪器、兵器工业等应用领域，同时是锂电池中重要的黏结剂，也可以作为太阳能背板膜的耐候层。2021 年，锂电池是 PVDF 的最大需求领域，PVDF 的下游消费中，锂电池、涂料、注塑、水处理和太阳能背板占比分别为 39%、30%、15%、10%、6%，锂电行业高速发展且市场空间巨大，有望带动 PVDF 需求量持续上升。

PTFE 于 1936 年被美国杜邦公司的罗伊·普朗克特发现，是目前应用最为广泛的含氟材料之一。由于 PE 中的氢原子全部被氟原子所取代，而氟原子的共价半径大于氢原子的半径，故可以把碳链包围住，又由于氟原子互相排斥，使整个大分子链不像碳氢分子链一样呈锯齿形，而是呈螺旋结构，在 PTFE 的碳链骨架外形成了一个紧密的"氟代"保护层。这层保护层使 PTFE 具有了极其优异的耐溶剂性、化学稳定性以及较低的内聚能密度，也拥有了广泛的应用范围。据百川盈孚数据，2023 年我国 PTFE 下游消费领域包括石油化工、厨具、电子、汽车运输、医疗健康、建筑、航空航天等，其中石油化工和电子为主要消费领域，占比分别为 45% 和 17%（图 2-15）。

FEP 加工更为便捷，可在部分领域替代 PTFE。全氟乙烯丙烯共聚物（FEP）是由四氟乙烯（TFE）和六氟丙烯（HFP）在悬浮介质自由基和乳化剂存在的条件下通过共聚反应制备而成的。与 PTFE 相比，由于引入了 HFP，FEP 的相对分子质量比 PTFE 低很多，以致 FEP 有更低的熔体黏度，加工性更好，弥补了 PTFE 难以加工的不足，使其成为在部分领域代替 PTFE 的材料。目前 FEP 主要应用于电线绝缘、要求耐化学性的管材和管件、太阳能板和太阳能集热器的薄片和膜产品等领域。随着含氟聚合物的应用领域持续拓宽，FEP 应用量有望持续提升。

FKM 综合性能优异，常用于尖端科学技术。氟橡胶（FKM）是指主链或侧

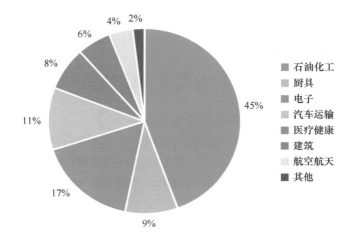

图 2-15　2023 年我国 PTFE 主要消费领域

Fig. 2-15　Main consumption areas of PTFE in China in 2023

链的碳原子上含有氟原子的合成高分子弹性体，由经配比的 VDF 与 HEP 于反应釜内聚合生成氟橡胶胶乳，后经凝聚、洗涤、脱水、干燥、轧炼等工序制得而成，也可在聚合时添加 TFE。与其他合成橡胶相比，除耐碱性外，氟橡胶耐透气性、耐油性及耐候性等多种性能均为优或良，且最高耐热温度仅次于硅橡胶，综合性能优异，在航空、导弹、火箭、宇宙航行等尖端科学技术以及汽车工业等领域均有所应用。

ETFE 力学性能优异，主要用于各种建筑的棚膜塑料。ETFE 是乙烯−四氟乙烯共聚物，于 20 世纪 70 年代在美国开始研究。在保持了 PTFE 良好的耐热、耐化学性能和电绝缘性能同时，ETFE 的耐辐射和力学性能有很大程度改善，它的抗撕拉能力极强，拉伸强度可达 48 MPa，拉伸模量达 800 MPa，约为 PTFE 的 2倍。目前 ETFE 主要用于农业温室的覆盖材料以及各种建筑物的棚膜材料。英国伊甸园、北京水立方等场馆都采用了这种膜材料，具备良好的发展前景。

PFA 具备较高的熔点，同时保持可熔融加工性。全氟烷氧基树脂（PFA）是四氟乙烯（TFE）与全氟丙基乙烯醚（PPVE）的共聚物。由于聚合物链中存在PPVE 单元，PFA 熔体黏度低于 PTFE，因此可在高达 260 ℃ 的工作温度下使用，同时保持可熔融加工性。同时 PFA 的熔点高于除 PTFE 外的所有含氟塑料，因此广泛应用于需要更高纯度、优异耐化学性和高工作温度的特殊用途中，包括电线电缆、精密设备、半导体等领域。

ECTFE 性能良好，未来拓展空间较大。ECTFE 树脂是乙烯和三氟氯乙烯 1∶1的交替共聚物，具备突出的抗冲击性能。在保留聚三氟氯乙烯均聚物原来的优良性能，如耐热性、耐化学性及耐候性的同时，也具备了可以用热塑性成形方法来加工的特点。由于其优异特性，ECTFE 在建筑工业、石油化工和汽车、航空工业、化学工程、光学及微电子行业等多个领域均得到一定的应用。目前，全球只有少量在产企业，国内尚未规模化生产，产品未来发展空间较为广阔。

2.5 中国萤石行业发展面临的新形势和特点

（1）技术进步引领萤石资源供给发生变革。

首先，伴生矿选矿回收技术突破和应用将逐步改变萤石供给格局。湖南郴州是我国萤石伴生矿资源量最大的地区，其资源量占到了我国萤石资源总量的接近一半。其中，湖南有色郴州氟化学公司利用"金属尾矿伴生萤石综合回收技术""自产低品位萤石生产合格氢氟酸技术"等已生产出合格的氢氟酸和萤石球团产品，目前拥有4万吨无水氟化氢和3万吨萤石球团的生产能力，并计划年内再新增2万吨无水氟化氢产能和3万吨萤石球团的生产能力。中化蓝天郴州基地成功突破尾砂回收萤石技术瓶颈，申请专利4件，并建设了利用低品位萤石粉制备氢氟酸、氟化铝的一体化生产线，氟化铝产能8万吨，随着近期市场好转，其产能也逐步释放，取得了较好的经济效益。另外，贵州、重庆交界武陵山地区萤石与重晶石伴生，也是我国萤石资源潜力巨大的地区，但受限于选矿分离技术不过关，资源综合利用率低。目前，已有企业在选矿分离技术上取得突破，综合利用率达到70%以上，因而其萤石产品的成本竞争力将显著增强。上述伴生矿回收分离技术都具备工业化生产条件，如果能够大规模推广应用，必将在一定程度上改变国内萤石供应格局。

其次，磷矿副产氟资源的利用也将影响萤石在氟化工领域的供应比重。目前瓮福集团有限公司从磷肥副产品氟硅酸中回收氟资源制取无水氟化氢技术已日臻成熟，建成了三条工业化量产的生产线，产能5.5万吨/年，即贵州瓮福蓝天（2万吨/年）、湖北瓮福蓝天（2万吨/年）、福建瓮福蓝天（1.5万吨/年）。2020年建成并投产云南瓮福云天化3万吨/年无水氟化氢项目，目前正在扩建为4万吨/年。据了解，随着技术完善和产能扩张，贵州瓮福无水氟化氢单吨成本仅为4000元左右，远低于用萤石精粉生产无水氟化氢的企业，极具竞争力，按8.5万吨/年产能折算可替代萤石精粉20万吨/年左右。

根据国家发改委发布的《产业结构调整指导目录（2019年本）》，"磷矿、萤石矿伴生资源综合利用"属于鼓励类目录，"新建氟化氢（HF，企业下游深加工产品配套自用、电子级及湿法淡酸配除外）"属于限制类目录。政策的指向性将进一步限制萤石法氧化氢产能增长。此消彼长之下，磷矿伴生氟资源生产氟化氢的市场空间有望持续扩大，进而推动磷化工企业向氟化工产业链深度延伸。

（2）国家相关政策及部分地方发展思路的调整对萤石产业的影响。

近年来，伴随着经济转型升级战略的实施，与矿业生产密切相关的生态环境保护、税收、安全生产等方面的政策和指导意见接连出台，监督检查也不断强化。例如，2015 年 5 月环境保护部等十部委联合发布《关于进一步加强涉及自然保护区开发建设活动监督管理的通知》（环发〔2015〕57 号），通知规定，对自然保护区内已设置的商业探矿权、采矿权和取水权，要限期退出；2017 年 7 月国土资源部印发《自然保护区内矿业权清理工作方案的通知》（国土资源发〔2017〕77 号），明确了进度安排，强调相关工作于 2017 年 12 月底完成，并报送保护区内矿业权清理工作的总结报告。这项工作也直接影响到了一些萤石生产企业，同时一些已查明的萤石资源量由于在保护区内也无法转化为有效供给。

2016 年 5 月财政部、国家税务总局联合发布《关于全面推进资源税改革的通知》（财税〔2016〕53 号），此次资源税从价计征改革及水资源税改革试点，自 2016 年 7 月 1 日起实施，萤石精矿税率为 1%~6%。而各省市制定的萤石资源税率又有不同，如同是萤石资源大省的广东、河南资源税率为 2%，江西为 3%，浙江为 3.5%，而福建、安徽、湖南、内蒙古则为 6%。当地政府不同的指导思想造成了不同地区负担成本的差异。

为实现萤石矿产的合理开发利用与有效保护，促进萤石产业结构调整，我国针对萤石开采规模、"三率"指标、生产和开采总量控制等出台了有关政策。2023 年加强规划引导，完善萤石开发产业布局。在各级矿产资源总体规划中，加强对萤石矿开发的宏观调控和战略部署；有条件的地区加强萤石矿产资源专项规划的编制工作，统筹资源、能源、环境和市场等因素合理布局萤石矿开发项目。在萤石资源富集地区，谋划建设萤石产业基地，引导要素聚集，确保资源稳定供给。通过规划引导、矿业权设置等方式，调控生产总量，继续实施保护性开发。在新一轮找矿突破战略行动中，充分发挥中央和地方财政资金支持引导作用的同时，在萤石重点勘查区合理部署探矿权，引导矿业权人加大地质勘查工作力度。

另外，优化产业结构，推动萤石产业高质量发展。对新建萤石矿山严格落实矿山最低开采规模等相关要求，对现有萤石矿山实施技术改造和开采结构调整。引导萤石企业根据规模、交通、环境等条件，科学合理配置选厂，推进萤石开发采选一体化。加快制定萤石行业生产技术规范，出台引导性和鼓励性政策，提高萤石矿产资源综合开发利用水平。支持萤石开发向下游产业延伸，提升萤石下游产品的附加值，推进萤石产业结构。

（3）下游产业结构调整对上游萤石产业的影响。

由于近年来萤石下游产业钢铁、电解铝、水泥、玻璃和氢氟酸均处在去产能调结构的过程中，每年的总产量都不会超过前些年的高值。因此，萤石的产量总体稳定，并且随着投资强度减弱、产业升级、技术进步和对外合作（产能对外转移）的进程，萤石的需求量将呈现稳中有降的局面，其中，还将出现供给结构和区域上的变化。例如，萤石球团将进一步替代萤石粒子矿。同时，钢铁冶金行业进口铁精粉和废钢回收利用比重提高，也将减少对萤石粒子矿的需求；部分氟化铝产能将随电解铝转向西部，对萤石需求将增加；随着东部沿海省市安全环保和产业标准提高，氢氟酸等基础氟化工产能在向中西部转移，因而对这些区域的资源供给保障有了新的要求。另外，周边国家萤石产量的增长对我国萤石出口和内需也有替代作用，传统的出口结构也会发生变化。

（4）成本竞争优势逐渐丧失。

首先，由于萤石资源禀赋由优转劣，采矿成本不断提升。十多年来，我国萤石产量一直占到全球的 50% 以上，2011 年后更是占到了 60% 以上。2005—2016年我国累计萤石产量 4000 多万吨，其中出口 600 多万吨；1985—2016 年，我国萤石产量近 1 亿吨，出口量近 2800 万吨。经过 30 多年的大量开采消耗，我国埋藏浅、品质优、有区位交通优势的萤石资源逐渐枯竭，续接资源在勘查投入、井巷工程、选矿成本，以及物流成本方面逐年提高。

其次，矿业权取得成本不断增加。随着萤石价格的上涨，萤石探矿权和采矿权交易价格也不断飙升，尤其是 2011 年以后萤石矿权的市场交易价格和政府的招拍挂价格都有较大幅度的上升，高价取得矿权的很多企业在 2014—2016 年萤石价格低迷时期都难以为继。

再次，安全标准化建设和环保措施不断趋严，使矿山成本投入不断加大，这是纠正原先矿产资源粗放式开发经营的必要措施和手段，因此也是矿山成本一个常态化的组成部分。

最后，人工成本不断上升。由于我国多数萤石矿规模较小，采矿机械化程度不高，主要还是靠人工开采，随着经济生活水平的提高，人工成本的提高是必然趋势。

随着蒙古、缅甸、越南等周边国家有价格竞争力的萤石产量不断增长，我国可能在不久的将来会成为萤石净进口国。

⟨2.6⟩　中国萤石产业可持续发展的对策及建议

中国经济经过 30 多年的快速增长，经济增长速度已从高速转向中低速，增长方式由粗放型向集约型转变，经济发展阶段由生产要素驱动、投资驱动向创新驱动过渡。在新的经济形势下，深入贯彻"创新、协调、绿色、开放、共享"的新发展理念，主动调整适应供给侧结构性改革和产业结构调整的大趋势，是中国萤石产业可持续、健康发展的必由之路。

（1）科学规划，加强萤石资源开发利用区域评价，合理资源供给区域布局。萤石作为稀缺型战略资源在我国分布广，但不均衡，已查明的萤石资源储量，与下游产业发展以及政策、生态环境和社区约束等方面的变化，还存在着供给保障程度、经济合理性和安全环保方面的错位。因此，从科学发展角度出发，要建立全国一盘棋观念，打破行政区域限制，从资源禀赋、投资环境、产业协同、生态环境、经济效益、社会发展等方面进行综合评价，并合理考虑周边国家萤石资源的供给保障可行性，在此基础上规划出满足一定时期发展需要的合理资源供给区域布局，并以此指导上下游产业协调发展。

我国地域广阔，经济体量巨大，但经济发展不平衡，资源分布也不均衡，发展理念也才逐步调整到适应现阶段经济发展水平上来。因此，类似于萤石这样的既是我国优势矿种，又是战略性资源矿产，国家一定要从整体上制定发展战略、科学规划、协调发展，既要用市场的手段也要发挥规划的力量，要避免经济欠发达地区盲目开发萤石资源、发展下游产业；也要避免经济发达地区限制优势矿产资源开采的倾向，这样才能从整体层面上达到经济效益、社会效益和生态环境之间的均衡，保持萤石资源产业的持续健康发展。

（2）加强重点区域地质勘查工作，摸清和掌握萤石资源家底，保障资源续接。我国每年的萤石生产、消费和出口均居全球首位，导致高品位、易开采的萤石资源趋于枯竭。虽然查明的萤石资源量还比较可观，但其中利用程度低的伴生矿占了一半多，而基础储量仅占查明资源量的18%，可采储量更低，储采比明显低于全球平均水平，说明我们的地质工作程度还不够深入，资源保障程度还要进一步提高。目前我国在萤石矿成矿规律、找矿方法方面都有了一定程度的总结和提升；在国家地质调查专项资金、中央地勘基金等资金的支持下，相关地调单位和科研院所对部分区域萤石成矿前景开展了调查评价工作。在上述这些工作成果的基础上，结合产业发展规划，应从两方面入手，真正摸清和掌握我国萤石家底，保障战略储备增长和资源续接：一方面，国家应继续投入资金或政策引导社会资本对重点区域开展更深入的地质勘查工作；另一方面，对已有的符合规范发展要求的采矿权和探矿权，鼓励或强制提高生产设计标准，要求矿权所有人加大勘查力度，在具备一定资源规模的情况下稳定生产。

（3）积极推进科技进步，优先发展伴生矿和磷肥副产氟资源的开发利用。随着选矿工艺和技术的突破，湖南郴州重金属伴生矿、武陵山区萤石重晶石伴生矿，"一矿变多矿"，既增加了矿产资源总量、提高了矿产资源综合利用率，又保护了生态环境。同时，磷矿伴生氟、碘、硅回收利用技术，不但解决了磷肥生产企业的环保压力，而且更为地球氟资源利用打开了更广阔的通道，为我国氟资源保障程度提高开辟了新路。目前，伴生矿和磷肥副产生产氢氟酸在生产成本上已经具备了一定的竞争能力，但均需在一定规模下的综合开发，而且伴生矿，尤其是磷矿资源与下游氟化工产业的对接在地域上都不占优势，因此，在产业政策制定和资金支持上国家应予以倾斜和照顾，推动技术合作和转移，充分利用好原先被废弃的氟资源。

（4）进一步提高萤石行业准入标准。为合理开发利用资源和保护环境，工信部等七部委于2010年出台了《萤石行业准入标准》，为规范萤石行业发展，治理"小、散、乱"起到了一定作用。但目前萤石行业仍然是企业数量多、规模小、备案储量低，还存在部分企业安全生产和环保不达标、掠夺式开采，甚至偷挖乱采的现象。点多、面广、无序竞争，导致行业产能过剩，优势资源价值难以显现。仅凭市场手段，行业内少量的规模企业也难以进行有效整合。因此，建议由国家有关部委协同主要产区省市组织行业协会和专家再次评定行业准入标准，淘汰中小企业，使符合条件的资源向优势企业集中，规模化生产，提高竞争能力，实现资源效率与资源公平的均衡。

（5）通过"一带一路"建设，推进我国萤石产业沿边扩展，从国际市场出发提高资源保障度。我国周边国家蒙古国、缅甸、越南均有萤石资源，尤其是蒙古国资源量更大，这些国家萤石产品成本优势明显，替代效应已逐步显现，甚至有预测2025年后中国将成为萤石净进口国，这也符合区域经济发展梯度转移理论揭示的经济发展规律，也要求我们积极参与开发境外萤石资源，加强国际合作。同时，我国氟化工基础产能过剩，技术能力和水平在全球都有较强的竞争力，尤其是氟化氢，产能、产量和出口量均居全球首位，目前东南亚国家、印度和中东地区对空调等家用电器需求量逐年增长，氟化工产业适度转移也是必然的趋势。因此，萤石行业上、下游协调发展，借助"一带一路"战略走出去，充分利用国内外两个市场，保障产业转移和资源的有效供给，推进产业结构的优化升级，逐渐提升在全球产业链与价值链中的地位，也是资源产业可持续发展的必然选择。

⟨2.7⟩ 萤石富集技术

我国萤石储量居世界前列，但品位低，杂质含量高。萤石中的杂质会降低氢氟酸纯度，造成设备腐蚀、管道堵塞等问题。在高纯氢氟酸制备过程中，萤石精矿中的 $CaCO_3$ 和硫酸剧烈反应生成 $CaSO_4$，导致炉壁结壳、导气管堵塞等问题，影响设备正常运行，生成的 CO_2 气体严重影响氢氟酸纯度，SiO_2 在反应中消耗氟化氢，提高生产成本。如果 SiO_2 含量过高会使氢氯酸成品中 Si 含量增加，影响产品质量，萤石矿粉中的氧化物会在反应时产生大量水分，加剧对设备的腐蚀。因此，对萤石富集提纯是提高资源利用效率及经济价值的前提，目前主要通过浮选技术来分离复杂难处理萤石矿产资源[62]。

萤石浮选是利用萤石与脉石矿物表面性质的区别，利用捕收剂选择性吸附在萤石表面，必要时添加选择性抑制剂来抑制脉石矿物，从而达到富集萤石的目的。萤石矿的主要脉石矿物是方解石、白鸽矿、硫化矿、重晶石和石英等[63]。根据伴生矿物不同可分为石英型、方解石型、重晶石型以及多金属共生型萤石矿。浮选是萤石矿选矿的最常用方法，由于不同类型萤石矿所含脉石矿物种类不同，因此，浮选工艺及药剂也有所不同。萤石浮选中常用的捕收剂有阴离子捕收剂（脂肪酸、氧化石蜡皂、异羟肟酸等）、阳离子捕收剂、两性捕收剂和微生物捕收剂等[64]，脂肪酸类捕收剂因其来源广泛、价格便宜等优点，是目前萤石工业生产中最常用的捕收剂。常用抑制剂有无机抑制剂（水玻璃及其衍生物、聚磷酸盐等）、有机抑制剂（淀粉及其衍生物、腐殖酸钠和木质素磺酸钠等）和组合抑制剂等。

2.7.1 石英型萤石矿富集技术

含矿热液沿地层裂隙充填到硅质岩石的裂缝中，冷凝后形成石英型萤石矿床，萤石与伴生矿物胶结充填于裂隙中。矿床主要以萤石和石英为主，同时还伴随少量的方解石、黄铁矿、高岭土等。该类型萤石矿根据有用矿物嵌布特性，可分为粗粒级嵌布和细粒级嵌布两种类型。粗粒级嵌布的萤石易选，采用脂肪酸类捕收剂就可以得到高品质的萤石精矿；细粒级嵌布的萤石较难选，为了得到优质、低硅萤石精矿，需要控制适宜的磨矿细度、浮选矿浆浓度等工艺条件。

2.7.1.1 粗粒嵌布石英型萤石矿浮选

粗粒嵌布的石英型萤石矿浮选常用捕收剂为油酸，矿浆调整剂为碳酸钠，石英抑制剂为水玻璃，经一粗多精工艺即能得到高质量的萤石精矿[65]。陈超等[66]采用上述药剂对湖南某低品位石英型萤石矿进行了浮选试验，矿石经1次粗选、粗精矿再磨、7次精选、中矿顺序返回流程处理，获得了CaF_2品位为96.45%、回收率为79.71%的萤石精矿，浮选流程如图2-16所示，分析结果如表2-4所示。

表2-4　某粗粒嵌布石英型萤石浮选闭路流程试验结果

Table 2-4　Flotation test results of a coarse-grained fluorite in closed circuit

产品	产率/%	CaF_2 品位/%	CaF_2 回收率/%
精矿	25.33	96.45	79.71
尾矿	74.67	8.33	20.29
原矿	100.00	30.65	100.00

针对浙江遂昌坑口低品位萤石矿，曹占芳等[67]采用上述药剂和1粗1扫7精、部分中矿再磨后返回流程处理矿石，得到CaF_2品位为97.29%的高品质萤石精矿；针对油酸凝固点高，常温下溶解度低，分散速度慢，不适合低温和常温下使用的问题，邓海波等[68,69]采用新型耐低温捕收剂DW-1，在矿浆温度为6℃的条件下，采用1粗1扫6精、部分中矿顺序返回流程处理矿石，得到CaF_2品

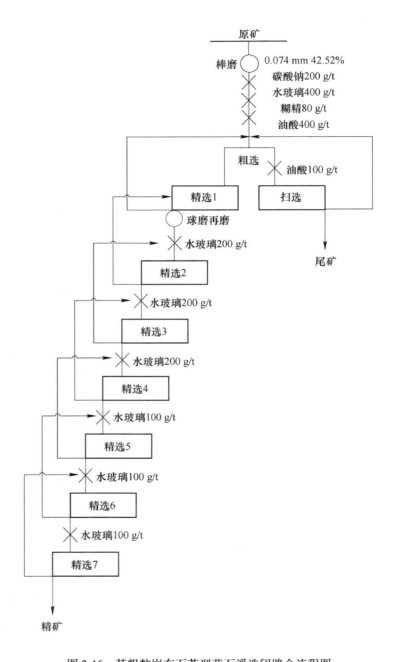

图 2-16 某粗粒嵌布石英型萤石浮选闭路全流程图

Fig. 2-16 Closed circuit flow chart of flotation of a coarse-grained fluorite

位为 98.37%、回收率为 80.12% 的高品质萤石精矿。

2.7.1.2 细粒嵌布石英型萤石矿浮选

细粒嵌布的石英型萤石矿的浮选药剂与粗粒嵌布的石英型萤石矿相同，但由于目的矿物嵌布粒度较细，需要强化磨矿，提高目的矿物的单体解离度。张晓峰等[70] 针对某细粒嵌布的萤石矿，采用耐低温捕收剂 ZYM 开展 1 粗 1 扫 1 精，再磨后 6 次精选流程处理，得到 CaF_2 品位为 97.55%、回收率为 76.67% 的萤石精矿，浮选流程如图 2-17 所示。

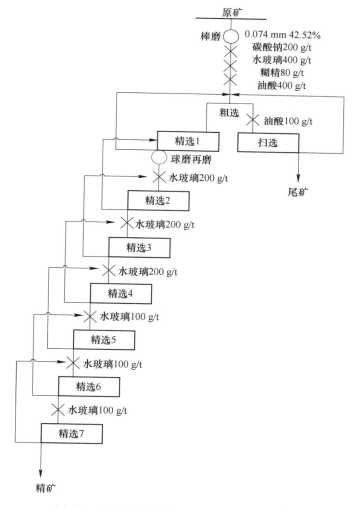

图 2-17 某细粒嵌布萤石矿闭路试验工艺流程

Fig. 2-17 Closed circuit test process of fine-grained embedded fluorite ore

高惠民等[71]采用自制的新型捕收剂——改性脂肪酸盐 YBS-2 对内蒙古某细

粒嵌布的萤石矿进行了浮选试验,试验在弱碱性(pH=9.0)条件下进行 1 次粗选、弱酸性(pH=6.0)条件下进行 7 次精选,粗选和精选尾矿直接抛尾,其余中矿集中再磨后返回,最终得到 CaF_2 品位为 98.70%、回收率为 89.20%的高品质萤石精矿。河南某微细粒嵌布的难选石英型萤石矿中萤石与石英嵌布关系复杂、分离困难,李洪潮等[72]以油酸+氧化石蜡皂为捕收剂,采用 2 段磨矿、1 次粗选、5 次精选、中矿集中再磨后返回流程处理,得到 CaF_2 品位为 98.07%、回收率为 75.84%的萤石精矿。

石英型萤石矿的浮选,在解决了目的矿物充分解离与捕收剂可溶性和有效性问题的情况下,经过多次精选均能获得 CaF_2 品位 96%以上的萤石精矿,中矿再磨是解决目的矿物充分解离的有效方法,它有利于避免易解离目的矿物的过磨。

2.7.2 方解石型萤石矿富集技术

方解石型萤石矿是含氟热液浸入石灰岩石并发生铰接作用形成的,矿床中萤石呈致密块状、角砾状或浸染状分布,共伴生矿物有方解石、石英等,方解石的含量可达 30%以上、氟化钙的含量一般在 65%以下。萤石与方解石都为含钙盐类矿物,且二者的溶解性相似,因此,该类矿石浮选分离难度较大[73]。

2.7.2.1 方解石型萤石矿浮选工艺

方解石硬度低,磨矿过程中极易过磨、泥化,浮选过程中,微细粒方解石易混入萤石精矿中,恶化精矿指标。对河南某低品位方解石型萤石矿,刘磊等[74]采用碱性条件下 1 粗 1 扫、酸性条件下 6 次精选,中矿返回浮选流程处理,其中粗选以油酸和氧化石蜡皂为捕收剂、碳酸钠为 pH 值调整剂(pH=8)、水玻璃和六偏磷酸钠为抑制剂,精选以硫酸、水玻璃和 LP 为抑制剂,最终获得 CaF_2 品位为 97.60%、回收率为 85.01%的萤石精矿。浮选流程如图 2-18 所示,试验结果如表 2-5 所示。

表 2-5 某低品位方解石型萤石矿浮选闭路流程试验结果

Table 2-5 Test results of closed-circuit flotation process for a low-grade fluorite ore

项目	产品名称	产率/%	品位/%			回收率/%	
			CaF_2	$CaCO_3$	SiO_2	CaF_2	$CaCO_3$
粗精矿未再磨	精矿	31.52	97.60	0.59	1.01	85.01	5.33
	尾矿	68.48	7.92	4.82	—	14.99	94.67
	原矿	100.00	36.19	3.49	—	100.00	100.00
粗精矿再磨	精矿	30.93	97.44	1.62	—	84.28	14.19
	尾矿	69.07	8.14	4.38	—	15.72	85.81
	原矿	100.00	35.76	3.53	—	100.00	100.00

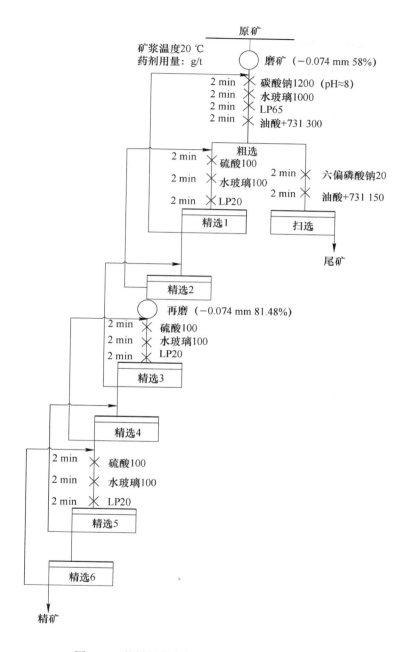

图 2-18　某低品位方解石型萤石矿浮选闭路流程

Fig. 2-18　Closed-circuit flotation process of a low-grade calcite type fluorite ore

对遂昌碳酸盐型萤石矿，宋英等[75] 以自主研发的 KY-110 为捕收剂、水玻璃+腐殖酸钠为抑制剂、碳酸钠为 pH 值调节剂（pH=7.5），经 1 粗 1 扫、7 精浮选流程处理，得到 CaF_2 品位为 97.11%、回收率为 69.90% 的萤石精矿。湖南某方解石型萤石矿 CaF_2 品位为 56.72%，胡瑞彪等[76] 以油酸钠为捕收剂，水玻璃+淀粉为组合抑制剂，经 1 粗 1 扫、5 精粗精、再磨流程处理，获得低硅优质萤石精矿。印万忠等[77] 对平泉某难选方解石型萤石矿进行了浮选试验研究，采用 LKY 为萤石捕收剂，NSOH 为方解石抑制剂，经一段磨矿、2 粗 2 扫、5 精浮选流程处理，获得了 CaF_2 品位为 95.37%、回收率为 76.61% 的萤石精矿。

方解石型萤石矿较难选，合适捕收剂和抑制剂的选择是实现萤石与方解石分离的关键。同时，合理的工艺流程和工艺条件也是提高浮选指标的重要因素，组合药剂和新型药剂在该类萤石矿分选中应用较多。

2.7.2.2 方解石型萤石矿浮选抑制剂研究和应用现状

方解石型萤石矿浮选中方解石的常用抑制剂有改性水玻璃、腐殖酸钠、单宁、邻苯酚、羧甲基纤维素（CMC）、糊精及栲胶等，对于某些难选的方解石型萤石矿则需采用组合抑制剂。郑桂兵等[78] 对比研究了不同抑制剂对萤石与方解石的浮选分离效果。试验表明，酸化水玻璃、邻苯酚、CMC、腐殖酸钠、四甲基膦酸和三甲基膦酸都能有效抑制方解石的上浮，其中四甲基膦酸和三甲基膦酸对方解石的选择性抑制效果最好，这是因为它们与 Ca^{2+} 的络合常数为 9.20 左右，大于碳酸钙离子浓度积（8.34）而小于氟化钙的离子浓度积（9.35），从而使四甲基膦酸和三甲基膦酸可以选择性地吸附在方解石表面，而不在萤石表面产生吸附，使方解石的浮选受到选择性抑制，而萤石的浮选不受影响。

普通水玻璃对方解石的抑制作用比较弱，将水玻璃酸化可以改变其抑制效果。张国范等[79] 研究了不同 pH 值酸化水玻璃对萤石与方解石可浮性的影响，pH 值介于 5.0~9.5 的酸化水玻璃能有效抑制方解石，且用量越大抑制效果越好，这主要是因为酸性水玻璃在弱碱性条件下易水解生成亲水性硅酸胶粒，可选择性吸附在方解石表面使其受到抑制。

羧甲基纤维素（CMC）对萤石和方解石均有抑制作用，对方解石的抑制作用略强于萤石，单独使用难以实现两种矿物的有效分离。腐殖酸钠和邻苯酚在 pH 值小于 10 时对萤石的抑制作用很弱，对方解石抑制作用较强，适用于中性和弱碱性条件下浮选分离萤石和方解石。

利用组合抑制剂间的协同作用，是解决难分离方解石型萤石矿浮选分离的常用方法。对 CaF_2 品位为 32.6%、CaCO_3 含量为 30.5% 的某高钙萤石矿，冯起贵等[80] 研究表明，单一水玻璃、栲胶及六偏磷酸钠的抑制效果均不理想，但这 3 种药剂组合使用时，浮选分离效果可得到优化。李少元等[81] 研究表明，对某方解石型萤石矿，单一采用酸化水玻璃浮选分离效果较差，以酸化水玻璃、抑制剂

Y 和添加剂 A 为组合抑制剂时，可选择性抑制方解石，得到优质萤石精矿。

针对湖南某高钙萤石矿，路倩倩等[82] 提出了反浮选预脱方解石—强化萤石与方解石浮选分离新工艺，其流程如图 2-19 所示。以柠檬酸为萤石抑制剂反浮选脱除大部分方解石，然后活化萤石，并通过单宁酸强化萤石与方解石在精选过

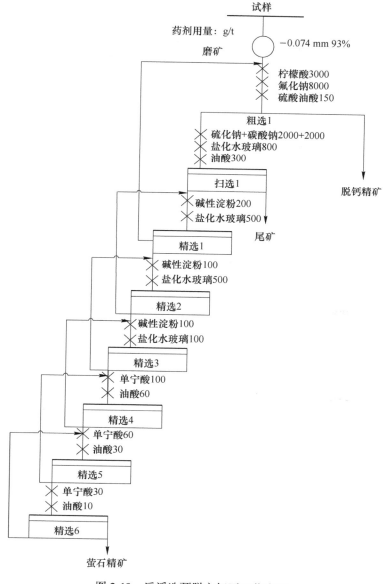

图 2-19　反浮选预脱方解石工艺流程

Fig. 2-19　Process flow of reverse flotation pre-decalcite

程中的分离，闭路试验结果如表 2-6 所示。通过对高钙萤石矿样进行浮选闭路试验，90%以上的方解石在反浮选阶段被脱除，脱钙效果显著，同时萤石损失率低于 15%；后续萤石浮选获得 CaF_2 品位为 91.73%的萤石精矿，CaF_2 回收率为 79.95%，效果显著。试验证明预先脱除方解石后，进行萤石精选的新工艺流程对难选高碳酸钙型萤石矿具有很好的分离效果。

表 2-6　浮选闭路试验结果

Table 2-6　Closed-circuit flotation test results

产品	产率/%	品位/%		回收率/%	
		CaF_2	$CaCO_3$	CaF_2	$CaCO_3$
脱钙精矿	28.05	19.09	60.38	14.55	90.33
萤石精矿	32.09	91.73	1.79	79.95	3.06
尾矿	39.86	5.08	3.11	5.50	6.61
原矿	100.00	36.82	18.75	100.00	100.00

大量的研究和生产实践表明，相比单一抑制剂，组合抑制剂在改善萤石和方解石的浮选分离效果方面更加有效，因此，组合抑制剂是方解石型难选萤石矿浮选药剂研发的重要方向。

2.7.3　重晶石型萤石矿富集技术

重晶石型萤石矿是在奥陶统碳酸岩地层中由热液成因作用而形成的，该类矿石中主要矿物为重晶石和萤石，伴随少量黄铁矿、方铅矿、闪锌矿等其他矿物，部分矿床石英的含量较高，形成重晶石—萤石—石英矿床。

2.7.3.1　重晶石型萤石矿的浮选工艺

重晶石型萤石矿的浮选分离工艺分抑制重晶石浮出萤石和抑制萤石浮出重晶石两种，重晶石与萤石浮选分离的关键在于抑制剂的选择。在弱碱性浮选矿浆中，萤石表面带正电荷，重晶石带负电荷，用阴离子捕收剂时一般抑制重晶石优先浮选萤石。

抑制重晶石浮选萤石工艺：抑制重晶石浮选萤石工艺工业应用广泛。史文涛[83] 以油酸钠为捕收剂、水玻璃为抑制剂，经 1 粗、3 精浮选流程获得重晶石—萤石混合精矿，再以硫酸铝、水玻璃和栲胶为重晶石的组合抑制剂，经 1 粗、5 精浮选流程分离萤石和重晶石。

山东某萤石矿 CaF_2 品位为 34.25%、$BaSO_4$ 品位为 30.89%，董凤芝等[84] 使用油酸为捕收剂，氟硅酸钠+糊精+栲胶+氯化铁为重晶石的组合抑制剂，经 1 粗 1 扫、7 精浮选流程处理，工艺流程如图 2-20 所示，得到 CaF_2 品位为 97.87%、回收率为 79.26%的萤石精矿，以及 $BaSO_4$ 品位为 94.62%、回收率为 72.53%的重晶石精矿，浮选结果如表 2-7 所示。

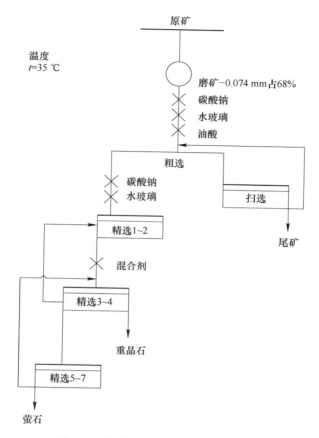

图 2-20　抑制重晶石浮选萤石工艺流程

Fig. 2-20　Process flow of inhibiting barite flotation of fluorite

表 2-7　萤石、重晶石混合浮选分离工艺指标

Table 2-7　Process indexes of mixed flotation separation of fluorite and barite

产品	品位/%	产率/%	回收率/%	精矿含杂/%		
				$CaCO_3$	S	SiO_2
脱钙精矿	97.87	27.75	79.26	0.35	0.05	0.83
萤石精矿	94.62	23.68	72.53			
原矿	34.26	100.00				
尾矿	—	49.30				

抑制萤石浮选重晶石工艺：与抑制重晶石浮选萤石工艺相比，该工艺得到的萤石精矿 CaF_2 品位或回收率往往不高。

于德和[85] 对桃林某 $BaSO_4$ 品位为 10%、CaF_2 品位为 18.42%的铅锌尾矿进行重晶石、萤石浮选回收试验，采用氯化钡活化重晶石，氢氧化钠和硅酸钠抑制萤石，优先浮选重晶石，再以油酸为捕收剂，硅酸钠和硫酸铝为抑制剂，从尾矿中浮选萤石，浮选得到的重晶石精矿 $BaSO_4$ 品位较高，但萤石质量不理想，浮选流程如图 2-21 所示，浮选结果如表 2-8 所示。

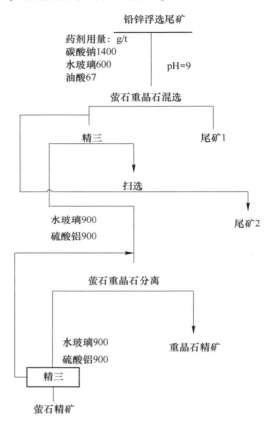

图 2-21 萤石重晶石混选工艺流程

Fig. 2-21 Process flow for mixing fluorite barite

表 2-8 萤石重晶石混合浮选

Table 2-8 Fluorite barite mixed flotation

产品	产率/%	品位/%		回收率/%	
		CaF_2	$BaSO_4$	CaF_2	$BaSO_4$
萤石精矿	12.56	97.48	0.40	83.70	0.59
重晶石粗精矿	8.80	6.74	33.02	4.05	85.35

产品	产率/%	品位/%		回收率/%	
		CaF_2	$BaSO_4$	CaF_2	$BaSO_4$
尾矿 2	7.20	4.83	3.22	2.38	2.71
尾矿 1	71.44	2.02	1.36	9.87	11.35
铅锌浮选尾矿	100.00	14.63	8.56	100.00	100.00

混合精矿中重晶石和萤石浮选分离一般优先采用抑制重晶石浮选萤石的分离工艺，该工艺获得的萤石精矿品位和回收率一般较高，因此，重晶石的高效抑制剂是该类型萤石矿浮选研究的重点。

2.7.3.2　重晶石型萤石矿浮选药剂的研究现状

萤石与重晶石可浮选性相似，捕收剂必须具有良好的选择性，单一捕收剂分离效果一般较差，往往需要使用混合捕收剂，毛钜凡等[86] 研究表明，氧化石蜡皂与二胺混合使用能显著提高重晶石和萤石的分离效率。

分离浮选抑制剂也以组合药剂为主，张德海等[87] 研究表明，硫酸钠的水溶液对重晶石的抑制效果较弱，苛性淀粉对重晶石的抑制效果强但选择性差，而二者组合使用时对重晶石具有较强的选择性抑制作用。王绍艳等[88] 研究表明，淀粉和硝酸钙组合使用时，对萤石和重晶石的分离效果强于二者单独使用。喻福涛等[89] 研究表明，栲胶可选择性抑制重晶石；水玻璃可选择性抑制石英并提高矿浆的分散度；硫酸铝既可辅助抑制重晶石，又可弱化水玻璃对萤石的抑制效果；三者组合使用可达到同时抑制重晶石和石英的目的。

由此可见，组合药剂在重晶石型萤石矿的浮选分离中应用较多，具有广阔的应用前景。

2.7.4　多金属共生型萤石矿富集技术

该类矿床成因复杂，属于中温热液填充矿床，矿床中萤石与石英一起大量充填于碎裂带中，伴生的金属矿物有方铅矿、闪锌矿、黄铜矿、黄铁矿及白钨矿等，该类矿床开发时需要考虑萤石和其他金属矿物的综合回收。对于这种类型的萤石矿，一般优先采用浮选的方法依次选出有用矿物，即以硫化矿类捕收剂（黄药、黑药等）优先浮出金属硫化矿物，再用脂肪酸类捕收剂（油酸、氧化石蜡皂等）从金属硫化矿物浮选尾矿中浮选回收萤石。

湖南平江某多金属矿含铜、铅、锌、萤石等有用成分，具有较高的综合利用价值。魏党生等[90] 采用铜铅混浮再分离—锌浮选—萤石浮选工艺流程，得到 CaF_2 品位为 97.25%、回收率为 78.48% 的萤石精矿。

江西某白钨多金属矿浮选尾矿含有细粒嵌布的萤石（CaF_2 品位为 16.43%），

主要脉石矿物为石英和方解石，为了获得萤石精矿，张春雷[91]以水玻璃和腐殖酸钠为脉石矿物抑制剂，油酸为萤石捕收剂，采 1 粗 2 扫、粗精矿再磨后 5 次精选、中矿顺序返回流程回收其中的萤石，获得 CaF_2 品位为 87.92%、回收率为 53.53% 的萤石精矿，浮选流程如图 2-22 所示。

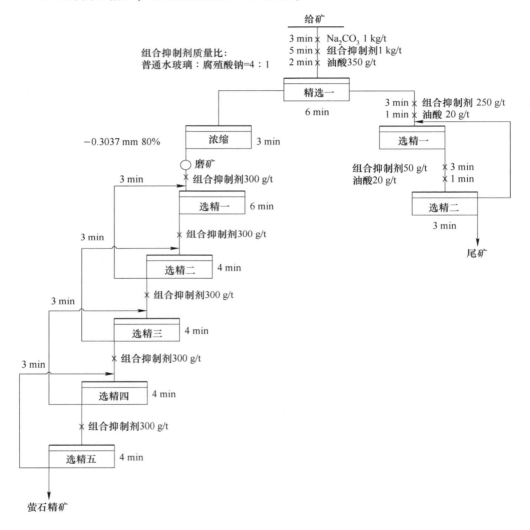

图 2-22 白钨多金属矿浮选尾矿回收萤石流程图

Fig. 2-22 Flow chart of recovering fluorite from flotation
tailings of scheelite polymetallic ore

某多金属浮选尾矿中有用矿物为萤石，主要脉石矿物为金云母，伍喜庆等[92]进行了萤石回收试验研究，结果表明，油酸钠对萤石的捕收性能较强，对金云母的捕收性能较差，金属离子 Fe^{3+} 和 Al^{3+} 对萤石有很强的抑制作用，对金云母有活化作用；以硫化钠为调整剂可去除 Fe^{3+} 和 Al^{3+} 对萤石的抑制作用，并阻碍其对金云母活化，1 次粗选即可获得 CaF_2 品位为 55.40%、回收率为 88.01% 的萤石粗精矿。

多金属共生型萤石矿的生产实践中，一般优先浮选出其中的有色金属或稀有金属，再从尾矿中浮选回收萤石，萤石浮选的工艺流程和药剂制度与前 3 类萤石矿相似。

⟨2.8⟩ 本 章 小 结

本章节重点介绍了萤石矿物特点、价值、技术应用行业，统计了全球萤石资源储量、产量、分布，重点介绍了中国萤石资源的储量、产量、分布、进出口量。并叙述了石英型萤石矿、方解石、重晶石及多金属共生型选矿富集技术。

全球萤石分布不均，形成结构性稀缺，中国萤石储量占世界储量的 13%，但产量达到 63%，已由萤石出口国变为萤石进口国。中国萤石主要应用于传统领域和新兴领域，传统领域的制冷剂、建材冶金有望恢复；新兴领域的新能源有显著增量，聚合材料空间广阔，未来随着经济发展缓慢回升。

另外，本章阐述了中国萤石产业经过多年发展面临的新形势与特点。从产业政策及产业规划出发，论述了中国萤石产业可持续发展的对策及建议，加强科学规划，合理布局，加强重点区域的萤石资源勘探，积极推进科技进步，优先发展伴生矿及磷肥副产氟资源的利用，通过融入国家"一带一路"建设，合理利用国内外萤石资源，为萤石产业可持续发展蓄力。

参 考 文 献

[1] Áenes R. Fluorite——A marketable mineral commodity from the central region of medieval hungary [J]. Acta Archaeologica, 2020, 71 (1): 157-170.

[2] 陈武，张寿庭，张红亮. 对中国萤石矿开发利用问题的思考 [J]. 资源与产业，2014，16 (2): 51-55.

[3] 王文利，白志民. 中国萤石资源及产业发展现状 [J]. 金属矿山，2014 (3): 1-9.

[4] 钟江春. 我国萤石资源利用概括及其发展趋势 [J]. 化学工业，2011，29 (12): 11-15.

[5] 赵鹏，郑厚义，张新，等. 中国萤石产业资源现状及发展建议 [J]. 化工矿产地质，2020，42 (2): 178-183.

[6] 王东方，王婉君，陈伟强. 中国战略性金属矿产供应安全程度评价 [J]. 资源与产业，2019，21 (3): 22-30.

[7] 吴巧生，薛双娇. 中美贸易变局下关键矿产资源供给安全分析 [J]. 中国地质大学学报（社会科学版），2019，19 (5): 69-78.

[8] 王吉平，朱敬宾，李敬，等. 中国萤石矿预测评价模型与资源潜力分析 [J]. 地学前缘，2018，25（3）：172-178.

[9] 王吉平，商朋强，熊先孝，等. 中国萤石矿床分类 [J]. 中国地质，2014，41（2）：315-325.

[10] 温利刚，贾木欣，王清，等. 自动矿物学：Ⅰ. 技术进展与应用 [J]. 中国矿业，2020，29（S1）：341-349.

[11] 徐少康，殷友东. 我国单一萤石矿床地质概要 [J]. 化工矿产地质，2001（3）：134-140.

[12] 佚名. 萤石矿矿业简史 [J]. 西部资源，2011（2）：43.

[13] Anonymous. USGS releases 2017 minerals yearbook [J]. Rock Products, 2020, 123 (9): 60.

[14] Taylor C L, Hiller J A, Mills A J, et al. World mineral statistics 1998-2002 [J]. 2004.

[15] 徐仲甫. 1978 年加拿大矿物年鉴 [J]. 有色矿山，1983（3）：61.

[16] Hagni R D. Mineralogy of beneficiation problems involving fluorspar concentrates from carbonatite-related fluorspar deposits [J]. Mineralogy and Petrology, 1999, 67: 33-44.

[17] Masoudi S, Ezzati E, Rashidnejad-Omran N, et al. Geoeconomics of fluorspar as strategic and critical mineral in Iran [J]. Resources Policy, 2016, 52 (6): 100-106.

[18] Lusty P A J, Brown T J, Ward J, et al. The need for indigenous fluorspar production in England [J]. British Geological Survey Open Report, 2008, 33: 1-29.

[19] Henry C D, Wolff J A. Distinguishing strongly rheomorphic tuffs from extensive silicic lavas [J]. Bulletin of Volcanology, 1992, 54: 171-186.

[20] Evans N J, Wilson N S, Cline J S, et al. Fluorite (U-Th)/He thermochronology: Constraints on the low temperature history of yucca mountain, nevada [J]. Applied Geochemistry, 2005, 20 (6): 1099-1105.

[21] Icenhower J P, London D. Partitioning of fluorine and chlorine between biotite and granitic melt: Experimental calibration at 200 MPa H_2O [J]. Contributions to Mineralogy and Petrology, 1997, 127 (1-2): 17-29.

[22] Moller P, Parekh P P, Schneider H J. The application of Tb/Ca-Tb/La abundance ratios to problems of fluorspar genesis [J]. Mineralium Deposita, 1976, 11 (1): 111-116.

[23] Ruiz J, Kesler S E. Strontium isotope geochemistry of fluorite mineralization associated with fluorine-rich igneous rocks from the Sierra Madre Occidental, Mexico: possible exploration significance [J]. Economic Geology, 1985, 80: 33-42.

[24] Schneider H J, Moller P, Parekh P P. Rare earth elements distribution in fluorites and carbonate sediments of the east-alpine mid-triassic sequences in the Nördliche Kalkalpen [J]. Mineralium Deposita, 1975, 10 (4): 330-344.

[25] Azizi M R, Abedini A, Alipour S, et al. The Laal-Kan fluorite deposit, Zanjan Province, NW Iran: constraints on REE geochemistry and fluid inclusions [J]. Arabian Journal of Geosciences, 2018, 11 (22): 719-735.

[26] Fawzy K M. The genesis of fluorite veins in Gabal El Atawi granite, Central Eastern Desert,

Egypt [J]. Journal of African Earth Ences, 2017, 146 (10): 150-157.

[27] Ismail I, Baioumy H, Ouyang H, et al. Origin of fluorite mineralization's in the Nuba Mountains, Sudan and their rare earth element geochemistry [J]. Journal of African Earth Sciences, 2015, 112: 276-286.

[28] Chesley J T, Halliday A N, Kyser T K, et al. Direct dating of mississippi valley-type mineralization-use of Sm-Nd in fluorite [J]. Economic Geology, 1994, 89 (5): 1192-1199.

[29] Galindo C, Tornos F. The age and origin of the barite-fluorite (Pb-Zn) veins of the Sierra del Guadarrama (Spanish Central System, Spain): a radiogenic and stable isotope study [J]. Chemical Geology (Isotope Geoscience Section), 1994, 112: 351-364.

[30] 刘秋颖. 中国萤石资源供需形势分析及对策建议 [J]. 矿产勘查, 2023, 14 (10): 1798-1804.

[31] 张丹仙, 亢建华, 黄红军, 等. 萤石资源开发利用现状与战略意义 [J]. 过程工程学报, 2023, 23 (1): 1-14.

[32] 赵鹏, 郑厚义, 张新, 等. 中国萤石产业资源现状及发展建议 [J]. 化工矿产地质, 2020, 42 (2): 178-183.

[33] 李敬, 张寿庭, 商朋强, 等. 萤石资源现状及战略性价值分析 [J]. 矿产保护与利用, 2019, 39 (6): 62-68.

[34] 金石资源集团股份有限公司. 金石资源集团股份有限公司 2022 年年度报告 [R]. 2023.

[35] 中华人民共和国自然资源部. 中国矿产资源报告 2022 [M]. 北京: 地质出版社, 2022.

[36] 前瞻产业研究院. 我国萤石资源储量达 4100 万吨 [EB/OL]. 政策引导行业转型升级, 2018.

[37] 前瞻产业研究院. 2021~2026 年中国萤石行业市场前瞻与投资战略规划分析报告 [R]. 前瞻网.

[38] 付晓艺, 吴晶晶, 吴范宏. 绿色氟代技术的应用和研究进展 [J]. 有机氟工业, 2020 (3): 51-64.

[39] Shi Y C, Shou T Z. Approaches to use and development of fluorite resource in China's fluorine chemical industry [J]. Resources & Industries, 2013, 15 (2): 79-83.

[40] 李嘉. 氟化工: 立足创新, 拓宽应用领域 [J]. 化工管理, 2015 (28): 16.

[41] 王俞德. 中国氟材料技术创新的先行者和产业化的推动者——记中吴晨光化工研究院有限公司国家级企业技术中心 [J]. 化工管理, 2013 (21): 72-74.

[42] 蔡国祥. 论湖南省萤石矿床类型的划分 [J]. 湖南地质, 1985, 4 (3): 8-16.

[43] 黄时胜. 永丰南坑萤石矿床地质特征与成因研究 [J]. 建材地质, 1989 (6): 3-10.

[44] 吴胜华. 湖南柿竹园花岗岩体远接触带 Pb-Zn-Ag 矿脉成矿机理 [D]. 北京: 中国地质大学, 2016.

[45] 许东青, 聂凤军, 江思宏, 等. 内蒙古敖包土萤石矿床地质和地球化学特征 [J]. 地球学报, 2008, 29 (4): 440-450.

[46] Xu D Q, Nie F J, Qian M P, et al. REE geochemistry and genesis of Sumochagan Obo superlarge fluorite deposit [J]. Mineral Deposits, 2009, 28: 29-41.

[47] Cao H W, Zhang S T, Zou H, et al. ESR dating of quartz from Linxi fluorite deposits, Inner

Mongolia and its geological implications [J]. Geoscience, 2013, 27：888-894.

[48] 李敬，高永璋，张浩. 中国萤石资源现状及可持续发展对策 [J]. 中国矿业，2017，26 （10）：7-14.

[49] 陈甲斌，廖喜生. 如何化解萤石资源政策与其开发利用中的矛盾 [J]. 中国非金属矿工 业导刊，2003（3）：3-5.

[50] 邹灏，张寿庭，方乙，等. 中国萤石矿的研究现状及展望 [J]. 国土资源科技管理， 2021，29（5）：35-42.

[51] 曹俊臣. 中国萤石矿床分类及其成矿规律 [J]. 地质与勘探，1987（3）：12-17.

[52] 曹俊臣. 华南低温热液脉状萤石矿床稀土元素地球化学特征 [J]. 地球化学，1995，24 （3）：225-234.

[53] 陈铖，陈四宝，成绪光. 赣南地区萤石矿床成矿规律及勘查方向的探讨 [J]. 江西煤炭 科技，2018，2：12-16.

[54] Deng X H, Chen Y J, Yao J M, et al. Fluorite REE-Y（REY）geochemistry of the ca. 850Ma Tumen molybdenite-fluorite deposit, eastern Qinling, China：Constraints on ore genesis [J]. Ore Geology Reviews, 2014, 63：532-543.

[55] Fang G C, Wang D H, Chen Z Y, et al. Metallogenetic specialization of the fluorite bearing granites in the northern part of the eastern Nanling Region [J]. Geotectonica et Metallogenia, 2014, 38（2）：312-324.

[56] 唐海燕. 白云鄂博 Fe-REE 矿床的成因与资源潜力分析 [D]. 长春：吉林大学，2022.

[57] 邹灏. 川东南地区重晶石-萤石矿成矿规律与找矿方向 [D]. 北京：中国地质大学（北 京），2013.

[58] 方贵聪，王登红，陈毓川，等. 南岭萤石矿床成矿规律及成因 [J]. 地质学报，2020， 97（1）：161-178.

[59] 中华人民共和国海关总署. 2022 年中国海关统计年鉴 [M]. 北京：中国海关出版 社，2022.

[60] 许海，刘海涛，贾元琴，等. 关于中国萤石矿产业发展的思考 [J]. 四川有色金属， 2021（3）：2-5.

[61] 阳华玲，王长福，刘铭，等. 复杂低品位伴生萤石高效回收技术研究与应用 [J]. 矿冶 工程，2022，42（4）：67-70.

[62] Wang R, Lu Q, Sun W, et al. Flotation separation of apatite from calcite based on the surface transformation by fluorite particles [J]. Minerals Engineering, 2022, 176：107320.

[63] 高惠民，张凌燕，管俊芳，等. 石墨、石英、萤石选矿提纯技术进展 [J]. 金属矿山， 2020，10：58-69.

[64] Gao Z Y, Fan R, Ralston J, et al. Surface broken bonds：An efficient way to assess the surface behaviour of fluorite [J]. Minerals Engineering, 2019, 130：15-23.

[65] Pugh R, Stenius P. Solution chemistry studies and flotation behavior of apatite, calcite and fluorite minerals with sodium oleate collector [J]. International Journal of Mineral Processing, 1985（3）：193-218.

[66] 陈超，张国范，张福亚. 湖南某石英型萤石矿选矿试验研究 [J]. 化工矿物与加工，

2016（6）：20-23.

［67］曹占芳，钟宏，宋英，等．遂昌萤石矿的工艺矿物学及其浮选性能［J］．中国矿业大学学报，2012（3）：439-445.

［68］邓海波，任海洋，许霞，等．石英型萤石矿的浮选工艺和低温捕收剂应用研究［J］．非金属矿，2012（5）：25-27.

［69］Zhang Y，Song S. Beneficiation of fluorite by flotation in a new chemical scheme［J］．Minerals Engineering，2003（7）：597-600.

［70］张晓峰，朱一民，周菁．细粒难选石英型萤石矿低温浮选试验研究［J］．有色金属：选矿部分，2012（2）：39-43.

［71］高惠民，冷阳，许洪峰，等．内蒙古某细粒嵌布萤石矿浮选工艺研究［J］．金属矿山，2009（2）：87-90.

［72］李洪潮，张成强．河南某难选萤石矿选别工艺研究［J］．非金属矿，2008（5）：17-19.

［73］Tian X，Zhang X. Selective reagents and special flowsheet for fluorite flotation［J］．Natural Science Journal of Xiangtan University，2000（3）：122-126.

［74］刘磊，岳铁兵，曹飞，等．河南某低品位的方解石型萤石矿浮选试验研究［J］．非金属矿，2014（4）：59-62.

［75］宋英，金火荣，胡向明，等．遂昌碳酸盐型萤石矿选矿试验［J］．金属矿山，2011（8）：89-93.

［76］胡瑞彪，陈典助，吉红，等．湖南某方解石型萤石矿选矿试验研究［J］．矿产保护与利用，2013（2）：15-18.

［77］印万忠，吕振福，李艳军，等．平泉方解石型萤石矿选矿试验研究［J］．矿冶，2008（1）：1-4.

［78］郑桂兵，黄国智．萤石与方解石浮选分离抑制剂研究［J］．非金属矿，2002（5）：41-42.

［79］张国范，邓红，魏克帅，等．酸化水玻璃对萤石与方韶石浮选分离作用研究［J］．有色金属：选矿部分，2014（1）：80-82.

［80］冯起贵，黎燕华，蒋茂平．萤石和方解石浮选分离［J］．金属矿山，1996（12）：18-20.

［81］李少元，张高民．含某碳酸盐萤石矿选矿试验研究［J］．有色金属：选矿部分，2004（3）：47-49.

［82］路倩倩，韩海生，陈占发，等．典型有机抑制剂在萤石和方解石浮选分离中的作用机制及其应用［J］．金属矿山，2023（1）：216-222.

［83］史文涛．桃林某萤石与重晶石共生矿选矿试验研究［J］．武汉：武汉理工大学，2012.

［84］董风芝，任京成，刘心中，等．萤石的浮选及其与重晶石分离研究［J］．非金属矿，2001（3）：36-37.

［85］于德和．萤石与重晶石浮选分离研究［J］．有色金属：选矿部分，1984（6）：29-35.

［86］毛钜凡，郑晓倩，张志京，等．萤石与重晶石浮选分离混合捕收剂的研究［J］．矿冶工程，1995（2）：28-32.

［87］张德海，周训华．萤石与重晶石浮选分离的新型抑制剂［J］．化工矿物与加工，2000

（9）：1-3.

［88］王绍艳，李晓安，薛问亚. 淀粉-硝酸钙药剂强化萤石与重晶石的浮选分离［J］. 矿冶工程，1997（1）：34-37.

［89］喻福涛，高惠民，李名凤，等. 某萤石重晶石混合精矿浮选分离药剂进行筛选［J］. 金属矿山，2013（1）：86-89.

［90］魏党生，叶从新，罗新民，等. 湖南平江铜铅锌萤石多金属矿浮选工艺研究［J］. 湖南有色金属，2008（1）：9-12.

［91］张春雷. 某白鸽多金属矿浮选尾矿中萤石提取技术研究［J］. 硅酸盐通报，2016（9）：3041-3046.

［92］伍喜庆，胡聪，李国平，等. 萤石与金云母浮选分离研究［J］. 非金属矿，2012（3）：21-24.

3 萤石硫酸法生产氢氟酸技术

氟化氢（HF）是现代氟化工的基础，是制取元素氟、各种氟制冷剂、含氟新材料、无机氟化盐、有机氟化物等最基本的原料，也是氟化工产业蓬勃发展的基础[1-14]。我国萤石生产无水氟化氢的制备技术在工业上已成熟应用，主要是硫酸法路线。

3.1 反 应 原 理

萤石和硫酸反应生成氟化氢的反应式[15-21] 如下：

$$CaF_2 + H_2SO_4 = 2HF\uparrow + CaSO_4\downarrow \tag{3-1}$$

反应式表明了各化合物间的计量关系，而反应的历程和机理是按如下步骤进行的：

$$CaF_2 + H_2SO_4 = Ca(HSO_4 \cdot F \cdot HF) \tag{3-2}$$

$$Ca(HSO_4 \cdot F \cdot HF) = Ca(HSO_4 \cdot F) + HF\uparrow \tag{3-3}$$

$$Ca(HSO_4 \cdot F) + HF = CaSO_4 \cdot 2HF \tag{3-4}$$

其工艺过程如下：首先生成溶解在液态 HF 中的中间化合物氟硫酸钙，然后硫酸钙（α-CaSO_4）从溶液中结晶析出，HF 气体分两次逸出。在较低温度下 HF 可能溶解在硫酸中成为氟磺酸（HSO_3F），在温度高于 100 ℃时，HSO_3F 迅速水解而还原成 HF。

式（3-1）的热力学函数如下：标准反应焓 $\Delta H_{298}^{\ominus}$ = 63.12 kJ；自由能变量 $\Delta G_{298}^{\ominus}$ = $-$ 5.5 kJ；熵变量 $\Delta S_{298}^{\ominus}$ = 156.89 J/K。该吸热反应在常温下即可进行，但速度很慢。在温度 T 时的反应热可用下式计算：

$$\Delta H_T/J = 63.815 \times 10^3 + 7.163T - 81.53 \times 10^{-3}T^2 + 1.313 \times 10^6 T^{-1} \tag{3-5}$$

虽然温度升高，反应速度加快，但由于受硫酸蒸发和分解的制约，反应通常在 250 ℃下进行。萤石和硫酸的反应速度，受多相反应动力学因素的影响；尤其当萤石表面 $CaSO_4$ 包裹膜增厚时，对气液两相形成巨大的扩散阻力，此时反应速度由活化控制转向扩散控制[22]。

文献[23] 报道了在小型外热式反应炉（连续反应）和钢制密闭坩埚（间断反

应）中进行的反应试验，建立了萤石和硫酸的反应速度模型。试验的条件为：萤石含 CaF_2 93.9%，平均粒径 0.027 mm；H_2SO_4/CaF_2 摩尔比 0.9~1.05（扣除 $CaCO_3$ 反应和蒸发的 H_2SO_4 量）；反应温度 250 ℃、300 ℃ 和 350 ℃；在 350 ℃ 下 CaF_2 的转化率为 69.2%~87.7%。

适用于连续和间断反应的 H_2SO_4 分解 CaF_2 的表观速度方程如下：

$$\frac{\mathrm{d}X_b}{\mathrm{d}t} = K_T \cdot \frac{X_{b,0}^2 \cdot (A - X_b)^2 \cdot (1 - X_b)^{1/3}}{1 - (1 - X_b)^{2/3}} \tag{3-6}$$

式中　X_b——CaF_2 反应的百分率；

　　　$X_{b,0}$——萤石中 CaF_2/Ca 的摩尔比；

　　　A——H_2SO_4/CaF_2 摩尔配料比（扣除 $CaCO_3$ 反应和蒸发的 H_2SO_4）；

　　　t——时间，min；

　　　K_T——反应温度下的速度常数（$\mathrm{min}^{-1} \cdot X^{-2}$；这里 $X = X_b$）。

不同温度下的 K_T 值，可从图 3-1 中查得。

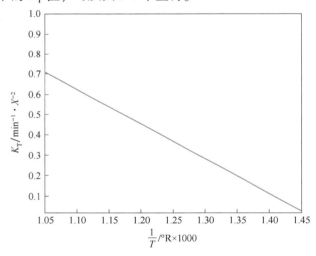

图 3-1　CaF_2 反应的速度常数 K 和温度 T 的关系

Fig. 3-1　Relationship between the velocity constant K and T of CaF_2

图中代表温度和反应速度的关系式即阿伦尼乌斯方程，其中绝对温度 T 用兰氏度（°R）表示（T°R/1.8）；0.166 是 K_{810R} 的值（$\mathrm{min}^{-1} \cdot X^{-2}$，这里 $X = X_{0.8}$）；16.2×10^3 是反应生成 HF 的活化能 E_a（Btu · 16 mol^{-1}）；1.9872 是气体常数 R（Btu · 1bmol^{-1} · °R^{-1}）。

式（3-6）中除了温度外，还揭示了萤石中 CaF_2/Ca 摩尔比（质量）、配料比和反应进程对反应速度的影响。萤石粒径对反应速度的影响，可以清晰地从图 3-2 中看出。在硫酸浓度 80%~90%（含有少量 HF）时，CaF_2 的分解速度和硫酸摩尔浓度的 10 次幂成正比，显然这些具有重要影响的因素，没有包括在上述模型之中。

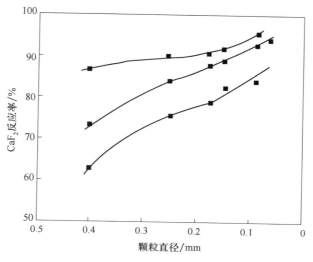

图 3-2 CaF_2 粒度对反应率的影响

Fig. 3-2 Influence of CaF_2 particle size on the reaction rate

对间断反应试验和生产的外热式及内热式反应炉中 CaF_2 反应速度的测定值，同相应条件下由式（3-6）求得的计算值相比较，CaF_2 反应率在 80% 以下时，两者基本相接近。但是，反应率继续增高时，计算值明显偏低，两者差距急速陡增。除了某些反应条件的差别外，$K_{810°R}$ 是以试验中 CaF_2 反应率的平均值为基础，可能是重要的原因。

过程中，除了原料中的主要成分外，还有如 SiO_2、$CaCO_3$、铁铝氧化物和重金属化合物等杂质参与的副反应，主要如下所示：

$$SiO_2 + 4HF \Longrightarrow SiF_4 + 2H_2O \tag{3-7}$$

$$SiF_4 + 2HF \Longrightarrow H_2SiF_6 \tag{3-8}$$

$$CaCO_3 + H_2SO_4 \Longrightarrow CaSO_4 + H_2O + CO_2 \uparrow \tag{3-9}$$

$$Al_2O_3(Fe_2O_3) + 6H_2SO_4 \Longrightarrow Al_2(SO_4)_3[Fe_2(SO_4)_3] + 6H_2O \tag{3-10}$$

$$ZnS(PbS) + H_2SO_4 \Longrightarrow ZnSO_4(PbSO_4) + H_2S \uparrow \tag{3-11}$$

$$2H_2S + SO_2 \Longrightarrow 3S + 2H_2O \tag{3-12}$$

$$H_2S + CO \Longrightarrow S + C + H_2O \tag{3-13}$$

SiO_2 和 HF 反应速率很慢，SiF_4 和 HF 只有在水的存在下才快速反应。萤石和硫酸的混合料进入内热炉后 SiO_2 几乎立即转化成 SiF_4，占总量约 2% 的 SiO_2 以 H_2SiF_6 形态残留在石膏排渣中。在外热炉系统中，SiO_2 的反应主要在物料呈稀糊状态的预反应器中进行；外热炉内，干燥物料中 SiO_2 的反应很慢，系统中约占

总量 $60\% \sim 80\%$ 的 SiO_2 转化为 SiF_4，未反应的 SiO_2 残留在石膏排渣中。加速混合料的初期反应，是抑制 SiO_2 反应的有效措施。

$CaCO_3 \cdot Al_2O_3$、Fe_2O_3 除了消耗硫酸外，生成的 H_2O 和 CO_2 对设备的腐蚀和炉气的后续处理，均有不利的影响。

硫化物反应生成的 H_2S，在还原性气体中转化为硫蒸气。温度降低时，元素硫凝集在管道和设备中，必须定期处理。

萤石和硫酸中的微量杂质，如铅、汞、镉、镍、铬、铜、铁、砷、磷和氯的化合物，反应生成相应的氟化物、氯化物、磷酸盐或硫酸盐。这些化合物可能成为挥发性的、微溶性的或不溶性的超微粒子存在于液体氟化氢中。生产高纯度产品时，其中有些成分需用特殊的精馏方法，才能和 HF 进行分离。

萤石中的重晶石（$BaSO_4$），虽然不参与反应，含量较高时，配料中硫酸的容积量减少，混合料流动性变差，采用流入法加料时，造成喂料困难。

3.2 回转窑法制取氟化氢工艺

工业上氟化氢由萤石和硫酸在回转窑加热产生[24-30]。CaF_2 和 H_2SO_4 通过计量设备进入预反应器或外混器混合，再进入反应炉内反应，石膏从反应物料中结晶出来，伴随 HF 气体逸出。回转窑内的反应物料走向为从外混器到回转窑前端再到后端，石膏从炉尾的出渣螺旋排出。该工艺仍然是目前无水氟化氢生产企业应用最为成熟和广泛的工艺。该反应为吸热反应，根据加热方式的不同，反应炉有外热式（间接加热）和内热式（直接加热）两种。内热式反应炉，又有热烟气和反应物料同向流动的顺流式和两者逆向流动的逆流式的区别。

3.2.1 外热式反应炉

外热式工艺由反应器和反应炉两种设备相组合。以酸级萤石、98%浓硫酸和发烟硫酸为原料，其中浓硫酸用于洗涤 HF 炉气除去其中的水蒸气和粉尘，洗涤酸和发烟硫酸配制成无水的给料酸。萤石和稍大于理论量的给料酸分别计量后，在预反应器中初步反应，然后进入反应炉内完成最终反应。

反应设备示意图如图 3-3 所示。

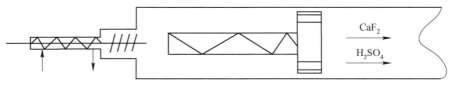

图 3-3 外热式回转窑反应设备

Fig. 3-3 External thermal rotary kiln reaction equipment

预反应器是一台具有混控和加热反应的螺旋输送装置。螺旋轴和壳体内壁上，特殊配置和运动的间断齿片，使黏性物料不会黏结在设备中。和反应炉连接的壳体前端，直径大于带蒸汽夹套的反应段，物料在此扩大段中被打散，促进HF从固体中逸出和物料的干燥。

反应物料在预反应器中加热到 120 ℃，停留 3~5 min，CaF_2 的反应率达到30%~60%。温度和时间对 CaF_2 反应率的影响如图 3-4[31] 所示。

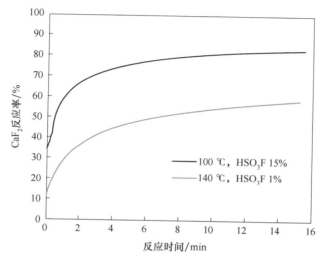

图 3-4　CaF_2 反应率和预反应时间的关系

Fig. 3-4　Relationship between CaF_2 reaction rate and pre-reaction time

给料酸中的 HSO_3F，是炉气净化过程中 H_2SO_4 和 HF 作用生成的：

$$HF + H_2SO_4 \Longrightarrow HSO_3F + H_2O \qquad (3\text{-}14)$$

在预反应阶段，给料酸中的大量 HSO_3F 将抑制 CaF_2 分解，使物料偏潮，在反应炉中易于黏着在炉壁上。洗涤酸的温度和水分，对酸中 HSO_3F 含量的影响示于图 3-5[32]。洗涤酸中 HF 含量随温度升高而减少；当水含量超过式（3-14）的平衡量时，平衡向左移动，在 H_2O 为 12.5% 时，HF 含量出现最小值。净化过程中，洗涤酸温度约 80 ℃，大致成分为 H_2SO_4 68%，HF 17% 和 H_2O 15%。当洗涤酸和发烟硫酸混合时，温度上升到 120 ℃，制成的无水给料酸中，HF 含量小于 1%。

预反应器的应用使反应系统的产能得到一定的提高。物料在预反应器中，由稀糊状转变成黏塑状，消除了反应炉内结壳的条件，保持反应炉长周期运转和筒体的良好传热，是提高系统生产能力的重要条件。此外，反应中对金属设备腐蚀最严重的稀糊料阶段，被限制在用耐腐蚀合金制作的预反应器中，延长了用碳素钢制作的反应炉筒体的工作年限。目前，最大的外热式反应炉为 ϕ3.6 m×47 m

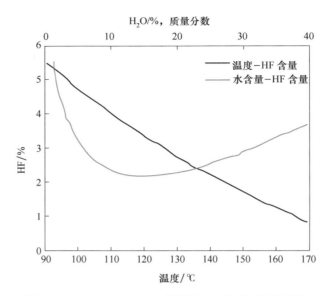

图 3-5　HF・H_2SO_4・H_2O 体系中 HF 含量与温度关系

Fig. 3-5　Relationship between HF content and temperature in HF・H_2SO_4・H_2O

（加拿大），日产 HF 48 t 物料从预反应器进入反应炉后，反应速度急速递减，须经长时间停留（约 12 h），才能使 CaF_2 的反应率达到 98%。根据反应炉排料装置的结构，物料的停留时间，可用式（3-15）进行计算。

$$t = L \cdot F / Q \qquad (3-15)$$

式中　　t——物料在炉内的停留时间，h；

　　　　L——反应炉的有效长度，m；

　　　　F——炉内物料层的弓形截面积，m^2；

　　　　Q——石膏排渣的小时容积，m^3/h。

焊接在筒体端板内侧的挖料勺，出口位于端板中央，入口至筒体内壁的垂直距离和弓形料层的高度相当（筒体坡度对弓形高度的影响可忽略不计），并得以保持料层厚度的恒定，由此计算出弓形截面积 F。工艺计算中物料的计量常以质量为单位，计算时可以石膏排渣容重 1350 kg/m^3 或炉内物料平均容重 1370 kg/m^3 进行换算。

外热式反应炉筒体的表面积，大约 90% 包裹在三段加热夹套中，调节各段的加热烟气量，可保持炉内物料温度达到 250 ℃。

3.2.2　内热式反应炉

内热式反应炉筒体内衬为耐火和耐酸材料。原料使用酸级萤石和 92% 浓硫酸,硫酸配料通常超过理论量 10%。在顺流式内热炉中,高温烟气与混合料直接接触,气体温度随反应进程而降低。在逆流式反应炉中,混合料同约 250 ℃ 低温气体相接触;高温烟气则同石膏排渣相遇。炉内温度分布的不同,使沿炉长物料的反应进程和性状发生区位差异。

陆祖勋[33] 提出萤石和硫酸反应制得的氟化氢是生产无机和有机氟化物的基本原料。在 ϕ3.2 m×50 m 内热炉中,在加料量为萤石(CaF$_2$ 含量约 93%)9 t/h 和硫酸(H$_2$SO$_4$ 质量浓度为 92%)12.7 t/h 时,按炉长对物料运动和物理化学性质进行研究。根据其测定数据绘制成 CaF$_2$ 反应率、硫酸浓度、物料温度和物料运动速度(顺流式)沿炉长的变化如图 3-6 所示。

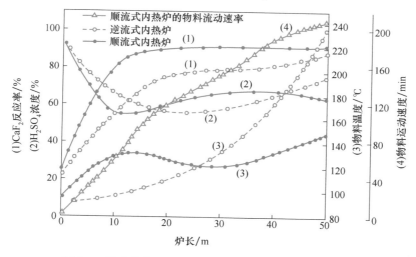

图 3-6 反应炉中(1)CaF$_2$ 反应率;(2)H$_2$SO$_4$ 浓度;

(3)物料温度;(4)物料运动速度变化

Fig. 3-6 In the reactor (1) CaF$_2$ reaction rate;(2)H$_2$SO$_4$ concentration;

(3) material temperature;(4) Changes in the speed of material movement

反应初期,在顺流炉的 0~7 m 区间(从进料端起),充足的热量使 CaF$_2$ 反应率迅速达到 78%。在逆流炉内,达到相同的反应率,要延长到 0~19 m 区间。反应期间,因 H$_2$SO$_4$ 消耗和吸收燃料燃烧和副反应生成的水,浓度下降到 60% 以下。

反应中期,在顺流炉的 7~30 m 区间,随着部分水的吸热蒸发,硫酸浓度上升和物料温度有所下降,CaF$_2$ 的反应率降低至 96%。在逆流炉的 19~35 m 区间,硫酸浓度较低,物料温度上升不快,反应速度极为缓慢。

反应后期,在顺流炉的 30~50 m 区间,热量严重不足,反应几乎停滞。在逆流炉中,稀 H$_2$SO$_4$ 中水分的 75% 在 35~50 m 区间蒸发,在高温烟气的烘烤下物料局部过热，温度迅速上升到 240 ℃，CaF_2 反应率由 80% 升高到 92.6%，并造成硫酸的大量蒸发和分解。

当反应炉（顺流式）转速为 1 r/min 时，利用同位素测定的物料停留时间为 190~220 min。

内热式反应炉中，CaF_2 反应率在 65%~70% 时，物料具有最大黏结特性。黏性物料在高温下，迅速转变成潮湿的粒状料；如果温度不高，将黏结在炉壁上，形成环状或带状结壳，妨碍正常生产。配料比、萤石细度、温度和原料成分的波动，是产生结壳的主要原因。

目前，最大的内热式反应炉为 $\phi 3.5$ m×70 m（顺流式、法国制造），日产无水 HF 120 t。回转窑中物料的停留时间，通常用下式计算：

$$t = \frac{L \cdot \sin\Phi}{\pi \cdot D \cdot n(\tan\theta + \cos\varphi)} \tag{3-16}$$

式中　t——物料在炉内停留时间，min；

　　　L——炉体长度，m；

　　　D——炉体有效直径，m；

　　　n——炉子转速，r/min；

　　　θ——炉体安装倾斜角，（°）；

　　　Φ——物料自然倾斜角，（°）；

　　　φ——炉体轴线与物料自由表面的夹角。

在反应炉中，不同状态物料的性状差别很大，Φ 和 φ 的平均值，不可能用计算或测定方法求得，计算式（3-16）无法直接应用。如果相反，用已知的物料运动特点和停留时间，把公式中的 $\sin\Phi$ 和 $\cos\varphi$，通过运算和整合，求出一个替代系数 K，可能更具实用意义，则计算式（3-16）可变换成式（3-17）：

$$t = \frac{L}{\pi \cdot D \cdot n \cdot \tan\theta} \cdot K \tag{3-17}$$

显然，系数 K 包括了原式中未曾考虑的其他因素。当 $K = 0.64~0.74$ 时，式（3-17）适用于不同类型的内热式反应炉。

3.2.3　两种反应炉工艺的比较

外热式和内热式反应炉相比较有着许多优越性。

外热式反应炉的热工制度合理，热量的供需相匹配。在顺流内热炉的反应后期和逆流内热炉的反应初期和中期，热量供应不足，影响全过程的反应效率。在逆流内热炉中，高温烟气和石膏排渣相接触，硫酸的蒸发和分解损失，高达消耗量的 10% 左右，而在外热式炉中仅约 3%。虽然直接加热方式热效率较高，但在采用优良的绝热材料和高效余热回收装置后外热炉的热效率，可望接近内热式反应炉的水平。

外热炉炉气中，HF 容积浓度达 92%，可用于生产无水氟化氢和不同浓度的氢氟酸以及利用气固反应，采用干法生产氟化铝等产品。内热式反应炉炉气中 HF 容积浓度约 25%，只能生产低浓度氢氟酸。

外热式反应炉中，物料反应完全，原料利用率高。但是单台反应炉的生产能力小于内热炉。外热式反应炉系统的设备多、性能和安装要求高，建设投资大。

⬡3.3 流化床法制取氟化氢工艺

以萤石和浓硫酸为原料，回转窑式制备无水氟化氢，该工艺存在传热、传质效率低及低品位萤石粉难以应用等制约因素。流化床具有传质、传热效率较高的特点，气固相法流化床制备无水氟化氢的工艺采用水蒸气、三氧化硫气体和萤石粉在流化床内发生反应，流化态下的气固相反应极大地提高了传质和传热效率。

3.3.1 气固相流化床特征

气固流化床可比拟为沸腾中的液层，处于流化状态的颗粒群相当于沸腾中的液体，而穿过床层上升的气泡相当于沸腾液中的蒸气泡[34-40]。此种流化床存在着特殊两相物系，处于流化状态的颗粒群是连续的，上升的气泡是分散的。当流体通过床层的速率逐渐提高到某一值时，颗粒出现松动，颗粒间空隙增大，床层体积出现膨胀，床层不再维持为固定状态，固体颗粒全部悬浮于流体中，显示出不规则的运动。在这种状态下的固体和液体性质类似于气液相，有利于热量和质量的传递，能极大地提高反应效率。

3.3.2 气固相流化床法生产无水氟化氢工艺[41-43]

流化床具有较高的传质、传热效率，有研究者提出了气固相法流化床生产无水氟化氢工艺。该工艺中以水蒸气、三氧化硫和萤石粉为原料，流化床提供反应空间来进行反应，流化态下的气固相反应极大地提高了传质、传热效率，同时对萤石原料的品位需求也有所降低。在该工艺中，水蒸气、三氧化硫反应放热能与萤石、硫酸反应吸热相匹配，反应的能耗大大降低，同时反应效率的提升也使得设备体积和投资大幅降低。

其反应原理可用如下化学反应式表示：

$$SO_3 + H_2O \Longrightarrow H_2SO_4 + 174 \text{ kJ/mol} \tag{3-18}$$

$$CaF_2 + H_2SO_4 \Longrightarrow CaSO_4 + 2HF\uparrow - 53.6 \text{ kJ/mol} \tag{3-19}$$

反应设备示意图如图 3-7 所示。

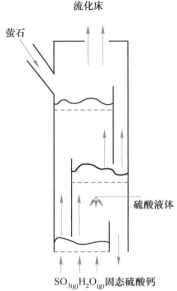

图 3-7　气固相法流化床反应设备

Fig. 3-7　Fluidized bed reaction equipment for gas-solid phase method

从流化床底部通入水蒸气和三氧化硫，上部加入固体原料颗粒（CaF_2），使用原料气将固体颗粒流化并发生反应，在流化床下部排出反应完全的硫酸钙固体。气体产物经过旋风分离器分离后，固体颗粒从旋风分离器下部返回流化床，气体产物从旋风分离器上部离开，经过喷淋塔进行降温除尘，进入冷凝器冷凝液化，精馏后得到无水氟化氢。

气固相法流化床制备无水氟化氢，流化床作为主要反应区域，流化床内萤石颗粒呈沸腾状，气流吹扫萤石颗粒使其相互碰撞摩擦，避免萤石颗粒表面呈浆状相互黏结导致结块，避免了原有回转窑工艺中黏壁结块而导致的气固传质难的问题，极大提高了气固接触效率，强化传质、传热效果，能有效提高反应速率，缩短反应时间。通过建立流化床热模实验装置用于反应可行性研究，在该装置中反应原料萤石粉预先填充进反应器，通过温度分布测量以及床层的压力监测，在反应过程中床层高度基本能维持在流化状态，表明了流化的可行性。同时气固相法流化床制备无水氟化氢的原料气选用三氧化硫与水蒸气混合气体。三氧化硫与水蒸气的反应热足够为硫酸与氟化钙的反应提供反应热，通过理论模拟计算，气固相法流化床制备无水氟化氢工艺每小时单位体积的无水氟化氢产量为 47.18 kg/（h·m³）、单位能耗 0.13 t 标准煤/t 氟化氢，相较于现有回转窑工艺每小时单位体积的无水氟化氢产量 13.20 kg/（h·m³）、单位能耗 0.30 t 标准煤/t 氟化氢具有较大的改善。气固相法流化床制备无水氟化氢工艺具有较大的节能优势。

气固相法流化床制备无水氟化氢工艺在反应转化效率、单位能耗、萤石粉原料品位的适应性上都有较大的提升，理论上具有可行性，但目前还没有成熟的工艺，还处于研究阶段，仍有大量的难题需要解决，如流化态的稳定性和反应热的平衡等。

气固相法流化床制取无水氟化氢技术具有革命性的意义，不仅能够显著降低企业生产成本，提高企业竞争力，而且可以大幅提高萤石矿的利用率，保障我国萤石矿资源安全，具有显著的经济效益和社会效益。

⟨3.4⟩ 其他工艺

氟化氢生产工艺[44-47]，除了前期原料烘干、反应制取粗氟化氢之外，还有后续洗涤净化、冷凝、精馏、脱气、尾气吸收、热风系统等多道工序组成。工艺简图如图3-8所示。

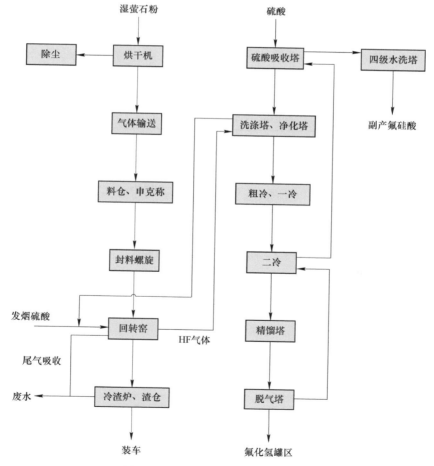

图 3-8　萤石-硫酸法工艺流程简图

Fig. 3-8　Process flow diagram of fluorite sulfuric acid method

氟化氢生产技术路线分为常压流程和加压流程。由于氟化氢在常压下沸点为 19.5 ℃，因此常压流程的精馏塔、脱气塔塔顶冷凝器均需采用冷冻水进行冷凝，而冷冻水需消耗大量的电能，所以两塔冷凝器在氟化氢装置的能耗中占很大比例；加压流程通过提高两塔操作压力，使氟化氢沸点升至 50 ℃ 以上，由于循环水能耗低，故塔顶冷凝器可使用循环水对氟化氢进行冷凝，节能效果显著。

国内氟化氢企业通常采用常压流程，其原因是氟化氢属于高度危害性物质，且腐蚀性较强，而常压流程的技术难度相对较低，生产中操作比较容易，更为稳定安全。

常压流程与加压流程只在于精馏塔与脱气塔操作压力不同，所以只需要对这两塔系统进行比较分析。由于脱气塔和精馏塔的设备操作情况相同，只需比较精馏塔的能耗情况就可以知道总的能耗比例，下面以 1.5 万吨/年无水氟化氢装置为例，来比较常压流程和加压流程的能耗。常压操作流程精馏塔的能耗如表 3-1所示，加压操作流程精馏塔能耗如表 3-2 所示。

表 3-1　常压操作流程精馏塔能耗
Table 3-1　Normal pressure operation process Energy consumption
of the rectification column

名称	消耗量 /t·h^{-1}	能量折算值 /MJ·t^{-1}	设计能耗 /kW	单位设计能耗 /MJ·t^{-1}	标准煤折算值 /kg·t^{-1}
热水 80 ℃	29.2	1342.2	10875.5	5220.3	178.117
冷量 -10 ℃	2833.7	0.88	692.7	332.5	11.345
合计			11568.2	5552.8	189.46

表 3-2　加压操作流程精馏塔能耗
Table 3-2　Energy consumption of the distillation column

名称	消耗量 /t·h^{-1}	能量折算值 /MJ·t^{-1}	设计能耗 /kW	单位设计能耗 /MJ·t^{-1}	标准煤折算值 /kg·t^{-1}
循环水	129.8	4.19	151.1	72.5	2.474
0.3 MPa 蒸汽	13.4	2763.00	10271.5	4930.3	168.224
合计			10422.5	5002.8	170.70

通过表 3-1 和表 3-2 比较可知，加压操作流程能耗较低。相同规模下，加压流程比常压流程能耗低，设备投资费用小。以常压精馏为例，单线产能 3 万吨/年，共两条生产线。表 3-3 列举主要设备参数。根据氟化氢介质物性，原料在回转炉反应产出氟化氢气体后，经过后续工序，其设备大多采用钢衬四氟的材质。

表3-3　两条30千吨/年生产线主要设备及参数

Table 3-3　Main equipment and parameters of two 30 kt/a production lines

设备名称	规格尺寸/mm	材质	操作温度/℃	操作压力/MPa	主要介质
回转炉	φ3800×40000×80	Q245R	650	常压	硫酸、氧化钙、氟化氢
萤石粉料仓	立式平顶锥底	碳钢	常温	常压	硫酸、氟化氢
洗涤塔	立式 φ1600×14500	钢衬	100	常压	硫酸、氟化氢
净化塔	立式 φ1200×5000	钢衬	60	常压	硫酸、氟化氢
粗酸冷凝器	立式 φ1300×5300×12	碳钢	50	常压	硫酸、氟化氢
一级冷凝器	立式 φ1300×5300×12	碳钢	30	常压	硫酸、氟化氢
二级冷凝器	立式 φ1300×5300×12	碳钢	20	常压	硫酸、氟化氢
精馏塔	φ900×25000	钢衬	60	常压	硫酸、氟化氢
脱气塔	φ900×25000	钢衬	50	常压	氟化氢
尾气吸收塔	塔釜 φ2000×2300，塔身 φ800×6000，冷却盘管 12 m²	PP	50	常压	氟化氢、氟硅酸

3.5　本 章 小 结

目前无水氟化氢的制备技术已在工业上成熟应用，主要制备技术是萤石法和氟硅酸法，其中萤石法主要采用的是硫酸法回转窑式制备无水氟化氢，该工艺存在传热、传质效率低及低品位萤石粉难以应用等制约因素。

参 考 文 献

［1］杨玉梅，葛艳丽，李连成．对我国无机氟化工发展的建议［J］．化工新型材料，2005（4）：4-6.

［2］胡宏，刘旭．无水氟化氢生产技术的研究进展［J］．化工技术与开发，2012，41（6）：4.

［3］夏飞龙，刘光木，冯胜波，等．磷矿伴生氟资源制备无水氟化氢工艺研究进展［J］．浙江化工，2023，54（6）：1-4.

［4］赵轩，郭勇，陈连清．化工新材料及磷矿中含氟资源的可持续利用［J］．化工科技，2016，24（3）：70-75.

［5］Ojima I. Exploration of Fluorine Chemistry at the Multidisciplinary Interface of Chemistry and Biology［J］．The Journal of Organic Chemistry，2013，78（13）：6358-6383.

［6］Wang J，Sánchez-Roselló M，Aceña J L，et al. Fluorine in pharmaceutical industry：fluorine-containing drugs introduced to the market in the last decade（2001—2011）［J］．Chemical reviews, 2014, 114 (4): 2432-2506.

[7] Pashkecich D S, Mamaev A V. Production of hydrogen fluoride by processing fluorine-containing wastes and by-products of modern industries [J]. WIT Transactions on Ecology and the Environment, 2019, 231: 111-123.

[8] William R, Dolbier Jr. Fluorine chemistry at the millennium [J]. Journal of Fluorine Chemistry. 2005, 125 (2): 157-163.

[9] Smart B E. Introduction: fluorine chemistry [J]. Chemical reviews, 1996, 96 (5): 1555-1556.

[10] Gouverneur V, Seppelt K. Introduction: fluorine chemistry [J]. Chemical Reviews, 2015, 115 (2): 563-565.

[11] Simons, Joseph H. Fluorine Chemistry V2 [M]. Amsterdam: Elsevier, 2012.

[12] Ojima I. Exploration of fluorine chemistry at the multidisciplinary interface of chemistry and biology [J]. The Journal of organic chemistry, 2013, 78 (13): 6358-6383.

[13] Hodge H C, Smith F A. Fluorine chemistry [M]. New York: Academic Press, 1965.

[14] Sui Y F, Li Z Y, Xie T, et al. Preparation method of anhydrous hydrogen fluoride: CN103754825A [P]. 2014-04-30.

[15] 严建中. 萤石硫酸反应动力学和反应工程研究 [J]. 有机氟工业, 2001 (1): 1-3.

[16] 胡伟伟, 段志强, 谢江鹏, 等. 萤石-硫酸反应热力学与动力学分析研究 [J]. 化学工程与装备, 2020 (5): 50-51.

[17] 吴宁宁. 影响无水氟化氢生产效率的因素及控制方法 [J]. 化工管理, 2021 (9): 96-97.

[18] 段志强. 无水氟化氢生产影响因素及控制方法解析 [J]. 甘肃科技, 2016, 32 (17): 61-62.

[19] 刘帅杰, 姜国庆, 高璐阳. 磷矿伴生氟资源生产氟化氢前景分析 [J]. 磷肥与复肥, 2023, 38 (6): 31-36.

[20] Tu D H, Du X D, Zheng Z C. Study on Anhydrous Hydrogen Fluoride Produced by Industry [J]. Guangzhou Chemical Industry, 2012, 40 (22): 10-11.

[21] 应盛荣. 氟化氢的制备方法及其装置: CN103332655B [P]. 2015-06-17.

[22] 陆祖勋. 论萤石和硫酸的反应及其工艺 [J], 轻金属, 2006 (4): 9-13.

[23] 李婉红. 萤石-硫酸法生产氟化氢工艺安全的优化研究 [J]. 浙江化工, 2023, 54 (5): 34-37.

[24] 应学来. 我国无水氟化氢生产现状及发展趋势 [J]. 化工新型材料, 2005, 33 (4): 7-9.

[25] Strabel P, Esch K, Bulan A. Process for the production of hydrogen fluoride in a rotary kiln: AT20010113635T [P]. 2006-06-15.

[26] 陈华强. 论无水氟化氢反应转炉的腐蚀与防护 [J]. 化工管理, 2015 (10): 91.

[27] 于宝云, 许安琪, 于红升, 等. 浅析无水氢氟酸生产效率的影响因素 [J]. 河南化工, 2019, 36 (12): 31-33.

[28] 曾月香. 无水氟化氢生产过程中的制约因素及改造方法 [J]. 化学工程与装备, 2021

（2）：27-28.

［29］刘继鹏，张伟祥．浅析无水氢氟酸生产的过程控制要点［J］．甘肃科技，2021，37
（6）：55-58.

［30］康文鹏．基于 Aspen Plus 的无水氟化氢生产工艺模拟优化［J］．企业科技与发展，2023
（3）：36-39.

［31］Carpino L A，Segev D. Process for the synthesis of peptides utilizing Thioxanthylmethyloxycarbonyl
dioxides：US04460501A［P］．1984-07-17.

［32］Patterson A J，Smith R A，Jenczewski T J. Furnace gas-sulfuric acid contact process for HF
manufacture：US5271918A［P］．1993-12-21.

［33］陆祖勋．论萤石和硫酸的反应及其工艺［J］．轻金属，2006（4）：9-13.

［34］Perez H P J，Folens K，Leus K，et al. Progress in hydrometallurgical technologies to recover
critical raw materials and precious metals from low-concentrated streams［J］．Resources，
Conservation & Recycling，2019，142（3）：177-188.

［35］张义亭．流化床技术与应用［J］．内蒙古石油与化工，2015（3）：122-123.

［36］曲家宁，刘飞，王伟文．气固流化床中气泡行为及流场结构的研究［J］．现代化工，
2023，43（S2）：177-181.

［37］许琨文．气固流化床中气泡演化行为及流动结构优化调控研究［D］．青岛：青岛科技
大学，2023.

［38］Nimvari M I，Zarghami R，Rashtchian D. Experimental investigation of bubble behaveor in gas-
solid fluidized bed［J］．Advanced Powder Technology：The internation Journal of the Society
of Powder Technology，Japan，2020，31（7）：2680-2688.

［39］Vishwanath P，Das S，Fabijanic D，et al. Qualitative comparison of bubble evolution in a two
dimensional gas-solid fluidized bed using image analysis and CFD model［J］．Materials Today
Proceedings，2017，4（4）：5290-5305.

［40］Mostafaei F，Golshan S，Zarghami R，et al. Investigating the bubble dynamics in fluidized bed
by CFD-DEM［J］．Powder Technology，2020，366：938-948.

［41］夏飞龙，刘光木，冯胜波，等．磷矿伴生氟资源制备无水氟化氢工艺研究进展［J］．浙
江化工，2023，54（6）：1-4.

［42］刘仲玄．细颗粒解聚团流态化及萤石制无水氟化氢新工艺研究［D］．杭州：浙江大
学，2019.

［43］Quarlus C C. Process for the manufacture of hydrogen fluoride：US 3282644［P］．1966.

［44］张海荣．无水氟化氢工艺流程比较［J］．化工设计，2012，22（6）：9-10.

［45］李金安，丁洁，陈湘鼎．无水氟化氢的制备工艺［J］．有机氟工业，2022（1）：48-50.

［46］黄江生，刘飞，李子艳，等．氟化氢的制备及纯化方法概述［J］．无机盐工业，2015，
47（10）：4.

［47］薛旭金，杨华春，王建萍，等．一种氟化氢的制备方法：CN202111302027.2［P］．
2021-12-31.

4 磷矿资源概述

磷矿是指在经济上能被利用的磷酸盐类矿物的总称，是地球上不可替代的非金属矿产资源，它广泛应用于工业、农业、医药等领域，特别是在农业中扮演着相当重要的角色，人类的发展是无法离开磷矿资源的。因此，需高度关注国内外磷矿资源及其趋势，合理开发利用磷矿。

4.1 世界磷矿资源概述

4.1.1 世界磷矿储量与分布

世界磷矿资源主要以海洋沉积的形式存在[1]。最大的沉积矿床位于北非，中国、中东和美国。在巴西、加拿大、芬兰、俄罗斯和南非发现了大量火成岩磷矿。在大西洋和太平洋的大陆架和海山上已发现大量磷酸盐资源。从资源总量可知，世界磷矿石资源超过3000亿吨，2019—2023年全球磷矿石基础储量如图4-1所示，其中2023年基础储量为670亿吨[2,3]。

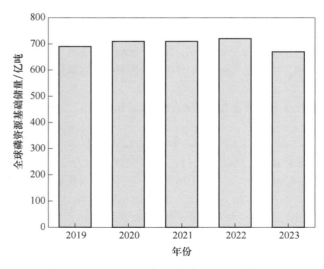

图 4-1　2019—2023 年全球磷矿石基础储量图

Fig. 4-1　Map of global phosphate rock base reserves from 2019 to 2023

世界磷矿资源丰富，但分布不均，据美国地质调查局统计，2022 年摩洛哥和西撒哈拉储量最大，占比为 70.4%，中国为第二大磷矿储量国，占比达 4.5%，其次分别为埃及、阿尔及利亚、叙利亚等国家或地区（图 4-2）[4,5]。

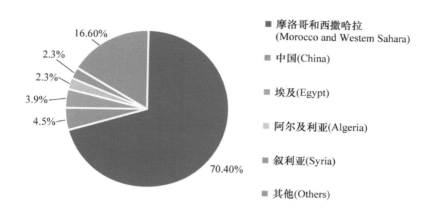

图 4-2　2022 年世界主要产磷国磷矿储量占比

Fig. 4-2　The proportion of phosphate deposits in the world's major

phosphorus-producing countries in 2022

从 2008—2019 年世界磷矿储量的变化上看，由于摩洛哥和西撒哈拉的磷矿储量占据绝对主导地位，世界磷矿的变化趋势与摩洛哥磷矿变化趋势基本一致（图 4-3），显著变化发生在 2010 年，主要是由于摩洛哥和西撒哈拉磷矿储量的变化引起。2010 年以前世界磷矿储量在 144 亿吨左右，2010 年由于摩洛哥和西撒哈拉磷矿储量的急剧增长（从 2009 年的 57 亿吨猛增至 2010 年的 500 亿吨），世界磷矿储量也随之大幅提高，从 2009 年的 148.87 亿吨提高至 2010 年的 642.57 亿吨。此后，摩洛哥和西撒哈拉的磷矿储量一直稳定在 500 亿吨，而世界磷矿的储量也比较平稳，在 642.57 亿吨到 705.28 亿吨之间小幅波动。除摩洛哥和西撒哈拉外，叙利亚的磷矿储量在 2010 年也有明显增加，从 2010 年之前的 1 亿吨增加到 2010 年之后的 18 亿吨；巴西的磷矿储量从 2017 年之前的 3 亿吨左右增加到 2017 年之后的 17 亿吨；沙特阿拉伯的磷矿储量在 2017 年显著增加后稳定在 14 亿吨；埃及的磷矿储量 2014 年从 1 亿吨大幅提升至 7.5 亿吨，并在 2015 年和 2017 年再次提升到 12 亿吨和 13 亿吨；澳大利亚的磷矿储量显著增加发生在 2015 年，从不到 5 亿吨增加到 8.7 亿~12 亿吨；俄罗斯的磷矿储量 2010 年从 2 亿吨增加到 13 亿吨，2016 年后降到 6 亿~7 亿吨；美国、约旦、秘鲁、以色列等国近年来磷矿储量均有所下降，中国、阿尔及利亚等国近年来的磷矿储量较平稳[6]。

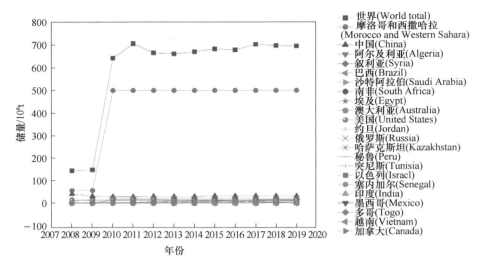

图 4-3　2008—2019 年世界主要产磷国磷矿储量变化趋势

Fig. 4-3　Change trend of phosphate rock reserves in the world's major

phosphorus-producing countries from 2008 to 2019

4.1.2　世界磷矿产量

美国、前苏联、摩洛哥等为传统磷酸盐大国，在世界磷矿产储量和产量方面都占主导地位，但 20 世纪后期后均对磷矿石的出口逐渐进行限制，如美国 1980年开始就减少磷矿石的出口[7]。中国磷化产业发展很快，据英国皇家国际事务研究所统计的世界磷肥交易数据，中国不仅在 2006 年以后实现了磷肥的自给，每年还有大量的磷肥出口。但中国磷矿开发中也存在资源消耗快、后继资源不足、矿产开采水平较低、资源节约与综合利用效率不高、磷化工产能严重过剩及地质灾害和环境污染风险加大等问题。摩洛哥的磷矿由摩洛哥磷酸盐集团（Office Chérifien des Phosphates，OCP）负责开采、加工及进出口贸易，2018 年摩洛哥磷酸盐及其衍生品的出口额占该国出口总额的 18.8%，为其国家经济作出重要贡献[8]。2008 年起，OCP 开始实施大规模投资计划，加快了扩张之路，拟通过加大投资力度，在 2018—2027 年，实现满足世界新增需求的 50%，除在本国加大投资外，OCP 还同非洲国家签署大量投资合作协议，在埃塞俄比亚、尼日利亚等国都拟投资建设化肥生产基地。近年来，随着资源消耗加快以及北非和中东地区磷矿资源开发的深入，磷矿的供应中心已逐渐移向北非和中东地区。

数据显示，2017 年全球磷矿产量达到近年来最高峰，为 2.69 亿吨。2018—2020 年有所下降，分别为 2.49 亿吨、2.27 亿吨和 2.19 亿吨。2023 年全球磷矿产量约为 1.33 亿吨（图 4-4）。

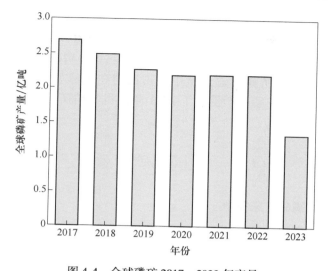

图 4-4　全球磷矿 2017—2023 年产量

Fig. 4-4　Global phosphate mine production from 2017 to 2023

磷矿年产量 300 万吨以上的国家或地区有中国、摩洛哥和西撒哈拉、美国、俄罗斯、约旦、沙特阿拉伯、越南、巴西、埃及、秘鲁、以色列和突尼斯共 12 个（图 4-5）。磷矿产量居世界首位的是中国，其 2021 年磷矿产量占世界年度产

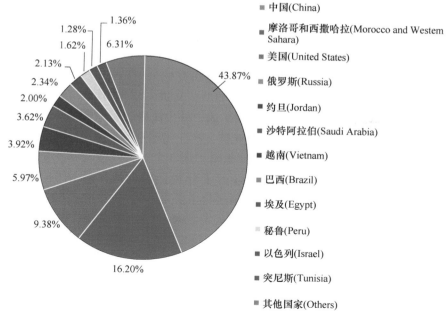

图 4-5　2021 年世界主要产磷国磷矿产量占比

Fig. 4-5　Share of phosphate ore production in the world's major phosphorus-producing countries in 2021

磷量的 43.87%；相比之下，储量世界第一位的摩洛哥和西撒哈拉 2021 年磷矿产量尽管高居世界第二，但只占世界年度磷矿总产量的 16.20%；美国磷矿产量占世界年度磷矿总产量的 9.38%，俄罗斯磷矿产量占世界磷矿总产量的 5.97%，其余国家的磷矿产量在世界磷矿总产量中的占比均在 5% 以下。统计数据还显示，以上 12 个磷矿主产国的磷矿产量占了 2021 年度世界磷矿总产量的 93.69%，亚洲和非洲是磷矿主产区。

4.2 我国磷矿资源概述

4.2.1 我国磷矿矿床类型

磷主要赋存在地幔岩浆和生物机体中，活性碳酸岩的产生是生物起源的重要因素[9]。在地球生物出现之前，无机岩浆通过富集磷，在表面形成活性磷酸盐，为生物生存提供了必需元素。当生物出现之后，磷的有机富集作用就越来越重要。由于磷元素及化合物的特殊性，磷的富集成矿几乎与所有地质作用及生物作用有关，因此，磷的矿床类型也极其复杂。

20 世纪以来，许多学者都对磷矿床的成因类型进行了深入研究。前苏联磷矿地质学者 казаков 等根据沉积相的差异对沉积型磷矿进行了分类；шатский 主要根据沉积建造的不同对沉积型磷矿进行了划分[10]。叶连俊从磷矿的形成条件、形成时代、产状、矿石矿物组成及矿石化学组分等对磷矿床进行了较详细的分类[11]。20 世纪 70 年代以来，何起祥、东野、刘魁梧、叶连俊等综合考虑了海相磷块岩的形成环境、形成阶段、形成作用等，进而对磷矿床成因类型进行了划分。宋叔和等在前人分类的基础上，结合其研究成果对磷矿床进行了系统总结，划分为原生磷矿床和次生型磷矿床两大类型，又进一步细分出 7 个亚类[12]。其中原生型磷矿床包括：内生岩浆岩型磷矿床、外生浅海沉积型磷矿床、生物沉积磷矿床和沉积变质型磷灰石矿床 4 个亚类；次生型磷矿床包括：风化-再沉积磷矿床、风化-淋滤残积磷矿床和洞穴堆积磷矿床 3 个亚类[13]。《矿产资源工业要求手册》（2010 年版）也对磷矿床进行了分类，根据成矿作用的不同分为：（1）生物化学沉积型磷块岩矿床（含磷层位主要是寒武系下统）；（2）风化淋滤残积型磷块岩矿床；（3）沉积变质型磷灰岩矿床；（4）变质交代型磷灰岩矿床；（5）碱性、基性、超基性岩内生型磷灰石矿床；（6）偏碱性超基性岩内生型磷灰石矿床共 6 种类型。夏学惠和郝尔宏（2012 年）根据磷矿研究的新认识对磷矿进行了更细致的划分，总体上将磷矿床分为"内源"（即内生成矿作用形成的矿床）、"外源"（地球外营力作用下形成的矿床）与次生矿床 3 大类；又根据基本的成矿作用，再进一步分为"岩浆类""沉积型磷块岩类""变质类"并和"次生类"共 4 种类型；再根据成矿母岩类型（岩浆岩型磷矿床和变质型磷矿床)、成矿时代(沉积型磷块岩矿床)和具体的成矿作用(次生型磷矿床),细分为16种亚类(型)[14]。东野脉兴等对磷矿床的主要类型也进行了论述,总结了世界主要成磷期。本节根据前人研究,对磷矿床主要成因类型进行了总结,在夏学惠和郝尔宏分类的基础上增加了5种亚类(表4-1)[15-17]。

表4-1 中国磷矿的含磷层位

Table 4-1 Phosphorus bearing horizon of phosphate mines in China

距今年龄/亿年	地层	系统	矿化反应	含磷岩性及产状	矿化程度
0.03	新生界	第四系	—	洞穴及鸟粪磷块岩	矿化或小型矿床
0.80		第三系	邕宁群(E)	砂岩或页岩中的磷结核	磷酸盐矿化
1.40	中生界	白垩系	四方台组(K$_2$)	砂岩或页岩中磷的薄层或结核	磷酸盐矿化
1.95					
2.30		侏罗系	鹅湖岭组(J$_2$)	火山凝灰岩和页岩中局部磷酸盐化	磷酸盐矿化
2.70					
3.20		三叠系	—	含磷砂岩或页岩	磷酸盐矿化
3.75	古生界	二叠系	孤峰组(P$_1$)	页岩中的磷结核层	矿化或小型矿床
4.40					
5.00		石灰系	岩关组	砂岩、页岩或灰岩中的磷结核或薄层	小型矿床
		泥盆系	什邡组(D$_2$)	层状磷块、顶底板均为白云岩	工业矿床
		至留系	连滩群	砂页岩中的磷结核	磷酸盐矿化
		奥陶系	红石崖组(O$_2$)	碳酸岩层中磷质条带或结核	磷酸盐矿化
		寒武系	老爷山组(€$_3$)	白云岩中夹的含磷砂页岩	磷酸盐矿化
			大茅群(€$_2$)	磷块岩薄层产于钙质石英砂岩、硅质岩或灰岩中	小型矿床
			毛庄组(€$_1$)	含磷砂页岩	磷酸盐矿化
			昌平组(€$_1$)	含磷砂岩薄层产于碎屑岩中	磷酸盐矿化
			辛集组(€$_1$)	砂质磷块岩层,产于细碎屑岩之中	小型矿床
			筇竹寺组(€$_1$)	砂质磷块岩层,产于钙质细砂岩之中	工业矿床
6.20			渔户村组(€$_1$)	厚层状磷块岩,顶底板均为白云岩	工业矿床

续表 4-1

距今年龄/亿年	地层	系统	矿化反应	含磷岩性及产状	矿化程度
	新元古界	震旦组	灯影组（Z_3）	层状磷块岩，产于白云岩中	工业矿床
			徒山沱组（Z_2）	层状磷块岩、共生岩石主要为白云岩、页岩或硅质岩	工业矿床
8.00	中元古界	青白口系	景儿峪组	磷的结核、透镜体、产于白云质灰岩中	磷酸盐矿化
10.00		蓟县系			
14.00		长城系	串岭沟组	砂质白云岩和砂岩中的磷结核或透镜体	磷酸盐矿化
17.00	古元古界	滹沱系	榆树砬子组	含磷砂砾岩	小型矿床
			锦屏组	层状磷灰岩，产于白云质大理岩、片岩中	工业矿床
20.00		五台系	柳毛组	含磷透灰岩、片麻岩	小型矿床
25.00	太平字	阜平群	阜平组	含磷黑云角闪片麻岩	工业矿床

从上述可知，岩浆作用、沉积作用以及生物作用等对磷的形成均有影响，磷矿矿床的地质分布往往与成矿作用有关，产出于相应的地质环境中。磷矿床类型可分为四类，具体如表 4-2 所示。

表 4-2 磷矿床分类

Table 4-2 Classification of phosphate deposits

物源	类型	亚类
内源	岩浆岩型磷矿床	超基性碱性岩型
		超基性碳酸岩型
		碱性岩型
		碳酸岩型
		超基性岩型
		基性岩型
		伟晶岩型

物源	类型	亚类
外源	变质型磷矿床	绿盐带型
		变质混合岩型
		沉积变质型
	沉积型磷块岩矿床	早元古代海相沉积
		晚前寒武纪海相沉积
		寒武纪海相沉积
		泥盆纪海相沉积
		二叠纪海相沉积
		晚侏罗世-早白垩世海相沉积
		晚白垩世-古近纪海相沉积
		新近纪-现代海相沉积
次生型	次生型磷矿床	风化-淋滤残积型
		风化-再沉积型磷矿床
		鸟粪堆积型磷矿床

4.2.1.1 岩浆岩型

岩浆岩型磷矿床也称磷灰石矿床，磷灰石是岩浆岩中普遍存在的副矿物，富集到一定规模时，就可能成为有经济价值的矿床[18]。岩浆岩型磷矿床主要与幔源岩浆活动密切相关，含矿母岩一般来自幔源。3 种与磷矿相关的岩浆杂岩：幔源偏碱性超基性杂岩体、幔源含钒钛铁基性-超基性杂岩体和消减洋壳源的中-酸性杂岩。此外，伟晶岩、碳酸岩中也有磷矿分布。世界火成磷灰石矿中最重要的是与超基性-碱性-碳酸岩杂岩体有关的磷灰石矿床，该类型磷矿分布广、品位较高、规模较大。

岩浆岩型磷矿床主要产出在古老地台区，特别是地台边缘区以及地台与褶皱区的接触带，地台内部的活动带、裂谷带也是有利的成矿部位，世界上古老地区如西伯利亚、非洲、北美、南美、塔里木、中朝、印度等地台内均有磷矿分布。区域性深大断裂对岩浆型磷矿有控制作用，主要表现在其控制了含磷杂岩体的产出，形成具有成矿远景的构造——岩浆岩带，含矿杂岩和磷矿体多沿主干断裂带或断裂交汇处产出。此外，环形构造、与深大断裂有关的线状构造以及受封闭爆发作用控制的管状和漏斗状构造等都与岩浆型磷矿有密切的时空成因联系，已发现的重要的岩浆岩型矿床主要位于巴西、加拿大、芬兰、俄罗斯和南非，在南非、东欧等地有超基性-碳酸岩型磷矿床分布。

4.2.1.2 沉积岩型

沉积型磷块岩矿床是最主要的磷矿床类型，在适宜的海相环境下可以形成[19]。其矿床成因研究始于 19 世纪，主要有生物成因说、化学成因说、生物-化学成因说、机械堆积成因说、洋流上升说、交代成因说及生物–成岩成磷模式等。

生物成因说最早由俄国学者 кейзерлинг 提出，他认为磷块岩是由生物遗体分解而成。此后，Murray 和 Renard 等都对生物成因说进行了研究和论述，磷块岩的形成还与海底升降运动及海侵运动有关。

化学成因说最早由前苏联学者 Казаков 提出，基本原理为饱含 CO_2 和 P_2O_5 的深层水随上升洋流到达浅海陆棚带，因温度升高、深度减小、CO_2 压力降低，磷酸盐溶解度降低，使得磷酸盐过饱和而发生大规模沉淀[20]。

生物-化学成因说认为海洋中的浮游生物与磷的富集有关，具体表现在浮游生物的大量繁殖吸收了海水中的磷质，生物死亡后其残骸沉入海底淤泥中，在微生物作用下磷被分解出来，使得淤泥中的磷质富集，在化学作用下含高浓度磷的淤泥水向磷浓度低的水底层扩散，扩散过程中磷酸盐围绕小的砂粒、矿物颗粒等聚集，形成磷酸盐结核，随着富集有机质淤泥的长期沉积，逐渐形成了磷块岩矿床。

机械堆积成因说由 Grabau 提出的，他发现磷酸盐沉积普遍与不整合及钙质基岩有关，是残余堆积形成的；萨尔温等提出北非晚白垩世至始新世磷块岩是"生成区"的磷质在机械作用下搬运至"堆积区"，堆积而形成磷块岩矿床，从而进一步发展了机械堆积成矿说。美国佛罗里达中新世-上新世磷块岩、非洲大陆西岸的白垩–新近纪磷块岩、中国的震旦纪和寒武纪磷块岩多为物理富集形成。

洋流上升说由 Казаков 提出，20 世纪中 Mekelvey 和 Sheldon 等进一步发展了该成因理论。这一磷矿成因学说认为气候干旱和低纬度的辐散洋流上升地区是最有利的成磷地带，这种地区在北半球为大陆的西岸和北岸，在南半球为大陆的西岸和南岸。有关学者认为这一学说没有解决磷块岩堆积的具体地点及其构造——古地理环境问题，从而提出"陆缘坻"的概念，认为"陆缘坻"是磷质微生物的繁衍场，磷质在这里富集并最终形成磷块岩矿，补充了洋流上升说的理论认识。

交代成因说是 Ames 提出的，他通过碳酸盐的磷酸盐化作用研究，发现方解石的消失与磷灰石的出现是同时发生的，且形成的磷灰石还呈现出方解石假象，бущнн скъй 认为大部分磷酸盐团粒是磷质代谢粪粒的产物。南非大陆架浅海区现代沉积中存在着未磷酸盐化方解石与磷酸盐化方解石的共生现象，它们的结构特征和生物面貌均极相似，证实了交代作用的存在。

生物-成岩成磷模式是由前苏联学者巴图林总结提出的，这一磷矿成因模式认为磷块岩的形成是多旋回反复进行的总和，每一个旋回包括五个阶段：第一阶段为磷质的补给，即上升洋流带来磷质；第二阶段为磷质转化阶段，即生物吸收消耗磷；第三阶段为磷质沉淀阶段，即富含磷质的生物遗体、生物碎屑沉积于海底；第四阶段为磷质固结阶段，即沉积在海底的磷质通过成岩作用形成磷酸盐结核；第五阶段为磷酸盐富集阶段，多个旋回的不断重复及海水再冲刷作用使磷酸盐不断富集形成磷块岩[21]。

4.2.1.3 变质岩型

变质型磷矿床包括绿岩带型、沉积变质型和变质混合型 3 种[22]。绿岩带型磷矿产出于由绿岩-花岗岩地体和深变质岩系组成的古老陆核内，如中朝地块太古宙古老陆核，产磷岩系原岩建造以基性到酸性火山岩为主，发生了较强的混合岩化，磷矿产出与绿岩带基性火山岩有关，磷矿体主要赋存于黑云角闪岩、角闪黑云片麻岩和斜长角闪岩中，含磷岩系岩石组合为闪辉钛磁铁磷灰岩、磷灰石角闪片麻岩和磷灰石黑云角闪岩等，中国的绿岩带型磷矿主要分布在河北、辽宁、山东以及山西等地区。

沉积变质型磷矿产出于元古宙地层中，在中国主要有古元古代早期、晚期和末期 3 个产磷层位。矿床产出的大地构造位置处于古板块边缘或其分裂出的微型古陆，即中间地块上，一般构成中小型矿床。古元古代晚期磷矿广泛分布于中朝地块，含磷地层以滹沱群为代表，该期是沉积变质磷矿的主要成矿期。古元古代时中朝地块是一个被动的大陆边缘，地块东缘接受沉积，构成巨大的海进到海退的旋回，在海侵岩系中又有若干小的旋回，在部分小海侵与海退岩系中，往往有磷的沉积，以致形成若干磷矿层。含磷岩系由黑云斜长片麻岩、变粒岩云英片岩、白云质大理岩和炭质板岩等组成，其原岩主要是碎屑岩、砂质黏土岩、有机质泥岩、碳酸盐岩等的一套岩石组合。含磷岩石或矿石有细粒磷灰岩、云母磷灰岩、变粒磷灰岩和含磷大理岩等，原岩主要是碎屑岩、砂质黏土岩、有机质泥岩和碳酸盐岩等。

变质混合型磷矿石主要是由混合岩化交代作用促使磷酸盐中的磷质产生再结晶作用形成交代型矿石，交代型矿石与原始含磷层位有密切共生关系，故交代型矿体具一定的层控特征，沿走向延伸较稳定。在中国，该类磷矿位于吉黑褶皱系佳木斯地块内。

4.2.1.4 次生型

次生磷矿床包括风化淋滤残积型、风化再沉积型以及鸟粪堆积型几种[23]。风化-淋滤残积型为原含磷岩层经风化后，其可溶性物质淋滤流失，而磷质则残留富集成矿，风化淋滤残积深度受地下水面控制。风化再沉积型磷矿床，是先期磷矿或含磷层暴露于地表，经风化作用，遭受海侵，经海解作用再沉积形成的磷矿床，该类磷矿具有风化与沉积矿床的双重特点。鸟粪磷矿系由鸟粪、树叶、死鸟等堆积，经细菌腐解、溶淋、淀积，交胶结珊瑚砂，经成土作用，形成高磷土壤，也称磷质石灰土，矿石多由胶磷矿和方解石组成，矿层自上而下可分为腐泥状鸟粪、粒状鸟粪、块状鸟粪和碎屑状鸟粪等 4 层，多沿岛屿分布，如中国南海诸岛。

4.2.2 我国磷矿分布

目前我国磷矿资源的整体发展特点是储存量大，但分布相对于集中在云南、湖北、贵州和四川，四省合计储量占全国储量的80%以上，四省2023年磷矿产量如表4-3[24,25]所示。四省中低品位磷矿较多，难以满足目前各生产企业的使用需求。在我国北方绝大部分地区缺磷，磷矿供给依赖云南、贵州和湖北，形成了"南磷北运，西磷东运"的现状[26]。

表 4-3 2023年中国主要四省磷矿石产量与占比

Table 4-3 Output and proportion of phosphate rock in four major provinces of China in 2023

序号	省份	磷矿石产量/万吨	产量占比/%
1	湖北省	4614.74	43.82
2	云南省	2688.93	25.53
3	贵州省	2121.79	20.15
4	四川省	987.67	9.38

4.2.2.1 贵州省磷矿资源

贵州省磷矿主要为海相沉积磷块岩，发育于当时贵州的上升流，裹胁富磷酸盐水团带到有利古地理环境沉淀析出磷灰石而构成[27]。成矿时代为早震旦世陡山沱期和早寒武系梅树村期，由于两个成磷期时间间隔太短，因而磷矿在空间分布上具有大体一致、形影相随的特点。其基本类型有颗粒结构磷块岩、凝胶状结构磷块岩及生物磷块岩。

磷矿主要沿黔东大断裂（NE向）、黔中大断裂（NEE向）及毕节-金沙-遵义断裂带（NE向）正向构造出露，分布于：

（1）毕节-金沙-遵义连线以北仁怀、习水、金沙一带，零星出露于背斜构造的核部；

（2）黔中大断裂北侧织金-清镇-开阳-瓮安-铜仁一带；

（3）黔东大断裂两侧上升区，三都-凯里-三穗-松桃一带。贵州中部地区的织金、开阳、瓮安-福泉三大磷矿区占了全省90%以上的资源量。

贵州拥有世界罕见的优质磷煤富矿，仅开阳磷矿资源探明储量就达11亿吨，优质磷矿储量在全国占比超80%。2016年以来，贵州省磷矿石产量一直在大幅下降，2020年磷矿石产量减少至2132.88万吨，2021年产量增长13.2%至2415.36万吨，具体如图4-6所示。

4.2.2.2 湖北省磷矿资源

湖北省是一个资源相对贫乏的省份，但磷矿资源比较丰富。富磷矿主要分布在湖北宜昌杉树垭磷矿和挑水河磷矿[28]。湖北Ⅱ级磷矿主要分布在湖北兴山-神

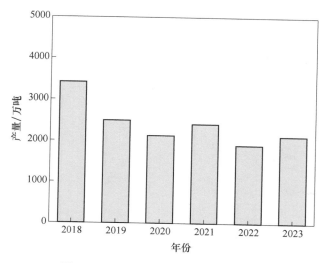

图 4-6 2018—2023 年贵州省磷矿产量

Fig. 4-6 Phosphate ore production in Guizhou Province from 2018 to 2023

农架（兴神）磷矿瓦屋矿区、保康磷矿和兴山县树崆坪磷矿区。Ⅲ级磷矿主要分布在钟祥市荆襄磷矿。此外湖北磷矿品位（P_2O_5）小于12%的磷矿区为孝感磷矿黄麦岭矿区。

　　湖北磷矿主要分布在宜昌-兴山-神农架一线（包含宜昌、兴神、保康3个矿田）和钟祥-南漳一线这两条磷矿带。矿区有宜昌晓峰、荆襄、黄麦岭、保康（包括白竹矿区）和远安杨柳以及鹤峰走马坪和神农架磷矿等。湖北磷矿企业主要有宜化、兴发、黄麦岭、洋丰、祥云、大峪口等。

　　据统计，中化湖北院通过参与实施全国找矿突破战略行动、危机矿山接替资源勘查、湖北省地勘基金项目和大型商业地质勘查项目，先后发现和扩大保康、宜昌、兴神等磷矿田，查明矿产地60余处（其中大中型50余处），累计提交资源储量：磷46亿吨、硫铁4312万吨、重晶石338万吨、铁130万吨、萤石9万余吨。其中探明的磷矿资源储量，使湖北省磷矿资源保有量排名跃居全国第一，资源潜在经济价值超过5000亿元。

　　2020年，湖北省磷矿石（P_2O_5 30%）产量3828.14万吨，2021年产量（P_2O_5 30%）4835.29万吨，增长26.3%，具体如图4-7所示。

4.2.2.3 四川省磷矿资源

　　四川省是我国重要的磷矿资源地之一。全省磷矿分布广，储量大，均为海相沉积磷块岩矿床。按其产出层位和矿石特征，主要分为"什邡式磷矿"和"马边式（或称雷波式）磷矿"两类[29]。四川磷矿总体勘查程度较高，资源主要分布于乐山、德阳两地区。其资源特点是矿床规模大、储量集中，矿石质量较好，

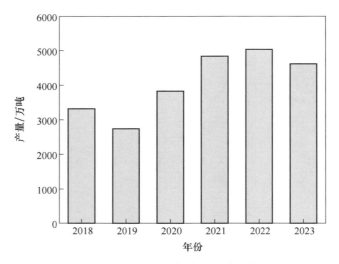

图 4-7 2018—2023 年湖北省磷矿产量

Fig. 4-7 Phosphate ore production in Hubei Province from 2018 to 2023

有利于大规模开发，主要矿区集中分布于盆地地区，交通比较方便，气候温和，水电充足，外部建设条件较好。四川磷矿主要矿区有马边老河坝、雷波马颈子、雷波牛牛寨、汉源富泉、绵竹王家坪、会东糖坊、绵竹龙王庙、绵竹马槽滩、汉源水桶沟、乐山金口河、峨边锣鼓坪、峨边华竹沟、峨边大竹坝等。

2020 年四川省磷矿石产量为 841.7 万吨，2021 年产量规模缩减至 784.6 万吨，同比减少 6.78%，具体如图 4-8 所示。

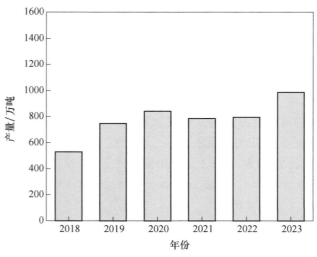

图 4-8 2018—2023 年四川省磷矿产量

Fig. 4-8 Phosphate ore production in Sichuan Province from 2018 to 2023

4.2.2.4 云南省磷矿资源

云南省是我国的富磷省份之一，磷资源主要赋存地为滇池地区，滇池周围磷资源总量占全省总量的50%以上，磷矿石产量占全省的98%，主要是露天开采，上层风化矿由于长期风化作用，部分碳酸盐分解淋漓使P_2O_5品位相对富集、MgO杂质含量大大降低[30]。针对中高品位风化磷矿石特点，在20世纪80年代末开发了擦洗脱泥工艺技术，以1989年云南磷化集团海口磷矿30万吨/年擦洗厂建成投产为标志，采用破碎筛分、擦洗分级脱泥处理，脱除部分泥质物，得到优质磷精矿，使云南中高品位风化富矿得到了有效利用[31]。随着上层风化矿的逐渐减少，这种优势逐渐失去。随着开采埋藏的加深和风化富矿的不断减少，开采的大量中低品位半风化、原生矿石，由于品位低、脉石矿物含量高、有用矿物和脉石矿物胶结共生、镶嵌关系复杂，属于世界公认的难选矿种之一。多来年，云南磷化集团有限公司自主研发和省院省校合作攻关，破解了胶磷矿选矿难题，于2007年底建成云南省第一套海口200万吨/年浮选装置，标志着云南省胶磷矿浮选产业化开发利用的开端。2008年、2011年相继建成安宁200万吨/年、晋宁450万吨/年浮选装置，经过几年改扩建，三套浮选装置处理能力达到990万吨/年。随着三套浮选装置的成功应用，胶磷矿浮选技术辐射到全省。一些磷复肥企业也增加浮选装置以缓解原料矿品质降低的问题。目前全省胶磷矿浮选规模在1700万吨/年左右，而且呈逐年上升的趋势，浮选磷精矿已经成为支撑云南磷复肥企业发展的主要原料来源。

2020年云南省磷矿石产量为1807.52万吨，2021年产量规模达2023.71万吨，同比增长11.96%，具体如图4-9所示。

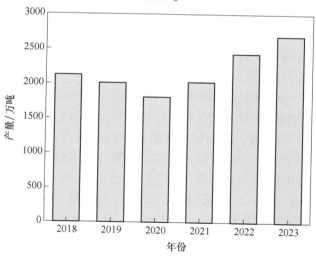

图4-9　2018—2023年云南省磷矿产量

Fig. 4-9　Phosphate ore production in Yunnan Province from 2018 to 2023

4.3 磷矿选矿工艺

随着磷矿资源的逐渐贫化，为了满足化工产品质量要求，需对磷矿进行选矿。磷矿主要浮选工艺包括：正浮选、反浮选、正反联合浮选、擦洗脱泥工艺、重选、焙烧消化法和有机酸浸出法等[32-34]。磷矿作为磷元素的主要化工原料，主要用于制造磷肥、黄磷、磷酸盐、含磷复合肥及各种含磷添加剂和染色剂等磷制品，这些磷制品在化工、农业、轻工业、冶金工业、陶瓷、制糖及国防部门等领域应用广泛，是当今高科技发展必不可少的材料，对于我国国民经济的快速发展有着举足轻重的作用[35-37]。此外，磷矿作为我国的战略性资源，对保证我国农业发展，确保国家粮食安全和化工行业等基础工业可持续发展，参与国际竞争，将资源优势转化为经济优势具有重要意义。

4.3.1 浮选工艺

目前磷矿石的选矿主要是采用浮选工艺，浮选就是在药剂的作用下，根据各种矿物表面性质的不同，使它们有选择性地黏附在气泡的表面，从而完成分选的一种过程[38]。目前普遍采用的是泡沫浮选法，其实质是将矿物研磨成矿浆，加入浮选药剂处理之后，通入空气，使之形成大量的气泡，一些不易被水润湿的、一般称作疏水性矿物粒子附着于气泡上，并同气泡一起漂浮到矿浆表面形成矿化泡沫层，将其刮出即为泡沫产品，通称为精矿，另一些容易被水润湿的，即一般称作亲水性的矿物粒子，不附着于气泡上面而留在矿浆中，即为尾矿。因此，浮选法是目前磷矿选矿方法中最主要的一种方法，在磷矿选矿中使用此方法，可获得更好的选别效果。一般的浮选多将有用矿物浮入泡沫产品中，将脉石矿物留在矿浆中，这叫作正浮选。但有时却将脉石浮入泡沫产品中，将有用的矿物留在矿浆中，通常叫作反浮选[39]。

磷矿的浮选原理主要是利用磷矿物表面物理化学性质的差异使磷矿石中一种或几种组分通过物理吸附或者化学吸附作用附着于气泡上，上升至矿浆表面，将有用矿物与脉石矿物分离，从而使磷矿物富集的过程[40]。目前，磷矿石的浮选研究指的是磷矿浮选工艺和磷矿浮选药剂的研究。在国内外当前采用的选矿工艺中，浮选是选别磷矿石最有效且应用最为广泛的方法。一般来说，磷矿物的浮选方法有直接正浮选、单一反浮选、反-正浮选、正-反浮选和双反浮选工艺等，此外也有对反-正浮选工艺的相关研究和报道（正浮选：抑制脉石矿物（杂质），有用矿物在泡沫中富集；反浮选：抑制磷矿物，脉石矿物（杂质）在泡沫中富集）。在对磷矿物采用浮选选别时，要根据磷矿中脉石组成的不同及磷矿石的具体性质采用适宜的浮选方案，以达到最优的浮选指标。随着我国磷矿资源的不断开发利用，富矿与易选矿将会越来越少，硅镁含量高的磷矿必将成为新的开发资源，而双反浮选工艺可以逐步去除碳酸盐和硅质脉石矿物，在我国广泛使用的趋势比较明显。磷矿浮选工艺分类及其应用如表4-4所示。

表4-4 磷矿浮选工艺及应用

Table 4-4 flotation process and application of phosphate rock

浮选工艺	矿石性质	应用实例
直接正浮选	硅质或钙-硅质磷块岩，内生型磷灰石矿，沉积型磷矿石	湖北大峪口磷矿采用直接浮选工艺，当入选品位 P_2O_5 17.31%时，获得了 P_2O_5 38.47%，回收率为77.47%的磷精矿[41]
单一反浮选	磷矿物密集成致密块状或条带状，碳酸盐矿物钙质型磷块岩	高惠民等对湖北某高镁磷矿进行了单一反浮选试验，原矿品位 P_2O_5 19.0%（含 MgO 10.83%），精矿指标为 P_2O_5 37%、MgO 1.3%、P_2O_5 回收率为82%[42]
正-反浮选	钙-硅质磷块岩	湖北胡集矿区放马山三层矿，品位 P_2O_5 15.22%、MgO 6.40%的原矿经过正-反浮选可以得到 P_2O_5 28.52%、MgO 1.14%、回收率81.20%的良好指标[43]
反-正浮选	硅-钙质磷块岩	黄齐茂等对湖北某中低品位硅钙质胶磷矿反-正浮选，原矿品位 P_2O_5 17.09%、MgO 5.29%，获得了 P_2O_5 29.03%、MgO 0.71%、P_2O_5 回收率78.22%的精矿指标[44]
双反浮选	硅质脉石和碳酸盐含量都不高的混合型磷块岩	孙伟等对某硅钙质胶磷矿进行双反浮选试验，原矿品位 P_2O_5 23.65%、MgO 6.92%，获得精矿品位为32.69%，含 MgO 1.53%，回收率达81.76%[45]

4.3.2 擦洗工艺

擦洗脱泥工艺是一种纯物理方法选矿，矿石中风化型或含泥较多的磷矿石主要采用此工艺。此工艺一般应用于化学浮选前的矿石预处理，操作工艺相对简单，整个过程不加入任何化学药剂。因其为纯物理浮选法，所以不会污染外界环境，主要过程是通过水洗去除矿物表面的杂质，再逐级筛选，从而筛选出优质的磷矿，云南滇池地区的擦洗脱泥工艺相对成熟，主要用于分选风化程度较高的矿石。擦洗尾矿 P_2O_5 含量可高达 17%~20%[46]。

4.3.3 重选工艺

重选，又叫重力选矿，工作原理是利用各种矿物密度不同的性质，使其在水、空气或者其他相对密度较大的液体介质中流动，其呈现的运动速度不同，从而进行选矿的工艺[47]。不同矿物的硬度和相对密度不同，如表4-5所示，使用重选法进行选矿从其工作原理就能看出成本低廉，工艺简单。但是最终的产品仍然难以达到直接生产的标准，所以同擦洗脱泥工艺一样只能作为化学浮选的预处理过程。

表 4-5　磷矿石中矿物及主要脉石的相对密度

Table 4-5　Relative densities of minerals and main gangue in phosphate rock

矿物	分子式	硬度（莫氏）	相对密度/$g \cdot cm^{-3}$
磷灰石	$(Cl,F)Ca_5(PO_4)_3$	5	3.17~3.23
白云石	$Ca,Mg(CO_3)_2$	3.5~4	2.8~2.9
方解石	$CaCO_3$	3	2.7
石英	SiO_2	7	2.6

4.3.4　焙烧工艺

焙烧工艺就是通过高温热分解使矿物中的钙、镁等碳酸盐分解形成二氧化碳和固体氧化物，再通过其他化学反应生成固体沉淀附着在矿石表面，然后利用擦洗脱泥工艺将精矿分离出来，从而确保矿石中 P_2O_5 的百分含量[48] 的工艺。焙烧工艺虽然工艺简单易于操作，但是由于需要达到高温要求，对设备的投资也将相对较高，控制要求也很高，所以目前在选矿工业很少用到此工艺。

4.3.5　电选工艺

不同矿物的电性质和颗粒的电导率不同，利用这一性质，我们采用高压电场与其他的力场相配合，可以对矿石进行筛选，主要用在有色金属和稀有金属的分选上。此种方法存在以下优点：耗电少、生产成本低、筛选效果佳、精矿品位高、回收率高等特点。目前已经逐渐收到人们的关注和重视，在未来的选矿工业中必将进一步得到升华[49]。

4.3.6　化学选矿工艺

化学选矿工艺是通过矿物本身化学性质的不同，通过加入指定的药剂来改变矿物的理化性质，从而使其有选择性地溶解分离出来[50] 的工艺。其基本流程一般为：焙烧、浸出、固液分离、浸出液处理等。浸泡药剂通常选择稀硫酸、稀盐酸和氯化氨等。

4.3.7　其他选矿工艺

微生物处理法、联合选矿工艺、选择性絮凝法、磁盖罩法等也可用于选别磷矿石[51,52]。微生物处理法顾名思义就是将磷矿物中的磷元素通过微生物分解形成可溶解磷，然后得以分离的方法。受生物技术和微生物本身生存能力的限制，此类方法暂时不适合大规模生产。联合选矿工艺的原理是将单一的选矿手段组合起来针对不同的矿物有不同的联合方式，例如，擦洗脱泥工艺与焙烧工艺的结合等。此外，我国尚未在磁盖罩法领域有所建树，而选择性絮凝法目前已研究出的絮凝工艺尚只有絮凝-浮选工艺和选择性絮凝工艺两类。

4.4 磷矿加工工艺

为了生产磷肥、饲料磷酸钙盐等磷化工产品，需将磷矿加工成黄磷、湿法磷酸产品。传统磷矿加工工艺主要包括热法与湿法。

4.4.1 热法加工工艺

将磷矿石、硅石和焦炭混合炉料送入电炉，以硅石作为助熔剂，焦炭作为还原剂，使磷矿石在绝氧的气氛中与焦炭发生还原反应，单质磷从磷矿中还原出来后与其他炉气进入冷凝塔，经冷凝洗涤、精制、分离可得到成品磷，工艺流程如图4-10所示[53]。反应方程式如下：

$$2Ca_5(PO_4)_3F + 15C + 9SiO_2 \rightleftharpoons 3/2P_4\uparrow + 15CO + 9CaO \cdot SiO_2 + CaF_2$$

$$(4-1)$$

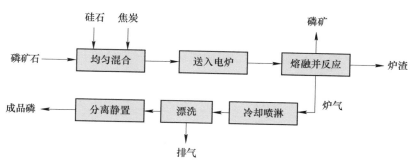

图 4-10 电炉法磷矿热法加工工艺流程

Fig. 4-10 Phosphorite thermal processing process by electric furnace

电炉法制磷对于原料磷矿石要求较为苛刻：磷矿石平均品位（P_2O_5 质量分数）大于25%，转鼓系数大于75%，灼失小于5%；同时要求配入的磷矿石为块矿（粒度大于20 mm），开采加工过程产生的许多矿粉需加工成球团后才能使用。磷矿品位越高，需配入的焦炭越多，电炉电耗越低。电炉法制磷主产物有黄磷（P_4）、磷酸酐（P_2O_5）以及热法磷酸。黄磷可以作为有机磷化工的基础原料，也可作为无机磷化工的基础原料；以黄磷为原料制备磷酸酐，可用作气体或液体的干燥剂、脱水剂、防静电剂等；而磷酸酐经水合后得到的磷酸产品，具有浓度高、质量纯的优点，且经精制后可得到食品级热法磷酸。副产物有磷铁、炉渣、尾气（其中 ϕ（CO）超过90%），其中磷铁可作为产品出售，炉渣处理后可作水泥添加剂，尾气可用于烘干矿石、烧制泥磷以及作为下游化工产品的原料。电炉法制磷需消耗大量电能，电耗和磷矿石消耗占到生产成本的70%，较湿法磷酸工艺更为复杂，技术门槛较高，黄磷电炉和余热副产蒸汽设备制造和运行维护成本高。但由于有机磷化工与高纯热法磷酸的需求量逐年增加，电炉法制磷在磷化工行业处于不可替代的位置。

4.4.2 湿法加工工艺

用强无机酸（硫酸、硝酸、盐酸等）分解磷矿制得磷酸，称湿法磷酸，又称萃取磷酸，主要用于制造高效肥料，或通过净化制得工业磷酸。用硫酸分解磷矿制取磷酸的方法是湿法磷酸生产中最主要的方法，其主要原因是其产物为磷酸溶液及难溶性的硫酸钙，易于分离[54]。

硫酸分解磷矿［主要成分为氟磷灰石 $Ca_5F(PO_4)_3$］总化学反应式如下：

$$Ca_5(PO_4)_3F + 5H_2SO_4 + 5nH_2O = 3H_3PO_4 + 5CaSO_4 \cdot nH_2O + HF\uparrow$$

(4-2)

实际生产过程中，反应分两步进行。第一步是磷矿和循环料浆中的磷酸溶液进行预分解反应生成磷酸一钙：

$$Ca_5(PO_4)_3F + 7H_3PO_4 = 5Ca(H_2PO_4)_2 + HF\uparrow \quad (4-3)$$

预分解是防止磷矿粉（或磷矿浆）直接与浓硫酸反应，避免反应过于剧烈而使生成的硫酸钙覆盖于磷矿表面，阻碍磷矿的进一步分解，同时降低下一步溶液的过饱和度过大，生成难以过滤的细小硫酸钙结晶。

第二步为上述的磷酸一钙料浆与稍过量的硫酸反应生成硫酸钙结晶与磷酸溶液：

$$Ca(H_2PO_4)_2 + 5H_2SO_4 + 5nH_2O = 5CaSO_4 \cdot nH_2O + 10H_3PO_4 \quad (4-4)$$

硫酸钙可以三种不同的水合结晶形态从磷酸溶液中沉淀出来，其生成条件主要取决于磷酸溶液中的磷酸浓度、温度以及游离硫酸浓度。根据生产条件的不同，可以生成二水硫酸钙（$CaSO_4 \cdot 2H_2O$）、半水硫酸钙（$CaSO_4 \cdot 0.5H_2O$）和无水硫酸钙（$CaSO_4$）三种，故上述 $CaSO_4 \cdot nH_2O$ 中的 n 可以等于2、0.5或0。相应的生产方法以结晶水命名的有三种基本工艺，即二水法、半水法和无水法。

式（4-2）反应中生成的 HF 与磷矿中带入的 SiO_2 生成 H_2SiF_6[55]：

$$6HF + SiO_2 = H_2SiF_6 + 2H_2O \quad (4-5)$$

H_2SiF_6 再与 SiO_2 反应生成 SiF_4 气体：

$$2H_2SiF_6 + SiO_2 = 3SiF_4\uparrow + 2H_2O \quad (4-6)$$

SiF_4 以气相形式从萃取槽中逸出，经水吸收后生成氟硅酸水溶液并析出硅胶沉淀：

$$3SiF_4 + (n+2)H_2O =\!=\!= 2H_2SiF_6 + SiO_2 \cdot nH_2O \downarrow \qquad (4-7)$$

磷矿中的铁、铝、钠、钾等杂质将发生下述反应：

$$(Fe,Al)_2O_3 + 2H_3PO_4 =\!=\!= 2(Fe,Al)PO_4 \downarrow + 3H_2O \qquad (4-8)$$

$$(Na,K)_2O + H_2SiF_6 =\!=\!= (Na,K)_2SiF_6 \downarrow + H_2O \qquad (4-9)$$

镁主要存在于碳酸盐中，磷矿中的碳酸盐，如白云石、方解石等首先被硫酸分解并放出 CO_2。生成的镁盐全部进入磷酸溶液中，对磷酸质量和后加工将带来不利影响。

$$CaCO_3 + H_2SO_4 =\!=\!= CaSO_4 + H_2O + CO_2 \uparrow \qquad (4-10)$$

$$CaCO_3 \cdot MgCO_3 + 2H_2SO_4 =\!=\!= CaSO_4 + MgSO_4 + 2H_2O + 2CO_2 \uparrow \qquad (4-11)$$

根据硫酸钙的结晶形态，工业上有不同的湿法磷酸生产方法，如表 4-6[56,57] 所示。

表 4-6　湿法磷酸生产工艺概况

Table 4-6　Overview of wet phosphoric acid production process

工艺路线	工艺专利及其拥有者	建厂数	备注
二水法工艺	普莱昂 Prayon	140	
	吉科布斯-道尔科 Jacobs-Dorr	29	
	罗纳普朗克 Rhone-Poulenc	70	现为 Krebs-Speichim
	SIAPE	11	
	费森斯（N.H）Fisons	8	
	辛马斯特-布雷耶	7	
	斯温森 Swenson	8	
	凯洛格-洛普克 Kelloy-Lupka	1	
半水法工艺	费森斯（N.H）	7	
	西方石油公司 OXY	5	
	前苏联半水法流程	许多	未出口
	多木 Tomo	1	建在本公司
	TVA 泡沫法	—	仅作试验室试验
	日本钢管公司（NKK）和鲁姆斯流程 Lumas	—	仅作工业试验

续表 4-6

工艺路线	工艺专利及其拥有者	建厂数	备注
半水-二水法再结晶工艺	日本日产 H 法 Nissan H	26	
	日本钢管公司（NKK）	11	
	日本三菱分司	7	
	厄尔泰流程	—	
二水-半水法再结晶工艺	辛特雷尔-普莱昂	11	
	费雷格特（DDR）流程	—	
	费森斯（N.H）	3	
半水-二水法再结晶浓酸流程	日产 C 法	2	另一个在建
	吉科布斯-道尔科 HYS	1	后改为二水法
	西方石油公司 OXY	—	仅作中试
	钢管公司（NKK）和鲁姆斯流程	—	仅作试验室试验
	阿尔巴特罗流程	1	后停产
	辛马斯特-布雷耶和厄尔泰流程	—	仅有专利

由表 4-6 可以看出，由比利时普莱昂（Prayon）公司的二水法，在世界各地的二水法流程中被采用的数目最多，其产量约占磷酸总产量的一半；其次是法国的罗纳普朗克（Rhone-Poulenc）流程、吉科布斯-道尔科（Jacobs-Dorr）等。

在生产实际中，选择什么工艺来进行生产湿法磷酸，主要取决于原料磷矿及其下游产品的要求。国内约 90%的装置采用二水法工艺，其次有半水法工艺、半水-二水法工艺。

4.4.2.1　二水法湿法磷酸

二水法流程是湿法磷酸生产上应用最早、最为广泛的工艺流程，其工艺流程如图 4-11 所示。具有以下优点：二水物结晶在稀磷酸溶液中具有很好的稳定性，不会在生产过程中发生任何相变；能形成足够粗大，整齐的晶体，有利于过滤及充分的洗涤，以减少磷酸的损失；生产工艺条件的控制范围较广，便于操作及管理；反应温度与磷酸浓度较低，对设备材料的腐蚀相对较小；对磷矿品质要求相对较低。因此，二水法流程一直在湿法磷酸生产中占重要地位[58,59]。

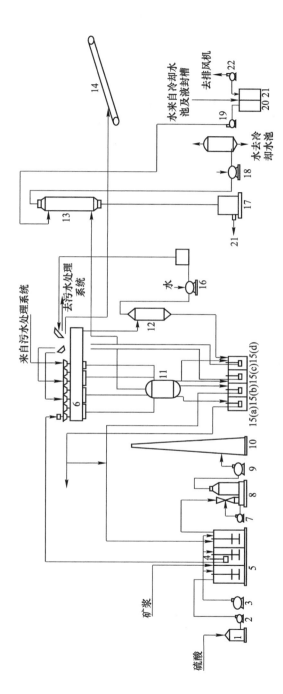

图 4-11 二水物湿法磷酸生产工艺流程图

Fig. 4-11 Process flow chart of dihydrate wet phosphoric acid production

1—硫酸计量槽；2—硫酸泵；3—鼓风机；4—料浆泵；5—酸解（萃取）槽；6—盘式过滤机；7—氟吸收液循环泵；
8—文丘里吸收塔；9—排风机；10—排气筒；11，12—气液分离器；13—冷凝器；14—石膏运输皮带；
15 (a)～15 (d) —滤洗液中间槽；16，18—水环式真空泵；17—液封槽；19—冷却水泵；
20—去冷却水池；21—冷凝水池；22—冷凝水泵

· 97 ·

二水法有多槽流程和单槽流程，其中又分为无回浆流程和有回浆流程以及真空冷却和空气冷却流程。目前的主要流程为多槽、低位闪蒸回浆流程。

二水湿法磷酸生产包括酸解（磷矿分解反应）与过滤（磷酸与磷石膏的分离）两个主要工序。

从原料工段送来的矿浆经计量后进入萃取槽，即酸解槽。硫酸经计量槽用硫酸泵送入萃取槽，通过自控调节确保矿浆和硫酸按比例加入。酸解得到的磷酸和磷石膏的混合料浆用料浆泵送至盘式过滤机进行过滤分离。为了降低酸解反应槽中料浆温度，采用真空冷却。萃取槽排出的含氟气体通过氟洗涤器进行洗涤，净化尾气经排风机和排气筒排空。滤饼采用三次逆流洗涤流程，冲洗过滤机滤盘及地坪的污水送至污水封闭循环系统。各次滤洗液集于气液分离器的相应格内，经气液分离后，滤洗液也相应进入滤洗液中间槽的滤洗液格内。滤液磷酸经滤液泵，一部分送到磷酸中间槽，另一部分返回一洗液格内，一洗液由一洗液泵全部返回萃取槽。过滤所得的石膏滤饼经洗涤后送到磷石膏堆场或磷石膏加工单元。生产磷铵时，用泵将磷酸送往磷铵工段的尾气洗涤塔；二洗液和三洗液分别经二洗液泵与三洗液泵返回过滤机逆流洗涤滤饼。吸干液经气液分离器进滤洗液中间槽三洗液格内。水环真空泵的压出气则送至过滤机作反吹石膏渣卸料用。

过滤工序所需真空由水环式真空泵产生。抽出的气体经冷凝器用水冷却。真空泵冷却水集中在冷却水池，通过泵送至冷凝器作冷却水。

二水法所得磷酸一般含 P_2O_5（质量分数）22%~28%，磷总收率为95%~97%。磷的损失主要在于：洗涤不完全，磷矿的萃取不完全（通常与磷矿颗粒表面形成硫酸钙膜有关），磷酸溶液进入硫酸钙晶体的晶格中；磷酸一钙 $[Ca(H_2PO_4)_2 \cdot H_2O]$ 结晶层与硫酸钙结晶层交替生长，HPO_4^{2-} 取代了硫酸钙晶格中的 SO_4^{2-}，溢出、泄漏、清洗、蒸汽雾沫夹带等机械损失。

4.4.2.2 半水法湿法磷酸

半水法流程的最大优点在于它的半水物结晶能够在高的磷酸浓度以及高的温度下以介稳定态存在，半水物结晶可以在浓磷酸介质中有较好的过滤性能，产品 P_2O_5 质量分数为40%~45%的高浓度磷酸可直接用于高浓度磷复肥的生产。但半水物流程最大的不足之处在于：由于磷酸浓度高，其反应料浆的黏度增加，对磷矿的品质要求较高；介稳态的半水物结晶使得磷矿转化率较低，加之受酸浓的限制，洗水量较二水法少，总的磷收率一般为92%~95%；由于反应温度较高，使得湿法磷酸过滤系统的温差较大，结垢较为严重，开车周期较二水法短；对材质的要求高[60]。

4.4.2.3 半水-二水法湿法磷酸

半水-二水法是先使硫酸钙形成半水物结晶析出，再水化重结晶为二水物。

这样可使硫酸钙晶格中所含的 P_2O_5 释放出来，P_2O_5 的总收率可达 98%~99%，同时，也提高了磷石膏的纯度，扩大了它的应用范围[61]。半水-二水法流程分为两种：一步法、二步法。一步法为稀酸流程，即整个流程仅有一次过滤：半水物结晶在一定的磷酸、硫酸浓度、高温条件下形成，反应后的半水物料浆不经过滤直接进入结晶转化槽中进行半水物转化二水物的再结晶，转化后的二水物料浆经过滤及洗涤得到湿法磷酸产品。由于固液分离过滤在二水段，一步法流程只能生产 30%~32% P_2O_5 的稀磷酸，故称为半水-二水再结晶稀酸流程。该法生产的磷酸浓度低，目前已被半水-二水二步法流程所替代。二步法浓酸流程：半水物结晶在浓磷酸、一定的硫酸含量和高温条件下形成，半水料浆首先经过过滤得到高浓度磷酸，然后半水物石膏再进入结晶转化槽，转化成为二水物结晶。由于流程中有二次过滤，故称二步法流程。其中"H"法流程如图 4-12 所示。

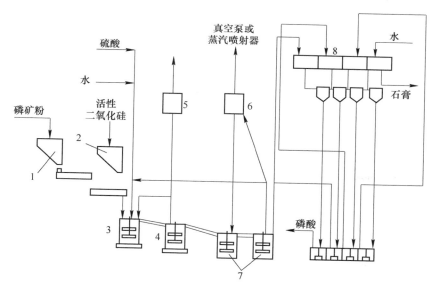

图 4-12 半水-二水法的"H"法工艺流程图

Fig. 4-12 Flowchart of the "H" process for the semi-aqueous diaqueous process

1，2—料斗；3—预混合罐；4—分解罐；5—洗涤器；6—冷却器；7—水合罐；8—过滤机

"C"法流程为二步法代表性流程，如图 4-13 所示。该法的特点是经过两次过滤。半水物料浆经第一次过滤后可直接得到 40%~45% P_2O_5 浓磷酸。分离后的半水物用水化酸洗涤后送到二水水化再结晶槽。在 60 ℃、10%~15% SO_4^{2-} 和 10%~15% P_2O_5 的条件下，半水物迅速水化再结晶成粗大的二水物晶体。虽然"C"法与"H"法相比，增加了一台过滤机，但可以省去磷酸浓缩设备，投资相当，目前在产装置绝大部分是"C"法流程。

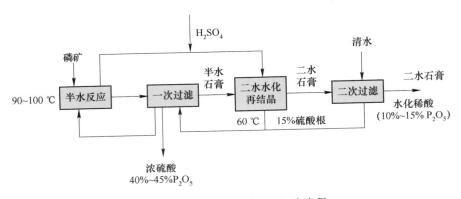

图 4-13 半水-二水法"C"法流程

Fig. 4-13 Process "C" for the hemihydrate–dihydrate method

4.4.2.4 二水-半水法湿法磷酸

二水-半水法湿法磷酸工艺特点是 P_2O_5 总收率高，所得半水磷石膏含结晶水少，有利于制硫酸与水泥、有利于减少后续磷石膏利用过程中由二水物转换为半水物结晶的能耗。磷矿首先在二水物生产条件下分解生成二水磷石膏，由于二水物需要后处理转变为半水物，在二水物阶段对 P_2O_5 的收率要求不高，故可使产品酸提高到 35% P_2O_5，高于普通的二水法。过滤得到的滤饼在 90 ~ 100 ℃、10% ~ 20% H_2SO_4 和 20% ~ 30% P_2O_5 条件下，在脱水槽中转化为半水物。该流程最大的问题是要解决在 90 ~ 100 ℃、10% ~ 20% H_2SO_4、20% ~ 30% P_2O_5 反应条件下的材质问题，以及产品酸浓度为 30% ~ 35% P_2O_5，还需要进一步浓缩才能应用到下游。但该工艺的最大优势是可以获得 α-半水石膏晶体，可以直接用于生产建材[62,63]。

4.4.2.5 磷矿杂质对湿法磷酸生产的影响

在湿法磷酸生产中，为了稳定操作、提高技术经济指标、增加工厂的经济效益，通常都希望采用品位高、杂质少、质量稳定的磷矿作原料。工厂生产规模越大、使用精料的意义越大，因为规模越大、单位时间内磷矿需求量越多，对磷矿质量稳定性的要求也越严格，否则正常而稳定的运行就难以维持。

磷酸、磷铵生产中，要对原料磷矿的品位及有害杂质的限量提出一个具体要求很不容易。因为既要考虑生产上的需要，又要考虑矿山开采的实际可能与成本。需要与磷酸、磷铵的生产流程、规模以及磷酸再加工的品种等有关。一般地说，采用二水物流程的工厂，对磷矿质量的要求可以低一些；采用半水物流程制取浓磷酸，对磷矿质量的要求就要高一些；当采用半水-二水流程、二水-半水流程等再结晶流程时，还要考虑难溶性杂质的累积，故对有害杂质的限量要求就更高一些。磷酸加工制成磷肥的品种对磷矿品位及质量的要求也有很大差异。生产重过磷酸钙对磷矿质量要求严格，尤其是有害杂质的含量要少；但用于生产磷铵（磷酸一铵或磷酸二铵）对磷矿质量要求可以低一些。如果选用"料浆浓缩法"磷铵生产工艺，则对磷矿质量的要求还可以更低。

磷矿中有害杂质的允许含量常与品位有关。品位高的磷矿允许有较多的杂质存在。为此，规定杂质含量的绝对值意义不大，正确的方法是规定某一杂质对 P_2O_5 含量的比值（质量比），如 CaO/P_2O_5、MgO/P_2O_5 等[64]。

A 钙

以 CaO 表示。钙是磷矿氟磷灰石的组成元素，纯氟磷灰石 $Ca_5(PO_4)_3F$ 中，CaO/P_2O_5 的理论质量比为 1.31，摩尔比为 3.33。但实际 CaO/P_2O_5 比值比氟磷灰石理论比值高，因为磷矿中的白云石、黏土、长石中都含有 Ca^{2+}，这些都会与硫酸发生反应生成硫酸钙。

$$CaO + H_2SO_4 \rightleftharpoons CaSO_4\downarrow + H_2O \qquad (4-12)$$

由此可见，CaO/P_2O_5 比值决定了单位质量 P_2O_5 所消耗的硫酸量。在磷矿中 P_2O_5 含量一定的情况下，CaO 含量越高，硫酸消耗量越大（1 份 CaO 要消耗 1.75 份硫酸）。同时，CaO 含量升高，石膏值增大，过滤负荷相应增大，单位面积过滤设备的 P_2O_5 生产能力下降。因此，CaO/P_2O_5 比值是一个十分重要的技术经济问题。中国磷矿 CaO/P_2O_5 比值较高，这是由于磷矿中伴生白云石、石灰石等碳酸盐附生矿物，难以用一般的选矿方法除去。除去磷矿中多余的 CaO 是湿法磷酸生产中一项亟待解决的重要问题。

B 倍半氧化物

倍半氧化物，是指磷矿中铁、铝氧化物的含量，常以 R_2O_3（R 代表 Fe 与 Al，即 $Fe_2O_3+Al_2O_3$）表示[65]。R_2O_3 存在于云母、黏土、长石、褐铁矿、黄铁矿等之中；它干扰磷石膏结晶，与磷酸形成结晶细小的淤渣，尤其是在浓缩磷酸中更为严重。其沉淀或随石膏排出都会损失 P_2O_5；R_2O_3 增加磷酸黏度，堵塞滤布，影响后续高浓度磷肥品质——降低水溶性，增加吸湿性。在磷酸运输中析出淤泥，给储存和运输带来困难。

C 镁

以 MgO 表示，主要以白云石存在。镁与硫酸反应生成硫酸镁，随后硫酸镁又与磷酸反应形成 $Mg(H_2PO_4)_2$，由于 $Mg(H_2PO_4)_2$ 在磷酸溶液中溶解度很大，使得 MgO 全部溶解并存在于磷酸中，浓缩后也不易析出，这也是镁盐产生严重不利影响的原因，即镁的存在使磷酸黏度剧烈增大，造成酸解过程中离子扩散困难和局部浓度不一致，影响硫酸钙结晶的均匀成长，增加过滤困难[66]。在磷矿酸解过程中，镁的存在使磷酸中第一氢离子被部分中和，降低了溶液中氢离子的浓度，严重影响磷矿的反应能力。如果为了保持一定 H^+ 浓度而增加硫酸用量，又将使溶液中出现 SO_4^{2-} 浓度过高，这不但增加了硫酸消耗，而且还造成硫酸钙结晶的困难。此外，由于镁盐在反应过程中生成一部分枸溶性磷酸盐，其对产品的吸湿性影响比铁、铝盐类大，因而会影响后续产品物理性能，使磷肥水溶率降低，质量下降[67]。

镁盐过大的溶解度使磷酸的黏度显著增大，给后加工工序如磷酸浓缩或料浆浓缩带来十分不利的影响。例如，某高镁磷矿在料浆法磷铵的工艺评价试验中，由于 MgO 含量高（产品中 MgO 含量最高达 10.99%）使得浓缩料浆黏度太高，当中和度为 1.15，料浆终点浓度含水 35.2% 时，料浆黏度已高达 1.44 Pa·s（料浆温度 106 ℃），不能进行正常浓缩操作；且产品 N 含量约 8%，小于国家标准 10% 的要求。

磷矿中 MgO 含量是酸法加工评价磷矿质量的主要指标之一，对于二水传统法磷酸，一般要求小于 0.8%。如果磷矿中的 MgO 过高，通常采用反浮选的方式除去部分 MgO。

D　硅及酸不溶物

磷矿中硅一般存在于石英、长石中，多以酸不溶物形态存在。SiO_2 在反应过程中不消耗硫酸，部分 SiO_2 还可以使剧毒性的 HF 变成毒性较小的 SiF_4 气体[68]。在反应过程中，活性较大的 SiO_2 很容易使氢氟酸生成氟硅酸（H_2SiF_6），后者对金属材料的腐蚀性要比前者轻得多。为此磷矿中应含有必需的 SiO_2，当 SiO_2/F 小于化学计量时，还应加入可溶性硅。但过量的 SiO_2 是有害的，一方面湿法磷酸中呈胶状的硅胶会影响磷石膏的过滤；另一方面增加磷矿硬度，降低磨机生产能力，增加磨机的磨损以及后续的料浆泵的磨损，增加石膏值，降低过滤能力。

E　碱金属

以 Na_2O/K_2O 表示，存在于长石、云母之中。Na_2O/K_2O 与氟硅酸反应，形成氟硅酸钠、氟硅酸钾；在过滤、浓缩过程中，由于氟硅酸钠、氟硅酸钾在不同温度、不同磷酸浓度下溶解度的显著差异，导致管道和设备堵塞[69]。

F　有机物与碳酸盐

碳酸盐主要存在于白云石与方解石中，大多数磷矿，尤其是沉积型磷矿常含有机物[70]。碳酸盐与有机物使反应过程产生气泡；有机物还使反应生成的 CO_2 气体形成稳定的泡沫，泡沫使酸解槽有效容积降低，给磷矿的反应、料浆输送及过滤造成困难。有机物因炭化而生成极细小的炭粒，极易堵塞滤布，减少滤饼孔隙率，使过滤强度降低。此外，有机物还会影响产品酸的色泽。

G　氟与氯

氟是磷矿的主要组成成分，通常与 P_2O_5 含量按一定的比例存在，故磷矿中氟含量一般不作为评价的指标[71]。但要注意磷矿中的氯含量，因为氯化氢会对奥氏体金属材料造成极为严重的腐蚀。氯化物含量较高时，用 316 或 20 号合金钢制成的搅拌器或泵只能用几个星期，有时甚至几天便会损坏。一般要求，磷酸中的氯化物含量不得大于 800 mg/kg。

H 其他组分

部分磷矿中含有碘，可以通过一定的方法加以回收。磷矿中锰、钒、锌等元素的含量一般均很少，对产品质量没有影响，而且还是作物需要的微量元素，有一定的肥效。铀、铈、镧等稀有元素，长期接触会损害人们的健康，副产磷石膏中放射性元素超标，应采取必要的防护措施。由于它们在国防工业上有特殊的用途，因此，当其含量达到 120 mg/kg 时，可在加工过程中加以回收。

4.5　本 章 小 结

（1）世界磷矿资源丰富，近 10 年来储量介于 643 亿~705 亿吨，但分布不均，主要集中于北非、中东、东南亚等地区，尤其是北非地区，集中了全球 80%以上的磷矿资源。

（2）磷矿的成因类型包括岩浆岩型磷矿床、变质型磷矿床、沉积型磷块岩矿床和次生磷矿床 4 种。

（3）中国磷矿储量虽居第 2 位，但与世界第 1 位的摩洛哥相差很大，且贫矿多富矿少；另外，中国磷肥出口量长期居世界第 1 位，近 10 年来的磷肥出口量都占世界的 18% 以上，但磷矿和磷肥进口量都很低，导致磷矿资源消耗速度快，应加大磷化工技术研发与科技创新，提高磷矿资源综合利用率。

（4）我国磷矿主要分布集中在云南、湖北、贵州和四川，四省合计储量占全国储量的 80% 以上。

（5）随着磷矿资源的逐渐贫化，为满足化工产品质量要求，需对磷矿进行选矿。磷矿主要选矿工艺包括：正浮选、反浮选、正反联合浮选、擦洗脱泥工艺、重选、焙烧消化法和有机酸浸出法等，但目前反浮选为成熟且主流工艺。

（6）传统磷矿加工工艺主要包括热法与湿法，磷矿杂质对湿法磷酸生产的影响较大。

参 考 文 献

[1] 鲍荣华，姜雅. 2015 年世界磷矿资源现状及开发利用 [J]. 磷肥与复肥，2017，32（4）：1-4.

[2] 朱清，朱海碧，邹谢华. 全球战略性矿产产业链供应链分析 [J]. 中国国土资源经济，2024：1-14.

[3] Zainab R，Shah G M，Khan W，et al. Efficiency of plant growth promoting bacteriafor growth and yield enhancement of zea mays（maize）isolated from rock phosphate reserve area of hazara，kpk，pakistan [J]. Saudi Journal of Biological Sciences，2021，28（4）：2316-2322.

[4] 李维，高辉，罗英杰，等. 国内外磷矿资源利用现状、趋势分析及对策建议 [J]. 中国

矿业，2015，24（6）：6-10.

[5] Cooper J, et al. The future distribution and production of global phosphate rock reserves [J]. Resources, Conservation and Recycling, 2011, 57: 78-86.

[6] 李志国，崔周全. 我国磷矿资源节约与综合利用现状分析及对策 [J]. 中国矿业，2013，22（11）：54-58.

[7] 吴发富，王建雄，刘江涛，等. 磷矿的分布、特征与开发现状 [J]. 中国地质，2021，48（1）：82-101.

[8] 摩洛哥的磷酸盐工业 [J]. 化工矿物与加工，1999（3）：32-33.

[9] Wang J X, Zhang C Q, Li P, et al. Bioaugmentation with Tetrasphaera to improve biological phosphorus removal from anaerobic digestate of swine wastewater [J]. Bioresourc Technology, 2023, 373: 128744.

[10] 阮清楠. 《俄罗斯周边国家经济社会地理》（1~3 章）汉译翻译报告 [D]. 哈尔滨：黑龙江大学，2022.

[11] 叶连俊，陈其英，赵东旭. 中国磷块岩 [M]. 北京：科学出版社，1989.

[12] 宋叔和，康永孚，涂光炽. 中国矿床学（下册）[M]. 北京：地质出版社，1994.

[13] 邵厥年，陶维屏，张义勋. 矿产资源工业要求手册（2010 版）[M]. 北京：地质出版社，2010.

[14] 夏学惠，郝尔宏. 中国磷矿床成因分类 [J]. 化工矿产地质，2012，34（1）：1-14.

[15] 东野脉兴，熊先孝，栾俊霞. 磷矿找矿标志与找矿方法 [J]. 化工矿产地质，2018，40（4）：198-203.

[16] 东野脉兴. 海相磷块岩成因理论的沿革与发展趋势 [J]. 化工矿产地质，1992，14（3）：3-7.

[17] 东野脉兴. 上升洋流与陆缘坻 [J]. 化工矿产地质，1996，18（3）：156-162.

[18] Mirzababaei G, Yazdi M, Behzadi M, et al. REE-Th mineralization in the Se-Chahun magnetite-apatite ore deposit, central Iran: Interplay of magmatic and metasomatic processes [J]. Ore Geology Reviews: Journal for Comprehensive Studies of Ore Genesis and Ore Exploration, 2021, 139: 1-27.

[19] 徐少康. 化学沉积型磷矿 P_2O_5 与磷灰石含量互算的数学模型及矿石自然类型命名新方案 [J]. 化工矿产地质，2021，43（4）：315-322.

[20] 彭飚. 磷块岩的类型及成因 [J]. 科技与创新，2020（15）：110-111.

[21] 吴小伟，纪冬平，陶朴. 陕西汉中地区磷矿地球化学特征及成因探讨 [J]. 矿产勘查，2023，14（3）：459-470.

[22] Nina Gegenhuber, Interpretation of elastic properties for magmatic and metamorphic rock types [J]. International Journal of Rock Mechanics and Mining Sciences, 2016, 88: 44-48.

[23] 陈启良，念红，张天鹏. 云南安宁白泥山磷矿矿床特征及开发利用浅析 [J]. 矿物岩石，2017，37（4）：38-46.

[24] 自然资源部. 《中国矿产资源报告（2020）》发布 [J]. 地质装备，2020，21（6）：3-5.

[25] 自然资源部. 《中国矿产资源报告（2020）》发布 [J]. 黄金科学技术，2020，28

（5）：711.

［26］刘文彪，黄文萱，马航，等．我国磷矿资源分布及其选矿技术进展［J］．化工矿物与加工，2020，49（12）：19-25.

［27］宋小军，曾道国，巩鑫，等．贵州瓮福磷矿矿床地质特征与黔中古陆的时空展布关系及成矿模式［J］．矿物学报，2023，43（1）：1-17.

［28］杨泰，潘玉芳，王雅惠，等．湖北省磷矿资源特征及省级实物地质资料筛选［J］．化工矿产地质，2023，45（1）：87-91.

［29］贺天全，李斌斌，张春颖．四川省昆阳式磷矿地质特征及成矿模式［J］．中国地质调查，2022，9（2）：15-24.

［30］秦欢，周骞，洪托，等．云南省镇雄县羊场磷矿地球化学特征及其沉积环境分析［J］．地质找矿论丛，2022，37（3）：259-269.

［31］刘丽芬，李耀基，柏中能，等．云南磷矿选矿产业化开发利用及发展历程［J］．云南化工，2019，46（11）：36-39.

［32］Farid Z, Abdennouri M, Barka N, et al. Grade-recovery beneficing and optimization of the froth flotation process of a mid-low phosphate ore using a mixed soybean and sunflower oil as a collector［J］. Applied Surface Science Advances, 2022, 11: 100287.

［33］Jin C Y, Chen B J, Qu G F, et al. NaHCO$_3$ synergistic electrokinetics extraction of F, P, and Mn from phosphate ore flotation tailings［J］. Journal of Water Process Engineering, 2023, 54: 104013.

［34］Wang Q Q, Zhang H F, Xu Y L, et al. The molecular structure effects of starches and starch phosphates in the reverse flotation of quartz from hematite［J］. Carbohydrate Polymers, 2023, 303: 120484.

［35］Wang K, Wu Y, Wang Y C, et al. The effects of phosphate fertilizer on the growth and reproduction of Pardosa pseudoannulata and its potential mechanisms［J］. Comparative Biochemistry and Physiology Part C: Toxicology & Pharmacology, 2023, 265: 109538.

［36］Vassilev V S, Vassileva G C, Bai J. Content, modes of occurrence, and significance of phosphorous in biomass and biomass ash［J］. Journal of the Energy Institute, 2023, 108: 101205.

［37］Olins A L, Olins D E, et al. Osmium ammine-B and electron spectroscopic imaging of ribonucleoproteins: Correlation of stain and phosphorus［J］. Biology of the Cell, 1996, 87（3）: 143-147.

［38］肖勇，杨秀山，许德华，等．中低品位磷矿脱镁技术研究进展［J］．化工矿物加工，2021，50（5）：42-48.

［39］Li W C, Liu W B, Tong K L, et al. Synthesis and flotation performance of a novel low-foam viscous cationic collector based on hematite reverse flotation desilication system［J］. Minerals Engineering, 2023, 201: 108190.

［40］王贤晨．钙镁质磷矿石中矿物表面润湿性调控研究［D］．贵阳：贵州大学，2022.

［41］李洪强，张文，郑惠方，等．大峪口胶磷矿工艺矿物学研究［J］．化工矿物与加工，2019，48（12）：43-45.

［42］ 高惠民，许洪峰，荆正强，等．湖北某胶磷矿反浮选试验研究［J］．化工矿物与加工，2008（2）：4-6.

［43］ 陈靖．分层回采技术在胡集矿区三层矿开采中的应用［J］．世界有色金属，2018（15）：50.

［44］ 黄齐茂，李锋，蔡坤，等．湖北某硅钙质胶磷矿反正浮选工艺研究［J］．化工矿物与加工，2010，39（12）：1-3.

［45］ 孙伟，陈臣，刘令．某硅钙质胶磷矿双反浮选试验研究［J］．化工矿物与加工，2011，40（9）：1-2.

［46］ 谭菲玲．滇池风化磷矿擦洗脱泥装置述评［J］．化工矿山技术，1995（2）：46-49.

［47］ 赵友男．低品位胶磷矿重浮联合分选工艺研究［D］．北京：中国矿业大学，2021.

［48］ 姚炜栋．低品位磷矿焙烧-浸提-酸活化工艺制备复合土壤调理剂［D］．广州：华南理工大学，2022.

［49］ 张磊，戴惠新，杜五星，等．江川中低品位磷矿摩擦电选试验［J］．矿物学报，2018，38（3）：343-348.

［50］ 杨晓健，胡国涛，王诗瀚．中低品位磷矿脱镁技术研究进展［J］．矿产保护与利用，2022，42（2）：67-73.

［51］ Xing Y H，Jiang Y，Liu S，et al．Surface corrosion by microbial flora enhances the application potential of phosphate rock for cadmium remediation［J］．Chemical Engineering Journal，2022，429：132560.

［52］ 罗惠华，赵泽阳，蔡忠俊，等．剪切搅拌絮凝浮选回收晋宁低品位堆存磷矿［J］．化工矿物与加工，2021，50（7）：26-30.

［53］ Lu Z B，Lu H，Huang L，et al．Effect of P_2O_5 on the viscosity of yellow phosphorus slag in electric furnace at high temperatures［J］．Fuel，2023，333：126374.

［54］ 吴佩芝．湿法磷酸［M］．北京：化学工业出版社，1987.

［55］ 王跃林，廖吉星，吴有丽，等．湿法磷酸萃取尾气中氟硅资源回收利用工业化技术研究［J］．磷肥与复肥，2017，32（10）：31-33.

［56］ 钟文卓．比利时普莱昂厂二水-半水磷酸技术及磷石膏直接利用介绍［J］．硫磷设计，1999（4）：36-38.

［57］ Rhonr P．Progil merger builds giant［J］．Chemical & Engineering News，2010，47（20）：57-59.

［58］ 周华波．半水-二水法、二水法磷酸工艺浓磷酸质量比较［J］．磷肥与复肥，2020，35（4）：21-24.

［59］ 杨培发，陈军民，陈志华．我国湿法磷酸生产技术对比［J］．磷肥与复肥，2020，35（1）：24-26.

［60］ 周华波．半水-二水法再结晶浓磷酸工艺流程过滤系统的优化［J］．化肥工业，2015，42（3）：8-11.

［61］ 刘雁，胡勇，张华丽，等．半水-二水法磷酸装置中硫酸钙滤渣及其夹杂磷的状态及演变［J］．磷肥与复肥，2021，36（11）：32-35.

［62］ 吕天宝．二水法改二水-半水法生产湿法磷酸的技术改造［J］．磷肥与复肥，2010，25

（2）：31-32.

［63］Sandra B, et al. Environmental impacts of phosphoric acid production using di-hemihydrate process：a Belgian case study ［J］. Journal of Cleaner Production, 2015, 108：978-986.

［64］章守陶，唐琛明. 磷矿杂质对湿法磷酸生产的影响及处理 ［J］. 硫磷设计, 1997（4）：25-29.

［65］张可成，李智力，邓杰，等. 云南某低品位胶磷矿中倍半氧化物的赋存状态 ［J］. 现代矿业, 2021, 37（2）：102-105.

［66］Miao L P, Yan Z J, Wang X L, et al. A novel hierarchical structured calcium magnesium ammonium polyphosphate for high-performance slow-release fertilizer ［J］. Reactiveand Functional Polymers, 2022, 181：105413.

［67］章新. 磷矿酸解液中 Al^{3+}、Mg^{2+} 分离研究 ［D］. 贵阳：贵州大学, 2019.

［68］潘建. 纳米二氧化硅对高浓湿法磷酸脱氟率影响的实验研究 ［J］. 上海化工, 2018, 43（4）：24-26.

［69］龙萍，梁骏. 湿法磷酸中钾、钠、钙、镁的原子吸收光谱法测定 ［J］. 化学研究与应用, 2006（7）：837-839.

［70］陶长元，王秀秀，刘作华，等. 湿法磷酸浸出强化及有机质去除研究 ［J］. 化工学报, 2020, 71（10）：4792-4799.

［71］王喜恒，孙文哲. 湿法磷酸过程氟回收技术研究进展 ［J］. 无机盐工业, 2020, 52（8）：25-29.

⑤ 磷矿伴生氟资源的回收

磷矿中氟含量为 2%~5%，主要赋存矿物为氟磷灰石 [$Ca_5(PO_4)_3F$] 和氟硅酸钙 ($CaSiF_6$)[1,2]。按照平均 3% 的氟含量，磷矿中伴生的氟资源量为 0.96 亿吨，占自然界中氟资源总量的 87.3%。因此，磷矿中蕴藏着巨大的氟资源量。

在生产磷肥、饲料磷酸钙盐等磷化工产品过程中，减少产品烘干成本，提高装置产能，需将湿法磷酸浓度提升至 48%P_2O_5 以上，在浓缩过程中一部分氟逸出并以氟硅酸形式回收，也是当前湿法磷酸中氟的主要回收方法[3,4]。剩余大部分氟进入磷化工产品中，图 5-1 是国内某磷肥标杆型企业的氟平衡图，精矿中氟的含量为 91.50%。从图 5-1 中可以看出，以磷精矿为基准，仅回收了 47.4% 的氟（以氟硅酸的形式回收），少部分氟排空进入空气，大部分进入磷肥与磷石膏渣场中未回收，不仅造成资源的浪费、环境的风险，而且对磷肥等产品养分等影响较大。

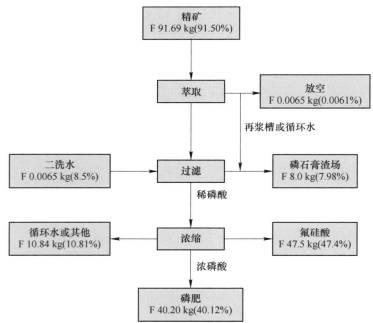

图 5-1　国内某标杆性磷肥企业氟的流向平衡图

Fig. 5-1　Fluorine flow balance diagram of a domestic benchmark Phosphate fertilizer enterprise

2021 年我国磷矿湿法加工量为 10289.9 万吨，平均含氟量为 2.65%，则所含氟资源量为 233 万吨（以单质氟计算），回收量仅 69 万吨，损失量为 164 万吨，损失量超过 2020 年国内氢氟酸表观消费量（151.8 万吨），具体如表 5-1 所示，因此，提高磷矿湿法加工过程中氟的回收率具有显著的资源与经济效益。

表 5-1　2020 年我国磷矿中氟资源蕴藏量与损失量

Table 5-1　Reserves and losses of fluorine resources in phosphate ores in China in 2020

中国磷矿消耗量/亿吨	平均含氟量/%	氟资源量/万吨	氟资源损失量/万吨	国内氢氟酸表观消费量/万吨
0.88	2.65	233	164	151.8

5.1　磷矿加工过程中氟排放的危害

磷矿加工过程中氟不回收或回收率低，不仅造成氟资源的浪费，而且对生态环境与绿色化肥带来潜在的影响与破坏[5,6]。基于湿法磷化工加工过程，构建了氟排放的污染途径如图 5-2 所示。

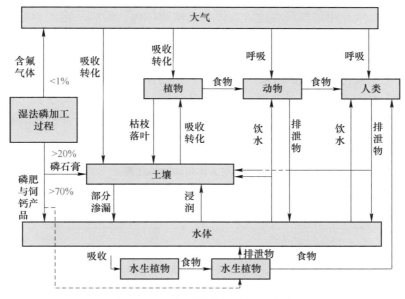

图 5-2　湿法磷产业氟的污染途径

Fig. 5-2　Pollution path of fluorine in wet phosphorus industry

在湿法磷酸生产过程中，为了控制尾气氟的污染，根据 GB 31573—2015《无机磷化学工业污染物排放标准》对氟化物排放浓度进行了规定，氟化物的排放质量浓度限值为 6 mg/m³，排放量较小，排放总量低于 1%[7]。另外，磷化工生产湿法磷酸过程中产生大量的磷石膏与酸性回水，暂存于磷石膏渣场中，氟含量基本高于 2000 mg/m³，构成潜在的环境威胁，此部分排放总量大于 20%[8,9]。剩余超 70%的氟进入湿法磷酸中，少部分随磷酸浓缩回收，大部分进入到磷化工产品中，主要为磷肥中，其氟含量大于 1%，在施肥后，一部分随着雨水流入土壤，剩余部分流入湖泊与渗入地下水，导致土壤与水体的氟含量超标。磷产业排放的氟经图 5-2 污染途径，大气中的氟污染物随气流、降水等向周围地区扩散而最终落到地面被植物、土壤吸收或吸附，造成一些蔬菜中氟化物检出量高于食品卫生标准允许限值 1 mg/kg。水中的氟污染物随水流迁移主要影响径流区的生物和土壤，中国部分区域水体中氟浓度较高，已超过 4 mg/L，甚至 2 mg/L[10]。

我国土壤（A 层）氟背景值为（478±197.7）mg/kg，比世界土壤氟背景平均值高约 139%。受气候、生物、母质、地形等成土因素的影响，不同土壤的氟含量差异显著。如氟污染区局部土壤中油菜和稻谷样品中氟含量范围分别为 1.86~2.68 mg/kg 和 10.40~13.50 mg/kg；而甘肃白银市污水灌溉区农田土壤氟含量为 276.6~4989.7 mg/kg，平均含量 1689.0 mg/kg，而土壤中的氟污染物因其结构稳定对环境影响相对较小[11,12]。

通过气、水及土的氟最终进入人体与动植物体内，造成一定的影响。当人体过量的氟摄入会导致氟中毒，危害人体健康，其危害情况如表 5-2 所示。一般来说，75%~90%的氟是通过人体消化道吸收的，在酸性胃液环境中，约有 40%的氟化物转化为氟化氢，被人吸收，其余的氟化物在肠道中被吸收。一旦被吸收过量的氟进入血液系统，将迅速遍布全身，随后约 90%的氟化物将富集于钙含量较高的区域，如骨骼和牙齿，造成常见的病症有氟斑牙病、氟骨症、甲状腺肿、眼鼻喉病、神经、遗传毒性等[13-16]。

表 5-2　氟对人体与动物的危害

Table 5-2　Hazards of fluorine to humans and animals

氟化物量/mg·kg⁻¹	时间	摄入途径	危害
0.1	1 次	空气	嗅觉不适
1.0	终生	水	有利于牙齿
2~8	8 年（儿童）	水	斑牙病
8	10 年以上	水	氟骨病
20~80	10~20 年	空气	运动机能
40	5 年	食物	体重减轻
50	不定	水/食物	甲状腺障碍
60	数月	食物	生殖系统障碍

氟化物量/mg·kg^{-1}	时间	摄入途径	危害
100	数月	食物	贫血/肾病
2500~5000	1 次	食物	致死

综上所述，实现湿法磷产业中氟的高效回收，减少进入磷肥与磷石膏中，具有资源与环境的双重重大意义。

5.2 磷矿湿法加工过程氟的回收

国内外学者基于氟的赋存形态研究，结合湿法磷酸生产工艺流程，分别在萃取工序、浓缩工序与其他工序开展了系列氟脱除与回收的相关研究。

5.2.1 湿法磷酸中氟的赋存形态

从图 5-1 可知，硫酸分解磷矿生产湿法磷酸过程中，氟转化为氢氟酸，与磷矿中伴生活性二氧化硅继续反应生成氟硅酸[17]。同时，磷矿中含有铁、铝、镁、钙等元素，随硫酸分解进入湿法磷酸中，并与氢氟酸、氟硅酸等形成多种络合物[18]。为了厘清湿法磷酸中氟的赋存形态，国内外学者开展了深入的研究。

M. E. Guendouzi 等[19] 认为湿法磷酸中氟主要以 HF、氟硅酸及金属络合物组成；V. M. Norwood 通过 ^{19}F NMR 与 ^{31}P NMR 等表征手段也证实了 M. E. Guendouzi 等人观点[20]。王励生研究了氟在湿法磷酸中的赋存状态和脱除规律，认为当湿法磷酸中存在 Fe^{3+}、Al^{3+} 时，F^-、SiF_6^{2-} 会与之反应形成 Fe_xF_{3-x}、Al_xF_{3-x}（$x = 1$，2，…，6)，并找出了 Al_xF_{3-x} 络离子在湿法磷酸中的稳定常数随温度、磷酸浓度变化的关系式[21]。张志业等研究了磷矿中 F^- 和 Al^{3+} 进入湿法磷酸中的比例以及磷矿中 $n(F^-)/n(Al^{3+})$ 摩尔比的关系，当 $n(F^-)/n(Al^{3+})$ 小于 3 时，F^-、Al^{3+} 离子进入酸中的比例增大，这是因为 F^-、Al^{3+} 形成了大量的 AlF^{2+} 或 AlF_2^+ 络合离子；当 $n(F^-)/n(Al^{3+})$ 等于 3 时，F^-、Al^{3+} 进入酸中量最少，这是因为形成 AlF_3 沉淀而进入磷石膏中；当 $n(F^-)/n(Al^{3+})$ 在 3~5.8 之间时，F^-、Al^{3+} 进入酸中的量逐渐增大；当 $n(F^-)/n(Al^{3+})$ 大于 5.8 时，磷矿中的 F^-、Al^{3+} 进入酸中的量开始减少[22]。阳杨等研究了湿法磷酸浓缩后氟分配及脱氟工艺研究，认为浓缩磷酸稳态时氟的分布是：在一定 F、Al^{3+}、Fe^{3+} 含量情况下，0.032 mol/L SiF_6^{2-} 和 0.158 mol/L AlF^{2+}，几乎很难形成 Fe^{3+} 的络合物[23]。James R. Lehr 与 P. S. O'Neill 等认为湿法磷酸中固相氟主要由 $Na_2(K_2)SiF_6$ 及少量 CaF_2 组成，并在湿法磷酸中发现了 $Ca_4SO_4SiAlF_{13} \cdot 10H_2O$、$NaMgAlF_{12}(OH)_6 \cdot 3H_2O$ 等组分[24,25]。Witkamp 等认为 AlF_5^{2-} 在湿法磷酸溶液中是稳定的，Hapet 等认为湿法磷酸溶液中 AlF_2^+ 是

稳定的，但至今未有文献详细报道磷酸溶液中 F⁻ 和 Al³⁺ 之间的络合种类与含量变化趋势[26,27]。A. William Frazier 等研究氟在湿法磷酸中与其他元素的作用行为，认为湿法磷酸中氟可形成 12 种氟沉淀物，如 $Na_2(K_2)SiF_6$、$CaNaAlF_6 \cdot H_2O$ 等[28]。

但上述研究均未系统性研究湿法磷酸中不同金属离子在磷酸溶液中与 HF、H_2SiF_6 等组分的相互转化结合机制，致使氟脱除率低，沉淀物组分多。

5.2.2 湿法磷酸生产过程中氟的脱除与回收

5.2.2.1 萃取氟的脱除与回收

从图 5-1 可知，磷矿中氟在硫酸萃取分解过程中形成氟硅酸和氢氟酸，均进入气、固、液三相。为实现气相氟的最低排放，国内外从基础理论到产业化应用开展相关研究。尾气中氟化物主要由氢氟酸与四氟化硅组成，利用其易溶于水的特性，在洗涤器中用水吸收生成氟硅酸，氟硅酸直接回收或加工成氟化工产品[29]。虽然湿法脱氟效果较好，但因飞沫夹带等原因造成氟尾气排放超标，同时产生大量酸性含氟废水[30]。针对湿法脱除尾气中氟的缺陷，已开发出湿法耦合干法工艺处理含氟尾气，其工艺方框图如图 5-3[29] 所示。将反应槽尾气、低位闪蒸尾气等混合后通入一个小型水喷淋吸收塔中，回收尾气中的氟化物，生成高浓度氟硅酸 [$w(HF) \geqslant 10\%$] 自用或出售；出塔湿度较高的尾气进入混合器，与喷入的生石灰粉和活性炭充分混匀后进入袋式除尘器，除尘后尾气中氟化物质量浓度极低，实现超低排放。

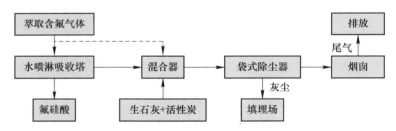

图 5-3 湿法尾气干法处理工艺方框图

Fig. 5-3 Block diagram of wet and dry exhaust treatment process

有关学者开展了尾气制备氟化钠、冰晶石、氟硅酸铵、氟硅酸钾、氟硅酸钠等产品的相关研究[31-35]，但尾气中的氟含量低，产业化规模与经济效益不明显。

除尾气氟外，大部分氟进入萃取料浆中[36,37]。任孟伟研究了湿法磷酸萃取料浆中氟的脱除，从而避免后续磷化工产品指标要求对成品湿法磷酸脱氟净化，增加成本，从实验数据可知，原矿中氟含量为 3.31%，萃取槽中加入碳酸钠沉淀脱氟，在反应时间 53.33 min、反应温度 64.44 ℃、液固比为 3.04 等条件下，湿法磷酸净化后氟含量为 0.18%，可直接生产高品质饲料磷酸钙盐等化工产品[38]。

但萃取料浆中的氟转化为氟化钙、氟硅酸钙等不溶性沉淀进入磷石膏中，此外，磷石膏夹杂着以 HF、氟硅酸等形式存在的水溶性氟，水溶性氟致使磷石膏建材制品质量强度降低、可溶物易析出，质量不稳定，难以满足市场需求，严重限制了磷石膏的规模化、资源化利用[39]。目前，磷化工企业生产的磷石膏大部分堆存在渣场，导致氟资源的浪费与潜在的环境风险[40-43]。

国内外对磷石膏中氟的脱除与回收开展了大量研究。钟雯等研究了不同预处理方式（水洗、浮选、煅烧等）对磷石膏中残留氟的影响，认为高温煅烧法是较优的方法，总氟的脱除率高达 90% 以上[44-48]。张利珍等采用石膏调浆-石灰-母液循环预处理技术能有效脱除磷石膏中 76.20% 的水溶氟，水溶氟降至 0.043%，满足 GB/T 23456—2018《磷石膏》的二级品指标限值要求[49]。李兵等利用 0.8 g 电石渣固化 200 g 磷石膏中的水溶性氟，反应时间为 2 h、反应温度为 30 ℃，磷石膏中大部分水溶性氟被固化[50]。李展等研究了石灰中和法和酸浸法脱除磷石膏中氟的规律，并利用 SEM、FTIR、XRD 研究了氟脱除过程中磷石膏微观形貌、表面基团和物相组成的变化，认为碱性条件会抑制 CaF_2 的生成，因此，添加石灰至溶液 pH 值为中性时，氟的脱除效果较佳，过量的石灰会导致溶液碱性增强，从而阻碍可溶氟的脱除[51]。孔霞等以 H_2SO_4 浸取磷石膏实现脱氟，考察了浸取温度、浸取时间、硫酸质量分数、磷石膏固含量、粒度 5 个因素对氟去除率的影响规律，结果表明：浸取温度、浸取时间、硫酸质量分数是影响氟脱除率的主要因素，其余影响较小。最佳浸出条件为温度 88 ℃，时间 45 min，H_2SO_4 质量分数 30%，固含量 0.43 g/mL，在此条件下氟去除率可达 84.50%[52]。Wu Fenghui 等采用电石渣或石灰作为磷石膏碱基中和剂，聚合硫酸铁或聚合氯化铝作为定向凝固稳定剂，分析了磷石膏稳定性混合后 1 天、3 天、5 天、15 天氟浸出毒性试验，实验结果表明，该方法效果较好，在浸出 pH 值为 6~9 时，浸出液中氟小于 10 mg/L，满足国家标准要求，并通过机理分析表明磷石膏中氟稳定固化是由于不溶性物质的产生、吸附和封装[39]。Wu Fenghui 提出了一种新型定向固化/稳定磷石膏中氟的方法，以石灰或电石渣（CS）作为碱性调节剂，采用聚合氯化铝、聚合硫酸铁和聚丙烯酰胺等高靶向固化剂，实验结果表明石灰对氟有显著的稳定作用，当石灰与聚丙烯酰胺添加量均大于 5% 时，氟的浸出浓度小于 1 mg/L[40]。Xie Yanhua 等采用硫铝酸盐水泥制备了酸化硫铝酸盐水泥复合材料，其对氟去除率高，形成的产物为氟化钙（CaF_2）、氟化铝（AlF_3）和三氟化铁（FeF_3）。同时，酸化硫铝酸盐水泥复合材料可以将磷石膏渗滤液在较宽的浓度范围内均能得到有效的处理，处理后浸出液中氟化物含量均低于 4 mg/L[45]。Xiang Junchen 等利用改性嗜酸菌溶液去除磷石膏中的氟，结果表明：当微生物诱发碳酸盐沉淀与酶诱导碳酸盐沉淀的比例为 2∶1 时，氟的去除率最高，达到 72.87%~74.92%[37]。任孟伟报道了一种利用生物洗涤去除氟的新方法，该方法能有效将磷石膏中不溶性磷、氟转变为 H_3PO_4 和 HF，实现磷、氟的脱除率达 74.67%~77.02%[38]。程来斌等通过石灰沉淀法降低了磷石膏回水中氟，并将氟的沉淀送至磷矿浆中掺混后利用，上层滤液作为磷酸过滤洗水从而提高磷的收率[46]。上述技术均可实现氟的固化，但宝贵的战略氟资源均未资源化回收利用。

基于上述情况，国内外在资源化回收磷石膏中氟开展了系统研究[53-55]，如云南磷化集团有限公司与昆明理工大学共同开展了原位磷石膏 "1+2" 逆流洗涤净化的研究，开发了二水磷石膏在调晶剂协同作用下，细晶溶解、原位再结晶新方法，揭示了磷、氟对亚稳期磷石膏晶体成核与成长影响机制，首次开发了磷石膏原位深度净化技术，并基于该技术开发了溶解再结晶串级稳态结晶器与 "1+2" 深度逆流净化器。净化后水溶性氟含量由 0.2% 降至 0.01% 以下，净化液返回湿法磷酸萃取装置，在提高磷石膏品质的同时，同步实现氟资源的回收利用，目前该技术已在全国推广应用多套。

5.2.2.2 湿法稀磷酸中氟的脱除与回收

湿法稀磷酸中氟脱除与回收方法研究较多，其中化学沉淀法和浓缩法实现了产业化应用。其中化学沉淀法是在湿法稀磷酸中加入金属盐类作为沉淀剂，生成难溶的氟硅酸盐，从而实现氟的分离与回收[56]。A. William Frazie 通过系统研究，认为氟在湿法稀磷酸生产过程中生成 12 种沉淀，如 K_2SiF_6、Na_2SiF_6、$Ca_4SO_4AlSiF_{13} \cdot 10H_2O$ 等，为沉淀法脱除湿法磷酸中的氟奠定了理论基础[28]。基于 A. William Frazie 的研究成果，从技术、经济和实际应用情况出发，王超等采用钾盐、钠盐与钙盐作为湿法磷酸氟沉淀剂[57]；董占能等研究了 Na_2CO_3、Na_2SO_4 和 Na_3PO_4 三种盐的脱氟性能[58]；国外也有许多类似的研究，包括使用钾、钠盐的混盐脱氟或与其他方法联用进行多级脱氟，反应原理可用如下方程式表示[59]。

$$M^{x+} + SiF_6^{2-} \longrightarrow M_xSiF_6 \downarrow \qquad (5-1)$$

$$2Na^+ + SiF_6^{2-} \longrightarrow Na_2SiF_6 \downarrow \qquad (5-2)$$

$$2K^+ + SiF_6^{2-} \longrightarrow K_2SiF_6 \downarrow \qquad (5-3)$$

其中，M 代表碱土金属，$x=1$ 或 2。

氟硅酸钠、氟硅酸钾这两种产物在水中溶解度极低，但在湿法磷酸中溶解度增大，其随磷酸温度与浓度变化曲线如图 5-4[60] 所示。从图 5-4 中可知，随磷酸浓度和温度的变化，氟硅酸钠和氟硅酸钾的溶解度有所差异，需根据具体工艺条件选用钾盐或者钠盐，一般来说，在湿法磷酸浓度较低时，钾盐的脱氟效果比较好；在湿法磷酸浓度较高时，钠盐的脱氟效果比较好。但化学沉淀法的研究均基于湿法磷酸中氟的赋存形态之一——氟硅酸而开展的，对 HF、金属氟络合物的脱除研究较少，导致氟脱除率低，氟化物纯度低难以资源化利用，且引入了其他杂质离子进入湿法磷酸中。

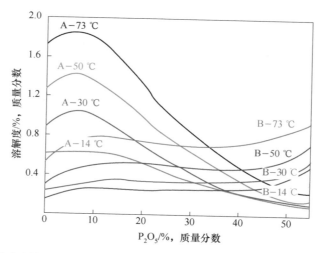

图 5-4　氟硅酸钠（A）、氟硅酸钾（B）在不同磷酸浓度、温度下的溶解度曲线

Fig. 5-4　Solubility curves of sodium fluosilicate（A）and potassium fluosilicate（B）at different phosphoric acid concentrations and temperatures

　　从前面论述可知，湿法磷酸中金属离子与氟形成较为稳定的络合物。为了减少金属离子对氟脱除率的影响，采用碱性石灰乳［Ca(OH)₂］为沉淀剂，在降低氟含量的同时，实现铁、铝、镁等杂质的脱除[61-63]。从反应式（5-4）、式（5-5）可知，Ca(OH)₂ 可使稀磷酸中的氟化物与钙离子反应生成氟化钙沉淀，其他杂质离子形成磷酸盐沉淀，反应式如式（5-6）、式（5-7）[64] 所示。

$$H_2SiF_6 + 3Ca(OH)_2 \Longrightarrow 3CaF_2 \downarrow + SiO_2 \cdot 4H_2O \tag{5-4}$$

$$2HF + Ca(OH)_2 \Longrightarrow CaF_2 \downarrow + 2H_2O \tag{5-5}$$

$$H_3AlF_6 + 3Ca(OH)_2 + H_3PO_4 \Longrightarrow 3CaF_2 \downarrow + AlPO_4 \downarrow + 6H_2O \tag{5-6}$$

$$H_3FeF_6 + 3Ca(OH)_2 + H_3PO_4 \Longrightarrow 3CaF_2 \downarrow + FePO_4 \downarrow + 6H_2O \tag{5-7}$$

Ca(OH)₂ 同时还与一部分磷酸发生反应，生成 Ca(H₂PO₄)₂·2H₂O：

$$2H_3PO_4 + Ca(OH)_2 \Longrightarrow Ca(H_2PO_4)_2 \cdot 2H_2O \tag{5-8}$$

　　因 Ca(OH)₂ 与磷酸反应总是处于界面过饱和状态，伴随发生式（5-9）：

$$H_3PO_4 + Ca(OH)_2 \Longrightarrow CaHPO_4 \cdot 2H_2O \downarrow \tag{5-9}$$

　　采用石灰乳 Ca(OH)₂ 中和沉淀氟与杂质时，生成的主要沉淀物包括两类：第一类是非磷酸盐型沉淀，如 CaF₂、SiO₂·4H₂O、CaSO₄·2H₂O。第二类是磷酸盐型沉淀，如 AlPO₄、FePO₄、CaHPO₄·2H₂O。

　　第一类非磷酸盐型中的 CaF₂、SiO₂·4H₂O 等为沉淀氟化物产生的目的产物，理论上不带走磷酸中的磷；第二类磷酸盐型中的 AlPO₄、FePO₄ 等因沉淀氟而共沉淀产生磷酸盐伴生物，导致磷的损失。石灰乳沉淀脱氟与其他金属杂质一般应用于饲料磷酸氢钙生产，其工艺流程如图 5-5 所示。

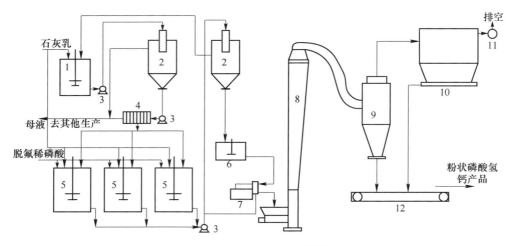

图 5-5 两段中和生产饲料磷酸氢钙工艺流程

Fig. 5-5 Process flow of two-stage neutralization to produce feed

calcium hydrogen phosphate

1—中和槽；2—稠厚器；3—泵；4—压滤机；5—产品中和沉淀槽；6—稠浆槽；7—离心机；

8—气流干燥器；9—旋风分离器；10—袋滤收尘器；11—风机；12—皮带机

为了进一步提高氟的脱除率，国内外学者在钠、钾、钙的基础上加入化学助剂二氧化硅、氢氧化铝、含钛化合物、铵等，但是考虑到脱氟效果和成本，应用最广的助剂是硅藻土、白炭黑等[65,66]，其作用是使湿法磷酸中氢氟酸转化为氟硅酸，进而形成氟硅酸钠，反应方程式如下：

$$SiO_2 + 4HF \longrightarrow SiF_4 \uparrow + 2H_2O \tag{5-10}$$

$$SiO_2 + 6HF \longrightarrow H_2SiF_6 + 2H_2O \tag{5-11}$$

当溶液中有钾、钠盐存在时，氟硅酸与之反应生成沉淀脱离磷酸体系，从而提高脱氟率。

化学沉淀法均为一步法工艺，存在氟脱除率低，形成的氟化物沉淀纯度低，难以资源化利用等问题，并已成为相关企业的环保难题；同时湿法磷酸中金属离子杂质对沉淀结晶的影响机制不清晰，晶体结晶大小差异较大，过滤强度低，难以工程转化。

浓缩法氟脱除与回收主要采用二水物法生产湿法磷酸（浓度为 18%~27% P_2O_5），在生产磷肥等化工产品时需将其浓缩至 45%~54% P_2O_5，同时实现氟的回收[67]。磷酸浓缩工艺流程主要有 3 种，分别为典型的强制循环真空蒸发流程、罗纳-普朗克磷酸浓缩流程及斯温森磷酸浓缩流程，而大部分采用典型的强制循环真空蒸发流程，其氟回收的工艺流程如图 5-6 所示[68]。

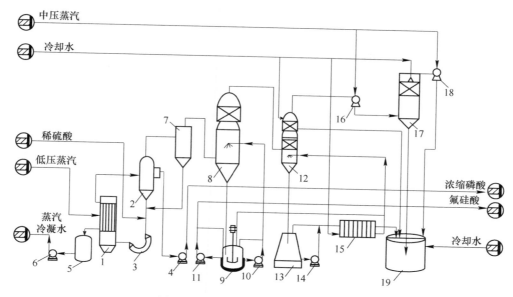

图 5-6 典型的强制循环真空蒸发流程

Fig. 5-6 Typical forced circulation vacuum evaporation process

1—石墨换热器；2—闪蒸室；3—循环泵；4—浓磷酸泵；5—冷凝水槽；6—冷凝水泵；7—除沫器；
8—第一氟吸收塔；9—吸收塔槽；10—第一吸收塔泵；11—氟硅酸泵；12—第二氟吸收塔；
13—第二吸收塔槽；14—第二吸收塔泵；15—吸收塔冷却器；16—主蒸汽喷射器；
17—中间冷凝器；18—辅蒸汽喷射器；19—热水槽

氟的脱除与回收流程简述如下：湿法稀磷酸进入浓缩强制循环回路，与大量循环磷酸混合，借助强制循环泵送入石墨换热器，采用低压蒸汽加热后的热酸送入闪蒸室，水分闪蒸后获得浓磷酸。闪蒸室逸出的二次蒸汽经旋风除沫器，分离了磷酸酸沫后的含氟气体首先进入第一氟吸收塔，用水吸收后形成质量分数 10%~18% 的氟硅酸。第一氟吸收塔吸收后的含氟气体进入第二氟吸收塔进一步吸收，吸收液约为 3% 稀氟硅酸溶液；在第二氟吸收塔中，可借助吸收塔冷却器循环冷却水流量即可控制成品氟硅酸浓度。第二氟吸收塔上部设有大气冷凝器，不凝性气体及少量水蒸气则经真空系统排入大气，尾气中氟含量控制在 6 mg/m³ 以内。浓缩装置所需的真空由主蒸汽喷射器、中间冷凝器和辅蒸汽喷射器所组成的真空系统来实现。

从上述工艺可知，湿法磷酸浓缩过程中，随磷酸浓度和温度升高，湿法磷酸中 HF、氟硅酸随水蒸气在一定负压条件下呈气态逸出即可实现氟的脱除与回收[67]。但是随着湿法磷酸浓度的提高，溶液中铝、铁、镁等杂质组分由于溶解度降低而呈沉淀析出，导致磷酸黏度上升，蒸发操作变得困难，主要表现为：杂质离子达到饱和或过饱和状态，从而形成继沉淀，继沉淀中主要以 Fe^{3+}、Al^{3+}、

Mg²⁺ 与氟的络合物组成，导致氟的损失[69,70]。浓缩脱氟技术是目前湿法磷酸氟脱除与回收的主流技术，但鉴于腐蚀、蒸发效率等因素，浓缩温度一般控制在 85 ℃以内，导致浓缩磷酸浓度一般低于 53% P_2O_5，氟的收率低于 50%，大部分氟进入磷化工产品中（主要是磷肥），造成资源的浪费与潜在的环境风险[71]。针对上述氟回收的问题，国内外学者开展了较多的技术研究，如采用分段浓缩磷酸、提高磷酸浓度的同时，降低继沉淀量与能耗，实现氟收率提高；此外改造氟硅酸循环洗涤系统，提高氟硅酸的洗涤率，提高氟回收量，降低尾气氟含量[72,73]；B. X. Peng 等在不同真空度和温度下浓缩湿法磷酸，在 15 ~ 17 kPa，将温度提升至 130 ℃浓缩湿法磷酸，氟的回收率和氟硅酸纯度分别为 93.26% 和 97.24%，但温度高导致设备腐蚀严重，难以实现规模化应用[74]。

5.2.2.3 湿法浓磷酸中氟的脱除与回收

湿法浓磷酸中氟的回收主要有汽提法与溶剂萃取法[75,76]。

汽提法利用换热器直接（间接）将湿法磷酸升温至一定温度，实现湿法磷酸中的氟硅酸、氢氟酸等含氟物逸出，再用介质（空气/蒸汽）带出，不断改变气液平衡从而实现湿法磷酸快速脱氟，其主要反应方程式如式（5-12）所示[77]。

$$H_2SiF_6 + nH_2O \longrightarrow SiF_4\uparrow + 2HF\uparrow + nH_2O \tag{5-12}$$

氢氟酸常温下为气体，能够充分溶解在湿法磷酸中[78]。加热后氢氟酸溶解度降低，从湿法磷酸中逸出到空气中从而带出；氟硅酸沸点低，受热易分解，分解后生成氢氟酸和四氟化硅从湿法磷酸中逸出[66,79-81]。汽提脱氟的操作温度一般在 100 ℃以上，实现湿法磷酸的沸腾。根据操作方法，可分为常压空气（蒸汽）法和真空法，常压空气法是在常压条件下通入热空气（蒸汽）与湿法磷酸逆流接触带出氟；真空法是指加热的同时，通过真空泵维持一定的真空度，实现氟从湿法磷酸中快速逸出。为了提高脱氟效率，在汽提脱氟过程中，向湿法磷酸中加入活性硅源（包括纳米二氧化硅、副产的硅渣、水玻璃等），促使氢氟酸与硅源反应变为低沸点的氟硅酸，氟硅酸受热分解生成 HF 和 SiF_4，随着蒸汽、空气带出，可实现湿法磷酸中氟的脱除与回收，其反应方程式如式（5-13）[82]所示。

$$SiO_2 + 4HF \longrightarrow SiF_4\uparrow + 2H_2O \tag{5-13}$$

但由于湿法浓磷酸组分复杂，氟的赋存形态与脱除机制不清晰，致使氟脱除停留时间较长，能耗较高，效率低，难以实现深度脱除。

溶剂萃取法一般指让两种互不相溶或者微溶的溶液相互接触，然后通过物理或化学过程，使一相中的溶质全部或者部分转移到另外一相的过程[83,84]。湿法磷酸溶剂萃取生产工业磷酸，并实现氟的深度脱除，其工艺流程如下：将湿法磷酸在分离器中和非水溶性的萃取剂进行逆流接触，从而使磷酸被有机溶剂萃取进入有机相，而氟与金属离子等则留在水相中从而进入萃余酸中[85]。国内外对溶剂萃取氟开展了较多的研究，徐浩川等对萃取分离磷酸中氟化物机理进行了深入研究，依据量子化学计算、傅里叶变换红外光谱（FT-IR）、核磁共振氟谱（^{19}F-NMR）等表征，获得萃取物组分，分析探讨了萃取机理，考察了不同氟赋存形态对萃取脱氟效果的影响，结果表明：TBP 中 P＝O 双键中的氧与 HF 发生氢键缔合作用实现氟的萃取分离作用，异戊醇和二异丙醚中的氧与 HF 发生一般的氢键作用，多种药剂实现协同萃氟作用；有机相中氟化物存在形式主要为 HF·TBP，在煤油、异戊醇和二异丙醚溶剂环境中的萃合物组成分别为：0.9 HF·TBP、1.4 HF·TBP 和 1.6 HF·TBP；TBP 可有效萃取磷酸中的 F^-、CaF^+、MgF^+、FeF_x^{3-x}（x 为 1~6），但不适用于脱除磷酸中的 SiF_6^{2-}、Al_x^{3-x}，难以实现深度脱氟[86]；左永辉以 TP35 和 SO17 为复合有机相，以硫酸为有机相处理剂，对湿法磷酸中的氟离子进行萃取分离实验，结果表明：在预处理硫酸质量分数为75%，TP35 和 SO17 体积比为 7∶3，预处理剂硫酸与复合有机相体积比为 1∶1，复合有机相与水相体积比为 1∶5，搅拌速率为 200 r/min，控制温度为 90 ℃，反应 50 min，氟萃取效率为 98.3%，湿法磷酸中 P_2O_5 的损失率仅有 2.21%[87]。

　　溶剂萃取法虽具有制得磷酸产品纯度高、成本低的优势，实现了湿法磷酸中氟的高效脱除，在国外特别是以色列，较早实现了大规模的工业化应用[88]。国内四川大学开发的溶剂萃取湿法磷酸生产工业磷酸技术成熟，在多家企业产业化应用[89]。但是该法主要是制备高纯度的磷酸，从而生产工业及食品级磷酸盐产品，而氟进入化学脱氟渣（粗脱）与萃余酸（精脱）中，生产磷酸一铵等产品，均未资源化回收利用，对环境影响较大[90]。

5.2.2.4　其他氟脱除与回收方法

　　吸附法是利用材料吸附作用而实现磷酸中氟的脱除。目前吸附剂主要有活性氧化铝、活性炭和沸石等[91-93]。活性氧化铝有效成分为水合氧化铝，比表面积大，为多孔结构，既有物理吸附又有离子交换作用，是目前比较有效的氟吸附方法，其吸附氟能力和溶液 pH 值及氧化铝颗粒大小有关，具体如下：当 pH 值为5~6 时，吸附能力较强；颗粒越小，吸附能力越强。除活性氧化铝外，常见的吸附剂为活性炭和沸石，其利用多孔结构吸附氟，包括外扩散和内扩散两个过程[94,95]。严远志以湿法磷酸副产氟硅酸为原料合成 Si/Al-MCM-41 分子筛，并吸附湿法磷酸中的氟，考察了吸附时间、吸附温度、固液比、分子筛硅铝比和磷酸浓度对氟脱除率影响。结果表明，在常温下，吸附时间为 30 min、固液比为1∶50、分子筛硅铝比为 9 时，吸附氟的效果明显，氟脱除率可达 56.67%。随着磷酸浓度的增加，MCM-41 分子筛的脱氟率增大[96]。但总体来说，吸附法用于湿法磷酸中氟的脱除与回收面临以下挑战：强酸体系下吸附剂的适应性、用量、成本及循环利用问题。

　　除上述的湿法磷酸中氟脱除与回收方法外，相关文献报道过膜过滤法、结晶法、离子交换法、电渗析法等，这些方法都存在较大的技术特殊性和局限性，技术产业化应用前景不明朗[97,98]。

⬡5.3 本 章 小 结

氟主要来源于萤石，而萤石是我国三种非金属战略资源之一。伴随着我国氟化工的快速发展，萤石资源的短缺枯竭问题将会变得非常突出。磷矿石储量大，蕴含着自然界中 90% 以上的氟资源，但当前磷矿湿法加工氟平均回收率低于40%，大部分氟进入磷产品、磷石膏与空气中，对生态环境与人类健康造成潜在威胁。因此，高效脱除并回收氟不仅有效解决湿法磷产业环境污染问题，而且还将为氟化工提供大量廉价原料来源，避免宝贵的战略氟资源流失。国内外分别在萃取工序、浓缩工序与其他工序开展了系列氟脱除与回收的相关研究。

参 考 文 献

[1] Cooper J, Lombardi R, Boardan D, et al. The future distribution and production of global phosphate rock reserves. Resources [J]. Conservation and Recycling, 2011, 57: 78-86.

[2] 吴发富, 王建雄, 刘江涛, 等. 磷矿的分布、特征与开发现状 [J]. 中国地质, 2021, 48 (1): 82-101.

[3] 袁鹏鹏, 彭朝凯, 刘成龙, 等. 湿法磷酸脱氟工艺的研究现状与发展方向 [J]. 湿法冶金, 2024, 43 (1): 9-14.

[4] 彭向龙, 刘松林, 隋岩峰, 等. 环己醇萃取浓缩氟硅酸的工艺研究 [J]. 应用化工, 2023, 52 (3): 739-742.

[5] Lu J, Qiu H, Lin H, et al. Source apportionment of fluorine pollution in regional shallow groundwater at You'xi County southeast China [J]. Chemosphere, 2016, 158: 50-55.

[6] 谭雪梅. 氟污染物对环境的影响与控制技术 [J]. 资源节约与环保, 2015, 166 (9): 140-141.

[7] 闫小勇. 湿法磷酸尾气排放指标优化改造 [J]. 磷肥与复肥, 2012, 27 (6): 37-38.

[8] Jiang Z H, Chen M, Lee X Q, et al. Enhanced removal of sulfonamide antibiotics from water by phosphogypsum modified biochar composite [J]. Journal of Environmental Sciences, 2023, 130: 174-186.

[9] 黄家浩, 陶艳茹, 黄天寅, 等. 洪泽湖水体全氟化合物的污染特征、来源及健康风险 [J]. 环境科学研究, 2023, 4: 1-14.

[10] Ahmad M N, Zia A, Berg L, et al. Effects of soil fluoride pollution on wheat growth and biomass production, leaf injury index, powdery mildew infestation and trace metal uptake [J]. Environmental Pollution, 2022, 298: 118820.

[11] 李渊. 汾河流域饮用水源中氟和砷的分布特征及土地利用和植被变化的影响 [D]. 太原: 山西大学, 2020.

[12] Moussa G, Chng S W, Park D. Y, et al. Environmental Effect of Fluorinated Gases in

Vitreoretinal Surgery: A Multicenter Study of 4, 877 Patients [J]. American Journal of Ophthalmology, 2022, 235: 271-279.

[13] Li L, Luo K L, Liu Y L, et al. The pollution control of fluorine and arsenic in roasted corn in "coal-burning" fluorosis area Yunnan, China [J]. Journal of Hazardous Materials, 2012, 229-230: 57-65.

[14] 何令令. 不同地质背景区氟的分布特征与人体氟暴露水平研究 [D]. 贵阳: 贵州大学, 2020.

[15] Yu Y Q, Luo H Q, Yang J Y. Health risk of fluorine in soil from a phosphorus industrial area based on the in-vitro oral, inhalation, and dermal bioaccessibility [J]. Chemosphere, 2022, 294: 133714.

[16] 叶照金, 谷亮, 周波, 等. 我国工业地块氟污染土壤修复技术研究进展 [J]. 环境影响评价, 2023, 45 (1): 111-116.

[17] 王励生. 沉淀法净化湿法磷酸反应机理的研究 (续) [J]. 磷肥与复肥, 1996, 3: 13-16.

[18] Sivasankar V, Omine K, Zhang Z, et al. Plaster board waste (PBW) — A potential fluoride leaching source in soil/water environments and, fluoride immobilization studies using soils [J]. Environmental Research. 2023, 218 (1): 115005.

[19] Guendouzi M E, Faridi J, Khamar L. Chemical speciation of aqueous hydrogen fluoride at various temperatures from 298. 15 K to 353. 15 K [J]. Fluid Phase Equilibria, 2019, 499: 112244.

[20] Norwood V M, Kohler J J. Characterization of fluorine-, aluminum-, silicon-, and phosphorus-containing complexes in wet-process phosphoric acid using nuclear magneticresonance spectroscopy [J]. Fertilizer Research, 1991, 28 (2): 221-228.

[21] 王励生. 沉淀法净化湿法磷酸反应机理的研究 [J]. 磷肥与复肥, 1996 (2): 16-19.

[22] 张志业, 尹应跃. 减少铝进入湿法磷酸的有效途径 [J]. 磷肥与复肥, 2003, 2: 31-32.

[23] 阳杨, 盛勇, 周佩, 等. 湿法磷酸浓缩后的氟分配及脱氟工艺研究 [J]. 磷肥与复肥, 2015, 30 (9): 31-33+37.

[24] Lehr J R, Frazier A W, Smith J P. Precipitated Impurities in Wet-Process Phosphoric Acid [J]. Journal of Agricultural and Food Chemistry, 1966, 14 (1): 27-33.

[25] O'Neill P S. Calcium Fluoride Production in a Phosphoric Acid Plant. Industrial & engineering chemistry product research and development [J]. Industrial & Engineering Chemistry Research, 1980, 19 (2): 250-255.

[26] Witkamp G J, Rosmalen G M. Incorporation of Cadmiumand Aluminium Fluoride in Calcium Sulphate [J]. Industrial Crystallization, 1976, 1: 265-270.

[27] Jun L, Hua W J, Xiang Z Y. Effects of the Impurities on the Habit of Gypsum in Wet-Process Phosphoric Acid [J]. Industrial & Engineering Chemistry Research, 1997, 36 (7): 2657-2661.

[28] Frazier A W, Lehr J R, Dillard E F. Chemical behavior of fluorine in production of wet-process phosphoric acid [J]. Environmental Science & Technology, 1977, 11 (10): 1007-1014.

[29] 董涛. 萃取磷酸生产装置的尾气干法处理工艺 [J]. 硫磷设计与粉体工程, 2012, 108 (3): 5-8.

[30] 陈国华, 卢斌. 高效回收湿法磷酸尾气中氟的方法 [J]. 科技视界, 2019, 280 (22): 217-218.

[31] 张铭, 陈高琪, 纪律, 等. 利用磷酸生产尾气制备氟硼酸钾和氟硅酸钠 [J]. 化工生产与技术, 2012, 19 (5): 32-33.

[32] Liu J, Li X, Zhang L G, et al. Direct fluorination of nanographene molecules with fluorine gas [J]. Carbon, 2022. 188: 453-460.

[33] 吕智爽, 蔡梦阳, 杜春霖. 利用生产氢氟酸的废酸制备氟化钠的研究 [J]. 辽宁化工, 2020, 49 (4): 367-369.

[34] 匡家灵. 湿法磷酸副产氟硅酸制备冰晶石的降硅试验探讨 [J]. 化肥工业, 2013, 40 (6): 13-16.

[35] 陈早明, 陈喜蓉. 氟硅酸一步法制备氟化钠 [J]. 有色金属科学与工程, 2011, 2 (3): 32-35.

[36] Xiang J C, Qiu J P, Song Y Y, et al. Synergistic removal of phosphorus and fluorine impurities in phosphogypsum by enzyme-induced modified microbially induced carbonate precipitation method [J]. Journal of Environmental Management, 2022, 324: 116300.

[37] Xiang J C, Qiu J P, Zheng P K, et al. Usage of biowashing to remove impurities and heavy metals in raw phosphogypsum and calcined phosphogypsum for cement paste preparation [J]. Chemical Engineering Journal, 2023, 451: 138594.

[38] 任孟伟. 湿法磷酸反应过程脱氟技术研究 [D]. 郑州: 郑州大学, 2018.

[39] Wu F H, Ren Y C, Qu G F, et al. Utilization path of bulk industrial solid waste: A review on the multi-directional resource utilization path of phosphogypsum [J]. Journal of Environmental Management, 2022, 313: 114957.

[40] Wu F H, Chen B J, Qu G F, et al. Harmless treatment technology of phosphogypsum: Directional stabilization of toxic and harmful substances [J]. Journal of Environmental Management, 2022, 311: 114827.

[41] Yang J, Ma L P, Liu H P, et al. Chemical behavior of fluorine and phosphorus in chemical looping gasification using phosphogypsum as an oxygen carrier [J]. Chemosphere, 2020, 248: 125979.

[42] Arocena J M, Rutherford P M, Dudas M J. Heterogeneous distribution of trace elements and fluorine in phosphogypsum by-product [J]. Science of The Total Environment, 1995, 162 (2): 149-160.

[43] Wu F H, He M J, Qu G F, er al. Highly targeted stabilization and release behavior of hazardous substances in phosphogypsum [J]. Minerals Engineering, 2022, 189: 107866.

[44] Liu Y K, Chen Q S, Dalconi M C, et al. Retention of phosphorus and fluorine in phosphogypsum for cemented paste backfill: Experimental and numerical simulation studies [J]. Environmental Research, 2022, 214: 113775.

[45] Xie Y H, Huang J Q, Wang H Q, et al. Simultaneous and efficient removal of fluoride and

phosphate in phosphogypsum leachate by acid-modified sulfoaluminate cement [J]. Chemosphere, 2022, 305: 135422.

[46] 程来斌, 吕景祥, 刘光耀, 等. 磷石膏渣场回水中和降磷降氟改进 [J]. 磷肥与复肥, 2022, 37 (2): 33-35.

[47] Zhou Z, Lu Y C, Zhan W, et al. Four stage precipitation for efficient recovery of N, P, and F elements from leachate of waste phosphogypsum [J]. Minerals Engineering, 2022, 178: 107420.

[48] 钟雯. 不同预处理方式对磷石膏中残留的磷和氟的影响 [J]. 居业, 2021, 163 (8): 203-204.

[49] 张利珍, 张永兴, 吴照洋, 等. 脱除磷石膏中水溶磷、水溶氟的实验研究 [J]. 无机盐工业, 2022, 54 (4): 40-45.

[50] 李兵, 陈靖. 利用电石渣固化磷石膏中的水溶性磷、水溶性氟 [J]. 磷肥与复肥, 2018, 33 (9): 6-9.

[51] 李展, 陈江, 张覃, 等. 磷石膏中磷、氟杂质的脱除研究 [J]. 矿物学报, 2020, 40 (5): 639-646.

[52] 孔霞, 罗康碧, 李沪萍, 等. 硫酸酸浸法除磷石膏中杂质氟的研究 [J]. 化学工程, 2012, 40 (8): 65-68.

[53] 刘正东, 周琼波, 坝吉贵, 等. 一种磷石膏预处理净化方法: CN111908813A [P]. 2020.

[54] 何宾宾, 朱桂华, 周琼波, 等. 一种磷石膏原位深度净化生产高品质建筑石膏的方法: CN115180853A [P]. 2022.

[55] 方竹堃. 磷石膏高效水洗净化处理技术 [J]. 云南化工, 2023, 50 (2): 114-116.

[56] 李庆青, 屈兴华, 郭玉川. 复合沉淀法生产饲料级磷酸氢钙新工艺 [J]. 无机盐工业, 2007, 224 (7): 42-44.

[57] 王超, 丁一刚, 戴惠东, 等. 湿法磷酸中液相氟的回收及利用 [J]. 化工矿物与加工, 2013, 42 (1): 17-19.

[58] 董占能, 张皓东, 张召述. 云南湿法磷酸化学沉淀法脱氟研究 [J]. 昆明理工大学学报 (理工版), 2003, 6: 96-98.

[59] Atkin S, Peliti E, Vila A, et al. A Method for Recovering Fluorine as Sodium Silicofluoride [J]. Industrial and Engineering Chemistry, 1961, 53 (9): 705-707.

[60] 何宾宾. 饲料级湿法磷酸脱氟技术综述及发展思路 [J]. 磷肥与复肥, 2020, 35 (10): 28-30.

[61] 刘玲. 湿法磷酸制饲料级磷酸氢钙的方法 [J]. 现代化工, 1998 (1): 51.

[62] 刘玉强. 湿法磷酸制饲料级磷酸氢钙脱氟方法 [J]. 云南化工, 1996 (4): 11-13.

[63] 郭昌明, 黎铉海, 李雪琼. 湿法磷酸化学法脱氟的研究进展 [J]. 辽宁化工, 2006, 9: 537-539.

[64] Tarbutton G, Farr T D, Jones T M, et al. Recovery of by-product fluorine [J]. Industrial and Engineering Chemistry, 1958, 50 (10): 1525-1528.

[65] 杨雄俊, 李建闻. 食品级硅藻土脱除湿法磷酸中氟的实验研究 [J]. 磷肥与复肥,

2017, 32（11）：6-8.

[66] 姜威，龚丽，聂鹏飞，等.副产白炭黑在湿法磷酸脱氟中的应用研究［J］.磷肥与复肥，2021，36（8）：9-11.

[67] 韦昌桃，胡彬，李勇，等.湿法磷酸分段浓缩工艺评价［J］.磷肥与复肥，2018，33（2）：28-31.

[68] 王磊.低温浓缩在湿法磷酸氟回收中的应用［J］.肥料与健康，2021，48（5）：49-52.

[69] 陈亮，李军，钟本和.浓缩湿法磷酸脱氟研究［J］.磷肥与复肥，2005，20（4）：18-19.

[70] 欧健.湿法磷酸浓缩工艺中含氟水蒸汽的浓缩方法研究［D］.贵阳：贵州大学，2021.

[71] 杨伟根.湿法磷酸浓缩氟回收系统改造［J］.磷肥与复肥，2020，35（12）：27-28.

[72] 李朝波.湿法磷酸浓缩氟吸系统的改造［J］.云南化工，2020，47（10）：164-166.

[73] 王励生，胡文成.湿法磷酸浓缩特性及脱氟速率的研究［J］.磷肥与复肥，1995（4）：5-7.

[74] Peng B X, Ma Z, Zhu Y B, et al. Release and recovery of fluorine and iodine in the production and concentration of wet-process phosphoric acid from phosphate rock［J］. Minerals Engineering, 2022, 188: 107843.

[75] Kijkowska R, Pawlowska-Kozinska D, Kowalski Z, et al. Wet-process phosphoric acid obtained from Kola apatite. Purification from sulphates, fluorine, and metals［J］. Separation and Purification Technology, 2002, 28（3）: 197-205.

[76] 徐浩川，孙泽，于建国.磷酸三丁酯体系萃取分离磷酸中氟化物机理［J］.华东理工大学学报（自然科学版），2020，46（5）：589-597.

[77] 何宾宾，周琼波，张晖，等.湿法磷酸汽提法脱氟技术研究［J］.无机盐工业，2016，48（9）：49-50.

[78] Riesgo B V P, Rodrigues C D S, Nascimento L P D, et al. Effect of hydrofluoric acid concentration and etching time on the adhesive and mechanical behavior of glass-ceramics: A systematic review and meta-analysis［J］. International Journal of Adhesion and Adhesives, 2023, 121: 103303.

[79] 蒲江涛，周贵云.浓缩湿法磷酸空气气提脱氟的研究［J］.磷肥与复肥，2013，28（4）：24-25.

[80] 何宾宾，龚丽，姜威，等.水玻璃制备白炭黑用于湿法磷酸脱氟剂的研究［J］.磷肥与复肥，2017，32（12）：4-6.

[81] 黄平，李军，尤彩霞.真空汽提法脱氟净化湿法磷酸的研究［J］.磷肥与复肥，2009，24（3）：17-18.

[82] 潘建.纳米二氧化硅对高浓湿法磷酸脱氟率影响的实验研究［J］.上海化工，2018，43（4）：24-26.

[83] Mu X Y, Ma J, Liu F, et al. The solvent extraction is a potential choice to recover asphalt from unconventional oil ores［J］. Arab J Chem, 2023, 16（5）: 104650.

[84] Olea F, Valenzuela M, Zurob E, et al. Hydrophobic eutectic solvents for the selective solvent extraction of molybdenum（Ⅵ）and rhenium（Ⅶ）from a synthetic pregnant leach solution

［J］. J Mol Liq, 2023, 385（1）: 122415.

［85］ Li K, Chen J, Zou D. Recovery of fluorine utilizing complex properties of cerium（Ⅳ）to obtain high purity CeF$_3$ by solvent extraction ［J］. Sep Purif Technol, 2018, 191（31）: 153-160.

［86］ Yapo N S, Aw S, Briton B G H, et al. Removal of Fluorine from Wet-Process Phosphoric Acid Using a Solvent Extraction Technique with Tributyl Phosphate and Silicon Oil ［J］. ACS Omega, 2019, 4（7）: 11593-11601.

［87］ 左永辉. 湿法磷酸中氟离子的提取研究 ［D］. 贵阳: 贵州大学, 2019.

［88］ 冉瑞泉, 金央, 刘辉, 等. 溶剂萃取法净化盐酸法湿法磷酸的研究进展 ［J］. 无机盐工业, 2021, 53（7）: 18-22.

［89］ Ye X X, Chi R Y, Wu Z H, et al. A biomass fiber adsorbent grafted with phosphate/amidoxime for efficient extraction of uranium from seawater by synergistic effect ［J］. J Enviro Manage, 2023, 337（1）: 117658.

［90］ 付子启, 张程, 盛勇, 等. 有机溶剂浸取湿法磷酸脱氟渣制备磷酸的研究 ［J］. 无机盐工业, 2022, 54（7）: 129-134.

［91］ Jeyaseelan A, Katubi K M M, Alsaiari N, et al. Design and fabrication of sulfonic acid functionalized graphene oxide for enriched fluoride adsorption ［J］. Diamond and Related Materials, 2021, 117: 108446.

［92］ Liu D X, Li Y, Liu C, et al. Facile preparation of UiO-66@ PPy nanostructures for rapid and efficient adsorption of fluoride: Adsorption characteristics and mechanisms ［J］. Chemosphere, 2022, 289: 133164.

［93］ Guo D H, Li H J, Wang J W, et al. Facile synthesis of NH$_2$-UiO-66 modified low-cost loofah sponge for the adsorption of fluoride from water ［J］. Journal of Alloys and Compounds, 2022, 929: 167270.

［94］ 胡欣琪, 宋永会, 张旭, 等. 电增强载铝活性炭纤维吸附氟离子性能 ［J］. 环境工程学报, 2014, 8（10）: 4147-4152.

［95］ 程伟强. 铝溶胶改性粉煤灰沸石吸附氟离子及其动力学研究 ［D］. 南昌: 东华理工大学, 2016.

［96］ 严远志, 吴桂英, 金放. 湿法磷酸副产氟硅酸合成的硅铝 MCM-41 分子筛作为磷酸吸附脱氟剂的研究 ［J］. 山东化工, 2019, 48（12）: 19-21.

［97］ 符义忠, 许磊, 姜威, 等. 采用超滤膜过滤净化磷酸试验探索 ［J］. 磷肥与复肥, 2023, 38（3）: 23-24.

［98］ 黄平, 李军, 尤彩霞. 净化精制磷酸深度脱氟研究 ［J］. 无机盐工业, 2008, 240（11）: 44-46.

6 氟硅酸生产氟化氢技术

当前氟化氢制备方法主要是萤石法与氟硅酸法[1,2]。萤石法采用的是回转窑式制备无水氟化氢，该工艺存在传热、传质效率低及低品位萤石粉难以应用等制约因素。此外，由于萤石是不可再生资源，取之有尽，制约了氟化工的发展[3]。近几年来，技术攻关发展革新，磷化工企业不断转型升级，利用副产氟硅酸生产氟化氢技术也逐渐成熟[4,5]。

氟硅酸法制备氟化氢分为直接法和间接法[6]。直接法是将氟硅酸直接进行热解得到氟化氢和四氟化硅，或者是在浓硫酸作用下将氟硅酸分解制得氟化氢；间接法主要有硫酸分解法、氟化盐酸法等，先将氟硅酸转化为含氟盐化合物，如氟化钙、氟硅酸钙、氟硅酸钠、氟硅酸镁、氟化氢钾、氟化氢钠和氟化铵等中间产物，再利用中间产物分解制得氟化氢[7]。

6.1 氟硅酸直接法制备氟化氢

氟硅酸直接法制备氟化氢主要是将氟硅酸浓缩后，高温蒸发分解制备氟化氢和四氟化硅，分离提纯后得到无水氟化氢，根据萃取剂和吸收剂的不同，氟硅酸热分解制备氟化氢又分为有机溶剂-热分解法和浓硫酸-热分解法[8]。

6.1.1 有机溶剂-热分解制备氟化氢

有机溶剂-热分解法最早由 BUSS Chem Tech AG（BCT，瑞士巴斯公司）提出，Lubon 在 1977 年优化开发的 BUSS 工艺，通过热分解氟硅酸制备得到氟化氢和四氟化硅，探究了整个工艺过程，并建成 2 万吨/年工业化装置[9]。目前在中国已成功运行了 3 个 1.2 万吨/年和 2 万吨/年的工厂。无水 HF 的质量和酸的纯化过程的简化是使该工艺在经济性方面优于萤石生产无水 HF 路线的优点之一。其主要的化学反应方程式如式（6-1）所示：

$$H_2SiF_6 = SiF_4 \uparrow + 2HF \uparrow \qquad (6-1)$$

Reed[10] 先对氟硅酸溶液进行热分解，得到中间产物 SiO_2 和 HF 稀溶液，稀氟化氢溶液经过硫酸处理，制备得到无水氟化氢。但是该工艺不足之处在于所制备的 HF 纯度不够高，硫酸的使用量较大，生产成本较高。

BUSS 法热分解氟硅酸制备无水氟化氢工艺是以聚乙醚、多元醇等有机试剂作为吸收剂，选择性吸收氟硅酸热分解产生 HF 气体，再用庚烷吸收多元醇中的 HF，冷却吸收氟化氢后的庚烷，再通过液–液分离、精馏等工艺得到高纯 HF。由于生成的四氟化硅不能被多元醇吸收，可以重新溶于水后生成氟硅酸参与反应。该优点在于工艺中使用的聚乙醚等有机试剂可以重复使用，工艺流程短；但工艺条件难以控制，生产过程中经过多次吸收，导致氟化氢不能完全从吸收剂中提取出来，降低了产率，能耗大[11,12]。主要工艺流程如图 6-1 所示。

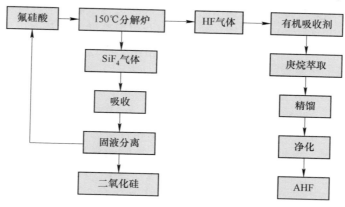

图 6-1　BUSS 法热分解 H_2SiF_6 制备 HF 工艺流程图

Fig. 6-1　Process flow chart of HF preparation from H_2SiF_6 thermal

decomposition by BUSS method

国内研究人员对氟硅酸通过添加有机溶剂–热分解制备氟化氢也做了相关研究。黄忠等[13] 提出向氟硅酸溶液中加入由叔胺和非极性有机溶剂形成的混合有机溶剂，在一定温度下有机溶剂萃取氟硅酸后体系分层，得到有机相和水相，分离除去下层水相，得到氟硅酸有机相；后加热氟硅酸有机相，脱除有机相中残存的水分；再将脱除水分的氟硅酸有机相加热至沸腾温度，进行热分解得到无水氟化氢和四氟化硅的混合气体，再生回收有机相循环利用。为进一步提升氟硅分离效率，提升氟资源利用率，进行了深入研究，首先使用萃取剂萃取氟硅酸溶液，然后加入低沸点的有机碱，有机碱与氟硅酸反应生成二氧化硅和有机碱氟化盐，过滤得到白炭黑。再将有机碱氟化盐加热到一定温度下，蒸馏除去低沸点的有机碱，得到氟化氢–萃取剂溶液；最后对氟化氢–萃取剂溶液进行升温蒸馏分离，获得无水氟化氢产品，萃取剂再生后循环返回萃取氟硅酸。上述工艺由于使用有机溶剂，会影响无水氟化氢产品外观，常用的工艺是精馏脱除，存在能耗高、设备投资大等弊端。

为简单高效去除有机溶剂，严江有等[14] 提出采用稀氟化氢预处理的活性炭吸附柱，从吸附柱底端通入含有机溶剂的氟化氢混合液，顶端收集脱色后的氟化氢溶液，以降低后续两级精馏提纯的处理成本。

6.1.2 浓硫酸–热分解制备氟化氢

浓硫酸–热分解制备氟化氢主要是利用磷矿石分解生产磷酸的副产氟硅酸为原料，采用浓硫酸（质量浓度不小于98%）与氟硅酸（质量浓度45%）在反应器中充分混合，氟硅酸被分解成氟化氢和四氟化硅，氟化氢通过浓硫酸进行吸收，四氟化硅则以气体的形式逸出后用稀氟硅酸进行吸收，与氟硅酸中的水进行反应生成高浓度氟硅酸循环利用；硫酸、氟化氢混合酸经过蒸馏后可以得到氟化氢粗制品和70%~75%的含氟硫酸，氟化氢粗制品经过浓硫酸除水后即可得到精制氟化氢，产生的含氟硫酸则可用于磷矿石分解，实现闭路循环或浓缩成浓硫酸闭路循环，主要化学反应方程式如式（6-2）所示。

$$H_2SiF_6 + H_2SO_4 \Longrightarrow SiF_4\uparrow + 2HF + H_2SO_4 \tag{6-2}$$

技术关键点及工艺难点：（1）设备选型和材质选择；（2）氟化氢气体与四氟化硅气体分离。当氟硅酸与硫酸按1∶1物质的量比混合后，物料黏度超过15 mPa·s，工业化生产适合用转炉；在反应环境中，设备材质若选用600合金、825合金腐蚀均较严重，而选用C-276、B-3哈氏合金，蒙乃尔400合金和纯镍基本不被腐蚀。此工艺产生的四氟化硅和氟化氢气体物质的量比为1∶2，不存在分步反应，因此，要制备高纯度的氟化氢必须对混合气体进行彻底分离，目前氟化氢气体与四氟化硅气体的分离已是成熟技术。

美国维尔曼-动力煤气公司对氟硅酸溶液进行了预处理（包括浓缩、脱水），增浓后的氟硅酸溶液与浓硫酸反应制得氟化氢，再进行四氟化硅解吸以及氟化氢的吸收、精馏等[15]。该工艺路线短，操作步骤简便，对装置要求低，所得产物附加值较高，有利于提高整体经济效益；不足之处在于反应过程中产生稀硫酸，并且夹带着大量氟离子，因此，很有必要对产生的硫酸进行适当处理，这无形中增加生产成本。

Oakley 和 Mohr 等对工艺流程进行了改进，把反应得到的产物稀四氟化硅溶液循环到氟硅酸浓缩步骤生成氟硅酸[16,17]。但按照该工艺流程，四氟化硅在生成氟硅酸过程中会水解，从而可能产生大量硅胶，使得过滤步骤难以进行。该工艺流程如图6-2[18] 所示。

瑞士巴斯公司[19] 也对直接法制备氟化氢工艺做了进一步深入研究，该完整的工艺已经实现工业化生产，主要工艺流程图如图6-3所示。

国内瓮福集团有限责任公司、浙江蓝天环保高科技股份有限公司和中国信达资产管理股份有限公司三家股东单位引进瑞士 BUSS Chem Tech 公司收购的波兰

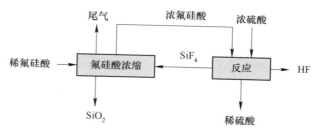

图 6-2 浓硫酸直接分解氟硅酸制备氟化氢工艺流程

Fig. 6-2 Process flow of direct decomposition of fluorosilicic acid by concentrated sulfuric acid to produce hydrogen fluoride

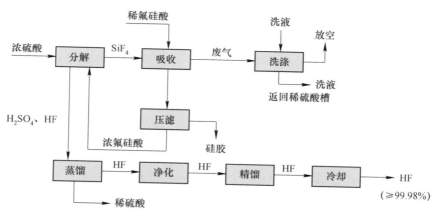

图 6-3 BUSS 工艺流程

Fig. 6-3 BUSS process flow

中试技术（硫酸分解法，1000 吨/年 70%浓度氟化氢）建成了 2 万吨/年浓硫酸分解氟硅酸制备无水氟化氢的工业生产装置。在反应器中用浓硫酸与浓度为 45%的氟硅酸溶液进行分解反应，分解反应的产物为气体四氟化硅和液体氟化氢与硫酸的混酸（也称氟磺酸）。氟化氢与硫酸混酸经蒸发、净化得到无水氟化氢产品。离开反应器的四氟化硅气体用稀氟硅酸原料液进行吸收以提高氟硅酸浓度至 45%，然后过滤掉析出的二氧化硅后送反应器进行分解反应。氟化氢与硫酸的混酸经蒸馏氟化氢后得到浓度为 70%~75%含氟稀硫酸，送到磷酸萃取槽用于分解磷矿，其工艺流程如图 6-4 所示。

　　该方法工艺过程简单，通过控制浓硫酸和氟硅酸的热解条件，在热解工序实现四氟化硅和氟化氢的分离。缺点是理论转化率仅为 33.0%，氟化氢与水分离效率也较低，因此，物料循环处理量大、系统氟损失较高；此外，硫酸分解氟硅酸的过程中氟化氢也会随四氟化硅挥发，同时副产大量质量浓度为 70%~75%的硫

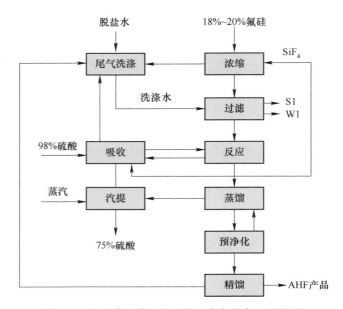

图 6-4　硫酸直接分解氟硅酸生产氟化氢工艺流程

Fig. 6-4　Process flow of direct decomposition of fluorosilicic acid by sulfuric acid to produce hydrogen fluoride

酸，如果采用这种工艺必须结合磷酸生产以消耗副产硫酸。另外，该工艺因温度较高，且所有的介质腐蚀性强，选材要求高。

6.2　氟硅酸间接法制备氟化氢

氟硅酸间接法制备氟化氢是先将氟硅酸转化为含氟盐化合物，如氟化钙、氟硅酸钙、氟硅酸钠、氟硅酸镁、氟化氢钾/钠和氟化铵等中间产物，再利用中间产物分解制得氟化氢。

6.2.1　浓硫酸分解含氟盐

氟硅酸先与金属阳离子反应生成含氟盐，含氟盐沉淀再与浓硫酸在一定温度下反应制得氟化氢。

6.2.1.1　钙盐法

利用磷肥生产过程副产的氟硅酸和氢氧化钙（或碳酸钙）为原料在氨的作用下分两步反应合成氟化钙，再将所得氟化钙与浓硫酸反应，即可制备得到氟化氢产品。第一步由氟硅酸与氨气或氨水反应生产氟化铵和二氧化硅，氟化铵溶解度高，而二氧化硅不溶于水，通过过滤即可分离出二氧化硅。化学反应式如式

（6-3）所示。

$$6NH_3 + H_2SiF_6 + 2H_2O \Longrightarrow 6NH_4F + SiO_2 \downarrow \qquad (6-3)$$

第一步反应得到的滤液即为氟化铵溶液，第二步反应可以分成三种方法：氢氧化钙法、碳酸钙法和氯化钙法。

A 氢氧化钙法

美国矿务局用氨水将氟硅酸氨化制得氟化铵和二氧化硅，pH 值控制在 9 左右，进行过滤，在滤液中加入氢氧化钙作为沉淀剂，与氟化铵反应制得氟化钙沉淀，通过分离、干燥，最终得到氟化钙产品[20]。氟化钙再与浓硫酸反应得到氟化氢。沉淀过程中产生的氨水可循环利用，其工艺流程如图 6-5 所示。主要化学反应方程式如式（6-4）所示。

$$3Ca(OH)_2 + 6NH_4F \Longrightarrow 3CaF_2 \downarrow + 6NH_3 \uparrow + 6H_2O \qquad (6-4)$$

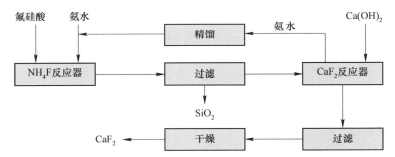

图 6-5 氢氧化钙法制备氟化钙的工艺流程简图

Fig. 6-5 Process diagram of calcium fluoride preparation by calcium hydroxide

通过分离、干燥，所得产品中氟化钙的质量分数为 97.7%，二氧化硅的质量分数为 0.71%，将生成的氟化钙与浓硫酸反应得到氟化氢，氟的总回收率可以达到 97.3%，氨的回收率为 88.8%，生产过程中需要补充少量的氨水。该工艺氟的总回收率比较高，且生产氟化氢的工艺设备无须改造，但缺点是该工艺流程较长，操作步骤较复杂。

B 碳酸钙法

Bayer/Kalichemie 公司以石灰石和氟硅酸为原料在反应器中将两者进行中和反应，反应后得到氟化钙和二氧化硅，控制条件根据两者的密度差将两者分离[21]。国内研究学者薛彦辉等[22]也研究了相似工艺路线：在氟硅酸与石灰石物质的量比为 1:3 反应温度为 70~80 ℃、反应时间为 2 h 的条件下，石灰石的转化率可达 93%，氟化钙的收率可达 95% 以上，其工艺流程如图 6-6 所示。主要化学反应方程式如式（6-5）所示。

$$3CaCO_3 + H_2SiF_6 \Longrightarrow 3CaF_2 \downarrow + SiO_2 + 3CO_2 \uparrow + H_2O \qquad (6-5)$$

碳酸钙法制备氟化钙工艺流程中所选用的原料相对于氢氧化钙而言较为便

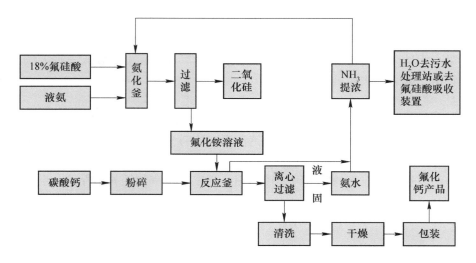

图 6-6　碳酸钙法制备氟化钙的工艺流程图

Fig. 6-6　Process flow diagram for preparing calcium fluoride by
calcium carbonate method

宜，但碳酸钙中的成分比氢氧化钙复杂，因此，所得氟化钙产品的质量比采用氢氧化钙方法要低。

C　氯化钙法（氟硅酸钙热分解法）

氟硅酸钙热分解法是用氟硅酸和氧化钙为原料先生成氟硅酸钙，过滤得到的滤饼为氟硅酸钙固体，然后将该固体在 $200 \sim 600\ ℃$ 高温分解，得到氟化钙固体产品和四氟化硅气体。四氟化硅气体用水吸收，过滤掉二氧化硅后得到氟硅酸，氟硅酸经浓缩后继续作为原料与氧化钙进行反应，所得的 SiO_2 固体经洗涤干燥后得到白炭黑[23,24]。主要反应式如式（6-6）~式（6-8）所示。

$$CaO + H_2SiF_6 \Longrightarrow CaSiF_6 \downarrow + H_2O \tag{6-6}$$

$$CaSiF_6 \Longrightarrow CaF_2 + SiF_4 \uparrow \tag{6-7}$$

$$3SiF_4 + 2H_2O \Longrightarrow 2H_2SiF_6 + SiO_2 \downarrow \tag{6-8}$$

此工艺的主要缺点是氟产率太低，大量四氟化硅气体需在系统中循环使用，能耗非常高，其主要工艺流程如图 6-7 所示。

法国皮奇尼铝业公司[25] 用无水氯化钙与不纯的氟硅酸反应制得氟硅酸钙。在低温条件下，通过调整氟硅酸浓度、氯化钙和氟硅酸物质的量的比，沉淀出氟硅酸钙的二水化合物，再经过过滤、洗涤和干燥后获得无水氟硅酸钙。氟硅酸钙在高温下易分解成氟化钙和四氟化硅，生成的氟化钙可以用于生产氟化氢。在氟硅酸质量浓度大于 25%、氯化钙和氟硅酸物质的量浓度比 2~5 的条件下，无水氟硅酸钙的收率可以高于 94%。

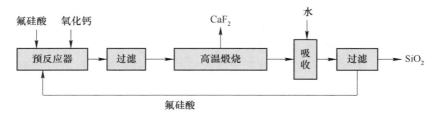

图 6-7　氟硅酸钙热分解法制备氟化钙的工艺流程图

Fig. 6-7　Process flow diagram for preparing calcium fluoride by thermal
decomposition of calcium silicofluoride

将稀氯化钙溶液浓缩与氟硅酸溶液反应可以制得氟硅酸钙，并在 300~400 ℃
条件下进行热解得到氟化钙，其工艺流程如图 6-8 所示。

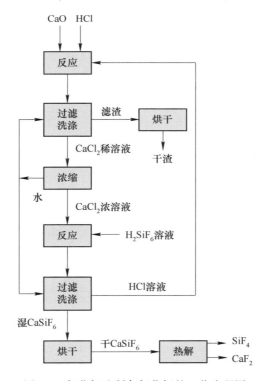

图 6-8　氯化钙法制备氟化钙的工艺流程图

Fig. 6-8　Process flow diagram of calcium fluoride preparation by
calcium chloride method

该技术的难点在于氟硅酸钙的过滤、钙源的选择以及氟硅酸钙的收率等问题。
氟硅酸钙在 400 ℃热解 1 h 就可分解完全，而且产物 $CaF_2 \geqslant 96.5\%$ 、$SiF_4 \geqslant 87\%$[26]。

6.2.1.2　镁盐法

郝建堂[27] 报道了用轻烧氧化镁沉淀氟硅酸生成氟硅酸镁溶液的工艺路线。氟硅酸镁溶液经过浓缩、干燥等过程后得到氟硅酸镁固体，再经过煅烧可以得到氟化镁和四氟化硅气体，四氟化硅经水吸收后继续循环利用。与萤石法类似，最后将氟化镁和浓硫酸混合制得氟化氢气体和硫酸镁，氟化氢气体经精制后可以得到无水氟化氢，经提纯后的硫酸镁可作为副产出售。

多氟多化工股份有限公司利用氧化镁与氟硅酸溶液反应，过滤得到氟硅酸镁溶液，浓缩结晶后得到六水氟硅酸镁，干燥后于 100~500 ℃分解得到氟化镁，再用浓硫酸分解氟化镁得到氟化氢。其化学反应方程式如式（6-9）~式（6-12）所示。

$$H_2SiF_6 + MgO \longrightarrow MgSiF_6 \downarrow + H_2O \tag{6-9}$$

$$MgSiF_6 \xrightarrow{\triangle} MgF_2 + SiF_4 \uparrow \tag{6-10}$$

$$MgF_2 + H_2SO_4 \longrightarrow MgSO_4 + 2HF \uparrow \tag{6-11}$$

$$3SiF_4 + 2H_2O \longrightarrow 2H_2SiF_6 + SiO_2 \downarrow \tag{6-12}$$

主要工艺流程如图 6-9 所示。

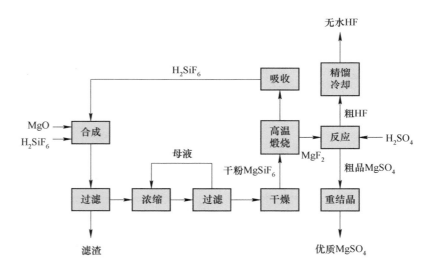

图 6-9　氟硅酸和氧化镁制备无水氟化氢工艺流程[28]

Fig. 6-9　Process flow for preparing anhydrous hydrogen fluoride by fluosilicic acid and magnesium oxide[28]

6.2.1.3　钠盐法

多氟多化工股份有限公司[29] 利用硫酸钠与氟硅酸生成氟硅酸钠，再经过热分解得到氟化钠，氟化钠与浓硫酸反应得到氟化氢。

6.2.2 硫酸分解氟化铵/氟化氢铵法

云南云天化国际化工股份有限公司与天津化工设计研究院于2006年6月采用氟化铵盐法建成300吨/年氟化氢中试装置并完成中试（以下简称云南氨法氟化氢工艺），产品为40%质量浓度的氟化氢。贵州开磷集团有限责任公司与贵州省化工研究院2010年10月采用氟化铵盐法建成1000吨/年无水氟化氢中试装置并完成中试（以下简称贵州氨法氟化氢工艺），产品为99.7%含量的无水氟化氢。2013年开磷集团有限责任公司又新建2万吨/年无水氟化氢工业装置建设，实现投产[30]。

云南氨法氟化氢工艺：先将氟硅酸经过45 ℃和35 ℃两步氨化，所得氟化铵溶液经过浓缩后与浓硫酸反应得到氟化氢和硫酸铵。即用质量分数为3%~14%的氟化铵溶液或水吸收磷肥生产过程中排出的含氟气体，得到含 $(NH_4)_2SiF_6$ 质量分数为8%~32%的氟硅酸铵溶液或含 H_2SiF_6 质量分数为18%~25%的氟硅酸。通入气化的液氨进行氨解反应，得到含 $SiO_2 \cdot nH_2O$ 固体的氟化铵溶液，将二氧化硅过滤后得到的氟化铵稀溶液进行蒸发浓缩、干燥得到氟化铵与氟化氢铵的固体混合物，将该固体混合物与浓硫酸在高温下进行酸解反应得到氟化氢气体，再经净化、水吸收得到氟化氢或经净化、冷凝得到无水氟化氢。酸解得到的硫酸铵与硫酸氢铵混合物再与气化的液氨或碳酸氢铵混合进行中和反应，得到肥料级硫酸铵。该工艺优点是能够循环利用氨水，但是步骤相对复杂，而且对生产装置有一定的要求，在实际生产过程中氨气并不能得到高效利用，而且会产生较多的副产物，生产成本较高[30,31]。此外流程中存在的主要难点：（1）含氟稀氨水的处理；（2）在酸解过程中存在液固混合物的传递和加热，工艺流程的设置及设备选型，其工艺流程如图6-10所示。

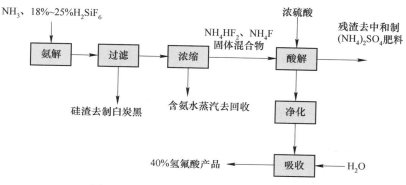

图 6-10 云南氨法生产氟化氢的工艺流程

Fig. 6-10 Process flow of hydrogen fluoride production by ammonia process
in Yunnan Province

贵州氨法氟化氢工艺：以含氨、氟化铵的溶液吸收磷肥生产过程中排出的含氟气体，得到含（NH_4）$_2SiF_6$ 晶体的氟硅酸铵料浆，经过滤得到氟硅酸铵固体[32,33]。或以质量分数 6%～26% 氟硅酸为原料，通入氨气进行中和反应得到（NH_4）$_2SiF_6$ 溶液，将溶液蒸发浓缩至析出（NH_4）$_2SiF_6$ 晶体，将浓缩料浆过滤得到氟硅酸铵固体[34]。氟硅酸铵固体与液氨同时加入至饱和氟化铵溶液中，进行氨解反应得到含有 NH_4F 晶体和 $SiO_2 \cdot nH_2O$ 固体的氟化铵料浆，对该料浆进行物理分离和过滤即可分别得到 NH_4F 晶体和 $SiO_2 \cdot nH_2O$ 硅渣。NH_4F 晶体与硫酸在高温下进行酸解反应生成粗氟化氢气体，再经洗涤净化、冷凝得到无水氟化氢。酸解残液的主要成分是硫酸和硫酸氢铵的混合物，该酸解残液加入磷酸萃取槽进行回收利用，其工艺流程如图 6-11 所示。

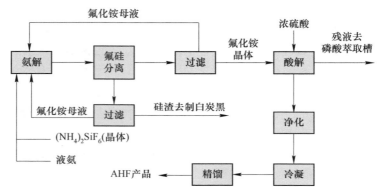

图 6-11　贵州氨法生产氟化氢的工艺流程图

Fig. 6-11　Process flow chart of hydrogen fluoride production by
ammonia process in Guizhou

云南氨法和贵州氨法两个流程虽然都属于氨法工艺，但仍然有较大的差异，主要是：（1）脱水部位不同。贵州氨法的脱水工艺是在氟硅酸铵工段和酸解工段，将含氟水蒸气或 H_2SiF_6 水溶液转化为含水量很少的（NH_4）$_2SiF_6$ 晶体，进而通过氨解反应转化为含水量也很少的 NH_4F 晶体，在 NH_4F 晶体酸解工段也控制水分不进入氟化氢气体中。云南氨法的脱水工艺是在氟化铵浓缩工段，直接将 H_2SiF_6 水溶液或（NH_4）$_2SiF_6$ 溶液进行氨解反应得到稀氟化铵溶液，稀氟化铵溶液进行蒸发浓缩并干燥至水分小于 4%。稀氟化铵溶液蒸发浓缩过程中有部分氟化铵发生分解反应转化为二氟氢化铵和氨气，在浓缩至后期的高温段还有部分氟化铵盐升华。因此，云南氨法存在含氟稀氨水难以处理的问题；（2）酸解反应产物不同。贵州氨法的酸解反应产物是硫酸氢铵与过量硫酸的混合物，在酸解反应全过程中物料皆是液体形态；云南氨法酸解反应产物是硫酸氢铵与硫酸铵的混合物，在酸解反应全过程中，物料形态随反应进行的程度由全液体逐渐转变为液固混合物，直至全部变为固体混合物。因此，云南氨法的酸解过程在工业化时将面临液固混合物的传递和加热问题。

6.2.3 氟硅酸-氟化钾媒介法

氟硅酸与氨水反应制得氟硅酸铵溶液，再与一定量氨水反应制备二氧化硅晶种，将含有一定量二氧化硅晶种的氟硅酸铵溶液与氨水反应生成氟化铵和白炭黑。白炭黑洗涤、干燥后包装；氟化铵与氟化钾在一定温度下反应制得氟化氢钾，再将氟化氢钾固体与氟化钾固体按一定比例掺杂后煅烧，分解制得氟化氢气体，氟化氢气体再经冷却、纯化、精馏等过程，最终制得氟化氢[35]。

$$H_2SiF_6 + 2NH_4OH \longrightarrow (NH_4)_2SiF_6 + 2H_2O \tag{6-13}$$

$$(NH_4)_2SiF_6 + 4NH_4OH + nH_2O \longrightarrow 6NH_4F + SiO_2 \cdot nH_2O + 2H_2O \tag{6-14}$$

$$NH_4F + KF \longrightarrow KHF_2 + NH_3 \uparrow \tag{6-15}$$

$$KHF_2 \longrightarrow KF + HF \uparrow \tag{6-16}$$

其主要工艺流程如图 6-12 所示，技术关键点及工艺难点：（1）氟化氢钾热

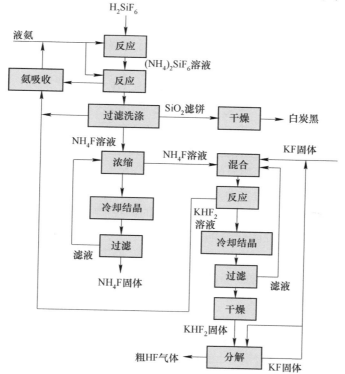

图 6-12　氟硅酸-氟化钾媒介法制备氟化氢工艺流程图

Fig. 6-12　Process flow chart of hydrogen fluoride preparation by fluosilicate-potassium fluoride medium method

解过程控制：氟化氢钾熔点为238.17 ℃，而热解温度需要310 ℃，在此过程中如何避免氟化氢钾熔融是关键点和难点，现业界主要采用氟化钾掺杂进行热分解。（2）热解设备材质选择：热解设备材质最好选用镍合金，其他材质腐蚀较为严重。（3）能耗控制：能耗是重要的消耗指标，尤其是浓缩单元和热分解单元，要想降低生产成本，必须控制好蒸汽和天然气消耗。

英国ISC化学公司和爱尔兰都柏林化学公司[16]共同研究开发了$NaHF_2$制取HF新工艺（也称为IMC工艺），并应用于实际生产中。主要工艺流程：首先NH_3和H_2SiF_6发生反应，制得NH_4F和SiO_2，再将NH_4F与KF继续反应生成KHF_2和NH_3，释放出来的氨返回中和工段，化学反应方程式如式（6-17）、式（6-18）所示。

$$6NH_3 + H_2SiF_6 + 2H_2O \longrightarrow 6NH_4F + SiO_2\downarrow \qquad (6-17)$$

$$NH_4F + KF \longrightarrow KHF_2 + NH_3\uparrow \qquad (6-18)$$

结晶出的KHF_2与NaF悬浮液进行复分解反应制得$NaHF_2$，剩余的KF返回系统循环使用，其化学反应方程式如式（6-19）所示。

$$KHF_2 + NaF \longrightarrow KF + NaHF_2 \qquad (6-19)$$

在300 ℃环境下将干燥的$NaHF_2$晶体进行分解制取HF，其化学反应方程式如式（6-20）所示。

$$NaHF_2 \longrightarrow NaF + HF \qquad (6-20)$$

氟化氢气体再经冷却、纯化、精馏等过程，最终制得无水HF。过程中产生的NH_3和KF可循环利用。其工艺流程如图6-13所示。

德国汉诺威在IMC工艺上进行改进与优化，主要流程相似，主要区别是在制备KHF_2过程中加入了相同物质的量的NaF和KF。其工艺流程简单，理论上KF/NaF作为载体在系统中循环没有损耗，副产物可重复利用，降低了生产成本，但是在实际操作中难以实现对NaF和KF用量的调控[30]。

吉首大学与华东研究院研究的工艺流程，与以上两种工艺类似[28,30]，唯一的区别是将KHF_2直接热分解制备无水HF，省去了钠盐或钾盐的转化步骤，且理论上作为载体的氟化钾在循环过程中没有损耗，同样可以副产硅胶，但整个工艺流程能耗较高，经济效益提升不明显。

国内研究者程立静等[36]采用K_2CO_3来制备KHF_2。其化学反应式如式（6-21）~式（6-24）所示。其工艺流程图如图6-14所示。

$$H_2SiF_6 + K_2CO_3 \longrightarrow K_2SiF_6 + H_2O + CO_2\uparrow \qquad (6-21)$$

$$K_2SiF_6 + 4NH_4OH + nH_2O \longrightarrow 2KF + 4NH_4F + SiO_2 \cdot nH_2O + 2H_2O \qquad (6-22)$$

$$NH_4F + KF \longrightarrow KHF_2\downarrow + NH_3\uparrow \qquad (6-23)$$

$$KHF_2 \longrightarrow KF + HF\uparrow \qquad (6-24)$$

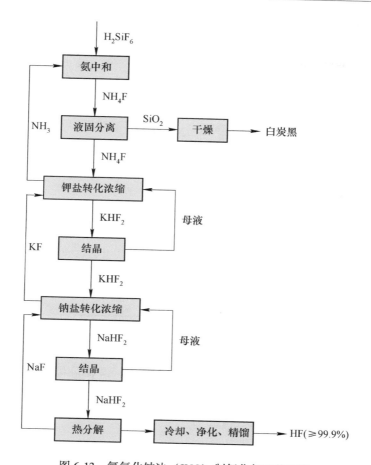

图 6-13 氟氢化钠法（IMC）制氟化氢工艺流程

Fig. 6-13 Process flow of sodium hydride fluoride（IMC）to
produce hydrogen fluoride

6.2.4 碱金属氟硅酸盐苛化转化法

先用碱金属氟化物溶液吸收含 SiF$_4$ 的废气以生成碱金属氟硅酸盐，氟硅酸盐与苛性碱反应生成碱金属氟化物，再以氢氧化钙苛化生成氟化钙及苛性碱，生成的苛性碱返回使用[37]。化学反应方程式如式（6-25）~式（6-27）所示。

$$SiF_4 + 2MF \longrightarrow M_2SiF_6 \tag{6-25}$$

$$M_2SiF_6 + 4MOH \longrightarrow 6MF + Si(OH)_4 \downarrow \tag{6-26}$$

$$4MF + 2Ca(OH)_2 \longrightarrow 2CaF_2 \downarrow + 4MOH \tag{6-27}$$

该方法不消耗碱，苛化速率大。氟硅酸盐转化速率也大，转化完全，泥渣易沉淀分离，可得到高质量氟化钙，但对杂质含量多的含氟气体不适宜。

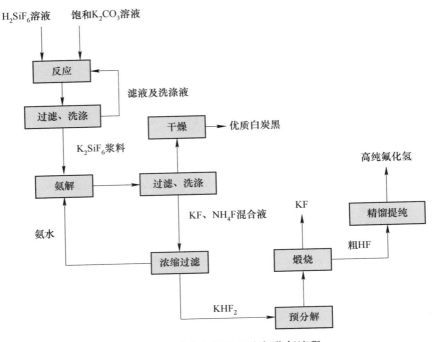

图 6-14 氟化氢钾制备无水氟化氢流程

Fig. 6-14 Preparation process of anhydrous hydrogen fluoride by potassium hydrogen fluoride

6.2.5 四氟化硅-水蒸气气相法

磷肥副产的粗 SiF_4 气体经纯化，在 $200\sim800\ ^{\circ}\mathrm{C}$ 条件下与水蒸气发生水解反应，得到氟化氢和气相白炭黑[38,39]，其工艺流程图如图 6-15 所示。

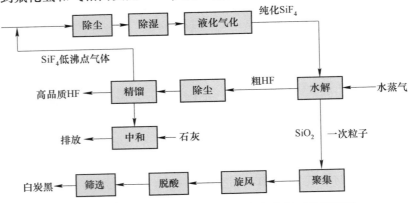

图 6-15 四氟化硅-水蒸气气相法制备氟化氢工艺流程图

Fig. 6-15 Process flow chart of hydrogen fluoride preparation by silicon tetrafluoride vapor vapor phase method

技术关键点及工艺难点：（1）反应温度和进料量控制，参数控制不正常易造成设备腐蚀及反应不完全；（2）反应结束后氟化氢与气相白炭黑的迅速分离，分离过缓易造成氟化氢再次与 SiO_2 反应生成氟硅酸；（3）反应过程中 SiO_2 粒径控制，粒径大小与设备结构及分离速度有直接关系[27]。

6.2.6 微通道法[40,41]

微反应器，又称微通道反应器，是一大类微型化工设备总称，有很多种类型，如微反应器、微混合器、微换热器、微控制器、微萃取器、微化学分析等。微反应器技术起始于 20 世纪 90 年代的微流控技术，属于微尺度的范畴，流体能够得到高效强化，从而有利于内部流体的传递和混合，促进化学反应的发生[42-44]。

在传统的反应装置中流体的各个参数不易精确调控，当温度分布不均时可能出现局部热点；若流体混合不充分会导致浓度分布不均，还有短路流和流动死区等问题。针对以上问题，提出通过微反应器来实现高效混合和快速传递，在控制不良反应的同时还能实现高的转化率和回收率。

由四川大学开发的利用微通道反应器以氟硅酸为原料制备无水氟化氢和纳米二氧化硅的方法，是目前氟化氢生产中一种较先进、具有发展前途的工业生产方法[8]。

利用微通道反应器开发氟硅酸制备无水氟化氢和纳米二氧化硅的反应流程如下：

（1）氟硅酸与浓硫酸分别同时通过泵送入微反应器，通过控制流体流速与设计反应器长度来控制反应时间，控制流体流速与反应器形貌来控制流体混合效果，从而快速反应生成 HF、SiF_4 混合气体；

（2）利用微通道 HF 吸收器来吸收混合气体的 HF，可有效降低硫酸消耗量，节约成本；

（3）含 HF 的吸收液经过氟化氢生成器，并经过分子蒸馏设备净化除杂，获得高纯无水氟化氢以及稀硫酸溶液，稀硫酸经过蒸发浓缩后返回系统或去磷矿萃取工段；

（4）二氧化硅滤渣通入乙醇与水的混合溶液中，通过乳化混合并陈化处理后，过滤，烘干，即得二氧化硅，并将其粉碎并精细研磨，即得到纳米二氧化硅成品。

微通道反应器目前面临的最主要问题是微通道的堵塞。当有固体物质（$SiO_2 \cdot nH_2O$）参与反应时，通道中会出现固体沉积或者架桥堵塞现象，这会限制微通道反应器内的液体流动速度，影响液体混合，并且会提高压降，最后很可能导致反应失败。针对堵塞问题，可以考虑将微通道管壁面设计得足够光滑（比如采用纯氟表面）以缓解固体沿着壁面的沉积，可以利用超声清堵塞，这是因为超声波振动可以抑制沉淀物在管道中的附着和沉积。

⟨6.3⟩ 氟化氢市场分析

6.3.1 市场规模

氢氟酸作为氟化工行业的中间体，其中制冷剂约占比 50% 左右，2019 年起，下游制冷剂需求持续疲弱，有部分新增氢氟酸产能投产，供过于求的情况下，氢氟酸价格呈现单边下滑的态势，其间价格仅受制冷剂行情的季节性变化和偶尔开工受限影响小幅波动。2021 年以来，受全球整体萤石供给下降影响，整体价格小幅度下降，随着国外逐步企业复工，供需恢复，整体价格回到 11500 元/吨左右[45]。

电子级氢氟酸主要用于集成电路、液晶面板以及太阳能电池制作。目前国内外制备高纯氢氟酸基本都以无水氢氟酸为原料，经过粗馏、精馏、吸收、冷凝、膜过滤、灌装等工段制成。我国的电子级氢氟酸市场增长有望加速。2023 年全球电子级氢氟酸市场规模约 10 亿美元，到 2027 年市场规模有望达到 15 亿美元[44]。

我国是氢氟酸第一出口大国，2021 年我国出口氢氟酸 24.62 万吨，约占全国产量的 15.00%，而出口第二大的德国仅有 5.06 万吨的出口量，海外萤石矿停产和氢氟酸产能关闭使得一部分需求转向中国。需求端，价值量较低的含氟制冷剂是无水氢氟酸的主要应用领域，占比达到 55.00%，而价值量相对较高的含氟高分子以及含氟精细化工的应用占比还有进一步提升空间。

当前，全球氟化氢市场规模不断扩大。全球氟化氢市场价值在 2023 年达到了 40 亿美元，预计到 2030 年将达到 52 亿美元。在国内市场方面，氟化氢的应用领域日趋广泛，市场规模也呈现不断增长的趋势。据不完全统计，我国氟化氢年产量大约在 180 万吨，占据全球氟化氢市场约 38% 份额，是世界上最大的氟化氢生产国之一[46]。

6.3.2 行业竞争

国内氟化氢企业数量较多，行业竞争激烈。国内领先的氟化氢企业主要包括：金红叶、上海光明化工、山东华鹏化工等。这些企业在技术研发、产品质量、市场营销等方面都有较强的竞争力。主要表现在以下几个方面：

价格竞争：由于氟化氢的生产技术相对成熟，因此企业之间的价格竞争比较激烈。同时，氟化氢作为一种大宗化学品，市场竞争较大，企业在定价上难以取得优势。

质量竞争：由于氟化氢具有极强的毒性，因此企业必须在质量上保持高品质，防止发生严重事故。

技术竞争：随着技术的不断进步，越来越多的新技术和新型号的炉窑、设备等被应用于氟化氢的生产中，企业对技术投入的要求越来越高。

由于氢氟酸生产依赖萤石资源，因此，氢氟酸生产企业主要集中在资源较丰富的华东地区。具体来看，我国氢氟酸主要产能分布在江西省、福建省、浙江省和内蒙古等地区，其余地区占比均低于 5%，而前六大省份氢氟酸产能合计占比超过 75%。经过数年的资源整合，现以浙江三美集团产能最大，其次为青海同鑫，这些较大的氟化氢企业大多自有矿山资源，或者位于矿区附近，同时配套制冷剂和氟化盐下游产品装置。

更高的生产壁垒意味着更好的竞争格局。与工业级氢氟酸厂商小而散的局面不同，电子级氢氟酸的市场参与者都是具有一定规模的氟化工企业，现阶段中巨芯（巨化股份参股）、三美股份、多氟多、天赐材料等氟化工一线企业处于领先地位，扩产步伐比较明确。

全球高纯度氢氟酸的生产技术和供给主要被 Stella、大金、森田化学等日企所掌握，由于行业壁垒高，技术工艺难以突破，我国电子级氢氟酸行业起步较晚。近年来，国内氟化氢行业发展也将更多重心转向高纯度氢氟酸上。随"供给侧结构性改革"低端产能陆续淘汰出清，市场集中度有所提高，随着行业回暖，产能有所回升，目前国内氢氟酸单家企业年产能多为 3 万~7 万吨/年，行业中小装置居多、较为分散，以浙江三美 15 万吨产能为首。

6.3.3 市场发展趋势

环保趋势：面对环境污染问题，氟化氢行业也要着力保护环境，加强环保措施。未来的发展趋势是采用更加环保的生产技术，减少排放和废弃物的产生，积极开展废气、废水资源化利用，推广循环经济，实现资源有效利用。

技术创新趋势：随着技术的不断提高，氟化氢行业也要加强技术创新和产品研发，研制更加优良的氟化氢产品，提高产品品质和市场竞争力。未来的发展趋势是积极开展技术创新，应用现代化技术加强研究，提高生产工艺、产品质量和产业链的竞争力。

国际化趋势：随着全球化的进程不断加快，氟化氢行业也要顺应潮流，加强产业国际化和相关技术的国际合作，加强与国外先进企业的技术交流和合作，提高行业的市场竞争力和国际影响力。

6.3.4 政策环境

近年来，政府对氟化氢行业的政策不断加强。2016 年，国家安全生产监管总局开始实施"氟化氢"特种作业人员职业健康防护标准，要求企业严格控制工作场所氟化氢浓度，严格执行个人防护措施等。此外，环保政策的加强也使得氟化氢行业面临更加严格的环保要求，企业必须注重节能、环保、可持续发展等方面的发展。

综上所述，氟化氢行业因其广泛的应用领域和日益增长的市场需求而呈现出繁荣的态势。同时，随着政府对氟化氢行业的管理要求不断提高，企业必须加强技术创新和质量管理，以求长久发展。

⟨6.4⟩ 问题与建议

6.4.1 氟硅酸生产无水氟化氢方面存在的问题

（1）副产物循环利用回收问题。根据具体工艺流程的不同，氟硅酸生产无水氟化氢过程中常见的副产物有四氟化硅、二氧化硅、氟化物、稀硫酸等。这些副产物若不回收利用，会造成污染和浪费；进行回收利用而没有选择较优的流程和适宜的方法，则会增加能耗与工艺的烦琐度，甚至会影响整个工艺流程有效运转。

（2）设备腐蚀问题。无水氟化氢能与金属氧化物以及硅酸盐等反应，而含水氟化氢特别是在高温下更能腐蚀玻璃、陶器。在生产无水氟化氢的过程中都无法避免加热反应，所以减少设备腐蚀问题尤为重要。

（3）氟化氢的净化问题。氟硅酸生产无水氟化氢的工艺中，产生的氟化氢中含有四氟化硅、硫酸、二氧化硫、水等杂质。如何以较低的成本，通过相对简单的纯化流程有效去除无水氟化氢中杂质以达到所需纯度标准仍需努力。

（4）生产成本问题。首先是设备成本，除了选择何种经济性材质外，还有投产后的问题，若工艺选择不佳，造成设备腐蚀严重或维修周期过短都将使生产成本升高；其次是原料成本，比如硫酸耗量过大，也会升高成本；还有能源成本，有些工艺需要用到电渗析甚至是多次用到，需要消耗大量的热能，这些都将导致总成本升高；最后，环保成本也是不可忽略的问题。

6.4.2 增产降耗的对应措施

（1）针对氟硅酸生产无水氟化氢过程中的副产物四氟化硅，有人提出了将其循环加入氟硅酸吸收系统或直接制造气相白炭黑和无水氟化氢，而稀硫酸则可以循环到氟硅酸系统继续生成沉淀氟硅酸盐或进入磷酸萃取系统分解磷矿，副产的二氧化硅粗品可通过过滤、清洗后制备超细白炭黑或连同某种氟化物进入氟硅酸系统生成氟硅酸盐。

（2）对于设备腐蚀问题。可以选择耐高温耐腐蚀的聚四氟乙烯或聚苯硫醚材料作为设备材质与内衬设备，选择工艺时应尽量避免在高温下产生高水分的氟化氢。邹文龙等[47]研究发现，氟硅酸盐沉淀与浓硫酸反应后，氟化氢一旦生成，水含量就极低，而且适宜的反应温度在350~550 ℃，经进一步研究表明其反应温度最低可降至200 ℃左右，从而使腐蚀危害大大降低。

（3）间接法生产无水氟化氢的工艺流程中，用沉淀氟硅酸盐与浓硫酸共热生成的氟化氢纯度高、含水量低，仅需经过冷却，再进行精馏即可，不会因为氟化氢浓度低而动用电渗析等耗能工序。

（4）成本问题。为了减少维修成本，含有金属阳离子的盐类和硫酸等原料都需循环利用，耗量相对较小，降低原料成本；所需能量主要用于加热沉淀氟硅酸盐与浓硫酸这一放热流程，能耗相对较低；间接法生产无水氟化氢工艺由于有良好的循环利用系统，只要实际生产中控制得当，不会产生较多的有害废物，加上科学的管理监测系统，可以保证设备的使用寿命，从而提高原料、能源的利用效率，减少对环境的污染。

作为一种自然资源，萤石有限且不可再生，而作为战略资源，其开采又受到一定程度的限制。另外，磷矿加工过程中副产氟硅酸及其盐产品的利用问题已经成为制约中国磷化工发展的瓶颈之一。随着环境保护和清洁生产工艺的推进，废弃资源的利用应引起足够重视。利用副产氟硅酸及其盐产品开发高附加值的氟化工产品，不仅延长了磷化工的产业链，增强了企业的竞争力；同时也有效提高了磷矿资源利用率，缓解氟化工面临的氟资源不足及环境污染的困扰，有助于社会经济的可持续发展。

当前，如果能先在磷矿丰富而又无萤石的地区，逐步加强对磷化工产业回收的氟硅酸加工利用，开发出市场前景好、附加值高的产品及相关工艺不仅能获得良好的经济效益和社会效益，而且能为将来萤石资源枯竭之后的氟化工发展奠定坚实的基础。

6.5 本 章 小 结

伴随着萤石资源的逐渐枯竭以及高速发展的中国氟化工行业，如何高效回收磷矿中丰富的氟资源变得越来越重要。

氟硅酸制氟化氢是当前氟硅酸综合利用的难点和热点。难点在于氟硅酸转化为氟化氢的产业化过程中，各工艺都存在技术缺陷。目前工业化最成熟的是瓮福集团的浓硫酸直接分解氟硅酸的工艺，该工艺需要妥善处理反应过程中副产的大量稀硫酸及低品质白炭黑。沉淀法生成氟化钙以及氟化镁等盐的方法可以最大限度地利用目前萤石法的工艺及设备，但该工艺流程较长，且如何处理好副产的硫酸钙、硫酸镁等盐也是技术关键所在。氨化法也是研究较多的方法，其工艺过程以及操作比较简单，且可以开发氨气循环的工艺，但系统中的氨气有腐蚀性对设备要求较高且浓缩过程耗能较大。

参 考 文 献

[1] 胡宏，刘旭．无水氟化氢生产技术的研究进展 [J]．化工技术与开发，2012，41（6）：16-19.

[2] 张永明．磷矿加工中副产氟硅酸制氢氟酸工艺技术及研究进展 [J]．河南化工，2023，40（9）：12-15.

[3] 洪海江，张怀，赵景平．萤石–硫酸法生产无水氟化氢过程中除硫问题分析 [J]．有机氟工业，2014（1）：30-34.

[4] 曹骐，张志业，王辛龙．磷化工副产氟硅酸的利用及无水氟化氢的生产研究进展 [J]．无机盐工业，2010，42（5）：1-4.

[5] 李金安，丁洁，陈湘鼎．无水氟化氢的制备工艺 [J]．有机氟工业，2022（1）：48-50.

[6] 何宾宾，傅英，张晖，等．浅议磷肥副产氟硅酸制备氢氟酸技术研究进展 [J]．山东化工，2017，46（20）：46.

[7] 屈吉艳，杨兴东，陈高祥，等．氟硅酸制备氟化氢工艺综述及利用微通道反应器制备无水氟化氢技术简介 [J]．磷肥与复肥，2021，36（3）：27-31.

[8] 王建萍．低品位氟资源制备无水氟化氢工艺研究进展 [J]．河南化工，2022，39（7）：15-18.

[9] Dahlke T, Ruffiner O, Cant R. Production of HF from H_2SiF_6 [J]. International Symposium on Innovation and Technology in the Phosphate Industry, 2016, 138：231-239.

[10] Reed R S. Production of high purity hydrogen fluoride from silicon tetrafluoride：US05/730654 [P]. 2023.

[11] 李兴林，王学芬．磷肥副产氟硅酸的加工利用 [J]．云南化工，1998（4）：16-18.

[12] 李勇辉，明大增，李志祥，等．磷肥副产氟硅酸制备氟化氢技术 [J]．磷肥与复肥，2010，25（2）：48-51.

[13] 黄忠，李德高，黄天江，等．由溶剂萃取法处理稀氟硅酸制备无水氟化氢联产四氟化硅的方法：CN104445074B [P]. 2016.

[14] 严江有，潘光华，张启云，等．一种磷酸副产物氟硅酸生产无水氟化氢的脱色工艺：CN109179328A [P]. 2019.

[15] 贡长生．现代工业化学 [M]．武汉：华中科技大学出版社，2008.

[16] Oakley L C, Houston T T. Process of producing hydrogen fluoride as a dry gas from clear fluosilicic acid-containing solutions：US19620222526 [P]. 2023.

[17] Mohr A C, Obrecht R P, Campbell R G, et al. Process for recovering strong HF from phosphate rock digestion processes：US3257167 [P]. 1963.

[18] 王睿哲，朱静，李天祥．磷肥副产氟硅酸综合利用研究现状与展望 [J]．无机盐工业，2018，50（12）：9-12.

[19] 李世江．氟资源综合利用浅析 [J]．云南冶金，2011（S2）：17-19.

[20] 陈文兴，田娟，周昌平．利用磷肥企业副产氟硅酸制备无水氟化氢的技术 [J]．现代化

工，2013，33（5）：92-94.

[21] 刘海霞．氟硅酸综合利用工艺技术研究进展［J］．无机盐工业，2017，49（3）：9-13.

[22] 薛彦辉，郭婷婷，王坤．氟硅酸钙法制氟化氢联产偏硅酸钠新工艺研究［J］．无机盐工业，2011，43（12）：45-46.

[23] 苗延军，谷新春，马文华，等．一种用氟硅酸钙制备四氟化硅的方法：CN201110237004.8［P］．2023.

[24] 苗延军．氟硅酸钙热解制备四氟化硅的工艺研究［J］．当代化工研究，2022（7）：153-155.

[25] 皮奇尼铝业公司．制取氟化钙和纯氟硅酸的原料氟硅酸钙的生产方法：86105595［P］．1987.

[26] 唐波，陈文兴，田娟，等．氟硅酸制取氟化氢的主要工艺技术［J］．山东化工，2015，44（13）：41-43.

[27] 郝建堂．氟硅酸、氧化镁制无水氟化氢联产优质硫酸镁工艺研究［J］．无机盐工业，2019，51（8）：40-43.

[28] 多氟多化工股份有限公司．一种生产氢氟酸、无水硫酸镁的方法：101134560［P］．2008.

[29] 多氟多化工股份有限公司．一种氢氟酸的制备方法：101134561［P］．2008.

[30] 张志业，王励生．由磷肥厂副产氟硅酸生产无水氟化氢［J］．硫磷设计与粉体工程，2006，（2）：6-9.

[31] 明大增，杨建中，宁延生，等．一种磷肥副产物综合利用的方法：CN1283548C［P］．2006.

[32] 温丰源，李霞．氟化氢铵的生产工艺与最新进展［J］．无机盐工业，2013，45（10）：5-7.

[33] David S. Hindered rotation of the ammonium ion in $(NH_4)_2SiF_6$ and $(NH_4)_2SnCl_6$［J］．Chemical Physics Letters，1974，25（3）：348-350.

[34] Kabacelik I, Ulug B. Further investigation on the formation mechanisms of $(NH_4)_2SiF_6$ synthesized by dry etching technique［J］．Applied Surface Science，2007，254（6）：1870-1873.

[35] 卫宏远，郭恒．一种废气再利用后生产氟硅酸铵联产白炭黑原料工艺：CN108101069A［P］．2018.

[36] 程立静，刘海霞，张小霞．磷肥副产氟硅酸制备高纯氢氟酸新工艺研究［J］．河南化工，2019，36（8）：29-31.

[37] 樊惠，张宗凡，罗康碧，等．人造萤石生产方法及应用进展［J］．无机盐工业，2014，46（2）：14-17.

[38] 李世江，侯红军，杨华春，等．一种四氟化硅制备氟化氢联产白炭黑的方法：CN102351150B［P］．2013.

[39] 班仁义，何国勤．一种四氟化硅的气相水解及氟硅分离方法：CN103601195A［P］．2014.

[40] 应盛荣，姜战，应悦．无水氟化氢铵的制备方法及其微通道反应装置：CN103539156A

［P］. 2014.

［41］贾宝贵，王洪奎. 氟硅酸制备氟化氢工艺综述及利用微通道反应器制备无水氟化氢技术简介［J］. 中文科技期刊数据库（全文版）工程技术，2022（3）：4-6.

［42］王琦安，王洁欣，余文，等. 微通道反应器微观混合效率的实验研究［J］. 北京化工大学学报（自然科学版），2009，36（3）：1-5.

［43］Zhang Y. On Study of Application of micro-reactor in chemistry and chemical field［J］. IOP Conference Series：Earth and Environmental Science，2018，113（1）：012003.

［44］刘兆利，张鹏飞. 微反应器在化学化工领域中的应用［J］. 化工进展，2016，35（1）：10-17.

［45］徐建国，周贞锋，应盛荣. 我国氟化氢产品生产技术的现状及发展趋势［J］. 化工生产与技术，2010，17（6）：8-14.

［46］贾磊. 日本限制对韩氟化氢出口［J］. 无机盐工业，2019，51（8）：94.

［47］邹文龙，张志业，王辛龙. 氟硅酸钾制无水氟化氢的 Aspen Plus 模拟分析［J］. 化工生产与技术，2009，16（5）：8-10.

7 氟硅酸生产氟化工产品技术

国外在 20 世纪 30 年代以前，仅有少数无机氟化盐得到应用[1]。20 世纪 30 年代后由于炼铝工业的发展和氟制冷剂的应用，特别是第二次世界大战后原子能工业发展的需要，促进了无机氟化盐的开发与生产。我国的无机氟化盐生产大约已有 50 多年的历史，20 世纪 80 年代前，基本上沿用前苏联的工艺技术，流程和设备简单落后，品种单一。近几十年来，无机氟化盐的研究开发取得了长足的进展，设备工艺技术水平、经营管理水平都走在了除欧美、日本等发达国家以外的其他国家的前列，部分产品填补了国际或国内空白，受到国际市场的青睐，成为出口量最多的国家之一[2]。"十五"期间，我国的无机氟化盐工业获得了较快发展。特别是进入 21 世纪，随着我国经济的持续、高速、健康地发展以及我国氟化工行业和其他与无机氟化盐相关的各行业的快速发展，为无机氟化盐工业的发展注入了新的活力，产品品种已有 30 多种，总生产能力约 47 万吨/年，其中氟化铝和冰晶石的生产能力约 38.5 万吨/年，2022 年我国氟化盐产量约 118.35 万吨。近几年，由于我国的氟化铝、冰晶石的生产装置通过对引进技术的消化吸收和创新，技术水平和产品质量都有了较大的提高。同时，我国的氟化铝、冰晶石、氟化铵等无机氟化盐产品也已出现较大量出口的现象。

氟硅酸是湿法磷酸和普钙的副产物，生产 1 t 湿法磷酸约产生 1.08 t 的氟硅渣（主要为氟硅酸和二氧化硅）。目前，国内大部分磷化工企业多利用副产氟硅酸生产氟硅酸钠、冰晶石、氟化铝、氢氟酸等产品，其中最具代表的是瓮福集团以瓮福蓝天为主体，将技术推广给云天化、贵州开磷、兴发集团，分别合建了产能为 3 万吨、3 万吨、2 万吨的无水氟化氢生产装置，并均已投产；还有多氟多化工股份有限公司以工业副产氟硅酸为原料建设了产能为 33 万吨/年的无水氟化铝工艺，颠覆了传统的萤石法制备氟化氢和氟化铝技术。而其余大部分磷化工企业副产的氟硅酸部分多用于生产氟硅酸钠，剩余无法消耗的则以低价出售，少部分企业用于生产氟硅酸盐、氟化物类无机产品。而氟硅酸钠由于用途窄、价格低廉、经济效益差，市场需求量有限，常常滞销，严重影响了氟硅酸钠生产厂家的积极性，同时也制约磷化工行业的发展，这不但造成了氟、硅资源的严重浪费，而且很大程度上污染了环境。国外氟硅酸普遍加工成氟硅酸钠，用于水的氟化。也可生产多种产品，如用于铝工业生产氟化铝和冰晶石；萤石由于资源的限制，美国等国家除依靠进口外，大约 30 多个国家用氟硅酸生产氟石（主要成分为氟化钙）。随着电子信息行业的飞速发展，多晶硅等硅类衍生物产品也逐渐走入化工企业的视线，而四氟化硅作为多晶硅及硅类的衍生原料，其先进的生产技术也一直掌握在发达国家手中，因此，我国对氟、硅的高端产品技术自主研发刻不容缓。

采用磷肥副产品氟硅酸可生产多种氟化物、氟硅酸盐等。其中，氟化物品种有：氟化钠、氟化钾、氟化铵、氟化锌、氟化钙、氟化镁、氟化铝等。氟硅酸盐品种有：氟硅酸钠、氟硅酸钾、氟硅酸钡、氟硅酸镉、氟硅酸镁、氟硅酸锶、氟硅酸锌及氟硅酸银等。

⟨7.1⟩ 氟硅酸制备氟硅酸盐

为提高氟硅酸的利用价值，氟硅酸可以用来制取氟硅酸钠、氟硅酸钾、氟硅酸镁、氟硅酸铜、氟硅酸钡、氟硅酸钙和其他氟硅酸盐类等，用于金属电镀、木材防腐、啤酒消毒、酿造工业设备消毒和铝的电解精制等，还可用作媒染剂和金属表面处理剂等。本节主要介绍氟硅酸法制备氟硅酸盐。

7.1.1 氟硅酸制备碱金属氟硅酸盐

7.1.1.1 氟硅酸钠

A 性质

化学名：氟硅酸钠，别名硅氟酸钠、六氟合硅酸钠；英文名：Sodium fluorosilicate；分子式：Na_2SiF_6；相对分子质量：188.06；CAS：16893-85-9；密度：2.679 g/cm^3。

Na_2SiF_6 为白色粉状结晶，无臭，无味，有毒，白色结晶粉末，有吸潮性。微溶于水，不溶于乙醇，可溶于乙醚等溶剂中，在酸中溶解度比水中大。在碱液中分解，生成氟化物和二氧化硅。灼热（300 ℃以上）后分解成氟化钠和四氟化硅。氟硅酸钠在水中的溶解度及主要物理性质如表 7-1、表 7-2 所示。

表 7-1　Na_2SiF_6 在水中的溶解度
Table 7-1　Solubility of Na_2SiF_6 in water

温度/℃	在 100 g 水中的溶解度/g
20	0.64
25	0.76
50	1.27
100	2.45

表 7-2 Na$_2$SiF$_6$ 主要物理性质

Table 7-2 Main physical properties of Na$_2$SiF$_6$

类　别	毒　性
熔点	热分解
刺激数据	皮肤：兔子 500 mg；眼睛：兔子 100 mg
急性毒性	口服：小鼠 LD$_{50}$ 为 70 mg/kg，大鼠 LD$_{50}$ 为 125 mg/kg
毒性分级	高毒
职业标准	TWA 2.5 mg（氟）/m^3
灭火剂	水

B　质量指标

我国氟硅酸钠执行国家标准 GB/T 23936—2018，其质量指标如表 7-3 所示。

表 7-3　工业氟硅酸钠质量指标（GB/T 23936—2018）

Table 7-3　Quality specifications of sodium fluorosilicate for industrial use （GB/T 23936—2018）

项　　目		指　　标		
		I 型		II 型
		优等品	一等品	
氟硅酸钠/%，质量分数	≥	99.0	98.50	98.50
游离酸（以 HCl 计）/%，质量分数	≤	0.10	0.15	0.15
干燥减量/%，质量分数	≤	0.30	0.40	8.00
氯化物（以 Cl 计）/%，质量分数	≤	≤0.15	0.20	0.20
水不溶物/%，质量分数	≤	0.40	0.50	0.50
硫酸盐（以 SO$_4$ 计）/%，质量分数	≤	0.25	0.50	0.45
铁（Fe）/%，质量分数	≤	0.02	—	—
五氧化二磷（P$_2$O$_5$）/%，质量分数	≤	0.25	0.50	0.45
硫酸盐（以 SO$_4$ 计）/%，质量分数	≤	0.25	0.50	0.45

C　制备技术

氟硅酸钠是国内外利用氟硅酸生产的主要大宗氟硅酸盐产品，由于其工艺简单、生产成本较低、产量大，因此成为磷复肥行业副产氟硅酸的主要利用途径。但由于国内市场有限，氟硅酸钠的利用途径有限，因此造成氟硅酸钠的价格相对较便宜，其制备技术主要有沉淀法和副产沉淀法等。

a　沉淀法

在氟硅酸溶液中加入 24%~26% 的氯化钠饱和溶液进行搅拌，反应生成氟硅酸钠结晶。氯化钠的加入量约 25%，生成的氟硅酸钠经离心分离并洗涤，然后在气流干燥器中于 300 ℃ 以下的温度进行干燥，再经粉碎后即得成品[3]。控制反应体系的料浆浓度不宜过高，过高则产生的氟硅酸钠晶体颗粒细小，该方法主要优点是工艺简单，工艺流程短，缺点是氟硅酸钠的附加值较低；主要制备流程如图 7-1 所示。

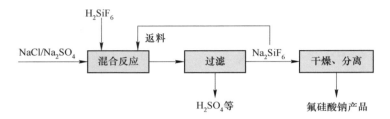

图 7-1　沉淀法制备氟硅酸钠产品

Fig. 7-1　Preparation of sodium fluosilicate by precipitation method

　　白银中天化工有限责任公司氟化铝车间使用无水酸车间副产的氟硅酸生产的氟硅酸钠水分含量偏高，一般都在 20%~30%，不能满足客户需要的小于 13% 的要求。针对这一问题，对原有生产工艺进行分析、讨论，认为硅胶的大量存在严重制约着过滤效果，导致氟硅酸钠水分偏高，同时过滤设备的不适合也是导致水分偏高的原因之一。经过对现有生产工艺的合理优化和过滤设备的重新选型，最终在整个流程实现短平快的同时，也实现了水分小于 13% 的目的。

　　b　副产沉淀法

　　由磷矿粉和硫酸反应生产过磷酸钙主要副产物为四氟化硅的含氟废气，用水将这些废气吸收便可制得氟硅酸。当氟硅酸浓度达 10% 左右时，将其净化，便可与氯化钠一起加入带有搅拌器的反应器中反应（氯化钠质量浓度 15%~20%），当反应完全充分后，然后离心分离，洗涤晶体，在 300 ℃ 以上干燥，再经粉碎便可得到产品（还可根据客户需求加入抗结块剂）。

　　副产沉淀法还可用氯化钠、芒硝（十水硫酸钠）、硫酸钠等不同原料来生产，有连续工艺和间歇工艺之分。连续工艺为定酸调盐、连续合成，经过沉降、洗涤再沉降，料浆经过离心脱水分离后，送入气流干燥管，潮湿物料经电热源气流干燥后，两级旋风收料，一级袋式除尘，尾气由风机排空，干料入成品储斗，经冷却包装入库，具有原料钠盐品质要求适当、生产能力大、产品质量稳定、劳动强度低、操作环境好，但污水量大、投资及操作费用高。传统的间歇工艺、操作灵活、流程短、设备少、投资省，但生产能力小。投料方式分为干法投料和湿法投料，前者减少料设备和溶盐用水量，适合于小规模装置；后者需经过溶制盐水除去杂质达饱和后再用于合成，适合于大规模装置。副产沉淀法生产工艺流程如图 7-2 所示。其化学反应方程式如式（7-1）和式（7-2）所示：

$$3SiF_4 + 2H_2O \Longrightarrow 2H_2SiF_6 + SiO_2 \downarrow \qquad (7-1)$$
$$H_2SiF_6 + 2NaCl \Longrightarrow Na_2SiF_6 \downarrow + 2HCl \qquad (7-2)$$

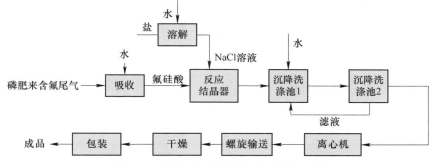

图 7-2　副产沉淀法制备氟硅酸钠流程图

Fig. 7-2　Flowchart of preparing sodium fluosilicate by by-product precipitation method

D　产品用途

氟硅酸钠可用于玻璃和搪瓷乳白剂、助熔剂、农业杀虫剂、耐酸水泥的吸湿剂、凝固剂和某些塑料填料，混凝土外加剂中用作缓凝剂、农业杀虫剂、杀菌剂、防腐剂，以及用于医学、橡胶、人造大理石等方面，还可用于制药及饮用水的氟化处理等。

E　市场情况

据恒州诚思调研统计，2021 年全球氟硅酸钠市场规模约 7.5 亿元，2017—2021 年年复合增长率（CAGR）约为 2.7%，未来将持续保持平稳增长的态势，到 2028 年市场规模将接近 10 亿元，未来六年 CAGR 为 4.4%。全球氟硅酸钠主要厂商有开磷集团、氟业环保和 KC Industries 等，全球前三大厂商共占大约 30% 的市场份额。目前中国是全球最大的氟硅酸钠市场，占有大约 75% 的市场份额，之后是欧洲和美国市场，二者共占大约 20% 的市场份额。

头部企业包括：KC Industries、Prayon SA、Derivados delFlúor（DDF）、开磷集团氟业环保、多氟多、云天化、中化云龙、新福地科技、宜化化工、合起工贸、黄麦岭、峰源集团。按照不同产品类型，包括如下几个类别：纯度 97% ~ 99%、99% 以上、其他纯度等。

7.1.1.2　氟硅酸钾

A　性质

化学名：氟硅酸钾；英文名：Potassium silicofluoride；分子式：K_2SiF_6；相对分子质量：220.6；CAS：16871-90-2；密度：2.665 g/cm^3。

氟硅酸钾是一种白色微细粉末或结晶，无臭，无味，有毒，微酸性，有吸湿性。微溶于水，在热水中水解生成氟化钾、氟硅酸，不溶于醇、液氨，溶于盐酸，可溶于盐酸，溶解度随温度的升高略有增加。

B 质量指标

国内还没有统一的国家、行业标准，某些企业标准质量指标如表7-4所示。

表7-4 K₂SiF₆质量指标

Table 7-4 K₂SiF₆ quality specifications

项目	企业甲工业指标/%	企业乙分析纯指标/%	企业乙化学纯指标/%
K₂SiF₆	≥99.00	≥98.00	≥97.00
铁	≤0.50	≤0.0050	≤0.01
游离酸	≤0.10	≤0.50	—
重金属	≤0.01	≤0.0050	≤0.01
硫酸根	≤0.20	≤0.01	≤0.02
水分	≤0.50	—	—
氯	≤0.10	≤0.0050	≤0.02
五氧化二磷	≤0.0050	—	—
水不溶物	≤0.50	—	—
细度 (0.178 mm)	≤90.00	—	—
碳酸盐	—	0.01	—
水溶性试验	—	合格	合格

注："—"表示某企业对该指标未做要求。

C 制备技术

制备氟硅酸钾的方法有中和法、复分解法等，中和法主要是以碳酸钾或氢氧化钾为原料中和氟硅酸制得[4]。大多采用磷化工或氢氟酸生产企业副产的氟硅酸与有机氟代过程产生的废氯化钾反应，生成氟硅酸钾沉淀，经过滤、洗涤、干燥得到氟硅酸钾产品[5-7]。本节主要论述复分解法。

a 复分解法

以氟硅酸、氯化钾或硫酸钾为原料制备氟硅酸钾，将质量浓度为10%~16%的氟硅酸净化除去氟和硫酸根离子后，加热至70~80 ℃，在搅拌下加入22%~24%氯化钾，并过量20%~25%（氟硅酸钾较氟硅酸钠更不易结晶，因此也需控制反应体系的料浆浓度，增加养晶过程）。加入氯化钾后，继续搅拌，然后静置20~30 min，使氟硅酸水解物二氧化硅与氟硅酸钾分离。经离心分离，并用水洗涤至pH值大于5为止，母液放入沉降池以回收氟硅酸钾。滤饼经干燥、粉碎后得产品。本方法优点是工艺简单、易操作、工艺流程短；缺点是氟硅酸钾的附加值较低。主要的制备工艺流程图如图7-3所示。其中反应方程式为：

$$H_2SiF_6 + 2K^+ \longrightarrow K_2SiF_6 \downarrow + 2H^+ \tag{7-3}$$

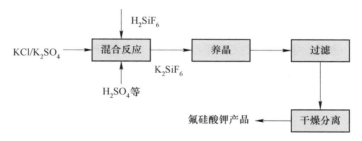

图 7-3 复分解法制备氟硅酸钾工艺流程图

Fig. 7-3 Process flow diagram of preparing potassium fluorosilicate by double decomposition method

b 其他方法

利用钾长石制取氟硅酸钾[8]。钾长石是难溶性钾盐的代表矿物之一，是一种含钾的硅酸盐矿物，在地壳中储量大、分布广，是许多含钾硅铝盐岩石的主要组成部分。

实验采用回转窑分解工艺进行分解钾长石，分解残渣经破碎用水浸取，过滤得到浸取液。然后利用浸取液与氟硅酸进行反应，即可生成氟硅酸钾沉淀，后续经过过滤、提纯、干燥即可获得氟硅酸钾产品。

D 产品用途

氟硅酸钾主要用于木材防腐、陶瓷制造、铝和镁冶炼、光学玻璃制造、合成云母及氟氯酸钾制造等，还可用于农药、瓷釉，以及焊接材料和铬电镀等。农业中用作杀虫剂，化学分析中用作分析试剂。

E 市场情况

氟硅酸钾市场规模庞大，需求量逐年递增。受全球化、建筑业、电子产业等因素影响，这一产业正在迎来长期的发展机遇。据统计，2019 年氟硅酸钾的全球市场需求量已超过 300 万吨，而到 2025 年预计将会超过 400 万吨。

中国、美国、日本等国家是氟硅酸钾生产的主要国家，尤其是中国的氟硅酸钾产业发展迅速，已成为全球最大的生产国。此外，韩国、印度等国家也在逐步扩大自身氟硅酸钾生产能力。就国内市场而言，当前的氟硅酸钾市场存在较大的竞争形势。首先，由于我国的氟硅酸钾产能较大，市场供应量相对充足，价格相较于其他国家产品也更具竞争力。其次，国内具有较多的氟硅酸钾生产企业，品牌竞争比价竞争更为激烈，大企业占据市场份额、中小企业占据较为碎片化的市场份额，市场质量不能长期得到保障。

随着全球环保意识的提高，各国政府和相关机构将会科学分配资源，优化产业结构，加强监管与合作，推进化学品生产向安全、环保和可持续的方向转型升级。特别是建筑与电子等领域的快速发展将会进一步促进氟硅酸钾市场需求量的提升，同时新材料、节能减排、低碳化等趋势也将对氟硅酸钾行业的未来产生巨大的影响。未来，氟硅酸钾行业的发展将会围绕环境保护、绿色化生产模式等方面展开。氟硅酸钾行业将呈震荡上涨的态势，市场规模进一步拓展，并逐步呈现出供应尺度、品质竞争、环保发展等趋势。

7.1.2 氟硅酸制备碱土金属氟硅酸盐

7.1.2.1 氟硅酸镁

A 性质

化学名：氟硅酸镁；英文名：Magnesium fluorosilicate；分子式：$MgSiF_6$；相对分子质量：166.47；CAS：16949-65-81；密度：1.788 g/cm^3。

氟硅酸镁为无色或白色无味三水结晶，有毒。三水合氟硅酸镁在 120 ℃脱水，分解释放出四氟化硅气体。易溶于水，溶于稀酸，难溶于氟化氢，不溶于醇，水溶液呈酸性反应，与碱作用时可生成相应的氟化物和二氧化硅。

B 质量指标

国内还没有统一的国家标准，行业标准质量指标（HG/T 2768—2009）要求储存于干燥、阴凉库房中，禁止与食品、种子等共储运。氟硅酸镁行业标准质量标准如表 7-5 所示。

表 7-5 氟硅酸镁行业标准质量标准

Table 7-5 Magnesium fluosilicate industry standards quality standards

项目	指标/%
氟硅酸镁	≥98.00
二氧化硅	≤0.05
氟硅酸	≤0.20
硫酸镁	≤0.50
水分	≤0.60
氟化镁	≤0.15
水不溶物	≤0.25

C 制备技术

菱苦土和氟硅酸反应制备氟硅酸镁。首先检测氟硅酸溶液中是否含有氟离子或硫酸根离子，若有，则用黄丹粉（PbO）处理，以除去杂质。而后将没有氟离子或硫酸根离子的氟硅酸加入反应器中，再加入一定量的菱苦土（MgO 质量分数大于 80%）粉悬浮液中发生中和反应，直至反应液 pH 值为 3~4，便可得氟硅酸镁溶液。将所得的氟硅酸镁溶液过滤，并浓缩至相对密度为 1.35~1.37 g/cm^3，即可使其溶液结晶，最后对结晶物于 60~65 ℃干燥即得成品氟硅酸镁。

其化学反应方程式如式（7-4）所示：

$$H_2SiF_6 + MgO =\!=\!= MgSiF_6\downarrow + H_2O \qquad (7\text{-}4)$$

D 产品用途

氟硅酸镁主要用作改善混凝土硬度、强度的硬化剂。建筑业上作为防水剂和建筑物表面的氟化处理剂，农药工业用于制造杀虫剂，还可作为织物防蛀剂。另外，可用于硅石建筑表面处理及制造陶瓷。

E 市场情况

氟硅酸镁全国年产量 2 万吨。主要产量集中在云南、四川、河南和江西。云南年产量超过全国 50%，约为 1.2 万吨。由于受原材料的影响，氟硅酸镁较长时间内生产厂家无法稳定持续生产，各路经销商很难固定采购同一厂家的货物，终端用户很难处理由于更换产品厂家导致的使用障碍。

7.1.2.2 氟硅酸钡

A 性质

化学名：氟硅酸钡；英文名：Barium hexafluorosilicic acid；分子式：$BaSiF_6$；相对分子质量：279.403；CAS：17125-80-3；密度：4.29 g/cm^3；熔点 300 ℃。

氟硅酸钡为白色正交晶系结晶，微溶于水、酸，不溶于醇，与水长期接触会引起水解，在碱性条件下会加速水解。

B 制备技术

以氟硅酸和氯化钡为原料中和法制备氟硅酸钡。将氟硅酸与氯化钡按等摩尔量进行化学反应，生成氟硅酸钡沉淀，经过滤分离、洗涤、干燥制得产品。

C 产品用途

主要用于制造四氟化硅，也可用于陶瓷和杀虫剂。

7.1.3 氟硅酸制备过渡金属氟硅酸盐

7.1.3.1 氟硅酸铜

A 性质

化学名：氟硅酸铜；英文名：Cupric fluosilicate；分子式：$CuSiF_6$；相对分子质量：277.684；CAS：12062-24-7；密度：2.56 g/cm^3。氟硅酸铜为蓝色单斜荧光结晶，易溶于水，微溶于醇，加热则分解。

B 制备技术

以氟硅酸和氢氧化铜为原料中和法制备氟硅酸铜。将氟硅酸净化除去氟离子和硫酸根离子后加入氢氧化铜溶液中进行中和反应，反应结束后真空浓缩、冷却结晶、干燥制得产品。

C 产品用途

用于大理石硬化，着色和印染，杀菌、杀虫剂，混凝土硬化剂，聚酯纤维催化剂等。

7.1.3.2 氟硅酸锌

A 性质

化学名：氟硅酸锌；英文名：Zinc fluorosilicate；分子式：$ZnSiF_6$；相对分子质量：315.557；CAS：16871-71-9；密度：2.04 g/cm^3；熔点：125 ℃。氟硅酸锌为白色结晶或粉末。溶于水、乙醇、无机酸。

B 制备技术

以氟硅酸和氧化锌（或碳酸锌）为原料制备氟硅酸锌。将铅盐（碳酸铅或氟硅酸铅）加入氟硅酸中，净化除去硫酸根，得到净化的氟硅酸，加入氧化锌或碳酸锌中和，得氟硅酸锌溶液，过滤除去杂质，蒸发结晶，经离心分离、干燥得产品。反应式如下：

$$H_2SiF_6 + ZnO \longrightarrow ZnSiF_6 + H_2O \tag{7-5}$$

$$H_2SiF_6 + ZnCO_3 \longrightarrow ZnSiF_6 + H_2O + CO_2\uparrow \tag{7-6}$$

C 产品用途

用于混凝土增强剂、木材白蚁防虫剂、锌电解浴组分以及洗涤、漂白、浴用等。

7.1.4 氟硅酸制备其他类氟硅酸盐

氟硅酸可制备氟硅酸铵。

（1）性质。化学名：氟硅酸铵，别名硅氟化铵；英文名：Ammonium fluorosilicate；分子式：$(NH_4)_2SiF_6$；相对分子质量：178.14；CAS：16919-19-0；密度：2.01 g/cm^3。

氟硅酸铵为白色立方或三斜结晶或粉末，有毒。分解时有 α 型和 β 型，α 型为立方晶系，β 型为三斜晶系。在空气中稳定，但 β 型经长时间加热，本身晶系受到破坏转变为 α 型粉末。两种形态皆可溶于水，不溶于醇。β 型经长时间加热，会转变为 α 型。

（2）质量指标。国内还没有统一的国家、行业标准，某企业标准如表 7-6 所示，应密封保存。

表 7-6 $(NH_4)_2SiF_6$ 质量指标
Table 7-6 $(NH_4)_2SiF_6$ quality specifications

项目	指标		
	工业级/%	分析纯/%	化学纯/%
$(NH_4)_2SiF_6$	≥98.00	—	—
H_2SiF_6	≤0.30	≤0.50	—
硫酸盐	≤0.60	≤0.010	≤0.050
水分	≤0.60	—	—

项目	指标		
	工业级/%	分析纯/%	化学纯/%
水不溶物	≤0.60	—	—
氯化物	—	≤0.0050	≤0.020
碳酸盐	—	≤0.010	—
重金属	—	≤0.0050	≤0.010
铁	—	0.0050	0.010
水溶解度试验	—	合格	合格
外观	—	白色结晶体	

注："—"表示未检测出。

（3）制备技术。传统行业中氟硅酸铵主要由萤石和石英混合酸解后，经水吸收后再进一步氨化而得。随着磷矿伴生氟硅资源综合利用技术的进一步深入，利用磷肥企业的氟硅酸生产氟硅酸铵[9]，氟硅酸铵再进一步生产固体氟化铵、固体氟化氢铵、无水氟化氢等氟化产品技术已基本成熟。氟硅酸铵成为氟硅酸资源综合利用的一个重要中间产品。

将氨水、液氨或碳酸铵加入氟硅酸中，控制反应终点pH值（0.5~3），后经浓缩、分离、干燥得到氟硅酸铵产品。通过控制反应终点pH值，可减少过程中硅胶的析出，加入氢氟酸或氟化铵溶液，可减少原料中带来的硅胶，同时也抑制氟硅酸根离子浓缩过程中发生水解，为生产高纯度固体氟硅酸铵提供保障。此方法优点是有效利用了氟、硅资源，生产成本相对较低，缺点是氨水/液氨是危险化学品，操作过程中存在一定风险。主要的制备工艺流程图如图7-4所示。其中反应方程式：

$$H_2SiF_6 + 2NH_3 \cdot H_2O === (NH_4)_2SiF_6 \downarrow + 2H_2O \qquad (7-7)$$

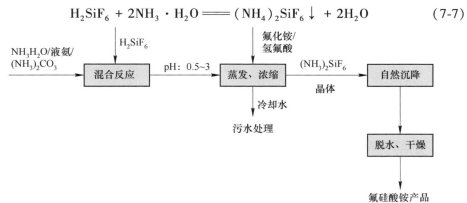

图7-4 氨中和法制备氟硅酸铵工艺流程图

Fig. 7-4 Process flow diagram for preparing ammonium fluosilicate by ammonia neutralization method

（4）产品用途。酿造工业中用作消毒剂，冶金工业上用于从绿砂中提取钾，用于铜、铁、锌的电镀液，还可用作木材防腐剂，也可用于织物防蛀剂、焊接助熔剂，分析化学中用于钡盐的测定，也用于轻金属浇铸、电镀及制取人造冰晶石和氯酸铵等，用途十分广泛。

（5）市场情况。目前，氟硅酸铵的主要生产地为江苏、湖南、河南、山东等地，其中江苏占据了相当大的市场份额。但随着环保、安全、能耗等要求的日益提高，以及一些地方政府为保障生态环境和人民健康进行的"蓝天保卫战"，一些小型、落后的企业逐渐被淘汰出市场，而较为专业化、适应环保要求的中大型企业则逐渐壮大。因此，氟硅酸铵市场已逐步呈现出供需矛盾减缓的趋势，但仍有局部地区产能过剩，需进一步优化结构。

在全球化背景下，氟硅酸铵市场也逐渐呈现多元化、开放型的发展模式，面对日新月异的市场需求和技术挑战，企业需要不断加强技术创新和市场开拓，进行产品升级和稳定产能建设。同时，合理管理和充分发挥企业的优势，加强宣传和市场营销，已成为企业进行可持续发展的关键。

7.2 氟硅酸制备氟化盐及其他

氟硅酸除了可以制备氟硅酸盐类，还可用于制备氟化盐及四氟化硅、冰晶石、二氧化硅等其他用产品[10]。本节主要介绍氟硅酸制备氟化盐等其他产品。

7.2.1 氟硅酸制备碱金属氟化物

7.2.1.1 氟化钠

A 性质

化学名：氟化钠；英文名：Sodium fluoride；分子式：NaF；相对分子质量：41.99；CAS：7681-49-4；密度：2.258 g/cm^3；熔点 993 ℃；沸点 1700 ℃。

氟化钠是一种白色粉末或结晶，属四方晶系的正六面体或八面体结晶，无臭，稳定，有毒，能腐蚀皮肤，刺激黏膜，长期接触对神经系统有损害，微溶于水（在水中的溶解度如表7-7所示），稍溶于醇，水溶液呈弱碱性，能腐蚀玻璃，可溶于氢氟酸，生成氟化氢钠。

表 7-7　氟化钠在水中的溶解度
Table 7-7　Solubility of sodium fluoride in water

温度/℃	0	20	25	35	40	80	94
NaF/%，质量分数	3.42	4.10	4.00	3.99	4.35	4.48	4.73

B 质量指标

氟化钠产品有粉状和粒状两种，密度分别为 1.04 g/cm^3 和 1.44 g/cm^3，国内市场一般使用粉状，出口产品则大部分要求粒状。根据中国标准 YS/T 571—2006（对 GB 42930—1984 做了修订）与 GB/T 1264—1997，对氟化钠的化学成分规定分别如表 7-8、表 7-9 所示。

表 7-8 （工业用）氟化钠的规格

Table 7-8 Specifications of sodium fluoride（Industrial）

项目	一级品/%	二级品/%	三级品/%
氟化钠	≥98.00	≥95.00	≥84.00
二氧化硅	≤0.50	≤1.00	—
碳酸钠	≤0.50	≤1.00	≤2.00
硫酸盐	≤0.30	≤0.50	≤2.00
酸度（以 HF 计）	≤0.10	≤0.10	≤0.10
水不溶物	≤0.70	≤3.00	≤10.00
水	≤0.50	≤1.00	≤1.50

注：1. 表中"—"表示不做规定；
　　2. 表中化学成分按干基计算；
　　3. 氟化钠为白色粉末；
　　4. 产品中允许有直径大于 4 mm 的结块，但其质量分数不得超过 5%。

表 7-9 （试剂用）氟化钠的规格

Table 7-9 Specifications of sodium fluoride（Reagents）

项目	优级纯/%	分析纯/%	化学纯/%
质量分数	≥99.00	≥95.00	≥98.00
澄清度试验	合格	合格	合格
干燥失重	≤0.30	—	—
水不溶物	≤0.010	≤0.050	≤0.10
游离酸（mmol/100 g）	≤2.50	≤5.00	≤1.00
游离碱（mmol/100 g）	≤1.00	≤2.00	≤4.00
氯化物	≤0.0020	≤0.0050	≤0.010
硫酸盐	≤0.010	≤0.030	≤0.050
氟硅酸盐	≤0.10	≤0.60	≤1.20
铁	≤0.0020	≤0.0050	≤0.0050
重金属	≤0.0010	≤0.0030	≤0.0050

C　制备技术

氟硅酸钠（纯碱）一步法：将氟硅酸钠加入盛有母液的反应器中，制成悬浮液，搅拌，加热至 84~95 ℃（压力不大于 0.148 MPa），随后慢慢加入碳酸钠溶液（母液、氟硅酸钠、纯碱铵的比例为100 L : 38 kg : 51.74 kg），在搅拌下反应，搅拌速率为4 r/s，反应时间160~180 min，直到反应液中没有气泡为止。在反应釜中须严格控制好反应条件，使副产物硅胶为絮状结构，并使氟化钠晶体颗粒尽可能增大，有利于重力分离工序的操作。经重力分离后，得到氟化钠结晶和硅胶，二者分别经离心分离，母液循环至反应釜，氟化钠经干燥便得成品。该工艺简单，原料易得，反应温度较低，设备腐蚀较小，产品质量较好，还能副产白炭黑。也可用氟硅酸代替氟硅酸钠，其工艺流程如图7-5所示。其化学反应方程式如下：

$$Na_2SiF_6 + 2Na_2CO_3 \xrightarrow{\hspace{1cm}} 6NaF + SiO_2\downarrow + 2CO_2\uparrow \tag{7-8}$$

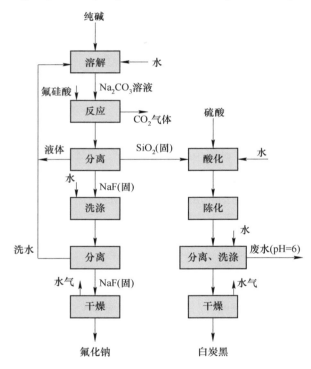

图 7-5　氟硅酸（纯碱）一步法制备氟化钠工艺流程图

Fig. 7-5　Flowchart of the process for preparing sodium fluoride by one step fluosilicic acid（soda ash）method

　　氟硅酸钠（纯碱）两步法[11]：将氟硅酸和碳酸氢铵进行反应得到氟化铵，有二氧化硅沉淀析出，可转化成活性二氧化硅或者白炭黑，氟转化为氟化铵，加入氯化钠可得到氟化钠和氯化铵，然后过滤、洗涤、干燥后可得到氟化钠产品，溶液经过结晶后得到氯化铵。该工艺优势在于可同时得到多种产品，但工艺较复杂，反应条件需控制精准，确保原料反应完全，否则可能生产无用的副产物氟硅酸钠。其中工艺流程图如图 7-6 所示。其中反应方程式：

$$H_2SiF_6 + 6NH_4HCO_3 \Longrightarrow 6NH_4F\downarrow + SiO_2\downarrow + 6CO_2\uparrow + 4H_2O \qquad (7-9)$$

$$NH_4F + NaCl \Longrightarrow NaF\downarrow + NH_4Cl \qquad (7-10)$$

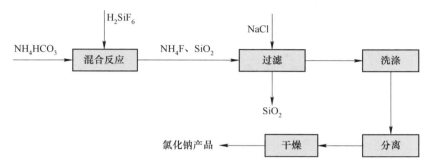

图 7-6 氟硅酸（纯碱）两步法制备氟化钠工艺流程图

Fig. 7-6 Process flow diagram of sodium fluoride preparation using fluorosilicic acid （soda ash）two step method

D 产品用途

氟化钠主要用作甜菜、亚麻、蔬菜等农作物的农业杀虫剂、木材防腐剂、杀菌剂、分析试剂及牙膏的氟化剂，也用于发酵设备的消毒、氟化合物的制造、血液防腐、骨疾病治疗、城市饮用水消毒，可用于氟化物废气和粗制元素氟的精制以及催化剂载体等，还可用于制造沸腾钢板的脱氧剂、高碳钢脱气剂、铝冶炼和不锈钢焊接助溶剂组分，是陶瓷、玻璃、珐琅生产过程中的焊剂，是钢铁、金属铝及其他金属的酸洗剂、蚀刻剂，在核工业中用作 UF3 吸附剂。

E 市场情况

随着社会、经济、科技的不断发展，氟化钠行业的市场需求不断扩大。目前，我国氟化钠的应用主要集中在铝冶炼、油田开采、水处理、制冷剂等领域。随着经济的不断发展，从消费者需求和政策引导等方面对环保产品的需求不断增加，与氟化钠产业相关的新兴环保产业发展迅速，使氟化钠的市场需求进一步扩大。国内氟化钠下游行业的快速发展，氟化钠的需求量也跟着增长，在金属材料冶炼精炼、耐磨材料、黑色金属表面处理、陶瓷和玻璃制造等行业都有明显增长，但在农业杀虫剂、杀菌剂、木材防腐剂等方面基本上已被其他原料代替，2022 年国内氟化钠产量 7.8 万吨。

7.2.1.2 氟化钾

A 性质

化学名：氟化钾；英文名：Potassium fluoride；分子式：KF；相对分子质量：58.10；CAS：7789-23-3；密度：2.48 g/cm³；熔点：858 ℃；沸点：1505 ℃。

氟化钾是一种无色立方晶体，有毒，易溶于水。氟化钾水溶液呈碱性，能腐蚀玻璃及瓷器，可溶于无水氟化氢、液氨，不溶于乙醇。加热至升华温度时有少许分解，但熔融的氟化钾活性较大，能腐蚀耐火材料。固体氟化钾遇空气易潮解，潮解后形成两种水合盐 $KF \cdot 2H_2O$ 和 $KF \cdot 4H_2O$。二水盐在室温下较稳定，但在 40 ℃以上会失去水。四水盐仅在 17.7 ℃以下才会存在。氟化钾的其他物性数据如表 7-10 所示。

表 7-10 氟化钾的主要物理性质

Table 7-10 Main physical properties of potassium fluoride

项　目			数值
熔点/℃	无水盐		856
	二水盐		41
	四水盐		19.30
沸点/℃	无水盐		1505
溶解度	无水盐在水中 /g·100 g^{-1}	18 ℃	91.50
		80 ℃	150
	无水盐在 HF 中 /g·100 g^{-1}	-45 ℃	27.20
		0 ℃	30.90
		8 ℃	36.50
	在甲醇中（25 ℃）/%，质量分数		9.26
	在丙酮中（18 ℃）/%，质量分数		2.20
	二水盐在无水 HF 中（-75 ℃）/g·100 g^{-1}		18.40
折射率	无水盐		1.35
	二水盐		1.35
生成热/kJ·mol^{-1}	无水盐		-5682.85
	二水盐		-1163
自由能（25 ℃）/kJ·mol^{-1}	无水盐		-538.20
	二水盐		-1022.09
熵（25 ℃）/J·(mol·K)$^{-1}$	无水盐		66.56
	二水盐		155.30
熔化焓/kJ·mol^{-1}			28.46
汽化热/kJ·mol^{-1}			172.88
二水盐脱水热/kJ·mol^{-1}			28.20
晶格热/kJ·mol^{-1}			801.61
升华焓/kJ·mol^{-1}			241.95
溶解焓/kJ·mol^{-1}			-19.17

续表 7-10

项 目		数值
摩尔热容/J·(mol·K)$^{-1}$	400 K	551.07
	600 K	54.29
	800 K	57.43
	1000 K	64.20
急性毒性		对猪致死量为 250 mg/kg,对鼠(口服)半致死量 LD_{50} 为 245 mg/kg

B 质量指标

二水氟化钾、无水氟化钾的规格分别如表 7-11、表 7-12 所示。从工业应用分为活性氟化钾和高活性氟化钾,其中活性氟化钾通常指比表面积大于 1.0 m^2/g、密度 0.3~0.7 g/cm^3、粒径 50~100 μm、含水量 0.3%~0.5%,而高活性氟化钾则为比表面积大于 1.3 m^2/g、粒径 1~15 μm、含水量 0.05%~0.3%。应密闭储存。

表 7-11 二水氟化钾(氟化钾)的规格

Table 7-11 Specifications for potassium fluoride dihydrate (potassium fluoride)

项 目	分析纯/%	化学纯/%
二水氟化钾	≥99.00	≥98.00
澄清度试验	合格	合格
游离酸	≤0.050	≤0.10
游离碱	≤0.050	≤0.10
氯化物	≤0.0020	≤0.0050
硫酸盐	≤0.010	≤0.020
氟硅酸盐	≤0.050	≤0.10
铁	≤0.00050	≤0.0010
重金属	≤0.0010	≤0.0050

表 7-12 工业无水氟化钾产品规格(HG/T 2829—1997)

Table 7-12 Industrial anhydrous potassium fluoride product specifications (HG/T 2829—1997)

指标名称	指标/%
氟化钾(KF)	≥96.00
氯化钾(KCl)	≤3.00
水分	≤0.50

近几年我国含氟医药、含氟农药、含氟染料发展很快，使氟化钾的需求增长。国内氟化钾年消费量估计在 1 万~2 万吨。国内企业正在致力于研究和开发利用高活性氟化钾，与一般无水氟化钾产品相比，其粒度细（比表面积大）、分散性好、纯度高，能大幅度提高有机物氟取代收率，浙江莹光化工有限公司、江苏射阳县氟都化工有限公司等已有生产，但关键指标比表面积达 2.00 m²/g 以上的产品仍是空白，虽然目前个别企业有一定突破，但最佳水平也只能达到 2.00 m²/g。一些特殊含氟有机化合物制备所需的高比表面积活性氟化钾每年均有一定量的进口，高活性氟化钾存在着相当大的市场机遇。

C 制备技术

近些年来，由于中国含氟医药、含氟农药及含氟染料的较快发展，使氟化钾应用领域不断扩大，高活性氟化钾的需求量也在迅速增长。目前，氟化钾的生产方法主要有中和法[12]、氟硅酸钾煅烧法、氟硅酸钾直接水解法[13]、氟硅酸钾碱解法、氟硅酸法、氟化铵法、络合法等[14-16]。

水解法[17,18]：在反应器中加入制造磷肥或湿法磷酸副产的氟硅酸，然后在搅拌下加入过量 20%~25%（质量分数）的氯化钾进行复分解反应。将反应产生的沉淀氟硅酸钾过滤，用水洗至洗涤液 pH 值大于 5。然后向洗涤后的氟硅酸钾中加入 95 ℃左右的热水将其充分水解，水解产物为氟化钾、氟化氢和硅酸沉淀。过滤分离出硅酸，再将滤液经过浓缩、结晶、过滤、干燥即得粗产品氟化钾，粗产品氟化钾可进一步纯化。一般都是通入氟化氢生成氟化氢钾，氟化氢钾在结晶后加热逐出氟化氢，即可得精制氟化钾。水解法工艺较为复杂，且产品纯度较低，但其生产原料来自磷肥厂含氟尾气经水吸收副产的氟硅酸，所以生产成本较低。上述反应中可以用硫酸钾代替氯化钾，也可以将所得的氟硅酸钾用氨水水解、过滤，滤饼为副产品二氧化硅（白炭黑）；滤液浓缩，逸出氨，加热至 500 ℃逸出氟化氢，即得氟化钾。该法生产工艺流程示意如图 7-7 所示。反应方程式如下：

$$H_2SiF_6 + KCl \Longrightarrow K_2SiF_6 \downarrow + 2HCl \tag{7-11}$$

$$K_2SiF_6 + 4KOH \Longrightarrow 6KF + SiO_2 \downarrow + 2H_2O \tag{7-12}$$

氟硅酸钾煅烧法：对氟硅酸钾进行煅烧制得七氟硅酸钾，而后对七氟硅酸钾水解制得二水氟化钾，最后对二水氟化钾进行干燥脱水，便可制得氟化钾。其化学反应方程式如下：

$$3K_2SiF_6 \Longrightarrow 2K_3SiF_7 + SiF_4 \uparrow \tag{7-13}$$

$$K_3SiF_7 + 2H_2O \Longrightarrow K_2SiF_6 + KF \cdot 2H_2O \tag{7-14}$$

氟硅酸钾碱解法：副产氟硅酸（氟硅酸质量分数为 10%）和工业级氢氧化钾为原料反应制得氟化钾，并联产白炭黑[19,20]。氟硅酸的酸性极强，会与氢氧化钾发生酸碱中和反应生成氟硅酸钾，放出大量的热。由于第一步中和反应不需

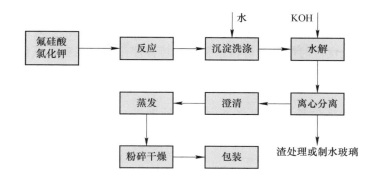

图 7-7 水解法制备氟化钾工艺流程图

Fig. 7-7 Process flow of preparing potassium fluoride by hydrolysis method

要加热，并且中和反应速度快，所以先将氟硅酸和一定质量分数的氢氧化钾溶液按一定的配料比快速混合至溶液呈弱酸性。在一定温度下，向第一步反应的料浆中缓慢加入一定质量分数的氢氧化钾溶液，严格控制氢氧化钾用量，即控制好反应料浆的 pH 值，且加料速度不宜过快，避免氢氧化钾溶液未及时与反应料浆混合均匀，导致料浆的局部碱性较强，使反应生成的白炭黑溶解影响产品质量。待反应结束，过滤分离出白炭黑滤饼，得到氟化钾溶液，将其浓缩至一定质量分数时，采用喷雾干燥即可得到氟化钾产品[21]，如图 7-8 所示。反应方程式：

$$H_2SiF_6 + 2KOH \longrightarrow K_2SiF_6\downarrow + 2H_2O \tag{7-15}$$

$$K_2SiF_6 + 4KOH \longrightarrow 6KF + SiO_2\downarrow + 2H_2O \tag{7-16}$$

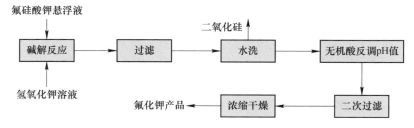

图 7-8 氟硅酸钾碱解法制备氟化钾工艺流程图

Fig. 7-8 Flowchart of the preparation of potassium fluoride by
potassium silicofluoride alkalization

D 产品用途

氟化钾最主要的用途是生产含氟中间体，还可用作水汽和氟化氢气体的吸收剂、络合剂、掩蔽剂、金属分析、食品包装材料防腐等，也可用于银、铝合金及各种合金焊接助熔剂、除锈剂和木材保护剂。重要用途是在有机氟化物生产中作为氟化剂，用于生产氟哌酸氟乙酸钠、氟乙酰胺等含氟农药、含氟医药及含氟涂料。氟化钾还用于脱卤化氢、迈克尔加成反应、Knoevenagel 反应的催化剂以及制备聚酯、芳香族聚酰胺的催化剂，也是制取氟化氢钾的原料。高活性无水氟化钾能够替代氟化反应时使用的价格昂贵的相转移催化剂，在有机氟化反应中高活性、高收率、低用量、低副产。

E　市场情况

随着全球经济增长和工业化进程的不断推进，无水氟化钾市场逐步扩大。2019 年时的全球无水氟化钾市场规模已经达到 40 亿美元以上，预计到 2025 年，市场规模将达到 60 亿美元左右。

目前存在的一些问题是：（1）行业进入门槛较低，市场上存在大量的小型企业。（2）行业内存在多个品牌和种类的无水氟化钾产品，竞争激烈。（3）行业市场份额分散，缺乏规模化生产企业。（4）市场对产品品质有较高要求，品牌影响力也是竞争的重要因素。综合来看，无水氟化钾行业处于品牌竞争的阶段。企业需提升品牌影响力，提高产品质量和可靠性，才能在激烈的市场中立于不败之地。

当前，无水氟化钾行业的发展趋势主要体现在以下几个方面：（1）提高生产效益。随着全球的环保呼声不断高涨，无水氟化钾企业需要加大技术创新提高生产效率，从而一方面降低生产成本，另一方面也能够大幅度缩短环境影响。（2）产品性能升级。随着行业市场的竞争加剧，无水氟化钾企业需要提高产品品质和可靠性，满足市场需求。同时，需提升对产品的检测技术，提高产品的稳定性。（3）工业转型升级。当前，无水氟化钾企业在市场竞争中需要进行产业结构的优化和调整，推动工业升级转型。例如，在使用清洁能源方面如太阳能、风能等以及研发生产更加环保、绿色的产品上，都是企业进行转型升级的方向。（4）经销商和客户服务升级。当前，无水氟化钾行业由于品牌和品质差异较大，客户对经销商和售后服务的要求越来越高。因此，无水氟化钾企业需要提升销售和售后服务质量，加强客户和经销商的联系和沟通。

7.2.1.3　氟硼酸钾

A　性质

化学名：氟硼酸钾；英文名：Potassium fluoroborate potassium borofluoride；分子式：KBF_4；相对分子质量：125.92；CAS：14075-53-7；密度：2.50 g/cm^3；熔点：530 ℃。

氟硼酸钾为白色粉末，味苦，从溶液中可结晶出六面棱形晶体。微溶于水及热乙醇中，不溶于冷乙醇、碱，且有毒。氟硼酸钾在被加热到 600~700 ℃时，分解放出三氟化硼。如将氟硼酸钾与硼酐一起加热到熔点时，或在这两组分中再加入浓硫酸加热时，也分解出三氟化硼。与碱金属碳酸盐一起熔化时可生成氟化物和硼酸盐，熔融开始时分解，氟硼酸钾主要物性数据如表 7-13 所示。

表 7-13 KBF₄ 主要物性数据
表 7-13　KBF₄ 主要物性数据

Table 7-13　Main physical properties of KBF₄

项目		数值
晶体形状		菱形<283 ℃（$a=0.7032$ nm，$b=0.8674$ nm，$c=0.5496$ nm）立方体>283 ℃
水中溶解度/g·100 mL⁻¹	20 ℃	0.45
	100 ℃	6.27
蒸气压/Pa		$\log p = -aT^{-1} + b$（$a=6317$，$b=8.15$，$T=510 \sim 930$ ℃）
晶格热（$-U$）/kJ·mol⁻¹		598
ΔH（25 ℃）/kJ·mol⁻¹		−180.50（固态 KF+气态 BF₃→固态 KBF₄）
急性毒性		对大鼠的半数致死量 LD₅₀：240 mg/kg
离解热/kJ·mol⁻¹		121.00
生成热/kJ·mol⁻¹		−1881.50
熔化热/kJ·mol⁻¹		18.00

B　质量指标

国内还没有统一的国家、行业标准，国内某企业标准氟硼酸钾质量指标如表 7-14 所示。

表 7-14　国内某企业标准氟硼酸钾质量指标

Table 7-14　Quality indexes of potassium fluoborate standard of a domestic enterprise

项目	企业甲分析纯指标/%	企业甲化学纯指标/%	企业乙工业指标/%	企业丙工业指标/%
氟硼酸钾	≥98.00	≥97.00	≥98.00	≥98.00
氯化物	≤0.0020	≤0.0050	≤0.050	≤0.050
硫酸盐	≤0.0020	≤0.0050	—	≤0.010
磷酸盐	≤0.0050	≤0.010	—	—
铁	≤0.0020	≤0.0050	—	≤0.30
重金属	≤0.0010	≤0.0030	≤0.010（仅 Pb）	≤0.010
游离碱	≤0.10	≤0.10	—	—
游离酸	≤0.10	≤0.20	—	—
氟硅酸钾	≤0.30	≤0.80	—	—
硅	—	—	≤0.15	≤0.20
钙	—	—	≤0.050	≤0.050
水	—	—	≤0.050	≤0.050
钠	—	—	—	≤0.050

项目	企业甲分析纯指标/%	企业甲化学纯指标/%	企业乙工业指标/%	企业丙工业指标/%
镁	—	—	—	≤0.010
粒度（45~250 μm）	—	—	—	≥80.00

C 制备技术

国内氟硼酸钾生产厂家多使用传统工艺氢氟酸法，而生产原料氢氟酸目前主要来源于战略资源萤石。随着低碳经济和循环经济的发展，氟化工行业提倡氟资源再利用和利用低品位氟资源达到从源头节约战略资源萤石的目的。而利用氟硅酸溶液和硼酸为原料，生产氟硼酸钾联产白炭黑的工艺路线，能很好地将氟硅酸溶液得以利用，该工艺原料价格比较低，产品附加值高，经济效益显著。氟硅酸主要来源于磷肥副产及无水氢氟酸副产。利用低附加值的氟硅酸和硼酸反应生成高附加值的氟硼酸钾，可以提高经济效益，缓解氟化工行业的环保压力，促使氟化工行业健康发展。

氟硅酸法：将氟硅酸稀释至 25%（质量分数）与硼酸按一定配比在 75~85 ℃下密闭反应 2.5~3 h，反应结束后过滤洗涤，滤液为氟硼酸溶液。滤饼用层次水逐级提浓洗涤，滤饼充分洗涤后干燥即得白炭黑产品。将上述所得清亮透彻的氟硼酸溶液中均匀加入一定量的氯化钾，合成反应 0.5~1 h。充分反应后将料浆过滤，滤液用于制备氯化钙等，将滤饼洗涤干净后即为氟硼酸钾软膏，将氟硼酸钾在 100~120 ℃下干燥 2~5 h，即得氟硼酸钾产品[22]。氟硅酸、硼酸制氟硼酸钾工艺流程简图如图 7-9 所示。其反应方程式：

$$H_2SiF_6 + H_3BO_3 \Longrightarrow HBF_4 \downarrow + 2SiO_2 \downarrow + 5H_2O \qquad (7\text{-}17)$$

D 产品用途

氟硼酸钾主要用于铝精制除镁剂，优质铝合金晶粒细化剂，也可作为熔剂用于轻金属加工对金属表面处理，制造铝钛硼合金和作砂轮研磨盘的成分，以降低操作温度。用作焊接上的助熔剂、棉花和人造纤维的阻燃剂，用来清除印刷电路中露出铅的侵蚀液，用于熔接和熔合银、金、不锈钢等金属。可作铝镁浇铸生产含硼合金的原料、硼铝合金添加剂和航天工业中用于冶炼宇航热高强度镁铝合金[23]。

7.2.2 氟硅酸制备碱土金属氟化物

7.2.2.1 氟化镁

A 性质

化学名：氟化镁；别名：二氟化镁；英文名：Magnesium fluoride；分子式：MgF_2；相对分子质量：62.31；CAS：7783-40-6；密度：3.148 g/cm³；熔点：1266 ℃；沸点：2239 ℃。

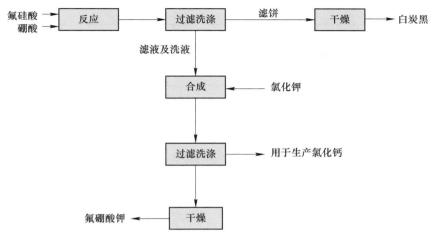

图 7-9 氟硅酸、硼酸制备氟硼酸钾工艺流程

Fig. 7-9 Process flow for preparing potassium fluoborate from fluoborate and boric acid

　　氟化镁为无色四方晶系晶体或粉末。微溶于水，溶于硝酸，不溶于乙醇。化学反应活性低，但其与硫酸反应较慢且不完全，故不能代替氟化钙制备氟化氢。MgF_2 在 750 ℃以下难以水解，该晶体具有中红外宽波段可调谐激光特性。在电光下加热呈现弱紫色荧光，其晶体具有良好的偏振作用，能够透过紫外及中红外的较宽光谱线，特别适于紫外和红外谱线，可用作光学材料。氟化镁的主要物理性质如表 7-15 所示。

表 7-15　氟化镁的主要物理性质

Table 7-15　Main physical properties of magnesium fluoride

项目		数值
相对密度/g·cm⁻³		3.148
硬度（莫氏）		6
熔点/℃		1266
沸点/℃		2239
折射率		1.37770
溶解度	水（18 ℃）/g·100 mL⁻¹ 溶剂	0.0076
	水（25 ℃）/g·100 mL⁻¹ 溶剂	0.013
	氟化氢（12 ℃）/g·100 mL⁻¹ 溶剂	0.025
	醋酸（25 ℃）/g·100 mL⁻¹ 溶剂	0.681
	0.01 mol/L HCl 中/mol·L⁻¹	0.0036
	0.10 mol/L HCl 中/mol·L⁻¹	0.0086
	1.00 mol/L HCl 中/mol·L⁻¹	0.0428

项目	数值
熔化热（1536 K）/kJ·mol^{-1}	58.2
汽化热/kJ·mol^{-1}	272.19

B 质量指标

目前国家没有对其统一的质量标准规格，企业标准参考规格如表 7-16 所示。

表 7-16 氟化镁产品质量的参考规格

Table 7-16 Reference specifications of magnesium fluoride

项　　目	分析纯/%	化学纯/%
氟化镁	≥97.00	≥95.00
灼烧失重	≤11.00	≤11.00
氯化物	≤0.0050	≤0.020
氮化物	≤0.0050	≤0.030
硫酸盐	≤0.050	≤0.030
硅	≤0.010	≤0.030
铁	≤0.0040	≤0.010
重金属	≤0.0030	≤0.010

C 制备技术

自 20 世纪 60 年代起，热压氟化镁开始用于以中波红外制导的导弹以及飞机的红外前视窗口、红外吊舱、光电雷达等系统中，其中比较有代表性的红外导弹，如美国的"响尾蛇"导弹、俄罗斯的 R-7 导弹、法国的"西北风"导弹、以色列的"怪蛇"导弹等。由于各领域对氟化镁的品质要求不一，其制备的方法也各不相同。工业上生产氟化镁的原料主要来自菱镁矿和盐湖卤水，适用于大规模的工业生产，而高品质氟化镁的实验室制备方法生产原料则来自成品镁盐[24]。氟化镁的生产方法有很多，但传统工艺主要有碳酸镁法、氧化镁法、硫酸镁法及氟化氢铵法。

氧化镁法：以氟硅酸和氧化镁为原料，将氟硅酸溶液和氧化镁反应 10 ~ 60 min，过滤得到氟硅酸镁溶液，浓缩结晶得到六水氟硅酸镁；将六水氟硅酸镁在 100 ~ 500 ℃下分解 1 ~ 5 h，生成氟化镁固体和四氟化硅气体及水汽；将四氟化硅气体及水汽用水吸收并水解，过滤得到氟硅酸溶液返回去制氟硅酸镁[25]。

其优点是氟化镁品质高，工艺流程短；缺点是需在高温下分解，能耗高。制备工艺流程图如图 7-10 所示。反应方程式如下：

$$H_2SiF_6 + MgO + 5H_2O == MgSiF_6 \cdot 6H_2O \downarrow \tag{7-18}$$

$$MgSiF_6 \cdot 6H_2O \Longrightarrow MgF_2 + SiF_4 \uparrow + 6H_2O \qquad (7-19)$$

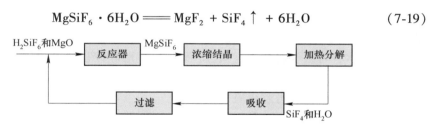

图 7-10　氟硅酸法制备氟化镁工艺流程图

Fig. 7-10　Process flow for preparing magnesium fluoride by fluosilicic acid method

D　产品用途

氟化镁主要用于冶炼铝、镁，制造陶瓷玻璃的助熔剂，用于电炉冶炼铁合金中除铝及铝、钢等焊接助熔剂，钛颜料的涂着剂，广泛应用于制备热压晶体、真空镀膜和光学玻璃，在光学仪器中用作镜头及滤光器的涂层、阴极射线屏的荧光材料、光学透镜的反折射剂及焊接剂等。高纯氟化镁还用于光学玻璃、特种军工材料等。

E　市场情况

氟化镁的主要消费领域为铝合金轻量化、防火材料、磁材料、冶金工业等。其中，铝合金轻量化是氟化镁的主要市场，占据了市场需求的80%以上。由于氟化镁具有很好的耐高温性能和加工性能，能够满足铝合金生产的要求，所以在汽车、航空航天等领域的需求持续增长。另外，随着国家加大环保力度，防火材料的需求也在逐渐增加。氟化镁作为一种优良的防火材料，被广泛应用于建筑、工艺品、电子产品等领域。此外，磁材料、冶金工业等领域对氟化镁的需求也在增加。

目前，国内氟化镁行业存在较为明显的寡头垄断现象。目前国内主要厂家有两家，分别是湖南永州市瑞丰化工有限公司和广西百色市金桥氟化材料股份有限公司。其中，湖南瑞丰占据了国内氟化镁生产总量的70%以上，拥有较高的市场份额，行业竞争较为激烈。

氟化镁生产涉及氟化物的使用和产生，造成对环境的污染，因此受到环保政策的限制。据统计，氟化镁行业一些企业存在环保违规行为，因此被关闭整顿。这对氟化镁行业的影响较大，使得一些小微企业被迫停产，使行业整体市场更加集中。

7.2.2.2　氟化钙

A　性质

化学名：氟化钙，别名：氟石，萤石；英文名：Calcium fluoride；分子式：CaF_2；相对分子质量：78.075；CAS：7789-75-5；密度：3.18 g/cm^3；熔点：1423 ℃；沸点：2500 ℃。

氟化钙是一种白色立方发光晶体或粉末，多以天然萤石（氟石）存在。天然矿石中含有杂质，略带绿色或紫色，溶于铝盐和铁盐溶液时形成络合物，难溶于冷水和热水，可溶于盐酸、氢氟酸、硫酸、硝酸和铵盐溶液，微溶于碱，不溶于酮，有铵离子存在时其溶解度增加。溶于硼酸形成氟硼酸盐，氟化钙与热的浓硫酸在铅制容器中反应可制得氟化氢。

B 质量指标

氟化钙工业级质量指标（GB/T 27804—2011）如表 7-17 所示。

表 7-17 氟化钙指标（GB/T 27804—2011）

Table 7-17 Calcium fluoride specifications（GB/T 27804—2011）

项目	Ⅰ类	Ⅱ类	
		一等品	合格品
氟化钙/%	≥99.00	≥98.50	≥97.50
游离酸/%	≤0.10	≤0.15	≤0.20
二氧化硅/%	≤0.30	≤0.40	—
铁/%	≤0.0050	≤0.008	≤0.0150
氯化物/%	≤0.20	≤0.50	≤0.80
磷酸盐/%	≤0.0050	≤0.010	—
水分/%	≤0.10	≤0.20	—

C 制备技术

复分解法制备高纯氟化钙：本工艺主要利用 H_2SiF_6 和 $CaCO_3$ 直接反应，反应完全后进行过滤，滤饼经过洗涤、干燥得到 CaF_2 产品；滤液进行浓缩后即得到硅胶产品，或进一步将此浓缩液进行喷雾造粒干燥，再经旋风进行气固分离得到白炭黑产品[26]。其中的优点是工艺简单、反应温和，对设备要求较低；缺点是会产生大量二氧化碳，对环境造成一定程度的不良影响。工艺流程如图 7-11 所示。反应方程式如下：

$$H_2SiF_6 + 3CaCO_3 \Longrightarrow 3CaF_2 \downarrow + SiO_2 \cdot H_2O + 3CO_2 \uparrow \qquad (7\text{-}20)$$

其他制备方法：氟化钙可由氟化钠、氟化钾或氟化铵与碳酸钙反应制得，或者由硝酸钙与氟化铵反应制得，非常纯的氟化钙可由氢氟酸与高纯沉淀碳酸钙反应制得。

D 产品用途

氟化钙可用于制氢氟酸、氟化物、陶瓷、搪瓷，冶金工业用作助熔剂，有机化学反应中用作脱水或脱氢催化剂，还可用于电子、仪表、光学仪器制造。纯的氟化钙还可用作红外光材料，天然萤石作为无水氟化氢等的原料。合成产品用于特殊光学玻璃制造和生产单晶、光导纤维、搪瓷及医药[27]。

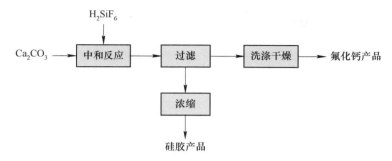

图 7-11 氟硅酸制备氟化钙工艺流程图

Fig. 7-11 Process flow diagram for preparing calcium fluoride from silicofluoride

7.2.3 氟硅酸制备主族金属氟化物

氟硅酸可制备氟化铝。

7.2.3.1 性质

化学名：氟化铝；别名：三氟化铝；英文名：Aluminum fluoride；分子式：AlF_3；相对分子质量：83.98；CAS：7787-18-1；密度 2.88 g/cm^3；熔点 1040 ℃；沸点 1206 ℃。

氟化铝是一种无色三斜晶系晶体，有多种水合物存在：$AlF_3 \cdot 9H_2O$（21 ℃脱水）、$AlF_3 \cdot 3.5H_2O$（>75 ℃脱水）、$AlF_3 \cdot 1.5H_2O$（150 ℃脱水）、$AlF_3 \cdot H_2O$（210 ℃脱水）、$AlF_3 \cdot 0.5H_2O$（600 ℃脱水），而市场化商品多为 $AlF_3 \cdot 3.5H_2O$。氟化铝难溶于水、酸及碱溶液，不溶于大部分有机溶剂，也不溶于氢氟酸及液化氟化氢，与液氨或浓硫酸共加热，或者与氢氧化钾共熔均无反应。不被氢还原，强热不分解但升华，性质非常稳定。加热到 300~400 ℃能被水蒸气部分分解为氟化氢和氧化铝。含不同结晶水的三氟化铝在不同温度下水中的溶解度和三氟化铝的主要物性数据分别如表 7-18~表 7-21 所示。

表 7-18 三氟化铝在水中的溶解度（无水物 g/100 g 饱和溶解）

Table 7-18 Solubility of aluminum trifluoride in water

(anhydrous g/100 g saturated solution)

固相氟化物	温度/℃						
	0	10	20	25	30	75	100
$AlF_3 \cdot H_2O/g \cdot 100\ g^{-1}$	—	—	—	0.55	—	—	—
$AlF_3 \cdot 5/2H_2O/g \cdot 100\ g^{-1}$	0.13	—	0.50	—	—	1.32	2.41
$AlF_3 \cdot 3H_2O/g \cdot 100\ g^{-1}$	0.25	0.28	—	0.50	0.68	0.88	1.64
$AlF_3 \cdot 7/2H_2O\ (\alpha)$ $/g \cdot 100\ g^{-1}$	0.56	0.56	—	0.71	—	1.27	1.72

续表 7-18

固相氟化物	温度/℃						
	0	10	20	25	30	75	100
AlF$_3$·7/2H$_2$O（β） /g·100 g^{-1}	0.62	2.31	—	2.70	4.05	6.90	—
AlF$_3$·9H$_2$O/g·100 g^{-1}	0.97	2.81	—	5.10	—	—	—

表 7-19　三氟化铝的主要物性数据

Table 7-19　Main physical properties of aluminum trifluoride

项　　目	数值
升华温度/℃	1278
转化温度/℃	455
密度/g·cm^{-3}	3.10
水中溶解度（25 ℃）/g·L^{-1}	4.10
液体蒸气压（1000 ℃）/Pa	920
25 ℃升华热/kJ·mol^{-1}	299.37
25 ℃热熔/kJ·（mol·℃）$^{-1}$	75.37
比热（35 ℃）/kJ·mol^{-1}	0.96
生成热（25 ℃）/kJ·mol^{-1}	1498.70
生成热（气态）/kJ·mol^{-1}	−1201.61
介电常数	6
平均折射率	1.38
解离（气态）	−108.85
相对密度（d_4^{25}）	2.88~3.13
急性毒性	豚鼠口服 600 mg/kg 即可致死

表 7-20　不同温度（≤298.15 K）的三氟化铝定压热容（c_p）（J/（mol·℃））

Table 7-20　Aluminum trifluoride isobaric hot melt（c_p）（J/（mol·℃））

at different temperatures（≤298.15 K）

温度/K	60	80	100	150	200	250	298.15
c_p/J·（mol·℃）$^{-1}$	9.58	17.20	24.64	42.76	56.74	67.40	75.10

表 7-21 不同温度下三氟化铝蒸气压

Table 7-21 Vapor pressures of aluminum trifluoride at different temperatures

温度/℃	蒸气压/Pa
835	120.39
915	182.12
100	408.77
1064	4132.98
1118	6599.44
1136	10799.08
1144	15332.03
1174	21331.52
1187	26664.40
1199	39729.96
1219	55528.61
1251	81859.71

7.2.3.2 质量指标

2006 年，我国对三氟化铝的质量标准进行了重新修订，制定了 GB/T 4292—2007 的三氟化铝行业标准，其化学成分和物理性能如表 7-22 所示。

表 7-22 三氟化铝行业标准（GB/T 4292—2007）

Table 7-22 Aluminum trifluoride industry standard（GB/T 4292—2007）

牌号	F	Al	Na	SiO_2	Fe_2O_3	SO_4^{2-}	P_2O_5	烧减量	松装密度/$g \cdot cm^{-3}$
	质量分数/%								
高纯	≥61.00	≥31.50	≤0.30	≤0.10	≤0.060	≤0.10	≤0.030	≤0.50	≥1.3
特级	≥60.00	≥31.00	≤0.40	≤0.30	≤0.10	≤0.60	≤0.040	≤1.00	≥1.2
一级	≥58.00	≥29.00	≤2.80	≤0.30	≤0.12	≤1.00	≤0.040	≤5.50	≥0.7

7.2.3.3 制备技术

氟化铝是最主要的氟化盐产品之一，作为电解铝最主要的添加剂，可以提高电解质的电导率并降低熔点。目前，国内氟化铝的生产方法主要有氢氟酸（萤石)-湿法、氟化氢（萤石)-干法、氟化氢（萤石)-无水和氟硅酸法（又称磷肥副产法)[28,29] 等，且氟硅酸法生产氟化铝有很多种流程，国外常见的流程有大概四种，分别是美国的 Alcoa、奥地利的 Linz、瑞士的 Alusuiss 和法国的 Aluminium Pechiney（简称 AP）流程[30]。国内正在研究开发煤碱石法生产氟化铝和冰晶石工艺，用含有一定量氧化铝的高岭土代替氢氧化铝、用芒硝代替纯碱[31]。其中，湿法、干法及无水法技术均以萤石粉、浓硫酸和氢氧化铝为原料，即硫酸分解萤石制得 HF，再与氢氧化铝反应制得氟化铝。

值得注意的是，湿法工艺已被 2007 年国家出台的《铝行业准入条件标准》淘汰。另外，国家于 2010 年出台的《关于对耐火黏土萤石准入标准》以及 2011 年发布的《产业结构调整指导目录（2011 年本）》中对氟化铝产业上游资源的萤石开采利用以及新投产的无水氟化铝生产线生产规模，都进行了更为严格的规划与规定，凸显出这些政策中对初级氟资源的保护。

氟硅酸法[32]：氟硅酸法（又称磷肥副产法）是直接将氟硅酸与氢氧化铝反应结晶生成 $AlF_3 \cdot 3H_2O$，再经过煅烧干燥成无水氟化铝。将磷肥生产企业中产生的含氟废气四氟化硅和氟化氢气体通过二级循环吸收后，制得氟硅酸溶液（质量浓度 15%、$P_2O_5 < 0.25$ g/L），对符合要求的氟硅酸溶液在计量槽中进行预加热，当温度至 78~80 ℃时，在搅拌槽内与氢氧化铝料浆（Al_2O_3 干基 >64%）混合反应，反应温度在 100 ℃以下，生成氟化铝溶液和硅胶沉淀。反应完成后，在带式过滤机上除去硅胶，滤液进入结晶器，在 90 ℃保温 3~4 h，即得 $AlF_3 \cdot 3H_2O$ 结晶，离心分离得 $AlF_3 \cdot 3H_2O$ 滤饼（水分为 5%，其他杂质为 0.1% SiO_2、P_2O_5 和 Fe_2O_3 均小于 0.01%），经计量后由螺旋输送器先后送入两个沸腾炉处理脱水，第一个沸腾炉温度控制在 205 ℃左右，先除去大部分水，使 $AlF_3 \cdot 3H_2O$ 的总水量（包括结晶水）从 45% 左右降低到 6%。余下水分则由第二个沸腾炉完全除去，该炉温度为 590~650 ℃。经过脱水的无水氟化铝，冷却至 80 ℃即得成品，送包装。

目前，虽然产品有一定的局限性，但因其充分利用磷肥副产物，生产成本极低，符合环保与可持续发展需求，故仍具有较强市场竞争力。氟化铝制备工艺流程图如图 7-12 所示。其中主要优点是生产成本极低、环保；缺点是产品松装密度低、流动性较差。反应方程式如下：

$$H_2SiF_6 + Al(OH)_3 \Longrightarrow AlF_3 \cdot 3H_2O \downarrow + SiO_2 \downarrow \qquad (7-21)$$

$$AlF_3 \cdot 3H_2O \Longrightarrow AlF_3 \downarrow + 3H_2O \qquad (7-22)$$

另外还有氟硅酸-氟化铵中间产物法（也称氨法）、铝电解槽废气回收氟化铝等方法。

氟硅酸直接法-高岭土为原料：以高岭土为原料直接生产氟化铝工艺，国内除南化院正在研究 OSW 流程外，贵州化工研究所采用氟硅酸分解高岭土（或氢氧化铝）制取氟化铝和冰晶石联合工艺路线进行了试验研究，并建立了年产 50 吨/年氟化铝，50 吨/年冰晶石中试车间。它不仅适用以高岭土为原料，也适用以氢氧化铝为原料的生产[33]。氟硅酸分解高岭土（或氢氧化铝）联合制取氟化铝和冰晶石，工艺流程短、设备简单、投资省、氟化铝收率高、成本低。该流程也为直接法，如图 7-13 所示。

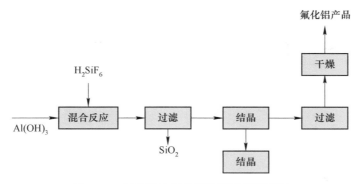

图 7-12 氟硅酸法制备氟化铝工艺流程图

Fig. 7-12 Flowchart of the process for preparing aluminum fluoride
by fluorosilicic acid method

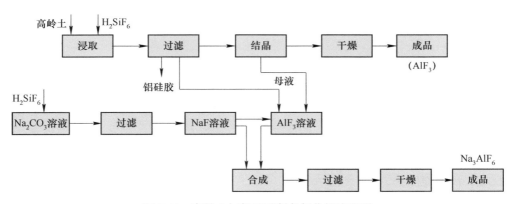

图 7-13 高岭土加氟硅酸制备氟化铝流程图

Fig. 7-13 Flowchart of preparing aluminum fluoride by adding fluorosilicate to kaolin

氟硅酸氢铵法：氟硅酸与碳酸氢铵反应生成氟化铵溶液和二氧化硅沉淀，分离后，滤饼经洗涤、干燥得白炭黑；氟化铵溶液与六水氯化铝反应得可溶性 α-$AlF_3 \cdot 3H_2O$ 和氯化铵溶液，在合适的工艺条件下可溶性 α-$AlF_3 \cdot 3H_2O$ 转化成不溶性 β-$AlF_3 \cdot 3H_2O$，经分离、洗涤、干燥、煅烧得氟化铝成品；分离后的溶液经蒸发、结晶、干燥后得氯化铵副产品。工艺流程图如图 7-14 所示。

氟硅酸制备氟化铝的新工艺由两大部分组成。

（1）氟硅酸和碳酸氢铵反应生成氟化铵溶液和二氧化硅沉淀，反应式为：

$$H_2SiF_6 + 6NH_4HCO_3 \longrightarrow 6NH_4F + SiO_2\downarrow + 6CO_2\uparrow + 4H_2O \quad (7-23)$$

该反应分两步进行：

$$H_2SiF_6 + 2NH_4HCO_3 \longrightarrow (NH_4)_2SiF_6 + 2CO_2\uparrow + 2H_2O \quad (7-24)$$

$$(NH_4)_2SiF_6 + 4NH_4HCO_3 \longrightarrow 6NH_4F + SiO_2\downarrow + 4CO_2\uparrow + 2H_2O \quad (7-25)$$

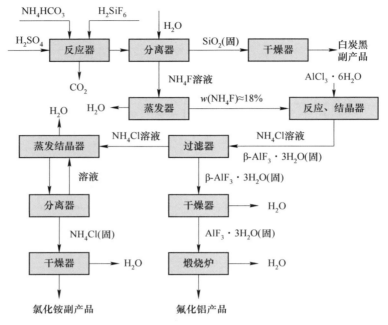

图 7-14　由氟硅酸制氟化铝新工艺流程示意图

Fig. 7-14　Flowchart of the new process of producing aluminum fluoride

from fluorosilicic acid

式（7-24）为不可逆反应，反应速度很快；式（7-25）为气液固三相不可逆反应，反应速度快。

（2）氟化铵溶液与六水氯化铝反应，然后结晶，这两个过程通常在同一设备内进行。

$$3NH_4F + AlCl_3 \cdot 6H_2O \longrightarrow \alpha - AlF_3 \cdot 3H_2O + 3NH_4Cl + 3H_2O \quad (7\text{-}26)$$

$$\alpha - AlF_3 \cdot 3H_2O \xrightarrow{\triangle} \beta - AlF_3 \cdot 3H_2O \quad (7\text{-}27)$$

7.2.3.4　产品用途

氟化铝是电解铝生产中的必要原料，作为氧化铝熔融电解质的调整剂，可降低电解温度与分子比，有利于氧化铝的电解，可提高电解质的电导率；在酒精生产中，用作副发酵作用的抑制剂，陶瓷外层釉彩和搪瓷釉的助熔剂、非铁金属的熔剂；在金属焊接中用于焊接液，制造光学透镜，还可用作有机合成的催化剂及人造冰晶石的原料等，用于生产牙膏、硅酸铝纤维。

7.2.3.5　市场情况

随着我国电解铝行业的快速发展，干法氟化铝工艺得到大力推广，我国氟化铝产量跃居世界首位。2022 年我国氟化铝总产量 74.05 万吨，是当今世界主要的氟化铝生产和出口国家之一，出口的氟化铝大部分是干法产品，主要销往澳大利亚和日本等工业发达国家。

氟化铝是重要的化工原料，在陶瓷、玻璃、铝水、焊接剂这些领域，氟化铝起着非常重要的作用，例如，在陶瓷制品中，氟化铝是一种优秀的致密剂，可缩短烧成时间，减少烧成温度，提高产品质量；在玻璃行业中，氟化铝可缩短烧结时间、提高硬度和光泽度；在铝水中，氟化铝可以调整溶解度、光泽和铝渣的形状，提高铝的质量。氟化铝的市场需求和价格受到市场和行业的影响。近年来，国内化工行业持续高速增长，涉及的领域也越来越广泛，氟化铝的需求量也随之增加。此外，国家对环保的要求越来越高，氟化铝行业也受到了影响。一些工厂因为环保要求不达标而被迫关闭，这又进一步促使氟化铝的供应减少。因此，氟化铝的价格持续上涨，市场前景广阔。

7.2.4 氟硅酸制备其他类氟化工产品

7.2.4.1 冰晶石

A 性质

化学名：冰晶石，别名六氟铝酸钠；英文名：Sodium fluroaluminate；分子式：Na_3AlF_6；相对分子质量：209.94；CAS：15096-52-2；有立方和单斜晶型，在565 ℃时单斜结晶转化成立方结晶；密度：2.95~3.10 g/cm^3；熔点约为1000 ℃。

冰晶石是一种无色，但常呈灰白色、淡黄色或淡红色，有时呈黑色。单斜晶系，是一种不可分割的致密块体，具有玻璃光泽，微溶于水，呈酸性反应，遇强酸或在高温时与水蒸气接触易产生剧毒的氟化氢气体。在熔融态可溶解许多盐和氧化物而形成比其组分熔点低的溶液，冰晶石不自燃也不助燃，其结晶水的含量随分子比的升高而降低，因而其灼烧损失也随分子比的升高而降低。冰晶石在某些溶液中的溶解度和冰晶石的主要物性数据分别如表7-23所示。

表7-23 冰晶石在溶液中的溶解度（g/100 g 饱和溶液）

Table 7-23 Solubility of cryolite in solution（g/100 g saturated solution）

溶剂	溶解度/$g \cdot 100 \ g^{-1}$ 溶剂
水（25 ℃）	0.042
5%$AlCl_3$（25 ℃）	5.80
5%$FeCl_3$（25 ℃）	2.50
1.5%HCl（20 ℃）	0.38
NaOH（热强碱）	完全溶解

B 质量指标

天然冰晶石仅个别国家蕴藏，目前工业上用的冰晶石主要为人工合成（Na

和 Al 摩尔数之比不足 3.0）。冰晶石种类，按氟化钠与氟化铝的分子之比，可分为高分子比冰晶石和低分子比冰晶石；按合成方法，有干法冰晶石和湿法冰晶石。由中国有色金属协会提出，并由全国有色金属标准化技术委员会负责制定了冰晶石的质量标准 GB/T 4291—2007，对人造冰晶石的化学成分规定如表 7-24 所示。

表 7-24　冰晶石的化学指标（GB/T 4291—2007）

Table 7-24　Chemical specifications of cryolite（GB/T 4291—2007）

牌号	F	Al	Na	SiO_2	Fe_2O_3	SO_4^{2-}	CaO	P_2O_5	H_2O	灼减量
	质量分数/%									
CH-0	≤52	≤121	≤33	≤0.25	≤0.0	≤0.6	≤0.15	≤0.02	≤0.2	≤2.0
CH-1	≤52	≤12	≤33	≤0.36	≤0.08	≤1.0	≤0.2	≤0.03	≤0.4	≤2.5
CM-0	≤53	≤13	≤32	≤0.25	≤0.05	≤0.6	≤0.2	≤0.02	≤0.2	≤2.0
CM-1	≤53	≤13	≤32	≤0.36	≤0.08	≤1.0	≤0.6	≤0.03	≤0.4	≤2.5

C　制备技术

冰晶石是一类碱金属的复合氟铝酸盐[34]，是电解铝厂和钢铁冶炼等所用的助熔剂。国内外生产冰晶石的方法主要有萤石生产法、含氟废气生产法、再生冰晶石回收法和氟硅酸生产法。从磷矿伴生氟资源回收角度来看，冰晶石生产工艺主要分为直接合成法、氨法、氨-铝酸钠法和氟硅酸法[35]。目前，先将氟硅酸转化为氟硅酸钠，再以氟硅酸钠为原料生产冰晶石的氟硅酸生产法在我国磷肥厂中得到了广泛的应用[36-38]。

氟硅酸钠法：目前以氟硅酸为原料制冰晶石比较成熟的工艺路线主要是氟硅酸钠法。在此制备工艺中，经过以下反应过程：氟硅酸溶液中加入氯化钠反应生成氟硅酸钠，氟硅酸钠分离提纯后，制成氟硅酸钠溶液。通入过量氨水氨化，得到产物氟化铵、氟化钠溶液和二氧化硅沉淀（白炭黑）。产物分离干燥后，向所得滤液中加入偏铝酸钠，反应后加热挥发出氨气、浓缩结晶析出冰晶石，过程可实现氨气循环利用。此工艺最大特点是制备出来的冰晶石纯度高，制备工艺如图 7-15 所示。反应方程式：

$$H_2SiF_6 + NaCl \Longrightarrow Na_2SiF_6 \downarrow + HCl \qquad (7-28)$$

$$Na_2SiF_6 + 4NH_3 \cdot H_2O \Longrightarrow 4NH_4F + 2NaF \downarrow + SiO_2 \downarrow + 2H_2O \qquad (7-29)$$

$$NaF + 5NH_4F + Na_2AlO_3 \Longrightarrow Na_3AlF_6 \downarrow + 5NH_3 \uparrow + 3H_2O \qquad (7-30)$$

1991 年我国湘乡铝厂对该法进行了研究，1998 年多氟多化工股份有限公司对该方法进行了再创新，并进行了工业化技术的开发，同时成功制得高分子比冰晶石和优质白炭黑产品，建成年产 2 万吨冰晶石及 6 千吨白炭黑生产装置，氟硅酸钠法制冰晶石联产优质白炭黑项目，于 2002 年被原国家发展计划委列为"国

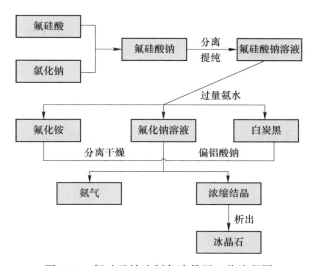

图 7-15　氟硅酸钠法制备冰晶石工艺流程图

Fig. 7-15　Process flow chart of cryolite preparation by sodium fluosilicate method

家高技术产业化示范工程"，现已扩建至 3 万吨冰晶石联产 9 千吨白炭黑装置。

氟硅酸钠法制冰晶石联产优质白炭黑技术属于国内首创，具有自主知识产权，显示出巨大的社会效益和经济效益。一是开辟了新的"氟"资源，国内普遍采用纯碱氟铝酸法生产冰晶石，该项目利用磷肥副产品作为氟资源制造冰晶石，节约了大量的萤石资源。二是项目解决了长期制约我国磷肥行业发展的环境污染问题，有力地促进了这一行业的发展。三是推动了电解铝行业的技术进步，该项目生产的高分子比冰晶石主要用于电解铝的启槽，可以有效提高其技术和经济指标。该产品有利于电解铝启槽时槽帮均匀吸钠，节约纯碱，避免启槽初期偏析；在启槽后期，能有效增加启动槽的稳定性，延长电解槽的使用寿命，该产品的应用是我国电解槽启动技术应用上的一大进步。四是实现了我国沉淀法白炭黑生产技术上的新突破，该项目经氨解氟硅酸钠得到的二氧化硅经技术处理得到优质白炭黑。

D　产品用途

冰晶石主要在冶金工业方面，作为助熔剂用于氧化铝电解及精炼纯铝，不仅能够溶解氧化铝，还具有稳定性好、不易分解和挥发、熔点高、导电性好等优点，用以降低熔点和提高电解质的电导率，也可用作焊条涂层和多种金属焊接加工时的助熔剂。在玻璃工业中，因其与硅、铝和钙的氧化物具有优良的溶解能力，可成为一种高效助熔剂。又因其可以与玻璃中的许多组分形成低熔点化合物，可制造乳白玻璃和不透明玻璃（玻璃遮光剂）。冰晶石作为添加剂可以改善陶瓷、搪瓷釉料的延展性能，还可以用作橡胶、砂轮的树脂添加剂和耐磨填充剂、胃毒性药剂、农作物的杀虫剂、陶瓷乳白剂、金属熔剂、烯烃聚合催化剂，还用于制造人造石、玻璃反射涂层、激光镜面涂层、钢材的修边剂、自润滑轴承。

E 市场情况

2022 年人造冰晶石出口总额为 1681 万美元，1 月及 10 月出口额较高，分别为 342 万美元和 288 万美元，其他月份则在 178 万～197 万美元间波动。2022 年人造冰晶石采购排名前十的国家及地区中，阿联酋的采购量最高，达 5629 t，占比 34%；其次是伊朗，采购量 3069 t。两个国家的采购量占比达 50% 以上。2022 年人造冰晶石出口排名前十的省份中，河南省出口量最大，为 6492 t，其次是浙江省和湖北省，出口量分别为 2248 t 和 2074 t。

由于冰晶石材料具备强大的热分析性，加之其价格比同类产品比较低廉，因此冰晶石材料得到了广泛应用。市场报告显示，冰晶石材料行业处于高速发展的过程中，其市场需求量也是非常旺盛。除此之外，由于其特殊的热分析性，冰晶石材料在高精度侦察行业得到了极大的应用，已成为难以取代的高精度测量仪器材料，从而增加了冰晶石材料的需求量。

7.2.4.2 氟化铵

A 性质

化学名：氟化铵；英文名：Ammonium fluoride；分子式：NH_4F；相对分子质量：37.04；CAS：12125-01-8；密度：1.315 g/cm^3。

氟化铵是一种白色六角柱状晶体或粉末，有毒，易潮解，易溶于水、甲醇，较难溶于乙醇，不溶于氨。水溶液呈酸性，受热或遇热水分解为氨与氟化氢，能腐蚀玻璃。氟化铵在水中的溶解度如表 7-25 所示，其他物化性质如表 7-26 所示。

表 7-25 氟化铵在水中的溶解度

Table 7-25 Solubility of ammonium fluoride in water

温度/℃	溶解度/g·100 g^{-1}	固相物
−4.10	5.00	冰
−8.20	10.00	冰
−12.10	15.00	冰
−14.70	20.00	冰
−20.70	25.00	冰
−24.90	30.00	冰
−26.50	32.30	冰+$NH_4F \cdot H_2O$
−19.00	39.20	$NH_4F \cdot H_2O + NH_4F$

温度/℃	溶解度/g·100 g⁻¹	固相物
-16.00	41.00	NH₄F
0	41.81	NH₄F
5.60	43.50	NH₄F
10	42.55	NH₄F
15.30	45.10	NH₄F
20	45.25	NH₄F
25	45.31	NH₄F
30	47.05	NH₄F
45	49.81	NH₄F
60	52.62	NH₄F
80	54.05	NH₄F

表 7-26　氟化铵的主要物理性质

Table 7-26　Main physical properties of ammonium fluoride

项目		数值
密度/g·cm⁻³		1.32
熔点/℃		40~100 时分解
热熔（固态）/J·(mol·K)⁻¹		65.27
生成热/kJ·mol⁻¹		-455.90
熵（25 ℃）/J·(mol·K)⁻¹	固态	71.97
	液态	99.58
自由能（25 ℃）/kJ·mol⁻¹	固态	-348.70
	液态	-358.19
毒性分级		剧毒
急性毒性		腹腔-大鼠 LD₅₀：31 mg/kg
职业标准		TWA 2.5 mg（氟）/m³；STEL 5 mg（氟）/m³
灭火器		水
储运特性		库房通风低温干燥，与酸碱食品等分开储运

B　质量指标

氟化铵化学成分执行国家标准 GB/T 1276—1999，具体指标如表 7-27 所示。

表 7-27 氟化铵化学成分标准

Table 7-27 Chemical composition standards for ammonium fluoride

项目	优级纯/%	分析纯/%	化学纯/%
氟化铵	≥96.00	≥96.00	≥95.00
澄清度试验	合格	合格	合格
灼烧残渣（硫酸盐）	≤0.0050	≤0.020	≤0.050
游离酸（以 NH_4HF_2 计）	≤0.20	≤0.50	≤1.00
游离碱	合格	合格	合格
氯化物	≤0.00050	≤0.0050	≤0.010
硫酸盐	≤0.0050	≤0.010	≤0.020
氟硅酸铵	≤0.080	≤0.30	≤0.60
铁	≤0.0050	≤0.0020	≤0.0040
重金属	≤0.0050	≤0.0010	≤0.0020

C 制备技术

氟化铵是无机氟化工的重要产品，传统方式以氟化氢为原料生产。但是随着萤石供应日趋紧张，近些年出现了以工业副产氟硅酸生产氟化铵的技术[39]，并在工业级氟化铵领域对传统法逐步进行替代[40]。

液相法：液相法生产氟化铵主要是采用氟硅酸溶液与氨水或液氨反应制得含白炭黑的氟化铵料浆，过滤洗涤得优质白炭黑，滤液浓缩得氟化铵或氟化氢铵产品。此方法的关键在于副产的白炭黑质量优劣、氟化铵溶液浓缩过程中能耗的高低以及反应体系水平衡等。白炭黑质量可通过调整氨水或液氨的加料速度、晶种数量和质量、氨解时间和温度以及氨解体系白炭黑料浆浓度等参数控制；氟化铵溶液浓缩能耗需要把握浓缩装备以及浓缩工况；反应体系保持水平衡，应尽可能地不带入新鲜水，体系多余的水经石灰中和处理后返回系统用于白炭黑的洗涤，若再有多余的水，可用作系统的冷凝水。总之，做好系统的水平衡，是此工艺能大规模实施的重点和关键点。

氟化铵可由含氟和含氨的化工原料采用液相法[41]、气相法或固相混合物加热升华制得，三种氟化铵的生产方法，其中液相法[42]生产设备简单，易于控制；气相法成品质量较高；而升华法则成本最低。目前在工业化生产中大多采用液相法，将氟硅酸首先制备成氟硅酸铵固体，氟硅酸铵进一步在氟化铵溶液中氨解，氟、硅进行化学分离，得到氟化铵和二氧化硅，反应液经陈化、冷却、结晶后，将氟化铵、二氧化硅分离得到氟化铵固体和二氧化硅，氟化铵溶液循环使用。制备工艺流程图如图 7-16 所示。

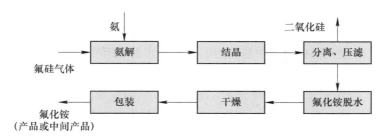

图 7-16 制备氟化铵工艺流程图

Fig. 7-16 Process flow diagram for preparing ammonium fluoride

含氟废气回收法：用 8%~9%NH$_4$F 溶液吸收含氟废气中的 SiF$_4$，生成 18%~20%（NH$_4$）$_2$SiF$_6$ 和 2%H$_2$SiF$_6$ 溶液，然后再用氨或氨水中和。氨和氟硅酸反应，当氨稍过量（4~7 g/L）时，在 15~20 ℃下，可制得很纯的氟化铵溶液。

D 产品用途

氟化铵主要用于合成冰晶石的中间体，也可用于电子工业清洗腐蚀剂和硅片、二氧化硅层蚀刻剂，也可与氢氟酸配成缓冲腐蚀液，雕刻玻璃，冶金工业用作提取稀有金属等；酿造工业用作啤酒消毒的细菌抑制剂；机械工业用作金属表面化学抛光剂；木材工业用作防腐剂；化学分析中用作离子检测的掩蔽剂，用于配制滴定液来测定铜合金中的铅、铜、锌成分。

E 市场情况

随着新兴产业的不断崛起，氟化铵作为一种半导体材料，受到了越来越多的关注。据统计，2019 年氟化铵市场规模已达到 120 亿美元。而随着科技的不断进步，它的应用领域将不断扩大，市场规模也将持续增长。

目前，氟化铵市场主要集中在亚洲和北美两个地区，并且随着中国和印度等国家的快速发展，市场需求也将在这些国家得到进一步提高。此外，随着技术的不断发展和创新，应用领域将逐步扩大，包括半导体、光电子、医药等领域。氟化铵市场需求量日益增加，不过市场上的供应商数量依然较少，氟化铵价格仍然偏高。目前，市场上的价格竞争主要集中在出厂价上，价格水平相对较稳定。

随着新兴产业的不断发展和市场监管的加强，氟化铵市场需求将不断增加。在未来，氟化铵行业将会呈现多元化、专业化和高品质化的趋势。因此，企业应加强技术研发，提升产品质量，同时加强市场营销，提高企业竞争力。

7.2.4.3 氟化氢铵

A 性质

化学名：氟化氢铵，别名酸式氟化铵、二氟化氢铵；英文名：Ammoniumbi fluoride；分子式：NH$_4$HF$_2$；相对分子质量：57.04；CAS：1241-49-7；密度：1.52 g/cm^3；熔点：124.6 ℃；沸点：240 ℃。

氟化氢铵为白色或无色透明正方晶系结晶，商品通常呈均匀片状晶体。氟化氢铵通常状况下为无臭化合物，但当 HF 含量超过 1% 时会产生酸臭味。在干燥状态下比较稳定，但在空气中易潮解，遇潮后水解成有毒氟化物、氮氧化物和氨气。其微溶于醇，极易溶于水，在热水中易分解，水溶液呈强酸性。在较高的温度下能升华。80 ℃开始慢慢热分解，最高 235 ℃时质量完全消失。能腐蚀玻璃，对皮肤有腐蚀性，有毒。氟化氢铵在水中的溶解度及其物理性质分别如表 7-28、表 7-29 所示。

表 7-28　氟化氢铵在水中的溶解度

Table 7-28　Solubility of ammonium hydrogen fluoride in water

温度/℃	溶解度/g·100 g^{-1}	固相物
-3.40	5.00	冰
-6.50	10.00	冰
-9.40	1.00	冰
-12.60	20.00	冰
-14.80	23.60	冰+NH_4HF_2
0.00	28.45	NH_4HF_2
10	31.96	NH_4HF_2
20	37.56	NH_4HF_2
25	43.73	NH_4HF_2
40	50.00	NH_4HF_2
60	61.00	NH_4HF_2
80	74.53	NH_4HF_2
100	85.55	NH_4HF_2
104.60	89.00	NH_4HF_2
110.50	92.00	NH_4HF_2
114	94.00	NH_4HF_2
126.10	100	NH_4HF_2

表 7-29　氟化氢铵的主要物理性质

Table 7-29　Main physical properties of ammonium hydrogen fluoride

项目	数值
类别	腐蚀物品
相对密度/g·m^{-3}	1.52

项目		数值
熔点/℃		124.60
沸点℃		240.00
定压比热/kJ·kg^{-1}		1.15
溶解热/kJ·mol^{-1}		20.27
折射率		1.40
90%乙醇中溶解度（25℃）/g·100 g^{-1}		1.73
标准生成热/kJ·mol^{-1}		298.30
熔化热/kJ·mol^{-1}		19.10
蒸发热/kJ·mol^{-1}		65.30
离解热/kJ·mol^{-1}		1411.40
摩尔热熔/kJ·mol^{-1}		106.70
熵（25℃）/J·(mol·K)$^{-1}$	晶体	115.52
	溶液	205.89
自由能（25℃)/kJ·mol^{-1}	晶体	−651.52
	含水	−657.52
毒性分级		高毒
急性毒性		腹腔–大鼠 LD$_{50}$：31 mg/kg
职业标准		TWA 2.5 mg（氟）/m^3；STEL 5 mg（氟)/m^3
灭火剂		雾状水
储运特性		库房通风低温干燥，与碱分开存放

B　质量指标

我国工业氟化氢铵质量标准执行中国化工行业标准 HG/T 3586—1999，具体指标如表 7-30 所示，化学试剂氟化氢铵质量标准则执行 GB/T 1278—1994，具体指标如表 7-31 所示。

表 7-30　我国工业氟化氢铵的质量标准

Table 7-30　Quality standard of ammonium hydrogen fluoride in China

项目	优等品/%	一等品/%
氟化氢铵	≥97.00	≥95.00
干燥减量	≤3.00	≤5.00
灼烧残渣含量	≤0.20	≤0.20
硫酸盐	≤0.10	≤0.10

续表 7-30

项目	优等品/%	一等品/%
氟硅酸铵	≤2.00	≤4.00

表 7-31 我国化学试剂氟化氢铵的质量标准

Table 7-31 Quality standard of ammonium hydrogen fluoride in China

项目	分析纯/%	化学纯/%
氟化氢铵	≥98.00	≥97.00
干燥减量	≤0.010	≤0.050
灼烧残渣含量	≤0.0010	≤0.0050
硫酸盐	≤0.0050	≤0.010
氟硅酸盐	≤0.20	≤0.50
铁	≤0.0010	≤0.0050
重金属	≤0.0020	≤0.0050

C 制备技术

"氟硅酸-液氨"液相法生产工艺目前趋于成熟，但建成生产线较少，该方法既解决了磷肥企业的氟污染问题，保护了萤石资源，也为含氨氟化盐的深加工开辟了一条新思路，随着磷肥企业越来越重视氟资源的利用，该工艺也逐渐成熟[43]。

氟硅酸-液氨法：氟化氢铵生产主要采用氟硅酸溶液与氨水或液氨反应制得含白炭黑固体的氟化铵料浆，过滤洗涤得优质白炭黑，滤液浓缩得氟化铵或氟化氢铵产品[44]。氟化铵进一步与氟化氢反应后得到氟化氢铵。氟化氢铵制备工艺流程图如图 7-17 所示。

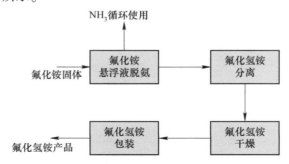

图 7-17 氟硅酸制备氟化氢铵工艺流程图

Fig. 7-17 Process flow for preparing ammonium hydrogen fluoride
from fluorosilicic acid

D 产品用途

氟化氢铵可用于采油中，主要用来清洁钻轴，以及用含2%氟化氢铵的15%盐酸溶液来溶解硅石和硅酸盐等硅质岩层恢复废弃油井的采油能力，可用于清洗含有硅酸盐的锅炉给水系统和蒸汽发生系统结垢，还可用于金属铝表面抛光。在玻璃、珐琅加工中，通常和氢氟酸配合使用，蚀刻普通透明玻璃、珐琅进行磨砂处理和花纹绘制。在纺织品处理中，用以除去织物上的碱性物和铁锈。在冶金工业中，用氟化氢铵在较高温度下可与许多金属氧化物或碳酸盐形成复盐的特性来制取金属铍。氟化氢铵和浓硝酸混配可用于不锈钢和钛的酸浸以避免金属的氢脆，在镀锌和镀镍前用氟化氢铵浸洗可使表面活化、用于镁及其合金的抗腐蚀处理以及硅钢的表面防锈处理等。氟化氢铵用于杀菌剂，也可用于烷基化、异构化催化剂组分。超纯级氟化氢铵用于电子行业硅晶片的蚀刻成分以及氧化物缓冲蚀刻剂。

E 市场情况

随着下游市场发展，氟化氢铵需求量不断增长。2019年我国氟化氢铵行业产量17.74万吨，进口量0.27万吨，出口量1.41万吨，氟化氢铵行业表观消费量达16.60万吨。2019年我国氟化氢铵市场规模18.88亿元，其中高纯度氟化氢铵市场规模4.02亿元，较2014年8.18亿元大幅增加，年均复合增长率达14.96%，2022年中国氟化氢铵市场规模26.32亿元，2023年中国氟化氢铵市场规模26.98亿元，较2022年，年均复合增长率达2.53%。

就目前来看，国内从事氟化氢铵生产的企业主要有领疆科技、淄博飞源化工、东岳金峰氟化工、英杰化工、华新化工、宝硕化工、同晟祥化工、富宝集团等，2023年各企业产能合计不超过25万吨，虽然较之前已有很大提升，但整体仍处于较低水平，国内尚未出现全国性龙头企业，未来市场集中度提升潜力较大。随着我国铝制品加工的发展，铝制品表面处理用氟化氢铵需求猛增；高档玻璃、珐琅制品（特别是磨砂玻璃）及装饰灯具等市场需求也在增加。此外，我国中西部油田逐步开采，潜在的需求也在逐步显现，刺激了氟化氢铵生产。国内生产企业数十家，产量和装置水平悬殊较大。随着我国电子工业半导体市场前景工业的发展，气相法技术、无水氟化氢铵、超纯氟化氢铵将成为开发重点，有着良好的市场前景。

7.2.4.4 四氟化硅

A 性质

化学名：四氟化硅；英文名：Silicon tetrafluoride；分子式：SiF_4；相对分子质量：104.079；CAS：7783-61-17；密度：3.57 g/cm^3。

四氟化硅为无色、有窒息气味，味道类似于氯化氢的刺激性气体。吸湿性很强，在潮湿空气中水解而生成硅酸和氟化氢，同时形成浓烟。溶于硝酸和乙醇。

有制止镁在空气中氧化的性能，有毒。

　　B　制备技术

　　直接法：直接法同硫酸法制氟化氢方法一样，硫酸热解氟硅酸产生的氟化氢和四氟化硅气体经硫酸洗涤得到四氟化硅和氟化氢，方程式如式（7-31）所示。优点是经济效益高，缺点是设备等要求高、纯化难。

$$H_2SiF_6 \Longrightarrow 2HF \uparrow + SiF_4 \uparrow \tag{7-31}$$

　　间接法：间接法是将氟硅酸先转化为氟硅酸盐[45]，再将氟硅酸盐热解或者与浓硫酸热解制备四氟化硅。氟硅酸盐与浓硫酸热解制备四氟化硅同氟硅酸盐法制备氟化氢工艺一样，不同的是将反应得到的四氟化硅不用于浓缩氟硅酸，而是直接提纯制备四氟化硅产品，工艺流程如图 7-18 所示。

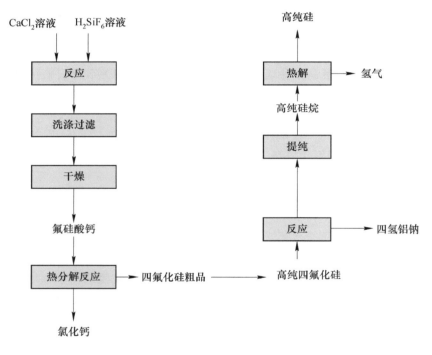

图 7-18　工艺流程图

Fig. 7-18　Process flow diagram

　　采用氟硅酸盐直接热解反应制备四氟化硅主要是氟硅酸盐的选择，常用的氟硅酸盐有氟硅酸钠和氟硅酸钙。采用氟硅酸钠热解须在 400~900 ℃下热解 1~2 h，热解温度高、能耗大，氟硅酸钠在高温热解时流动性差、黏性增加，容易结壁。采用氟硅酸钙热解也须在 400 ℃热解 1 h[46]。优点是成本低，缺点是需要的能耗较高，工艺不成熟。

C 产品用途

四氟化硅作为半导体与光纤加工应用中所使用的一种电子专用气体，是有机硅化物的合成材料，常作为硅基半导体器件生产过程中所采用的离子注入法中的一种重要成分。四氟化硅还可用于处理干燥混凝土部件，能很好地改进其防水性、耐腐蚀性和耐磨性；还可提高结晶分子筛的憎水性能，以及生产高分散性的硅酸、氢氟酸、原硅酸酯、高质量的硅、光电池的无定形硅、硅烷等；并且可作为一种蚀刻介质用于半导体工业的含硅材料上，还可用于硅的外延生长、非晶硅膜生成和等离子刻蚀等。由于四氟化硅的高附加值，并随着硅基产业的发展，具有广阔的市场前景。四氟化硅生产工艺的研究起初源于欧美等发达国家，中国对于四氟化硅的研究尚处于发展阶段。国外生产四氟化硅的厂家有：美国联合化学公司、美国普莱克斯公司、美国空气产品公司，日本的三井化学公司、昭和电工化学公司和中央硝子公司，意大利的 EniChem 公司和南非的 BOC 公司等。近年来国内四氟化硅的生产工艺在向自主化研究发展，主要生产厂家有：天津赛美特特种气体有限公司、北京华科微能特种气体有限公司、北京绿菱气体科技有限公司、广州谱源气体有限公司等。

7.2.4.5 介孔二氧化硅

A 性质

化学名：二氧化硅；英文名：Silicon dioxide；分子式：SiO_2；相对分子质量：60.84；CAS：14808-60-7；密度：2.2 g/cm^3；熔点：1723 ℃；沸点：2230 ℃。

二氧化硅是一种无色透明的固体，化学性质比较稳定，不与水反应，具有较高的耐火、耐高温性能，热膨胀系数小，高度绝缘、耐腐蚀，同时具有压电效应、谐振效应以及其独特的光学特性。它属于酸性氧化物，不与一般酸反应，与氢氟酸反应生成气态四氟化硅，与热的浓强碱溶液或熔化的碱反应生成硅酸盐和水。跟多种金属氧化物在高温下反应生成硅酸盐。二氧化硅的性质不活泼，它不与除氟、氟化氢以外的卤素、卤化氢以及硫酸、硝酸、高氯酸作用（热浓磷酸除外）。

B 制备技术

湿法磷酸副产物 SiO_2 被认为是主要的硅源，由于其独特的物理和化学性质，二氧化硅有广泛的应用，国内缺乏高质量的二氧化硅，目前的商业合成二氧化硅工艺如气相法和溶胶-凝胶法成本较高。因此，对低成本、高质量二氧化硅的需求一直受到高度关注。

氟硅酸法：原料氟硅酸在氨化釜内与液氨反应，生成氟化铵与二氧化硅混合物，经分离后得到氟化铵溶液和硅胶固体物。硅胶固体物经过清洗、干燥后成为高纯二氧化硅[47]。如图 7-19 所示。化学反应式：

$$H_2SiF_6 + 6NH_3 + 2H_2O \Longrightarrow 6NH_4F + SiO_2 \downarrow \tag{7-32}$$

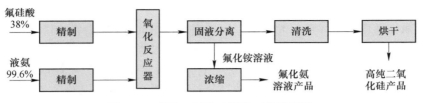

图 7-19 高纯二氧化硅制备工艺流程图

Fig. 7-19 Flowchart of the preparation process of high purity silica

C 产品用途

二氧化硅是制造玻璃、石英玻璃、水玻璃、光导纤维、电子工业的重要部件，也是光学仪器、工艺品和耐火材料的原料。除此之外，二氧化硅还可以作为润滑剂，是一种优良的流动促进剂，主要作为润滑剂、抗黏剂、助流剂[48]。特别适宜油类、浸膏类药物的制粒，制成的颗粒具有很好的流动性和可压性。还可以在直接压片中用作助流剂。作为崩解剂可大大改善颗粒流动性，提高松密度，使制得的片剂硬度增加，缩短崩解时限，提高药物溶出速度。颗粒剂制造中可作为干燥剂，以增强药物的稳定性。还可以作助滤剂、澄清剂、消泡剂以及液体制剂的助悬剂、增稠剂。

7.3 问题与建议

我国的氟硅酸生产氟化盐工业总体上还处于初级阶段，与发达国家相比差距很大。首先，工艺技术水平落后。无机氟化盐产品性能与我国铝电解工业"优质、高效、低耗、长寿、环保"的发展主题不相适应[49]，85%的无机氟化盐生产企业采用的仍旧是前苏联 20 世纪 50 年代的生产工艺；60%的产品仍旧是湿法氟化铝和普通冰晶石；氟污染排放量大，治理难度大。其次，研发能力不强，技术进步速度缓慢。再次，消化吸收创新技术能力不够。我国早在 20 世纪 90 年代初便引进了四套先进的氟硅酸法生产氟化铝的生产线，但效果都不理想，其中有的已停产，有的在间断生产，且产品质量也不稳定。最后，氟化盐的产品结构不合理，还只是停留在初级产品阶段。在氟化盐众多的产品中，铝工业生产的原料氟化铝、冰晶石等少数产品占绝大部分[50]；氟硅酸盐、氟化氢铵、氟化钠、氟化钾等氟化盐占少数；高附加值、高功能的电子级、光学级等精细无机氟化盐产品，几乎还是空白。

根据我国的实际情况，融合当今国外氟化盐的发展趋势，通过进一步优化组合我国氟硅酸生产氟化盐行业技术，形成核心龙头企业，朝着规模化、集约化方向发展。同时采用先进的生产工艺技术和设备、降低消耗、提高产品质量、开拓国内外市场；加大科研开发投入力度，研制和开发高附加值、高功能、高科技含量的氟化盐产品[51]；积极综合利用磷矿石中伴生的氟硅酸，以磷肥氟资源为基础生产包括氟化盐在内的各种氟化工产品，发展和壮大我国现有的氟化盐行业，这是今后一段时间内我国氟化盐工业的发展方向[52]。

⬡7.4 本 章 小 结

综上所述，氟硅酸可以用于无机氟硅酸盐的生产，但由于市场原因，氟硅酸钠、氟硅酸钾、氟化铝市场也趋于饱和；氟硅酸生产出的氟化钙产品品质无法与萤石媲美，用此类氟化钙只能用作低端产品；氟化钠由于产品的使用范围有限。因此，可开发氟化钾、氟化镁、氟化铵/氟化氢铵等产品，而四氟化硅及高比表面积介孔二氧化硅材料由于技术未成熟，还需探索，故不能作为一条成熟的、可选择的发展路线。

参 考 文 献

[1] 刘海霞. 氟硅酸综合利用工艺技术研究进展 [J]. 无机盐工业, 2017, 49 (3): 9-13.

[2] 樊蕾, 杨亚斌, 普伟明. 利用磷肥行业副产氟硅酸发展有机氟化工产业的研究 [J]. 现代化工, 2015, 35 (5): 7-10.

[3] Ruixiang Z. Process optimization in batch crystallization of sodium fluosilicate [J]. Crystal Research & Technology, 2010, 40 (3): 243-247.

[4] 韩汉民. 由氟硅酸钾制备氟化钾 [J]. 化学世界, 1989, 30 (9): 44-45.

[5] 张欣露, 孙新华. 利用含氟废酸制取氟硅酸钾研究 [J]. 再生资源与循环经济, 2018, 11 (5): 38-40.

[6] 张蒙. 一种大颗粒氟硅酸钾制备工艺的研究 [J]. 化学工程与装备, 2019 (10): 25-28.

[7] Yang L J, Zhang Y X, Hong L U. Crystallization kinetics of potassium (sodium) fluosilicate in wet-process phosphoric acid [J]. Journal of Chemical Engineering of Chinese Universities, 2001, 15 (3): 286-290.

[8] 张光旭, 石瑞, 彭宇, 等. 利用钾长石制取氟硅酸钾的研究 [J]. 无机盐工业, 2014, 46 (3): 57-59.

[9] 唐波, 陈文兴, 田娟, 等. 利用磷肥企业氟化物生产固体氟硅酸铵的方法 [J]. 无机盐工业, 2015, 47 (10): 45-47.

[10] 陈早明, 陈喜蓉. 氟硅酸一步法制备氟化钠 [J]. 有色金属科学与工程, 2011, 2 (3): 32-35.

[11] 卢芳仪, 卢爱军. 氟硅酸制氟化钠新工艺的研究 [J]. 硫酸工业, 2004 (2): 25-29.

[12] 毛振东, 刘忠宝, 朱祺, 等. 氟化钾制备工艺的研究 [J]. 山东化工, 2021, 50 (6): 66-68

[13] Noguchi H, Adachi S. Chemical treatment effects of silicon surfaces in aqueous KF solution [J]. Applied Surface Science, 2005, 246 (1-3): 139-148.

[14] 龚翰章, 周丹, 雷攀, 等. 氟硅酸铵制备氟化钾联产白炭黑的实验研究 [J]. 磷肥与复

肥，2017，32（8）：5-7.

［15］李泽坤．氟硅酸制备氟化钾及其活性的研究［D］．武汉：武汉工程大学，2023.

［16］李泽坤，丁一刚，龙秉文，等．湿法磷酸副产物氟硅酸制备氟化钾工艺研究［J］．无机
盐工业，2018，50（11）：45-48.

［17］谷正彦．高品质氟化钾制备新工艺研究［J］．河南化工，2020，37（3）：31-34.

［18］Charles H K，Kibutz M M，Harel S，et al. Process for the production of potassium magnesium
fluoride［D］．U S，1966.

［19］周丹，魏新宇，龚翰章．磷肥副产氟硅酸制备氟化钾的工艺研究［J］．化工矿物与加
工，2017，46（8）：28-31.

［20］许金秀．一种氟化钾的生产工艺：CN202310009332［P］．2023.

［21］柯文昌，丁一刚，龙秉文，等．湿法磷酸脱氟制备氟化钾净化除杂的研究［J］．化学与
生物工程，2016，33（9）：23-26.

［22］杨水艳．氟硅酸、硼酸制备氟硼酸钾工艺研究［J］．无机盐工业，2011，43（10）：
48-50.

［23］匡家灵，王煜．湿法磷酸副产氟硅酸制氟硼酸钾技术［J］．无机盐工业，2013，45
（2）：39-41.

［24］帅领，吴婉娥．氟化镁制备技术现状及发展趋势［J］．材料导报，2011，25（S2）：
322-325.

［25］张永忠，王刚．高纯氟化镁的制备及其应用［J］．化工生产与技术，2021，27（1）：
21-23.

［26］施浩进，丁铁福，杨波，等．氟硅酸制备 HF 和 CaF_2 生产方法简述［J］．有机氟工业，
2019（3）：54-57.

［27］周绿山，唐涛，钱跃，等．氟化钙制备的研究进展［J］．当代化工，2015，44（9）：
2254-2256.

［28］Dreveton A. Manufacture of aluminium fluoride of high density and anhydrous hydrofluoric acid
from fluosilicic acid［J］．Procedia Engineering，2012，46：255-265.

［29］Skaria A，Radvila P R. Improved manufacture of AlF_3 from H_2SiF_6［J］．Journal of Fluorine
Chemistry，1982，1（21）：39.

［30］鲍联芳，王邵东．国外用氟硅酸生产氟化铝的四种流程［J］．硫磷设计，1996（4）：
38-41.

［31］刘海霞，范晓磊，刘晓霞，等．湿法制取氟化铝新工艺及经济分析［J］．无机盐工业，
2008（3）：44-45.

［32］吴昊游，李军，金央，等．氟硅酸制氟化铝的工艺研究及改进［J］．化学工程师，
2013，27（12）：50-53.

［33］张寅虎．当前国内普钙生产中氟硅酸利用情况综述［J］．安徽化工，1983（3）：38-43.

［34］陶雄．由磷肥副产氟硅酸制取冰晶石的新工艺研究［J］．江西化工，2007（1）：74-77.

［35］刘晓红，王贺云，刘晓萍．氟硅酸制冰晶石联产白炭黑工艺研究［J］．轻金属，2007
（7）：58-60.

［36］张自学，王煜，郑浩，等．用氟硅酸制备冰晶石联产水玻璃的新工艺［J］．磷肥与复

肥，2016，31（6）：37-40.

［37］冯双青．冰晶石生产方法综述［J］．甘肃联合大学学报（自然科学版），2006，20（4）：3-5.

［38］陈红艳，杨林，田京城，等．氟硅酸钠法冰晶石工艺技术研究进展［J］．焦作大学学报，2012，26（1）：88-89.

［39］刘晓红，卢爱军，刘燕燕，等．由氟硅酸制高纯二氧化硅［J］．化工时刊，2002（1）：32-35.

［40］黄忠，余双强，高开元，等．高杂质氟硅酸制备氟化铵联产氟化镁工艺技术研究［J］．无机盐工业，2020，52（10）：110-116.

［41］应盛荣，姜战，应悦．由氟硅酸和液氨制备氟化铵或氟化氢铵的设备及生产方法：CN201310430060［P］．2014.

［42］肖冠斌，丁一刚，邓伏礼，等．湿法磷酸液相氟制备氟化铵的工艺研究［J］．化工矿物与加工，2015，44（11）：14-17.

［43］Liu Y, An T, Xu H, et al. New process for joint production of high-purity silica and ammonium hydrogen fluoride［J］. Xiandai Huagong/Modern Chemical Industry, 2014, 34（2）：65-67.

［44］徐欢，安涛，刘烨，等．氟硅酸法制无水氟化氢铵新工艺［J］．化学工程，2014，42（8）：76-78.

［45］王建萍．磷肥副产氟硅酸制备四氟化硅工艺研究［J］．河南化工，2016，33（9）：34-36.

［46］胡专．氟硅酸制备高纯硅副产氟化盐的工艺研究［J］．河南化工，2020，37（6）：23-25.

［47］应盛荣，姜战．以氟硅酸制备高纯石英砂的技术与工艺［J］．化工生产与技术，2013，20（4）：27-30.

［48］卢爱军，徐海林，卢芳仪．由氟硅酸制高纯二氧化硅和氟化铵［J］．河南化工，2002（12）：17-19.

［49］Lacason C F, Lu M C, Huang Y H. Fluoride network and circular economy as potential model for sustainable development-A review［J］. Chemosphere, 2020, 239：124662.

［50］王贺云，刘晓红，梁志鸿．磷肥副产氟硅酸综合利用概述［J］．硫磷设计与粉体工程，2005（3）：17-20.

［51］王睿哲，朱静，李天祥．磷肥副产氟硅酸综合利用研究现状与展望［J］．无机盐工业，2018，50（12）：4.

［52］Dreveton A. Overview of the fluorochemicals industrial sectors［J］. Procedia Engineering, 2016, 138：240-247.

8 氟化氢生产无机氟化工产品技术

氟化物可分为无机氟化物和有机氟化物两大类。其中无机氟化物可分为氟化氢、无机氟盐、含氟特种气体及其他无机氟化物四类。我国氢氟酸生产无机氟盐产业以丰富矿产资源为基础，走从无到有，从有到大至精的路线。经过多年的发展，我国氟化氢生产无机氟化工的研究、设备工艺技术水平、经营管理水平有了长足进步，部分产品填补了国际或国内空白，受到国际市场的青睐，在多个无机氟化工领域已取得多项具有自主知识产权的专利技术，如用于锂电池的高性能晶体六氟磷酸锂已打破垄断，实现国产化，产品质量达到国际先进水平，但也存在不少短板：相对于一些发达国家，我国的无机氟化工在基础研究和技术创新方面还存在一定的差距。

8.1 氟化氢生产无机氟化盐

无机氟化盐是无机盐工业中十分重要的一类化工产品，利用氟化氢与金属氧化物或氢氧化物等可生产一大类无机氟化工产品，具有工艺简单流程短的特点，特别适合制备高纯氟化物。

8.1.1 氟化氢生产碱金属氟化盐

8.1.1.1 氟化锂（Lithium fluoride）

氟化锂为白色粉末或立方晶体，密度 2.635 g/cm^3，熔点 845 ℃，沸点 1676 ℃。性质类似于碱土金属氟化物。它难溶于水，水溶性 0.29 g/100 mL（20 ℃）；不溶于醇，溶于酸，它是碱金属氟化物中最难溶和最稳定的，不生成水合物，可溶于氢氟酸而生成 $LiHF_2$（氟化氢锂）。受高热分解，放出有毒的烟气。

A　制备方法[1,2]

（1）目前工业生产多采用中和法，以碳酸锂或氢氧化锂与氢氟酸反应制得氟化锂。碳酸锂与氢氟酸反应如下：

$$Li_2CO_3 + 2HF \longrightarrow 2LiF + CO_2 \uparrow + H_2O \qquad (8-1)$$

将固体碳酸锂加入氟化氢溶液中，使之反应析出 LiF 结晶，经过滤、干燥得到产品。

（2）复分解法生产工业级氟化锂，主要是由氟化铵与碳酸锂进行复分解反应，经过滤、干燥制得。主要流程如下：以磷肥工业的副产品氟硅酸加入氨水进行氨解得到氟化铵溶液，之后将浓度为 30%~50% 的氟化铵溶液与浓度为 5%~10% 的氢氧化锂溶液混合，恒温下搅拌反应 30~60 min，制得氟化锂溶液料浆。将得到的氟化锂料浆过滤完后，用 60~70 ℃ 温水洗涤，干燥得到氟化锂固体。此生产工艺不但实现了磷肥生产过程中氟资源的综合利用，并且无三废产生，具有良好的环境效益与经济效益。

$$H_2SiF_6 + 6NH_3 \cdot H_2O \Longrightarrow 6NH_4F + SiO_2\downarrow + 4H_2O \qquad (8-2)$$

$$NH_4F + LiOH \Longrightarrow LiF + NH_4OH \qquad (8-3)$$

上述工艺中，也可用工业级碳酸锂碳化后的碳酸氢锂为原料代替氢氧化锂。

$$NH_4F + LiHCO_3 \Longrightarrow LiF + NH_3\uparrow + CO_2\uparrow + H_2O \qquad (8-4)$$

B 用途

氟化锂用于搪瓷、玻璃、釉、陶瓷工业和焊接中作助熔剂。在陶瓷工业中，用于降低窑温和改进耐热冲击性、磨损性和酸腐蚀性。与其他氟化物、氯化物和硼酸盐一起作金属焊接的助熔剂。氟化锂是氟电解槽电解质基本组分，在高温蓄电池中以熔融态作电解质组分。在原子能工业中用作中子屏蔽材料，熔盐反应堆中用作溶剂。它对紫外线的透过率是所有物质中最高的，因此在光学材料中用作紫外线的透明窗（透过率 77%~88%）。氟化锂单晶可用于生产特殊的光学仪器。另外，作为航天技术储存太阳辐射热能的载热剂，在宇宙飞船中作为受热器原料储存太阳辐射热能。高纯氟化锂用于制氟化玻璃，也可用于制作分光计和 X 射线单色仪的棱镜，以及锂离子电池原料[3,4]。

8.1.1.2 氟化钠（Sodium fluoride）

A 制备方法

氟化钠通常由碳酸钠或氢氧化钠在搅拌下与氢氟酸在衬铅钢制的反应器中进行反应，经离心分离，干燥制得。也可由萤石、纯碱、石英砂在 800~900 ℃ 下熔融，用水浸取，滤液经蒸发，结晶，干燥制得。还可由磷肥厂副产的废气制得的氟硅酸钠和碳酸钠按 1:2（物质的量之比）混合，在约 80 ℃ 反应，将硅胶用氢氧化钠溶解变成可溶性硅酸盐，再经结晶过滤，分离，干燥制得。

（1）以氢氟酸和纯碱或氢氧化钠中和法反应制备氟化钠，反应式如下：

$$2HF + Na_2CO_3 \Longrightarrow 2NaF + H_2O + CO_2\uparrow \qquad (8-5)$$

$$HF + NaOH \Longrightarrow NaF + H_2O \qquad (8-6)$$

在衬铅的反应器中加入纯碱溶液，然后通入 40% 氢氟酸进行中和反应，终点控制在 pH 值为 8~9，且无二氧化碳放出。如氢氟酸中含氟硅酸杂质，需在反应过程中将温度提高到 90~95 ℃ 加热 1 h，使氟硅酸钠完全分解成氟化钠和二氧化硅。反应料液在反应器中静置冷却 10 h 结晶，然后经过滤、离心分离、干燥、粉碎筛分制得产品。

（2）以氢氟酸、氨气、氯化钠为原料制氟化钠（氟化铵法），反应式如下：

$$HF + NH_3 === NH_4F \tag{8-7}$$

$$NH_4F + NaCl === NaF + NH_4Cl \tag{8-8}$$

将 5%～10% 的氢氟酸通入反应器中，再通入氨气，控制 pH 值为 6、温度为 80～90 ℃ 进行反应生成氟化铵溶液，再加入理论量的氯化钠析出氟化钠结晶，经增稠器分离后，氟化钠结晶干燥制得产品，副产的氯化铵经冷却结晶，干燥得副产品。

B　用途[5-7]

详见第 7 章。

8.1.1.3　氟化钾（Potassium fluoride）

A　制备方法[7-11]

（1）以氢氧化钾、氟化氢为原料中和法制备氟化钾，反应式如下：

$$KOH + HF === KF + H_2O \tag{8-9}$$

将优级品以上固体氢氧化钾放入盛有等量水的反应器中，然后从反应器下部通入无水氟化氢进行中和，当 pH 值为 7～8 时，停止通无水氟化氢，反应液静置沉降 24 h，上清液经真空蒸发结晶、过滤分离、干燥制得产品。也可将反应液与表面活性剂混合，经喷雾干燥后制得高松密度、高比表面积、吸湿性小、活性高以及使用量少的氟化钾产品。

（2）碳酸钾、氟化氢为原料制备氟化钾，反应式：

$$K_2CO_3 + 2HF \longrightarrow 2KF + H_2O + CO_2\uparrow \tag{8-10}$$

用水将一定量的优级工业碳酸钾溶解，经澄清后将上层清液加入中和釜。缓缓向中和釜中通入工业无水氢氟酸至反应终点。反应生成的混合液经澄清、浓缩、喷雾干燥、计量包装等步骤得工业活性氟化钾产品。

（3）以氯化钾或氯化钾与氟化钾的混合物为原料，先使原料与氟化氢络合，形成氟化钾与氟化氢的络合盐，同时脱除络合过程释放出来的氯化氢。再加热使上述络合盐完全或部分分解，脱除分解出来的氟化氢和体系中可能残留的氯化氢，将经加热分解处理得到的固体物制成水溶液，并调节其 pH 值为 6～8，再经浓缩结晶或喷雾干燥得高活性氟化钾成品。此法生产成本低、可充分利用废弃氟资源。

（4）在质量百分浓度为 48% 的液体氢氧化钾中加入分散剂 TF505，再加入氟硅酸或氟硅酸钾，得到反应液；将反应液进行固液分离，固体经过清洗、过滤、干燥后得到白炭黑；将固液分离得到的液体，经过沉淀后，将清液加入氟化钾浓缩釜；将浓缩后的氟化钾母液经过过滤，干燥得到成品高活性氟化钾；该方法氟硅酸和氟硅酸钾的利用率可以达到 99% 左右，原料利用率高，成本低，得到的产品质量高。

（5）将氟硅酸氨解所得粗氟化铵溶液打入除硅槽内加入一定量固体 KOH 精制除硅，充分反应后过滤，滤液为精氟化铵溶液，滤饼洗涤烘干后得氟硅酸钾成品；将精氟化铵溶液打入反应釜后，匀速加入理论量的固体 KOH 进行反应制得氟化钾溶液，反应终点控制 pH 值为 7~8，温度控制在 90 ℃左右；待反应釜内反应完全后，氟化钾溶液流入浓缩釜进行浓缩，浓缩液密度达到（1.51~1.54）× 10^3 g/cm^3 为最佳；浓缩合格的氟化钾溶液打入喷雾干燥塔中进行干燥制得无水氟化钾。其他合成方法见第 7 章。

B　用途[12,13]

详见第 7 章。

8.1.2　氟化氢生产碱土金属氟化盐

8.1.2.1　氟化镁（Magnesium fluoride）

A　制备方法[14-16]

（1）将碳酸镁倒入氢氟酸中反应，将沉淀在 400 ℃干燥而得。氟化镁晶体采用坩埚下降法（又称定向凝固法）生产，将氟化镁装入坩埚（氟化镁可由氢氟酸与碳酸镁或氧化镁反应制得），缓慢通过温度梯度均匀的炉子内。原料熔融后缓慢降温，开始产生结晶并逐渐扩展到整个熔体，晶体成长。

（2）以氟化氢生产的固体氟化铵和氧化镁为原料，按一定比例混合，在固相状态下加热直接生成氟化镁，氟化铵可由磷肥生产过程的副产有害废物氟硅酸加氨水进行氨解得到。因此该方法在一定程度上减轻了对萤石的依赖，降低了生产成本。

主要化学反应式为：

$$2NH_4F + MgO \Longrightarrow MgF_2 + 2NH_3 + H_2O \tag{8-11}$$

（3）以氟硅酸和氧化镁为原料，详见第 7 章。

（4）以氟化氢生产的氟化铵、氯化镁为原料，直接生成氟化镁沉淀：将 30%~40% 的氟化铵溶液和 25%~36% 的氯化镁溶液同时加入反应釜，反应生成氟化镁料浆；将得到的氟化镁料浆过滤，制得氟化镁，用 60~70 ℃热水将其洗涤干净，洗涤后氟化镁于 250~400 ℃干燥 1~2 h，即得氟化镁成品。

B　用途

详见第 7 章。

8.1.2.2　氟化钙（Calcium fluoride）

A　制备方法

氟化钙可由氟化氢与高纯沉淀碳酸钙反应制得：

$$CaCO_3 + 2HF \Longrightarrow CaF_2 \downarrow + H_2O + CO_2 \uparrow \tag{8-12}$$

将高 700 mm、直径 700 mm 的不锈钢容器放入 200 L 的塑料容器内。在塑料容器中加入 30 L 纯水及 30 kg 氢氟酸搅拌均匀，往不锈钢容器中加入纯水，水高度为不锈钢容器的 2/3。纯水加热至沸。将合成并洗涤好的碳酸钙用 50 L 纯水打成浆状。在搅拌下将打成浆状的碳酸钙缓慢加入氢氟酸中。控制加料速度使沉淀不溢出。合成终点 pH 值为 2，继续搅拌 20 min，直到塑料容器中物料不再冒气泡为止。再测量体系 pH 值，升高则需补加氢氟酸，直到体系的 pH 值不大于 2 为止。静置，吸出上层清液。将沉淀放入包胶离心机中甩干。用纯水洗涤沉淀 4 次。将沉淀在 90 ℃烘箱中烘干，取出成品粉碎过筛。

B 用途

详见第 7 章。

8.1.2.3 氟化锶（Strontium fluoride）

氟化锶（SrF_2）为无色立方晶系结晶粉末。密度 4.24 g/cm³，熔点 1473 ℃，沸点 2489 ℃。在空气中稳定，可被强酸分解。溶于热盐酸，不溶于水、氢氟酸、乙醇和丙酮，溶于硼酸形成氟硼酸盐。

A 制备方法

氟化锶可由碳酸锶和氟化氢中和法制得，也可由锶盐与碱金属氟化物复分解而制得。常见的复分解反应有硝酸锶与碳酸氢铵反应、氢氟酸与碳酸锶反应。

在不锈钢容器中加入 50 kg 硝酸锶，用 200 L 纯水将硝酸锶溶解成密度为 1.20 g/cm³ 的溶液，过滤清亮。在 400 L 不锈钢容器中，加入 50 kg 碳酸氢铵、200 L 纯水，搅拌溶解，待澄清后过滤清亮。在 400 L 夹套罐中加入 200 L 纯水加热至沸腾，充分搅拌。分别滴加硝酸锶和碳酸氢铵溶液，控制合成的 pH 值为 7~8，滴加 20 min 后，将两个溶液流量加大，10 min 后继续加大流量。保持反应温度 90 ℃，控制反应液 pH 值为 7~8，如果 pH 值偏酸则加大碳酸氢铵流量，当合成到整个反应物接近充满夹套罐时，调节反应终点。沉淀的上层清液加入碳酸氢铵溶液不应再浑浊。合成结束后继续搅拌 20 min，待溶液澄清后吸出大部分清液。加热，开动搅拌继续加料合成，合成到满罐为止，待溶液澄清后将清液全部吸出，将沉淀放入离心机中甩干。甩洗 5 次，每次用纯水 50 L 调浆。甩干后取出沉淀以备合成氟化锶。

在直径为 700 mm、高为 700 mm 的不锈钢容器中放入一个 200 L 的塑料容器。在塑料容器中加入 30 L 纯水及 30 kg 氢氟酸搅拌均匀，往不锈钢容器中加入纯水，水高度为不锈钢容器的 2/3，加热纯水至沸。将合成并洗涤好的碳酸锶用纯水打成浆状，在搅拌下将打成浆状的碳酸锶缓慢加入氢氟酸中，控制加料速度使沉淀不至溢出。继续加料到 pH 值为 2，而后继续搅拌 20 min，随时监控反应物的 pH 值。如果 pH 值上升到 3 以上则需补加氢氟酸。反应完成后，待澄清吸出上层清液，把沉淀放入包胶离心机中甩干。用纯水甩洗 4 次，每次 30 L 纯水。甩干后将沉淀在 90 ℃烘箱中烘干，取出成品粉碎过筛。

对氟化锶晶体形貌有特殊要求的，其调控方法可参见文献[17-19]。

B　用途[20]

主要用于药用、光学玻璃及激光用单晶以及高级电子元件等，还可用于日用化工行业，也用于制其他氟化物的代用品。

8.1.2.4　氟化钡（Barium fluoride）

氟化钡，白色立方结晶。难溶于水，18 ℃水中溶解度 0.16 g/100mL。相对密度 4.83 g/cm³，熔点 1354 ℃，沸点 2260 ℃，熔融热 23.36 kJ/mol，汽化热 347.3 kJ/mol。溶于盐酸、硝酸、醋酸、氢氟酸和氯化铵。强腐蚀性，有毒。

A　制备方法[21]

（1）由氢氧化钡和氢氟酸互相中和而制得：

$$Ba(OH)_2 + 2HF =\!=\!= BaF_2\downarrow + 2H_2O \tag{8-13}$$

将工业级氢氧化钡放入不锈钢容器中，加入纯水，使其没过原料，浸泡 4 h 左右，用离心机甩干。放入带夹套的不锈钢容器中，加入纯水，加热溶解，使密度为 1.10 g/cm³，过滤清亮备用。

在塑料容器中加入 40% 的氢氟酸，然后将滤清的氢氧化钡溶液往氢氟酸中慢慢滴加，边滴加边搅拌，出现白色沉淀，停加，充分反应后，继续滴加，随着滴加速度加快，合成终点的 pH 值为 3~4，静置，吸出上层清液，然后用热纯水洗沉淀至 pH 值为 6~7，用包胶离心机甩干、干燥，即为成品。

（2）碳酸钡和无水氢氟酸为原料中和制备，反应式如下：

$$BaCO_3 + 2HF =\!=\!= BaF_2\downarrow + CO_2\uparrow + H_2O \tag{8-14}$$

将工业碳酸钡加水调成浆状物，再加入无水氢氟酸进行中和反应，生成氟化钡沉淀，并放出二氧化碳，控制反应终点 pH 值，反应完成后，过滤，将滤饼洗涤、干燥、粉碎得产品。或将碳酸钡用水调糊一点点地加入过量氢氟酸中，加热烘干，在惰性气氛中加热逐去 HF 而得。

（3）利用氟化钡在水溶液中溶解度低的性质，使可溶性钡盐溶液和可溶性氟化盐溶液反应生成氟化钡沉淀。反应方程式如下：

$$Ba^{2+} + 2F^- =\!=\!= BaF_2\downarrow \tag{8-15}$$

该生产工艺条件温和，原料多来源于其他行业副产的氟源及可溶性钡盐，价格低廉，生产氟化钡成本较低，产品附加值较高。但氟化钡沉淀时可能夹杂其他金属离子或阴离子，产品纯度不高。同样，生产过程中伴随有大量的洗涤液排放，环保压力较大。

（4）利用氟硅酸钡在高温下分解为产品氟化钡及四氟化硅气体，原料氟硅酸钡可以从磷肥行业的副产物氟硅酸经铵化后，再与氢氧化钡或碳酸钡反应得到，四氟化硅气体经吸收后重新再利用。

$$BaSiF_6 =\!=\!= BaF_2 + SiF_4\uparrow \tag{8-16}$$

该工艺原料易得，价格低廉，制备工艺简单，所需设备较少，反应的副产物容易处理，生产过程无废水、废液排放，不产生二次污染，具有良好的环境效益和经济效益；但热分解所需要的温度较高，能耗大，对生产设备要求高。

B　用途

氟化铵主要用于电子、仪表、冶金工业、防腐剂等。用于制造电机电刷、光学玻璃、真空镀膜、光导纤维、激光发生器、透红外光薄膜，也用于制焊接助熔剂、搪瓷制造、防腐剂、固体润滑剂，还可作木材防腐剂及杀虫剂。氟化钡晶体是一种良好的闪烁晶体，透光范围 0.15~11.5 mm，探测效率高，具有很高的能量分辨率，辐照损伤小，荧光衰减时间短，用于光声池、各种波段的窗口、二氧化碳激光器窗口、红外吸收窗口以及 X 射线和高能粒子探测。

8.1.3　氟化氢生产过渡金属氟化盐

8.1.3.1　四氟化钛（Titanium tetrafluoride）

四氟化钛，吸潮性的白色粉末。相对密度 2.798 g/cm³，熔点 284 ℃，常压下 284 ℃即升华，易溶于水并分解，溶于乙醇，不溶于乙醚。

A　制备方法

以四氯化钛和氟化氢为原料制备四氟化钛。反应式如下：

$$TiCl_4 + 4HF \longrightarrow TiF_4 + 4HCl \tag{8-17}$$

将 50%的四氯化钛按化学计量的量装入铂制或铜制的反应器中，滴加氟化氢使其反应，将反应物静置数小时，再缓慢加热，加热至 200 ℃时蒸馏出含氟化氢的氯化氢，再继续升温至 284 ℃以上使四氟化钛升华，经冷却即得四氟化钛粉产品，用密封的铜或铁制容器储存。也可用海绵钛与元素氟于 250~300 ℃直接进行氟化反应，产物再在 250~290 ℃升华制得。

B　用途

四氟化钛可用于成膜材料及离子注入掺杂。在微电子工业中用于化学气相沉积，以制作低电阻、高熔点的互连线。

8.1.3.2　氟化铬（Chromium fluoride）

氟化铬，绿色粉末或结晶，沸点 1100~1200 ℃；熔点大于 1000 ℃，相对密度 3.78 g/cm³，不溶于水、醇、氨。微溶于酸，溶于盐酸及氢氟酸。与氢氟酸及多种氟化物形成氟铬酸及其盐，如 $(NH_4)_3CrF_6$、K_3CrF_6 等。从溶液中制得的氟化铬有多种水合物，如绿色的 $CrF_3 \cdot 3H_2O$ 及 $CrF_3 \cdot 4H_2O$、紫色的 $CrF_3 \cdot 6H_2O$、绿色的 $CrF_3 \cdot 9H_2O$，这些水合物稍溶于水，室温时九水物在水中的溶解度为 4%。氟化铬受热稳定。为有毒腐蚀品。

A　制备方法

氟化铬由三氧化二铬或三氯化铬与氟化氢加热反应制得，也可由以下方法制得：

（1）氢氧化铬溶于氢氟酸。将氢氧化铬加入盛有蒸馏水的反应器中，在搅拌加热下缓慢加入氢氟酸进行反应，生成氟化铬溶液，经蒸发浓缩、冷却结晶、离心分离、干燥，制得氟化铬成品。

（2）铬酐（三氧化铬）在 10%～14%氢氟酸中用还原剂进行还原，然后喷雾干燥制得氟化铬成品，还原剂为甲醇、葡萄糖、锯木屑。

（3）在带冷却器及加料漏斗的聚乙烯瓶内，加 100 g 铬酸钠、78 g 水及 35 g 36%HF。慢加 20 g 99.3%的甲醇。反应混合物转移至容积为 500 mL 的聚乙烯洗气瓶，并放入冰浴使体系温度降至 8～10 ℃。往洗气瓶通入理论量无水氟化氢气体。通完后，瓶内溶液变成氟化钠稠浆。浆液用多孔不锈钢漏斗过滤，滤液蒸发浓缩，浓氟化铬溶液在空气中冷至约 30 ℃，析出氟化铬结晶。浆液用多孔不锈钢漏斗过滤回收氟化铬结晶。

（4）在通风橱内，在 1000 mL 塑料烧杯内加入 29.5 g（0.10 mol）重铬酸钾溶解于 100 mL 水中，充分搅拌下滴加由 22 mL 37%甲醛与 40 mL 36%氢氟酸组成的溶液，滴完后继续搅拌 2 h。用 10%氢氧化钾溶液调 pH 值为 7～8，静置一定时间，用 G1 砂芯漏斗过滤，滤饼用蒸馏水充分洗涤 3 次。100 ℃ 以下干燥至恒重，得产品 35.6 g，产率 98.3%[22]。

B　用途

氟化铬可用于印染工业，主要用作毛棉织品防蛀剂、大理石硬化及着色剂、羊毛织物印染的媒染剂和防蛀加工剂，还可用于抛光金属，木材防腐。还可制备其他氟化物的氟化剂及卤化催化剂、黏结促进剂及陶瓷烧结助剂，用于金属铝表面处理、镀铬。

8.1.3.3　氟化锰（Manganese fluoride）

氟化锰，淡红色吸潮性粉末。相对密度 3.98 g/cm³，熔点 856 ℃。微溶于水，在水中溶解度为 0.800 g/100 g H_2O（23.5 ℃），1.00 g/100 g H_2O（100 ℃）。易溶于稀氢氟酸或硝酸。

A　制备方法

将碳酸锰投入盛有氢氟酸的反应器中，反应生成氟化锰溶液，经蒸发冷却结晶后干燥制得氟化锰。也可由二氯化锰和氟化钠共熔，用水浸取冷却，过滤滤液蒸发，冷却结晶，干燥制得。

B　用途[23]

氟化锰可用于窑业、有色金属焊接的原料、电极材料。

8.1.3.4　氟化铁（Ferric fluoride）

氟化铁，浅绿色斜方结晶。相对密度 3.52 g/cm³，熔点大于 1000 ℃，在 1000 ℃升华。微溶于水（在水中溶解度 25 ℃，5.59 g/100 g H_2O）。溶于稀氢氟酸、热水、碱，不溶于醇、醚、苯。

A　制备方法[24-28]

（1）氟化铁由氢氟酸或无水氟化氢与无水三氯化铁反应制得。也可由氧化铁在高温下与氟化氢气体反应制得。

（2）氟化铁具有高容量、优异稳定性和放电电压高特点。以 $Fe(NO_3)_3 \cdot 9H_2O$ 和 NH_4HF_2 为原料，通过液相法制备了花状形状 $FeF_3 \cdot 3H_2O$ 纳米材料前驱体，经过不同温度的热处理，并使用 SP 进行高能球磨制备出合成 $FeF_3 \cdot 0.33H_2O/C$ 正极材料，50 圈后表现为 190 mA·h/g 的电池容量，并确认了晶体中的结合水有助于维持材料的晶体结构，保持循环放电的可逆性。

B　用途

氟化铁作氟化剂，防止铸铁铸造时出现砂眼。用作氙-氟化合物的催化剂，推进剂中用作燃速催化剂，还可用作芳构化、脱烷基化和聚合的催化剂。也用于阻燃聚合物。可用于陶瓷工业、Fe-Co-Nd 磁性材料、电池正极材料。

8.1.3.5　氟化亚铁（Ferrous fluoride）

氟化亚铁，白色四方结晶粉末，相对密度 4.09 g/cm³，熔点 1100 ℃，沸点 1837 ℃。微溶于水，溶于稀氢氟酸，不溶于醇、醚。氟化亚铁（FeF_2）具有高理论比容量、高能量密度、高放电平台以及原料价格低廉等特点，成为极具发展前景的锂离子电池正极材料[29]。

A　制备方法

氟化亚铁可由氟化氢与氯化亚铁或铁在塑料容器中反应制得。也可由草酸铁（FeC_2O_4）和氟化铵按 1:3（物质的量之比）于 300 ℃ 固相反应制得。

B　用途

氟化亚铁用于除去铁锈，以及用于陶瓷、催化剂制造和电极材料。

8.1.3.6　氟化钴（Cobaltous fluoride）

氟化钴，玫瑰红色四方结晶或桃红色粉末，相对密度 4.46 g/cm³，熔点 1127 ℃，沸点 1400 ℃（挥发）。微溶于水（25 ℃，1.415 g/100 g H_2O），溶于热的无机酸。氟化钴在水溶液中可形成二水氟化钴（$CoF_2 \cdot 2H_2O$）、三水氟化钴（$CoF_2 \cdot 3H_2O$）、四水氟化钴（$CoF_2 \cdot 4H_2O$）。

A　制备方法

氟化钴由氢氟酸或无水氢氟酸和碳酸钴为原料制备，其反应式如下：

$$2HF + CoCO_3 =\!=\!= CoF_2 + H_2O + CO_2\uparrow \tag{8-18}$$

将氢氟酸加入内衬塑料或内衬石墨的反应器中，在搅拌下加入碳酸钴生成氟化钴沉淀。过滤、分离，于 150~200 ℃ 干燥，再粉碎制得无水盐。由新制备的氯化钴、氢氧化钴或碳酸钴与氢氟酸反应可制得二水氟化钴、三水氟化钴以及四水氟化钴。

B　用途

氟化钴主要用于制造三氟化钴、氟化剂和电极材料[30-32] 等。

8.1.3.7　氟化镍（Nickel fluoride）

无水氟化镍（NiF_2）和四水氟化镍（$NiF_2 \cdot 4H_2O$）是氟和镍稳定化合物。

无水氟化镍为绿色至淡黄色结晶，相对密度 4.72 g/cm³，熔点 1100 ℃，沸点 1740 ℃。微溶于水（25 ℃，2.50 g/100 gH$_2$O；90 ℃，2.52 g/100 gH$_2$O），溶于酸、碱和氨水，在沸水中分解，不溶于醇和醚，在氟化氢气流中加热高于 1000 ℃时升华。四水氟化镍为黄绿色或淡黄色正方晶系结晶，微溶于水，溶于氢氟酸，在 30% 氢氟酸中，溶解 13.3% 四水氟化镍。有毒，LD$_{50}$ 值为 130 mg/kg NiF$_2$。

A 制备方法

无水氟化镍由氯化镍在氟气流中 350 ℃加热而得，或由无水氟化氢和无水氯化镍反应制得，可由四水氟化镍在 300 ℃脱水制得，也可在 500 ℃下将四水氟化镍在无水氟化氢气流中加热制得，还可在升温下用过量四氟化硫或三氟化氯与氟化镍盐或在 250 ℃下使碳酸镍与无水氟化氢反应制得。

四水氟化镍可由碳酸镍与 50%氢氟酸溶液在 300 ℃反应生成氟化镍，随着氟化镍浓度增加，氢氟酸浓度降低，析出四水氟化镍沉淀，经过滤分离，于 75～100 ℃干燥除去水分制得。

a 碳酸镍和氢氟酸制备氟化镍工艺

在 400 L 不锈钢容器中加入 100 kg 硫酸镍及 300 L 纯水搅拌溶解，过滤。在 400 L 不锈钢容器中，加入 50 kg 碳酸氢钠，加入 300 L 纯水，搅拌溶解，待澄清后过滤清亮，将两溶液分别吸入高位槽。在 400 L 夹套罐中加入 200 L 纯水，加热至沸，在继续加热的状态下开动搅拌。分别同时滴加碳酸氢钠和硫酸镍溶液，逐渐加大流速，10 min 后再次加大流速。但应控制其产生的二氧化碳气泡不致使物料溢出。当合成的物料将充满夹套罐的上线时，调节合成终点，使上层清液加入碳酸氢钠溶液不应出现浑浊。20 min 后，待沉淀沉降后吸出上层清液，把沉淀放入不锈钢离心机中甩干。用 50 L 纯水洗涤沉淀，重复洗 5 次。

b 氟化镍结晶和粉状两种制备方法

（1）结晶形氟化镍的生产：在 200 L 的塑料容器中放入 30 kg 氢氟酸和 30 L 纯水的混合溶液。在搅拌下加入碳酸镍溶液，由于氟化镍溶于氢氟酸，开始生成绿色沉淀，继续加入碳酸镍则析出氟化镍结晶，加到 pH 值为 2 时停止加料，静置后抽出上层清液，该清液可在下次合成氟化镁时，用作冲稀氢氟酸时用。结晶则放到包胶离心机中甩干，将甩出的结晶于 42 ℃左右烘干。

（2）粉末状氟化镍的生产：将 30 kg 碳酸镍放入 200 L 塑料容器中，加入 30 L 纯水，在搅拌下加入 20%氢氟酸，控制加酸速度，使物料不致溢出。氢氟酸加到整个体系至 pH 值为 2 时，停止加酸，继续搅拌到塑料容器中不再有气泡产生时，再测体系的 pH 值，如果此时 pH 值升高则再补加氢氟酸，直到 pH 值恒定在 1～2。在此塑料容器旁边放置一个空的塑料容器，上罩一个 0.175 mm 尼龙筛网，用橡皮筋勒紧筛网。把带母液的氟化镍沉淀置于筛网上，大部分沉淀母液通过筛网，而一部分被氧化镍包裹的碳酸镍颗粒留于筛网上，把颗粒研碎使之通过筛网，当所有的母液和沉淀全部转移到空桶内时，将桶上面的筛网转移到原来的合成桶上，当筛网勒紧后，再把母液和沉淀转移到原来的合成桶中。此时由于被包裹的碳酸镍被释放出来而和游离的氢氟酸反应而使体系的 pH 值升高，需要补加一些氢氟酸以使 pH 值再降到 1~2，静置，吸出上层清液用来合成下一批氟化镍。沉淀放到包胶离心机中甩干。甩洗几次，每次用 20 L 纯水。洗水仍可用作合成氟化镍用。沉淀，于 50~70 ℃烘干。

结晶型氟化镍相对纯度较高，但缺点是溶解速度较慢；而粉末状氟化镍溶解速度较快。

B　用途

氟化镍用于制油墨、铝材处理剂、荧光灯、压敏电阻、电极材料及有机合成的氟化剂和催化剂[33]。在合成六氟化氙中作催化剂，也用在制高纯氟气中。

8.1.3.8　氟化铜（Cupric fluoride）

氟化铜，白色吸潮单斜结晶，为金红石结构。相对密度 4.23 g/cm³，熔点 836 ℃，沸点 1678 ℃。在潮湿空气中变成蓝色。溶于水、醇和酸，在热水中溶解并水解成二水氟化铜。二水氟化铜为蓝色单斜结晶，相对密度 2.934 g/cm³，大于 130 ℃分解成氟化铜。氟化铜可与氟离子（F⁻）配合生成 CuF_3^-、CuF^+ 和 CuF_6^{4-}。950 ℃以上熔融态失氟：

$$2CuF_2 =\!=\!= 2CuF + F_2 \uparrow \tag{8-19}$$

$$2CuF =\!=\!= CuF_2 + Cu \tag{8-20}$$

A　制备方法

氟化铜可由铜与氟气在 400 ℃反应制得。无水氟化铜由碳酸铜与无水氢氟酸反应生成二水氟化铜，加入过量的氟化氢除去部分水。过量的氟化氢经倾析除去，剩余物放入聚四氟乙烯盘中，在氟化氢气氛中干燥制得。

B　用途

无水氟化铜用于有机合成反应催化剂、氟化剂和高密度电池[34-36]。二水氟化铜用于灰口铁的助熔剂和焊接助熔剂等。在氧气存在条件下，芳烃与氟化铜在 450 ℃以上反应可用于制取氟代芳烃，比桑德迈尔反应简单得多，但只适用于对热稳定的化合物。

8.1.3.9　氟化锌（Zinc fluoride）

氟化锌，白色结晶粉末，蒸气压 0.13 kPa（970 ℃），熔点 872 ℃，沸点 1497 ℃，微溶于冷水，溶于热水、热酸，不溶于醇。相对密度 4.84 g/cm³，有毒。

A　制备方法

氟化锌由氧化锌与氢氟酸反应制得，高比面积氟化锌可采用溶胶凝胶法制备[37]。

B 用途

氟化锌可用于搪瓷釉药、木材防腐、电镀、有机氟化剂，也可用于分析试剂。

8.1.3.10 氟化钇 (Yttrium fluoride)

氟化钇，白色粉末，密度 4.01 g/cm^3。熔点 1152 ℃，沸点 2230 ℃。不溶于水，难溶于盐酸、硝酸和硫酸，但能溶于高氯酸。在空气中有吸湿性，较稳定。与氟化铵生成 $NH_4F \cdot YF_3$ 不溶性复盐。

A 制备方法

将氧化钇溶解于盐酸中并稀释至 100~150 g/L（以 Y_2O_3 计），溶液加热至 70~80 ℃，再用 48% 的氢氟酸沉淀。沉淀经洗涤、过滤、干燥粉碎、真空脱水制得氟化钇。

B 用途[38,39]

氟化钇用于制备稀土晶体激光材料，上转换发光材料、氟化物玻璃光导纤维和氟化物旋光玻璃。在照明光源中用于制造弧光灯炭电极，也是电解制取金属钇的原料。

8.1.3.11 四氟化锆 (Zirconium tetrafluoride)

四氟化锆，无色透明的单斜结晶，相对密度 4.43 g/cm^3，熔点 932 ℃，升华温度 912 ℃。难溶于水，微溶于氢氟酸，与金属氟化物在氢氟酸稀溶液中反应得氟锆酸离子。

A 制备方法

酸解法[40,41]：即以氢氟酸和硝酸锆为原料可制备四氟化锆，反应式如下：

$$4HF + Zr(NO_3)_4 \Longrightarrow ZrF_4 + 4HNO_3 \tag{8-21}$$

将无水氢氟酸加入浓硝酸锆溶液中，经反应可制得四氟化锆（$ZrF_4 \cdot H_2O$），再经过滤、分离、干燥脱水，最后在流化床中用氟化氢气体处理即制得，如再控制温度，使其升华便可得高纯四氟化锆。该法是工业规模的生产方法。

此外，也可将无水氟化氢加到氧氯化锆中，加热至约 60 ℃即生成沉淀，再在氟化氢气流中于 450~500 ℃加热 5 h 可制得氟化锆。

还可由四氯化锆与无水氢氟酸反应，经升华冷却制得。若用氟锆酸直接热解也可制得四氟化锆。但是，若想获得高纯四氟化锆，则需将二氧化锆溶于氢氟酸中先制得三水合氟化锆，再经真空脱水，于 625 ℃升华精制即可得。

B 用途

用四氟化锆来作为生产金属锆和锆合金的原料，高纯四氟化锆用于制造光学玻璃及红外光导纤维中的波导玻璃。

8.1.3.12 氟化银 (Silver fluoride)

氟化银，黄色至棕色易潮解立方结晶。相对密度 5.852，熔点 435 ℃，沸点

1159 ℃。水中溶解度为 1.8 kg/L，溶于氢氟酸、氨，微溶于纯甲醇，也可溶于乙腈。暴露于潮湿空气时变黑，形成碱式氟化物。遇光变成暗褐色。

A　制备方法

氟化银可由氧化银或碳酸银与无水氟化氢或氢氟酸反应生成，经蒸发至干，再用甲醇洗涤制得产品，也可以银为电极，氟化钾、冰醋酸为电解质进行电解制得。

B　用途[42,43]

氟化银用于选择性氟化、中等氟化剂和电池的阴极材料，常用于对不饱和键加成。

8.1.3.13　五氟化铌（Niobium pentafluoride）

五氟化铌，无色单斜结晶，有潮解性，相对密度 2.6955 g/cm³。熔点 80 ℃，沸点 229 ℃，溶于水和乙醇并发生水解，微溶于二硫化碳及三氯甲烷中，在熔点以上可与溴或碘直接反应。

A　制备方法[44]

（1）直接法：以金属铌和气态氟为原料制备五氟化铌，反应式如下：

$$2Nb + 5F_2 \rule[0.5ex]{2em}{0.4pt} 2NbF_5 \tag{8-22}$$

用蒙乃尔合金或镍制成的"L"形管作反应管，首先将管的一端放入溶化的干冰中，从管的一端抽真空，以除去管中的空气和水分，然后向管中加入金属铌粉，并将此端放进电炉中（另一端放入半溶化干冰中），接通电源使电炉逐渐升温，当温度达到 250~300 ℃时，再向其中通入氟气，使之生成五氟化铌，在干冰处凝聚成固体粉末状五氟化铌。也可采用在 120 ℃的真空中使五氟化铌升华而制得无色单斜结晶的五氟化铌。

（2）合成法：无水氟化氢和金属铌、碳化铌、氮化铌等在 300 ℃以上反应，即生成五氟化铌。

（3）复分解法：在密封容器中投入氟铌酸钾和氟化铝，加热升温至 800 ℃左右，让其反应生成五氟化铌，再经干冰冷凝即得五氟化铌粉末。

B　用途[45]

五氟化铌用于机械工业金属表面涂铌、原子能工业、能源行业等。

8.1.3.14　五氟化钽（Tantalum pentafluoride）

五氟化钽，易挥发的、具有吸潮性的、白色的单斜晶系结晶。相对密度 5.1 g/cm³，熔点 95.1 ℃，沸点 229.2 ℃，蒸发热 54.4 kJ/mol。易溶于水、乙醚，微溶于热的二硫化碳和四氯化碳及冷的浓硫酸中，在氢氧化钠溶液中即发生激烈反应。但五氟化钽即使在沸腾状态下也不与溴、碘和氮等发生反应。

A　制备方法

（1）直接法：以钽粉和氟气为原料制备五氟化钽，反应式如下：

$$2Ta + 5F_2 \Longrightarrow 2TaF_5 \qquad (8-23)$$

以蒙乃尔合金或镍制的"L"形管作反应管，首先从管的一端抽真空，以除去管内的空气和水分，然后在该端加入金属钽粉，再将此端放入电炉中，将另一端放入半溶化的干冰中，控制电炉，使温度升至300℃，这时向反应管中通入氟气，经反应后即在干冰处生成凝固的固体五氟化钽粉末。反应产物经真空蒸馏，在-10℃收集得99%五氟化钽。

在高真空条件下，于90~100℃温度下升华，即得精制五氟化钽。产品必须储存于干燥的硼硅酸玻璃容器中并密封。

（2）合成法：以五氯化钽和无水氢氟酸为原料制备五氟化钽，反应式如下：

$$TaCl_5 + 5HF \Longrightarrow TaF_5 + 5HCl \uparrow \qquad (8-24)$$

在室温下，五氯化钽和无水氢氟酸反应，反应后经冷凝、过滤分离即得固体五氟化钽，然后在真空下升华，即制得精制五氟化钽。

B　用途

五氟化钽用于钽的化学气相沉积和离子注入掺杂，还用于有机化合物合成催化剂。

8.1.3.15　氟化汞（Mercuric fluoride）

氟化汞，白色易潮解立方结晶或粉末。相对密度 8.95 g/cm³，熔点 645℃（并分解）。在潮湿空气中转变成黄色，在水中水解，溶于乙醇，高毒性。

A　制备方法

氟化汞可由元素氟和氯化汞（$HgCl_2$）在 100~150℃反应制得。也可由无水氟化氢与氧化汞（HgO）或氯化汞（$HgCl_2$）反应制得。

B　用途[46]

氟化汞作为温和氟化剂，在升温下与铜、铅、锡、镁、铬和砷的氧化物或氢氧化物反应，转化为氟化物，也可用来氟化有机物。氟化汞能与氟代乙烯发生加成反应，形成多种有机汞化合物。氟代丙烯也能发生类似的加成反应和取代反应。

8.1.4　氟化氢生产硼族氟化盐

8.1.4.1　三氟化硼（Boron trifluoride）

三氟化硼分子结构为正三角形平面结构。无色有毒气体，具有刺激性臭味。密度 3.0766 g/L（气体），熔点-126.8℃，沸点-101℃，在空气中不燃烧。遇潮湿空气生成浓密白烟，溶于有机溶剂，可与水反应生成强酸性的氟硼酸。在-110℃时，液化成无色液体，在-160℃时，凝固成白色结晶。能腐蚀橡胶制品。

A　制备方法[47,48]

三氟化硼的制备方法有以下几种：

（1）氟硼酸盐法：即氟硼酸盐（钾盐、钠盐）与硼酐和硫酸一起加热而得。

（2）氟化钙法：即氟化钙、硼酐和硫酸一起加热而得。

（3）硼酸法：即硼酸与氟化氢反应而得。

（4）硼砂法：以硼砂、氢氟酸和硫酸为原料进行反应。

（5）副产回收法：硅酸盐工业中产生的氟化硼气体用硫酸吸收加热制得。

（6）三氯化硼法：在催化剂五氯化锑存在下，三氯化硼与三氟化锑反应。

工业生产中，一般以氟硼酸盐法和硼砂法为主。高纯度三氟化硼（99.5%）可由三氟化硼精馏制得。

氟硼酸钠或氟硼酸钾、硼酐和浓硫酸为原料制备三氟化硼，反应式如下：

$$6NaBF_4 + B_2O_3 + 6H_2SO_4 \Longrightarrow 8BF_3\uparrow + 6NaHSO_4 + 3H_2O \qquad (8\text{-}25)$$

将氟硼酸钠与硼酐一起研磨均匀，投入反应釜中，加入浓硫酸，不断搅拌，使固液混合均匀，逐渐加热到一定程度就会有三氟化硼产生。在 40 ℃左右时，反应物开始沸腾，当温度达到 93~130 ℃时，产生气体最多。生成的三氟化硼气体经净化进入收集器中。根据不同的用途经深冷后再分馏即得三氟化硼成品。

硼砂法首先将硼砂和氢氟酸在常温下平稳地反应，然后与发烟硫酸作用，冷却后将水除去而得。反应式如下：

$$Na_2B_4O_7 \cdot 10H_2O + 12HF \Longrightarrow Na_2O \cdot 4BF_3 + 16H_2O \qquad (8\text{-}26)$$

$$Na_2O \cdot 4BF_3 + 2H_2SO_4 \Longrightarrow 4BF_3\uparrow + 2NaHSO_4 + H_2O \qquad (8\text{-}27)$$

三氟化硼二水化物制法：将 67.8 g 三氟化硼通入 36 g 水中吸收，于 133.3 Pa 压力蒸馏，收集 58.5~60 ℃馏分，即为三氟化硼二水化物。

B　用途[49,50]

广泛用作药物合成原料和有机合成的催化剂，如烷基化、酯化、异构化、磺化、硝化及聚合等，也是制备硼烷、元素硼、卤化硼、氟硼酸锂等化合物的重要原料。在金属镁及合金制造中用作防氧化剂，铸铜时用作润滑剂。此外，还用于环氧树脂固化剂，以及制备醇溶性苯酚树脂等。

8.1.4.2　氟化铝（Aluminium fluoride）

物理性质详见第 7 章。

A　制备方法[51-53]

氟化铝由氢氧化铝与氢氟酸反应后脱水制得无水氟化铝，也可由 $AlF_3 \cdot 3.5H_2O$ 与氟化铵共热制得。

（1）以无水氟化氢和氢氧化铝为原料制备氟化铝反应式如下：

$$Al(OH)_3 + 3HF \longrightarrow AlF_3 + 3H_2O \qquad (8\text{-}28)$$

首先将制酸级萤石粉与 20%发烟硫酸和 98%硫酸的混合酸在预反应器中预反应 30%后送入回转窑，于 160~200 ℃下反应完全。生成的氟化氢气体经净化后，于 100 ℃气化，由底部通入沸腾床反应器（由高温耐腐蚀材料制成）。将含 12%

的氢氧化铝滤饼经干燥后从沸腾床反应器上部加入，在沸腾床反应器上部于 350~400 ℃下熔烧脱去结晶水，并部分氟化生成氟化铝，大部分氟化在中部完成，三氟化铝的浓度从沸腾床顶部到底部逐渐增加，最后于 500~600 ℃在反应器底部生成三氟化铝，从流化床排出的三氟化铝经冷却器冷却包装得无水三氟化铝产品。

（2）氯化铝法以氯化铝和氢氟酸为原料制备氟化铝，反应式如下：

$$AlCl_3 + 3HF \Longrightarrow AlF_3 + 3HCl\uparrow \tag{8-29}$$

将六水氯化铝与氢氟酸加热到 400 ℃，除去生成的氯化氢，再经脱水得无水氟化铝。

B 用途

详见第 7 章。

8.1.5 氟化氢生产碳族氟化盐

8.1.5.1 氟化亚锡（Stannous fluoride）

氟化亚锡，白色不透明、有光泽易潮解单斜结晶，相对密度 4.57 g/cm^3，熔点 219 ℃，沸点 850 ℃，溶于水（0 ℃，31 g/100 g H_2O；106 ℃，78.5 g/100 g H_2O），在热水中易水解。不溶于醇、醚、氯仿。在空气中生成氧氟化物。新制的 0.4%氟化亚锡溶液 pH 值为 2.8~3.5。

A 制备方法[54]

氟化亚锡由氧化锡（SnO）和氢氟酸反应经真空蒸发制得。也可由金属锡在有氧气存在下，和无水氟化氢反应制得。

B 用途[55]

氟化亚锡用于制造牙膏。由于氟化亚锡与羟基磷酸钙 [$Ca_5(PO_4)_3OH$] 反应生成不溶性氟磷酸盐 [$Ca_5(PO_4)_3F$]，可防止钙质溶出而保护牙齿，也用于医药。

8.1.5.2 四氟化锡（Stannic fluoride）

四氟化锡，白色四方晶系晶体，溶于冷水并水解，705 ℃时升华，相对密度 4.78 g/mL，熔点 705 ℃。

A 制备方法

四氟化锡由无水氢氟酸与四氯化锡反应制得。

B 用途

四氟化锡用于牙齿保护、石蜡氟化及氯化的催化剂。

8.1.5.3 氟化铅（Lead fluoride）

氟化铅，白色至无色菱形晶系结晶或粉末。有 α 和 β 两种晶型：α 型为无色正交晶体，相对密度 8.24 g/cm^3；β 型为高温相，具有立方萤石型结构，相对密度 7.77 g/cm³，熔点 830 ℃。沸点 1290 ℃，溶于硝酸，稍溶于无水氟化氢，难溶于水，20 ℃时在水中的溶解度为 0.64 g/L，不溶于丙酮和液氨，高毒性。

A 制备方法

氟化铅由氢氟酸与碳酸铅或氢氧化铅、α-氧化铅等可溶性的 Pb（Ⅱ）盐反应制得。将碳酸铅或碱式碳酸铅用水调糊，逐渐加入 20%的氢氟酸中，不停搅拌，逐尽 CO₂，洗涤沉淀物，800~850 ℃加热除去 HF 而得。也可由氟化铵、氟化钠或氟化钾、氟氢化铵与硝酸铅或醋酸铅溶液复分解反应制得。

B 用途[56]

作为中等温和氟化剂，氟化铅用于转化钼和钨的氧化物或氢氧化物成氟化物，用于电子工业，也用作四氟化铅的原料，还用于密封玻璃、低熔点玻璃、光导玻璃等特种玻璃制造，是水下构件的油漆组分。二氟化铅在室温下的离子电导率很低，随着温度升高，电导率平稳增加，接近 500 ℃达到极限值，故萤石型的二氟化铅是一种氟离子传导的固体电解质材料。

8.1.6 氟化氢生产氮族氟化盐

8.1.6.1 三氟化砷（Arsenic trifluoride）

三氟化砷，无色油状液体，溶于乙醇、乙醚、苯。相对密度 2.7 g/cm³，熔点-5.9 ℃，沸点 57.8 ℃。遇水分解成三氧化二砷和氢氟酸，因此绝不能用潮湿的玻璃容器储存。毒性和三氯化砷一样，但是它向皮肤的渗透性极强，在组织内部引起水解。

A 制备方法[57]

（1）以三氧化二砷为原料制备三氟化砷，反应式如下：

$$As_2O_3 + 6HF \longrightarrow 2AsF_3 + 3H_2O \tag{8-30}$$

在铁制的蒸馏器中加入三氧化二砷，于油浴中加热至 140 ℃，再通入无水氟化氢使其反应，反应生成的粗三氟化砷经蒸馏后，用夹套冷凝器冷却到 18 ℃即液化。然后收集于蒸馏器中，再加入 10%（体积比）硫酸进行蒸馏，收集 50~85 ℃馏分即为 AsF₃ 产品。

（2）以三氧化二砷和氟化钙为原料制备三氟化砷，反应式如下：

$$As_2O_3 + 3CaF_2 + 3H_2SO_4 \longrightarrow 2AsF_3 + 3CaSO_4 + 3H_2O \tag{8-31}$$

在铅制蒸馏器中加入三氧化二砷和氟化钙，然后加入相对密度为 1.84 g/cm³的浓硫酸进行蒸馏，即制得液体三氟化砷。

B 用途

三氟化砷用于砷离子注入剂及五氟化砷的合成等。

8.1.6.2 三氟化锑（Antimony trifluoride）

三氟化锑，白色至灰色粉末、易吸潮的单斜结晶。相对密度 4.379 g/cm³，熔点 292 ℃，沸点 319 ℃。易溶于水（0 ℃，384.7 g/100 g，25 ℃，492.4 g/100 g）、甲醇（在甲醇中溶解度 154 g/100 g），不溶于苯、氯苯。在水中慢慢水解。在 100 ℃转化成 $Sb_3O_2(OH)_2F_3$，再转化成 SbOF。

A 制备方法

三氟化锑由三氧化二锑和无水氢氟酸，或者浓度大于 40% 氢氟酸反应，经蒸发溶液至干制得，也可由石墨和 SbF_3Cl_2 热分解制得，或加热六氟锑酸铵制得。

B 用途

三氟化锑可作有机化合物的氟化剂，生产五氟化锑。

8.1.6.3 五氟化锑（Antimony pentafluoride）

五氟化锑，无色吸潮性黏稠液体，在空气中发烟。相对密度 3.145 g/cm³，熔点 7 ℃，沸点 142.7 ℃，在 20 ℃黏度 460 mPa·s。高纯 SbF_5 在室温有聚合倾向，可加入 1% 无水氢氟酸防止聚合，也可在使用前蒸馏除去聚合物。与水激烈反应并水解，也可与碘、硫、二氧化氮反应。

A 制备方法

五氟化锑可由三氟化锑直接氟化制得，也可由五氯化锑与氢氟酸反应制得，还可由金属锑粉直接氟化而得。

B 用途[58]

五氟化锑用于有机合成中作中等强度氟化催化剂和强氧化剂。

8.1.7 氟化氢生产镧系氟化盐

8.1.7.1 氟化镧（Lanthanum fluoride）

氟化镧，白色粉末。密度 5.936 g/cm³。熔点 1493 ℃，沸点 2330 ℃。不溶于水，溶度积 $4×10^{-18}$ mol/L。难溶于盐酸、硝酸和硫酸，但能溶于高氯酸。在空气中有吸湿性，较稳定。与氟化铵生成 $NH_4F·LaF_3$ 不溶性复盐。

A 制备方法[59]

将氧化镧溶解于盐酸中并稀释至 100~150 g/L（按 La_2O_3 计），溶液加热到 70~80 ℃，再用 48% 的氢氟酸沉淀。沉淀经洗涤、过滤、干燥、粉碎及真空脱水得到氟化镧（LaF_3）。

B 用途

氟化镧用于制备现代医学图像显示技术和原子能科学要求的闪烁体，稀土晶体激光材料，氟化物玻璃光导纤维和稀土红外玻璃。在照明光源中用于制造弧光灯炭电极。在化学分析中用于制造氟离子选择电极。在冶金工业中用于制造特种合金和电解生产金属镧。

8.1.7.2 氟化铕（Europium fluoride）

氟化铕，无色结晶，熔点 1276 ℃，沸点 2280 ℃。不溶于水，亦不溶于稀酸。呈立方萤石结构，属非化学计量化合物。

A 制备方法

将一定量 EuF₃ 溶于足量 1∶1 盐酸中，过滤，加热滤液至 100 ℃，转入塑料烧杯中缓慢加入质量分数为 40% 的氢氟酸至沉淀完全。静置、过滤、洗涤、干燥，将干燥物与 3 倍左右的 NH_4HF_2 混合研磨，置于管式炉中 600 ℃ 氟化 2 h，得到白色粉末 EuF_3。

B 用途

氟化铕可作电子工业材料，是稀土激活荧光材料的重要离子源。

8.1.7.3　氟化亚铕（Europium difluoride）

氟化亚铕，淡黄绿色 CaF_2 型晶体。在空气和水中稳定，在化合物中价态也为 Eu^{2+}，离子式 $Eu^{2+}(X^-)_2$。

A 制备方法

氟化亚铕可用金属铕和氟化铕作用而制得，主要采用氢气还原法和金属还原法，这些方法具有危险性或成本太高，给实际应用带来困难。用碳粉还原法制取氟化亚铕，效果较好。

B 用途[60]

氟化亚铕是重要的低价稀土离子激活源。

8.1.8　氟化氢生产氟氢化盐

8.1.8.1　氟氢化钾（Potassium bifluoride）

氟氢化钾（KHF_2）为软如石蜡的白色或无色四方（α 型）或立方（β 型）结晶。F—H—F 平均链长 0.229 nm，略带酸臭味。195 ℃ 以下为 α 型，195~239 ℃ 为 β 型。相对密度 2.37 g/cm³，熔点约 225 ℃（分解），结晶转化温度 196.7 ℃。易溶于水（在水中溶解度 39.2 g/100 g H_2O），不溶于酸，水溶液呈酸性。可溶于醋酸钾，不溶于乙醇。在干燥空气中不会失去氟化氢，在潮湿空气中吸收水分而放出氟化氢。加热至 310 ℃ 时开始有氟化氢逸出，至 400 ℃ 氟氢化钾分解成氟化钾和氟化氢。熔融氟化氢钾的活性比氟化钾大。有毒，有腐蚀性，对皮肤、黏膜有刺激性。

A 制备方法

氟氢化钾由碳酸钾或氢氧化钾和足量的氢氟酸中和，浓缩、冷却、结晶而得。以氢氧化钾、氢氟酸为原料制备氟氢化钾的反应式如下：

$$KOH + HF \Longrightarrow KF + H_2O \tag{8-32}$$

$$KF + HF \Longrightarrow KHF_2 \tag{8-33}$$

将含量为 92% 以上的高纯氢氧化钾加入中和槽中，再加等量水充分混合溶解，然后在槽底部通入无水氢氟酸进行中和反应，当反应液 pH 值达 7~8 时，停止通入无水氢氟酸，静置 24 h 后的上清液，经过滤后通入酸化器中用理论量氢氟酸酸化，控制反应液 pH 值 2~3 为反应终点，然后冷却结晶、过滤洗涤，于 170~200 ℃下干燥 8 h 制得产品。

B 用途[61,62]

氟氢化钾用于制造无水氟化氢、纯氟化钾、光学玻璃、元素氟生产的电解质，还用作玻璃蚀刻剂、光学玻璃焊接助熔剂、木材防腐剂等，也用于铝涂丙烯酸乳胶涂料前的铝表面蚀刻剂，四氢呋喃聚合以及苯、烯烃烷基化催化剂等。

8.1.8.2 氟化氢钠（Sodium bifluoride）

氟化氢钠，无色或白色流砂状斜方晶系结晶粉末。密度 2.08 g/cm³，加热至 160 ℃则分解为氟化钠和氟化氢。有强烈酸味，溶于水，在潮湿空气中吸水，并放出氟化氢。不溶于醇。高温时，铝或铝合金对氟化氢钠有抗蚀作用。水溶液能腐蚀玻璃。

A 制备方法

氟化氢钠由氟化钠溶于氢氟酸溶液而制得或由氢氟酸与过饱和的纯碱（或烧碱）溶液反应，经冷却、过滤、洗涤、分离、烘干和粉碎制得。

在塑料反应器中，投入计算量的 40%氢氟酸，器外用冰或冷冻盐水维持反应温度在 5 ℃以下，以避免分解。在搅拌下，以细流缓慢加入滤过的饱和碳酸钠溶液，中和至刚果红试纸呈红色为止。反应式如下：

$$4HF + Na_2CO_3 \Longrightarrow 2NaHF_2 + H_2O + CO_2 \uparrow \tag{8-34}$$

然后冷却，真空吸滤，晶体除去母液后，用极少量的清水淋洗除去游离酸，再经离心分离，滤饼于 80 ℃下干燥、粉碎、筛分后即为成品。母液返回反应器，循环使用。此法可制流砂状氟化氢钠。

B 用途[63,64]

氟化氢钠用于制无水氟化氢和木材防腐、食物保护剂、动物标本及解剖标本保存剂和防腐剂，也用于蚀刻玻璃和玻璃消光、锡版制造、纺织品处理、除去铁锈、马口铁生产的原料、皮革防虫等，与氟化氢钾混合物可作金属的焊接剂，也用于生产无水氟化氢和作烯烃聚合催化剂。

8.1.8.3 氟化氢铵（Ammonium bifluoride）

A 制备方法[65]

（1）气相法：由氨气与无水氢氟酸反应制得。

（2）液相法：氢氟酸中通氨，经冷却、结晶、分离、气流干燥制得。

$$NH_3 + 2HF \Longrightarrow NH_4HF_2 \tag{8-35}$$

在干净的聚三氟氯乙烯制成的容器中，加入氢氟酸 140 kg，用塑料布将容器盖好（以免空气中的粉尘及其他机械杂质进入），然后向容器内直接通入液氨，由于该反应为放热反应，需在容器夹套中用冷水冷却，使温度控制在 70~80 ℃，操作中随时用 pH 试纸测试（取 1 g 样品，加入 20 mL 纯水），直至 pH 值为 7~8，停止通入液氨，静置冷却至 30~40 ℃，将结晶用包胶离心机甩干即得成品。

B　用途

氟化氢铵可用作化学试剂、玻璃工业原料、玻璃蚀刻剂（常与氢氟酸并用）、玻璃消光，在洗衣房或纺织厂作为酸或碱的中和剂，除纺织品上的铁渍。发酵工业用于消毒和防腐剂，是由氧化铍制金属铍的冶炼溶剂，还用于制造陶瓷、镁合金，锅炉给水系统和蒸气发生系统的清洗脱垢以及油田砂石的酸化处理，也用作烷基化、异构化催化剂组分，以及用作金属表面处理剂（不锈钢、硅钢的酸洗、钛的酸浸液、钢板磷化或电镀之前的处理剂、镀镍之前的活化剂），槽罐清洗剂。

8.1.9　氟化氢生产氟铝酸盐

8.1.9.1　冰晶石（Trisodium hexafluoroaluminate）

A　制备方法

（1）氢氟酸法：可分干法和湿法，干法是将气态氢氟酸在 400~700 ℃和氢氧化铝反应，生成氟铝酸，然后用纯碱在高温反应而生成。湿法是将 40%~60% 的氢氟酸与氢氧化铝反应后再加入纯碱而制得。

（2）氟硅酸法：可分氟化铵中间产物法和氟硅酸钠中间产物法。前者系氟硅酸与氨水氨化后再与铝酸钠反应而生成。后者是将磷肥生产中的含氟废气经回收成氟硅酸钠，此时 pH 值一般下降至 1~2，再用氨水调至 3~4，冰晶石即沉淀析出。静置沉降后，用清水反复漂洗至 pH 值为 6~7，然后在离心机内离心分离再经干燥得产品。

（3）碳酸化法：在铝酸钠及氟化钠溶液中通以二氧化碳，也可制得冰晶石。

$$6NaF + NaAlO_2 + 2CO_2 === Na_3AlF_6 + 2Na_2CO_3 \qquad (8-36)$$

（4）制铝工业回收法：从炼铝生产的废气中回收的稀氢氟酸与铝酸钠反应可回收冰晶石。

（5）碱法：将纯碱、萤石、硅砂经焙烧、粉碎、浸取后与硫酸铝反应而得，但工业上很少采用。

（6）黏土盐卤法：以黏土、盐酸、氯化钠、氢氟酸为原料制备冰晶石，反应式如下：

$$H_2Al_2(SiO_4)_2 \cdot 2H_2O + 6HCl === 2AlCl_3 + 2SiO_2 + 6H_2O \qquad (8-37)$$

$$AlCl_3 + 3NaCl + 6HF === Na_3AlF_6 + 6HCl \qquad (8-38)$$

将低铁黏土在 900 ℃左右焙烧，再用盐酸浸取焙烧物生成氯化铝，经净化除杂制得纯净的氯化铝溶液，加入氯化钠溶液和氢氟酸反应制得冰晶石。严格控制反应条件可制得流砂状冰晶石，经过滤、洗涤、烘干制得产品。盐酸母液循环使用。也可用硫酸钠代替氯化钠反应制得。

B　用途

冰晶石主要用作电解炼铝的助熔剂，降低电解槽槽温、封壳面和提高电解质水平。可作农作物的杀虫剂，搪瓷乳白剂，玻璃和搪瓷生产用的遮光剂和助熔剂，树脂橡胶的耐磨填充剂，还用于铁合金和沸腾钢的生产。

8.1.9.2　氟铝酸钾（Potassium tetrafluoroaluminate）

氟铝酸钾又名氟铝化钾，氟铝化钾（KAlF$_4$）是近年进入工业应用的重要氟铝酸盐[66,67]。

氟铝酸钾，白色固体，不溶于水。一般为立方晶系，在 $-23 \sim 50$ ℃之间可改变为单斜晶系，在 730 ℃以上温度可与水反应放出氟化氢，可缓慢溶解于强酸放出氟化氢，有毒。

A　制备方法

氟铝酸钾可由氢氟酸溶液、氟化铝、氟化氢钾按化学比例混合反应，蒸发反应料液悬浮物至干，再熔融、重结晶制得产品。也可由氢氟酸和氟化铝反应生成氟铝酸，再与氢氧化钾反应生成氟铝化钾悬浮物，经过滤、于 150 ℃干燥、熔融，粉碎制得熔点在 575 ℃以下的产品。氟铝化钾悬浮物也可与氟化钾、氟化铝在 600 ℃共熔制得固熔体。

B　用途

氟铝酸钾用于铝和铝合金的铆焊剂以及玻璃、陶瓷工业助熔剂等。

8.1.10　氟化氢生产六氟磷酸盐

8.1.10.1　六氟磷酸（Hexafluorophosphoric acid）

六氟磷酸，无色透明液体，相对密度 1.651 g/cm^3。六水六氟磷酸（H$_3$PO$_4$F$_6$·6H$_2$O）为粗硬的立方结晶。

A　制备方法

以氟化钙、三氧化硫、磷酸为原料制备六氟磷酸联产五氟化磷，反应式如下：

$$H_3PO_4 + SO_3 + CaF_2 \rightleftharpoons H_2PO_3F + HF + CaSO_4 \qquad (8\text{-}39)$$

$$2H_2PO_3F + 10HF \rightleftharpoons 2HPF_6 + 6H_2O \qquad (8\text{-}40)$$

将氟化钙、磷酸、三氧化硫加入反应器或沸腾的反应器中，于 200 ℃反应 2 h，挥发物深冷至 -196 ℃，取 -78 ℃馏分得六氟磷酸和五氟化磷，也可用五氧化二磷代替上述方法中的磷酸。

B　用途

六氟磷酸用于催化剂、光敏涂料以及 PF$_6^-$ 离子源。

8.1.10.2　六氟磷酸钾（Potassium hexafluorophosphate）

六氟磷酸钾，易吸潮白色结晶。相对密度 2.55 g/cm^3，熔点 575 ℃，易溶于水。

A 制备方法

五氧化磷与无水氟化氢在 60~165 ℃反应后生成五氟化磷，再与含无水氟化氢的氟化钾溶液反应后生成六氟磷酸钾。

B 用途[68]

六氟磷酸钾主要用于光聚合催化剂，太阳能电池。

8.1.10.3 六氟磷酸锂（Lithium hexafluorophosphate）

六氟磷酸锂，白色结晶或粉末，相对密度 1.50 g/cm^3，潮解性强。易溶于水，还溶于低浓度甲醇、乙醇、丙酮、碳酸酯类等有机溶剂。暴露于空气中或加热时分解。

A 制备方法[69-71]

（1）湿法：将氟化锂溶于无水氟化氢中形成 LiF·HF 溶液，然后通入 PF_5 气体生产六氟磷酸锂结晶，经分离、干燥得到产品。

（2）干法：将 LiF 用无水 HF 处理，形成多孔 LiF，然后通入 PF_5 气体进行反应得到产品。

（3）溶剂法：锂盐与氟磷酸的碱金属盐、铵盐或有机胺盐在有机溶剂中反应，结晶而制得六氟磷酸锂产品。

B 用途

六氟磷酸锂可用作锂离子电池电解质材料。

8.1.11 氟化氢生产氟硼酸盐

8.1.11.1 氟硼酸（Fluoroboric acid）

氟硼酸，无色透明的强酸液体，无游离的纯物质存在。相对密度 1.84 g/cm^3，熔点 130 ℃（分解），能与水、醇混溶。

A 制备方法

（1）以氢氟酸和硼酸为原料制备氟硼酸，反应式如下：

$$3HF + H_3BO_3 \longrightarrow HBF_3OH + 2H_2O \tag{8-41}$$

$$HBF_3OH + HF \longrightarrow HBF_4 + H_2O \tag{8-42}$$

在衬塑料带搅拌的反应器中，加入 40%浓度的氢氟酸，再按硼酸理论摩尔比，缓慢加入硼酸，于 40 ℃以下进行中和反应。反应过程中要严格控制反应温度，根据反应温度变化，调整冷却反应器。加完硼酸后，停止搅拌，在室温下静置 2 h 以上，过滤除去不溶物杂质即得产品。根据氟硼酸的不同用途，对氢氟酸中氟硅化物含量提出不同要求。

（2）氟硼酸也可由萤石、硫酸和硼酸，在 70~100 ℃下反应制得或者将三氟化硼水解制得。

B 用途

氟硼酸用于生产氟硼酸盐、有机合成催化剂、氟硼酸电镀溶的 pH 值调整剂、电镀铝光亮剂、金属表面清洗、铝的抛光,高纯品用于印刷线路板。

8.1.11.2 氟硼酸锂（Lithium tetrafluoroborate）

氟硼酸锂,白色粉末状,密度 0.852 g/cm³,熔点 293～300 ℃,与湿空气或水接触会分解。四氟硼酸锂作为新型锂盐和成膜添加剂应用于锂离子电池。

A 制备方法[72-74]

LiBF₄ 的制备方法主要有固相-气相接触法、非水溶液法、水溶液法、离子交换法和无水氟化氢溶剂法。

无水氟化氢溶剂法:利用三氟化硼和溶解在氟化氢中的氟化锂反应制备四氟硼酸锂。称取一定量的 LiF,将其溶解于一定量无水氟化氢中,再通入 BF₃ 气体,控制一定温度下进行吸收反应,生成的 LiBF₄ 经蒸发结晶后析出。控制 BF₃ 通入稍过量,保压一定时间使反应充分进行。随后经结晶、过滤、干燥后得到成品。

$$LiF + BF_3 \longrightarrow LiBF_4 \tag{8-43}$$

B 用途

LiBF₄ 主要作为 LiPF₆ 基电解质体系添加剂,改善循环寿命,提高了锂离子电池性能。此外,LiBF₄ 对铝箔的钝化能力也相当优秀,因此作为成膜添加剂,LiBF₄ 已广泛应用于当前的电解液中。

8.1.11.3 氟硼酸钠（Sodium fluoroborate）

氟硼酸钠,无色或白色结晶粉末。小于 240 ℃ 时为单斜结晶,相对密度 2.47 g/cm³,熔点 384 ℃。有苦酸味,易溶于水（26 ℃,108 g/100 g；100 ℃,210 g/100 g）,微溶于醇,遇热和酸逐渐分解。

A 制备方法

以氟硼酸和碳酸钠或氢氧化钠为原料制备氟硼酸钠,反应式如下:

$$HBF_4 + NaOH == NaBF_4 + H_2O \tag{8-44}$$
$$2HBF_4 + Na_2CO_3 == 2NaBF_4 + H_2O + CO_2 \uparrow \tag{8-45}$$

将氟硼酸溶液加入内衬塑料的反应器中,在冷却和搅拌条件下缓缓加入纯碱,控制反应温度小于 35 ℃。待中和到溶液 pH 值为 3～4 时,再反应 0.5 h。经蒸发浓缩、冷却结晶、离心过滤分离,在低于 100 ℃下干燥制得产品。

B 用途

氟硼酸钠用于金属铝粒度改善剂和精制剂,也用于电镀和树脂整理催化剂。

8.1.11.4 氟硼酸钾（Potassium fluoroborate）

氟硼酸钾,白色粉末或凝胶状结晶。无吸湿性,味苦。微溶于水及热乙醇,不溶于冷乙醇,不溶于碱溶液。密度（25.4 ℃）为 2.5 g/mL,熔点为 530 ℃。

A 制备方法

（1）以氟硼酸和氢氧化钾或碳酸钾为原料制备氟硼酸钾,反应式如下:

$$HBF_4 + KOH \Longrightarrow KBF_4 + H_2O \qquad (8\text{-}46)$$

$$2HBF_4 + K_2CO_3 \Longrightarrow 2KBF_4 + H_2O + CO_2\uparrow \qquad (8\text{-}47)$$

在内衬塑料的反应器中通入氟硼酸，于搅拌和冷却下，慢慢加入 5 mol/L 的氢氧化钾溶液（或碳酸钾）进行中和反应，中和至甲基橙指示剂变色为止。析出氟硼酸钾结晶，经离心分离、洗涤、干燥后制得成品。母液循环使用。

（2）氟硼酸钾也可由氟硅酸钾与氨水反应，然后与硼酸、盐酸反应制得氟硼酸钾结晶，经过滤分离、洗涤干燥制得成品。

B　用途

氟硼酸钾在焊接上用作助熔剂及制造其他氟盐的原料，也可用于电化学过程和试剂；用于低铬酸镀铬及铅锡合金电解液中；用于铝合金的纹理蚀刻及钛、硅片的蚀刻。

8.1.11.5　氟硼酸铵（Ammonium fluoroborate）

氟硼酸铵，白色粉末或无色结晶。205 ℃以下为单斜结晶，大于 205 ℃为立方结晶。相对密度 1.871 g/cm³，220 ℃升华。熔点 487 ℃。溶于水和氢氟酸，水溶液呈弱酸性，不溶于醇。

A　制备方法

以氟硼酸和氨水（或氨气）为原料制备氟硼酸铵，反应式如下：

$$HBF_4 + NH_3 \Longrightarrow NH_4BF_4 \qquad (8\text{-}48)$$

将氟硼酸加入衬有塑料夹套的反应器中，在搅拌下通入氨中和，冷却控制温度，当温度达到要求范围时，停止通氨，待反应液冷却到 -28 ℃时进行结晶分离，余液再经蒸发浓缩、冷却结晶、过滤分离、干燥得到产品。

B　用途

氟硼酸铵用于镁和镁合金铸件的防氧化剂以及精密铸件的铸型砂氧化防止剂，也用于焊接助熔剂和树脂整理剂。

8.1.11.6　氟硼酸锌（Zinc fluoroborate hexahydrate）

氟硼酸锌，六方无色易潮解结晶，相对密度 2.12 g/cm³。在 60 ℃失去结晶水。易溶于水和醇，氟硼酸锌水溶液为无色透明液体，有刺激性和腐蚀性。

A　制备方法

以氟硼酸和碳酸锌为原料制备氟硼酸锌，反应式如下：

$$2HBF_4 + ZnCO_3 \Longrightarrow Zn(BF_4)_2 + CO_2\uparrow + H_2O \qquad (8\text{-}49)$$

将 40% 的氢氟酸通入到内衬塑料的反应器中，在搅拌下，按氢氟酸与硼酸 3.3:1 加入硼酸进行反应，反应完全后静置 24 h，在搅拌下加入理论量的碳酸锌，于 70~80 ℃反应，控制溶液 pH 值为 3~4 即为终点，静置 1~2 h 后进行真空过滤，除去未反应的碳酸锌，溶液进一步真空蒸馏得氟硼酸锌结晶，在低于 60 ℃干燥得固体产品。也可用金属锌、氧化锌作为锌原料来生产氟硼酸锌。

B 用途

氟硼酸锌用于高速电镀锌浴和棉布加工以及加工树脂原料的硬化催化剂。

8.1.11.7 氟硼酸亚铁（Ferrous fluoroborate）

氟硼酸亚铁主要以六水氟硼酸亚铁 $[Fe(BF_4)_2 \cdot 6H_2O]$ 形式存在，灰绿色易潮湿结晶，密度 2.038 g/cm^3，受热易分解，易溶于乙醇，微溶于乙醚。

A 制备方法

氟硼酸亚铁由氢氟酸与硼酸反应生成氟硼酸，再与铁盐反应制得。

B 用途

氟硼酸亚铁用于电镀铁，高纯产品用于印刷线路以及电子元件电镀。

8.1.11.8 氟硼酸镉（Cadmium fluoroborate）

氟硼酸镉，无色结晶性粉末，相对密度 2.292 g/cm^3，易溶于水和醇，70 ℃分解。

A 制备方法

氟硼酸镉由镉盐（或金属镉）与氟硼酸反应制得。

B 用途

氟硼酸镉可用于电镀、有色金属焊接。

8.1.11.9 氟硼酸铅（Lead fuoroborate）

氟硼酸铅无臭味不挥发，有腐蚀性，相对密度约 1.74 g/cm^3。

A 制备方法

（1）电解法：以金属铅为阳极，42%氟硼酸和3%硼酸作电解质，于38 ℃进行电解制得氟硼酸铅溶液。

（2）氟硼酸法：以氧化铅或碳酸铅和氟硼酸为原料制备氟硼酸铅，反应式如下：

$$2HBF_4 + PbO \rightleftharpoons Pb(BF_4)_2 + H_2O \tag{8-50}$$

$$2HBF_4 + PbCO_3 \rightleftharpoons Pb(BF_4)_2 + H_2O + CO_2 \uparrow \tag{8-51}$$

将42%氟硼酸加入内衬塑料的反应器中，在搅拌下慢慢加入氧化铅（或碳酸铅），加热除去反应生成的二氧化碳，过滤除去杂质，制得氟硼酸铅产品。

B 用途

氟硼酸铅用于印刷线路板、锡铅合金轴承和铅的电镀液电解质。

8.1.11.10 氟硼酸铜（Cupric fluoroborate）

氟硼酸铜，亮蓝色针状溶解性结晶，极易溶于水，水溶液相对密度 $1.50 \sim 1.54 \text{ mg/cm}^3$，水溶液 pH 值 $1 \sim 2$，微溶于酒精和乙醚。

A 制备方法

中和法以氟硼酸和碱式碳酸铜为原料制备氟硼酸铜，反应式如下：

$$4HBF_4 + Cu_2(OH)_2CO_3 \rightleftharpoons 2Cu(BF_4)_2 + 3H_2O + CO_2 \uparrow \tag{8-52}$$

将40%氟硼酸加入内衬塑料的反应器中，在搅拌下慢慢加入过量的碱式碳酸铜，加热除去反应生成的二氧化碳，反应完成后过滤除去杂质，经蒸发获得固体产品，加水调整浓度即为氟硼酸铜溶液。也可由氧化铜或氢氧化铜与氟硼酸直接反应制得。

B 用途

氟硼酸铜用于高速镀铜，是铜和铜合金电镀液的主要组分，可作染料用滚筒和照相印刷滚筒的电镀电解质。

8.1.11.11 氟硼酸亚锡（Stannous fluoroborate）

氟硼酸亚锡，相对密度1.60 g/cm³。因水溶液含有一定量游离酸呈酸性。长期暴露在空气中易被氧化，受热或遇水易分解，固体为一水物、纯品呈微碱性。静脉注射 LD_{50} 值为100 mg/kg。

A 制备方法

（1）电解法：以金属锡作阳极，以42%氟硼酸和3%硼酸混合溶液作电解质，于38℃电解温度下电解，得到氟硼酸亚锡溶液。

（2）金属锡法：以金属锡和氟硼酸为原料制备氟硼酸亚锡，反应式如下：

$$2Sn + O_2 \xrightarrow{\quad\quad} 2SnO \tag{8-53}$$

$$2HBF_4 + SnO \xrightarrow{\quad\quad} Sn(BF_4)_2 + H_2O \tag{8-54}$$

将锡锭熔融，切成小块，在加热炉上焙烧，然后倒入冷水中，使金属锡成锡片，再放入反应器中，通入氟硼酸和压缩空气进行反应，经过滤除去杂质的清液即为产品。

（3）由氧化锡（SnO）与氟硼酸直接反应制得。

B 用途

氟硼酸亚锡用于高速镀锡和锡铅合金电镀浴，高纯产品用于印刷线路以及电子元件电镀。

8.1.11.12 氟硼酸银（Silver fluoroborate）

氟硼酸银易潮解且对光敏感的化合物。微溶于无水氟化氢，易溶于水和有机溶剂如苯、甲苯、混合二甲苯。

A 制备方法

氟硼酸银由氟硼酸与碳酸银反应制得，经蒸发至干，用有机溶剂洗涤制得产品。

B 用途

氟硼酸银用于有机合成和烯烃-石蜡的分离。

8.1.12 氟化氢生产铵类氟盐

8.1.12.1 氟化铵（ammonium fluoride）

氟化铵，白色结晶性粉末，易潮解，溶于水、甲醇，微溶于乙醇，不溶于丙酮。密度 1.11 g/cm³，熔点 98 ℃。

A 制备方法

氢氟酸和氨气在塑料或铅制容器中在冷却条件下反应至 pH 值为 4 左右，反应液经冷却结晶，离心分离，气流干燥制得。或由氟化氢铵通氨制得，也可通过氢氟酸和氨水中和后浓缩结晶或混合氟化钙和硫酸铵小心加热而制得。电子级氟化铵溶液由净化的氨气通入到高纯的氢氟酸溶液中和至中性，再经烧结微孔滤膜精滤制得。

$$NH_3 \cdot H_2O + HF \Longrightarrow NH_4F + H_2O \qquad (8-55)$$

B 用途

氟化铵用于电子工业清洗腐蚀剂和硅片、二氧化硅层蚀刻剂，也可与氢氟酸配成缓冲腐蚀液，雕刻玻璃。冶金工业用作提取稀有金属等；酿造工业用作啤酒消毒的细菌抑制剂；机械工业用作金属表面化学抛光剂；木材工业用作防腐剂；化学分析中用作离子检测的掩蔽剂，用于配制滴定液来测定铜合金中的铅、铜、锌成分。

8.1.12.2 氟熔剂（Fluorine fluxing agent）

氟熔剂，白色粉末结晶，易溶于水，高温时易挥发、分解，对皮肤有腐蚀性，有毒。

A 制备方法

将氢氟酸与硼酸生成的氟硼酸与碳酸氢铵反应可得氟熔剂。

B 用途

氟熔剂主要用于铝镁合金的铸造。

8.2 氟化氢生产其他无机氟化物

8.2.1 氟磺酸（Fluorosulfonic acid）

氟磺酸（HSO_3F）黏度为 1.56 mPa·s，是一种自由流动的无色液体，液体相对密度 1.726 g/cm³，沸点 162.7 ℃，冰点 88.98 ℃，介电常数约 120 C²/(N·m²)，电导率为 $1.085 \times 10^{-5}/(\Omega \cdot cm)$。溶于醋酸、醋酸乙酯、硝基苯，不溶于二硫化碳、四氯化碳以及氯仿等。能溶解许多无机和几乎所有的有机化合物，甚至弱质子接受体（弱碱）。氟磺酸与水反应水解生成氟化氢，可用碳钢制容器储存。氟磺酸是强酸，具有硫酸和氢氟酸的腐蚀性。氟磺酸和路易斯酸五氟化锑混合会产生"魔酸"，这是一个超强的质子给予体。

（1）制备方法。氟磺酸可在铂制反应器中用无水氟化氢与冷的三氧化硫反应制得。

$$SO_3 + HF \Longrightarrow HSO_3F \qquad (8-56)$$

此外用 KHF_2 或 CaF_2 与发烟硫酸在 250 ℃反应，一旦产生 HF，便以惰性气体清除，HSO_3F 可在玻璃设备中分馏出来，或由离子氟化物与氯磺酸反应制得。

（2）用途[75]。氟磺酸用于烷基化催化剂和无机、有机化合物生产。

8.2.2 单氟磷酸（Fuorophosphoric acid）

单氟磷酸，无色黏稠液体，相对密度（20 ℃）1.818 g/cm³，熔点 -78 ℃，极易溶于水，微水解。

（1）制备方法。五氧化二磷和无水氢氟酸反应、正磷酸与氢氟酸反应可制得单氟磷酸。

（2）用途。单氟磷酸可用作金属去污剂、化学上光剂、催化剂、金属表面防腐剂。

8.2.3 氟钛酸（Fluorotitanic acid）

氟钛酸是酸性介质中十分稳定的八面体结晶。当 pH>4 时，氟钛酸溶液水解生成金属氧化物（TiO_2）。

（1）制备方法。氟钛酸可由四氟化钛溶于无水氟化氢中和反应制得。

（2）用途[76,77]。氟钛酸用于表面清洗剂、催化剂和铝表面处理。

8.2.4 氟钛酸钾（Potassium hexafluorotitanate monohydrate）

氟钛酸钾，白色粉末结晶，熔点 780 ℃，相对密度 3.012 g/cm³。在 32 ℃失去结晶水。溶于热水，微溶于冷水和无机酸极性溶剂（0 ℃，0.55 g/100 g；10 ℃，0.91 g/100 g；20 ℃，1.28 g/100 g）。在空气中加热至 500 ℃以上则逐步氧化成二氧化钛，有毒。

（1）制备方法。先由氢氟酸与偏钛酸反应生成氟钛酸，然后用氢氧化钾中和，经过滤分离、干燥制得产品。

（2）用途。氟钛酸钾用于聚丙烯合成的催化剂，制铝、钛、硼合金，也用于制造钛酸和金属钛等。

8.2.5 氟化钛钙（Calcium fluotitante）

氟化钛钙，光泽菱形结晶，溶于酸性水溶液中并稳定，溶于水则分解。

（1）制备方法。由四氯化钛溶于氢氟酸中，然后加碳酸钙反应制得氟化钛钙。

（2）用途。氟化钛钙可用于乙烯聚合催化剂。

8.2.6 氟锆酸（Hexafluorozirconic acid）

氟锆酸，室温下稳定，储存于聚乙烯或聚四氟乙烯瓶中，可保存至少两年不分解。

（1）制备方法。氟锆酸可由新制备的氧化锆、氟化物或者碳酸锆溶于氢氟酸中制得产品。

（2）用途。氟锆酸用于金属表面处理和清洗，也用于羊毛、皮衣工业。

8.2.7 氟锆酸钾 （Potassium fluozirconate）

氟锆酸钾，白色斜方菱柱状结晶，工业品有时呈淡黄色。相对密度 3.48 g/cm³，溶于水并产生部分水解，生成氢氧化锆，遇碱或氨水则水解成氢氧化锆，在空气中稳定，不吸湿，赤热时不失重。

（1）制备方法。

1）氟硅酸钾法：以锆英石和氟硅酸钾为原料制备氟锆酸钾，反应式如下：

$$ZrSiO_4 + K_2SiF_6 \rule[0.5ex]{2em}{0.4pt} K_2ZrF_6 + 2SiO_2 \tag{8-57}$$

将锆英石精矿粉与过量25%左右的氟硅酸钾充分混合均匀后送入焙烧炉中，于650~700 ℃下焙烧6~8 h。将烧结块冷却并粉碎至0.147 mm以下，用水浸取并煮沸，再用1%盐酸控制pH值为3~4。将氟锆酸钾溶液过滤以除去二氧化硅杂质后，再将滤液冷却结晶，即得粗氟锆酸钾。进一步溶解后加入柠檬酸，以除去钛、铁等杂质，进行重结晶，经冷却结晶、过滤、干燥即得产品。高纯氟锆酸钾可经多次重结晶制得。

2）氟锆酸中和法：以偏锆酸钠、氢氟酸、碳酸钾为原料制备氟锆酸钾，反应式如下：

$$Na_2ZrO_3 + 6HF \rule[0.5ex]{2em}{0.4pt} H_2ZrF_6 + 2NaOH + H_2O \tag{8-58}$$

$$H_2ZrF_6 + K_2CO_3 \rule[0.5ex]{2em}{0.4pt} K_2ZrF_6 + CO_2\uparrow + H_2O \tag{8-59}$$

将锆英石精矿粉与氢氧化钠烧结制得偏锆酸钠，经水洗，于120 ℃烘干，加入浓度为50%~55%的氢氟酸让其进行反应，然后过滤除去酸不溶物，加入碳酸钾水溶液进行中和至pH值为3~4，再加热溶解并趁热过滤，除去水不溶物，经冷却结晶、重结晶，于120 ℃下烘干即得产品。

3）氧氯化锆法：以氧氯化锆、氢氟酸、氟化钾为原料制备氟锆酸钾，反应式如下：

$$ZrOCl_2 \cdot 8H_2O + 6HF \rule[0.5ex]{2em}{0.4pt} H_2ZrF_6 + 9H_2O + 2HCl \tag{8-60}$$

$$H_2ZrF_6 + 2KF \rule[0.5ex]{2em}{0.4pt} K_2ZrF_6 + 2HF\uparrow \tag{8-61}$$

将锆英石精矿粉与氢氧化钠烧结即得偏锆酸钠，经水洗、烘干，加入盐酸浸取、过滤得到氧氯化锆溶液，加入过量氢氟酸制得氟锆酸，再加入氟化钾，从溶液中制得氟锆酸钾结晶，于120 ℃下干燥即制得产品。

（2）用途。氟锆酸钾可用作制取高纯金属锆氧化锆的原料、羊毛阻燃剂。

8.2.8 氟钽酸钾（Potassium heptafiuorotantalate）

氟钽酸钾，白色结晶性粉末，无色斜方晶系针状结晶。相对密度 5.24 g/cm^3，熔点 740 ℃，微溶于冷水、氢氟酸，能溶于热水。

（1）制备方法。将钽铌精矿用球磨机粉碎，加入水配成矿浆，用氢氟酸–硫酸分解。分解液经调酸后，用有机溶剂［甲基异丁酮（MIBK）或仲辛醇］进行萃取。钽铌进有机相，杂质残留在水相浆料中。含钽铌的有机相经过酸洗进一步除去杂质，然后用反铌液反萃取得到氟铌酸水溶液，再用反钽液反萃取含钽有机相，得氟钽酸水溶液。加热至 85 ℃，加入氢氟酸、氯化钾搅拌降温并结晶形成过饱和溶液，采用冷结晶工艺、过滤、洗涤、烘干得产品。

（2）用途。氟钽酸钾用于生产钽粉。

8.2.9 六氟砷酸锂（Lithium hexafluoroarsenate）

六氟砷酸锂，白色粉末，易潮解，易溶于水。

（1）制备方法。

1）干法：将 AsF_6 气体多次通入多孔的 LiF 中进行反应，得到 $LiAsF_6$。

2）湿法：由六氟砷酸与氢氧化锂反应，通过调整 pH 值，使氟砷酸锂结晶析出，经分离、干燥而得到。反应式如下：

$$HAsF_6 + LiOH \Longrightarrow LiAsF_6 + H_2O \qquad (8-62)$$

3）溶剂法：将 $KAsF_6$ 和 $LiClO_4$（$LiBF_4$）在有机溶剂中进行复分解反应，从而制得 $LiAsF_6$。

（2）用途[78,79]。六氟砷酸锂可用作锂离子电池电解质材料。

8.2.10 氟化石墨（Graphite fluoride）

氟化石墨，灰白色到白色的无机高分子化合物，结晶为六方晶形，它是碳和氟直接反应而制得的一种石墨层间化合物。

（1）制备方法。氟化石墨合成方法分为干法和湿法两种。干法是在惰性气体中将石墨和氟通过多相接触而制得，这是较为常用的方法。湿法即电解法，其工艺过程基本和酸化石墨电解氧化法相同，但湿法较干法复杂得多，如温度、压力、供气量、原料种类等要求较高，此外，尚有防爆、防毒和防腐等问题。

由于干法很难连续作业，大规模生产受到限制。而电解法以石墨为阳极，氢氟酸为阴极，其装置为阳极、阴极、循环泵、半透膜、气体逸出孔、电源，氢氟酸可通过半透膜，但石墨颗粒不能通过，将石墨在无水氢氟酸中电解。即在电场的作用下，在阳极和阴极之间，使石墨与氢氟酸进行循环电解生成氟化石墨，此法的最大特点是可以连续高效地进行生产。

（2）用途。氟化石墨作为润滑剂、防湿剂、防污剂及电池活性物质等而得到广泛应用，氟化石墨用作润滑剂加入润滑油、润滑脂及密封等机械用碳素材料中。此外，还可作为脱模剂和旨在提高耐磨性的电镀共析剂中，还能同锂组合成高能干电池材料、核反应堆用石墨材料。用于高温固体润滑剂，可代替石墨或二硫化钼用于要求避免颜色污染的场合如纺织、造纸等。

⟨8.3⟩ 氟化氢生产无机氟化物发展方向

我国氟化氢产量全球第一，为无机氟化工产业提供了稳定的原料供应；我国的无机氟化工企业具备较强的生产能力和技术实力，可以满足国内外市场的需求；相对于发达国家，我国的无机氟化工产业具有一定的成本优势，在产品价格上有竞争力；同时我国作为世界制造业大国和新兴经济体，在冶金、电子、机械、轻工、化工、光学仪器、建材、纺织、国防等多个领域对无机氟化工产品的需求持续增长。

但是，我国作为氟资源大国，深度加工技术获得的高附加值产品仅占世界产量的 15%～20%，如含氟电子级化学品、含氟特种气体、晶体氟化物等产品，绝大多数依赖进口。环境压力大，无机氟化工行业在生产过程中产生的废水、废气等对环境造成一定的污染。需要加强环保意识，推动绿色生产技术和工艺的应用。大部分产品附加值低，发展高端产品和提高技术含量是未来发展的方向。同时，需要提高企业的创新能力，加强品牌建设，拓展国际市场份额。

⟨8.4⟩ 本 章 小 结

氟化氢是无机氟化工的基础，是生产各类无机氟化物等的基本原料。利用氟化氢生产大宗无机氟化工产品相对氟硅酸法不具有成本优势，但其在生产高纯、精细氟化工产品具有生产工艺简单、效率高、纯度高的特点。因此，以发展以高纯氟化氢为基础生产高品质含氟无机盐仍是无机氟化工的重要的发展方向之一。

参 考 文 献

［1］皇甫根利，李世江，侯红军，等 . 一种氟化锂的生产方法：CN101376508［P］. 2009.

［2］张小霞 . 电池级氟化锂制备新工艺研究［J］. 无机盐工业，2014，46（10）：55-57.

［3］Tan Y H, Lu G X, Zheng J H, et al. Lithium fluoride in electrolyte for stable and safe lithium-metal batteries［J］. Advanced Materials, 2021, 33（42）：2102134.

［4］Cui C, Yang C, Eidson N, et al. A highly reversible, dendrite-free lithium metal anode enabled by a lithium-fluoride-enriched interphase［J］. Advanced Materials, 2020, 32（12）：1906427.

[5] Chan A Y, Swaminathan R, Cockram C S. Effectiveness of sodium fluoride as a preservative of glucose in blood [J]. Clinical Chemistry, 1989 (2): 315-317.

[6] 李鸣宇, 刘正. 绿茶多酚和氟化钠对变链菌形态学及酶学的影响 [J]. 实用口腔医学杂志, 1999 (3): 163-165.

[7] Stookey G K, Depaola P F, Featherstone J D B, et al. A critical review of the relative anticaries efficacy of sodium fluoride and sodium mon ofluorophosphate dentifrices [J]. Caries Research, 2009, 27 (4): 337-360.

[8] 于剑昆. 氟化钾的制备工艺进展 [J]. 无机盐工业, 2010, 42 (1): 5-8.

[9] 徐小岗. 一种使用氟硅酸和氟硅酸钾生产高活性氟化钾的方法: CN201910836796.7 [P]. 2019.

[10] 严永生. 一种使用钾碱和氟硅酸钾制备氟化钾的制备方法: CN202110293422.2 [P]. 2021.

[11] 杨华春, 刘海霞. 氟化铵制氟化钾新工艺研究与开发 [J]. 无机盐工业, 2014, 46 (6): 48-50.

[12] Kim D W, Song C E, Chi D Y. New method of fluorination using potassium fluoride in ionic liquid: significantly enhanced reactivity of fluoride and improved selectivity [J]. Cheminform, 2003, 34 (1): 10278-10279.

[13] Pupo G, Vicini A C, Ascough D M H, et al. Hydrogen bonding phase-transfer catalysis with potassium fluoride: enantioselective synthesis of β-fluoroamines [J]. Journal of the American Chemical Society, 2019, 141 (7): 2878-2883.

[14] 皇甫根利, 李世江, 侯红军, 等. 一种氟化镁的生产方法: CN200710055064.1 [P]. 2009.

[15] 刘吉平, 廖莉玲. 无机纳米材料 [M]. 北京: 科学出版社, 2004

[16] 帅领, 吴婉娥. 氟化镁制备技术现状及发展趋势 [J]. 材料导报, 2011 (S2): 322-325.

[17] Wang Z K, Han W F, Liu H Z. EDTA-assisted hydrothermal synthesis of cubic SrF_2 particles and their catalytic performance for the pyrolysis of 1-chloro-1, 1-difluoroethane to vinylidene fluoride [J]. Cryst Eng Comm, 2019, 21 (11): 1691-1700.

[18] Quan Z W, Yang D M, Li C X, et al. SrF_2 hierarchi-cal flowerlike structures: Solvothermal synthesis, formation mecha-nism and optical properties [J]. Materials Research Bulletin, 2009, 44 (5): 1009-1016.

[19] Zhang C M, Hou Z Y, Chai R T, et al. Mesoporous SrF_2 and SrF_2: Ln^{3+} (Ln=Ce, Tb, Yb, Er) hierarchical micro-spheres: Hydrothermal synthesis, growing mechanism, and lumi-nescent properties [J]. The Journal of Physical Chemistry C, 2010, 114 (15): 6928-6936.

[20] 龙瑞强. 氟化锶/氧化钕催化剂的甲烷氧化偶联性能及其吸附氧物种 [J]. 高等学校化学学报, 1995, 16 (11): 1796-1797.

[21] 罗建志, 柳彤, 孙秋丽, 等. 氟化钡合成工艺进展 [J]. 无机盐工业, 2015, 47 (5): 9-11.

[22] 申东升, 林原斌. 氟化铬制备新方法 [J]. 化学试剂, 1997 (5): 59.

[23] 仝蒙恩. 镁离子电池锰基负极材料的制备及其电化学性能研究 [D]. 桂林：桂林理工大学，2021.

[24] Liu L，Guo H，Zhou M，et al. A comparison among $FeF_3 \cdot 3H_2O$，$FeF_3 \cdot 0.33H_2O$ and FeF_3 cathode materials for lithium ion batteries：Structural，electrochemical，and mechanism studies [J]. Journal of Power Sources，2013，238（9）：501-515.

[25] 姜子昂，王宇杰，陈轩锋，等. 铁基氟化物锂电池正极材料研究进展 [J]. 稀有金属，2022，46（6）：724-735.

[26] Bai Y，Zhou X，Zhan C，at al. 3D Hierarchical nano-flake/micro-flower iron fluoride with hydration water induced tunnels for secondary lithium battery cathodes [J]. Nano Energy，2017，32：10-18.

[27] 宋卫兵. 氟化铁正极材料的可控合成及改性研究 [D]. 西安：西北大学，2022.

[28] 翟婧如. 铁基氟化物正极材料的制备及其电化学性能研究 [D]. 哈尔滨：哈尔滨工业大学，2020.

[29] 于泽帆. 锂离子电池正极氟化亚铁/炭复合材料的制备及其电化学性能的研究 [D]. 北京：北京化工大学，2022.

[30] 张奇. 新型锂离子电池正极材料氟化钴的合成与电化学性能改性研究 [D]. 哈尔滨：哈尔滨工业大学，2015.

[31] 牛鹏飞，吴旭飞，李立远，等. 三氟化钴氟化法制备全氟有机化合物进展 [J]. 化学推进剂与高分子材料，2019，17（5）：38-41.

[32] Liu Z，Liu H，Gu X，et al. Oxygen evolution reaction efficiently catalyzed by a quasi-single-crystalline cobalt fluoride [J]. Chemical Engineering Journal，2020，397：125500.

[33] Chodankar N R，Bagal I V，Patil S J，et al. Rapid preparation of nickel fluoride motif via solution-free plasma route for high-energy aqueous hybrid supercapacitor [J]. Chemical Engineering Journal，2023，455：140764.

[34] Dai Y，Liu X，Wu W，et al. Enabling the reversibility of anhydrous copper（Ⅱ）fluoride cathodes for rechargeable lithium batteries via fluorinated high-concentration electrolytes [J]. Science China Materials，2023，66（8）：3039-3045.

[35] 黄娟. 无水氟化铜正极材料的合成与改性研究 [D]. 武汉：武汉理工大学，2020.

[36] Krahl T，Marroquin W F，Martin A，et al. Novel synthesis of anhydrous and hydroxylated CuF_2 nanoparticles and their potential for lithium ion batteries [J]. Chemistry-A European Journal，2018，24（28）：7177-7187.

[37] Guo Y，Wuttke S，Vimont A，et al. Novel sol-gel prepared zinc fluoride：synthesis，characterisation and acid-base sites analysis [J]. Journal of Materials Chemistry，2012，2：14587-14593.

[38] O'keeffe M. Ionic conductivity of yttrium fluoride and lutetium fluoride [J]. Science，1973，180（4092）：1276-1277.

[39] Wang W，Mi Y，Kang Y，et al. Yttrium fluoride doped nitrogen-contained carbon as an efficient cathode catalyst in zinc-air battery [J]. Journal of Power Sources，2020，472：228451.

［40］沈辉，宗友强，王祖培，等．水合四氟化锆的工艺研究［J］．无机盐工业，2004，36（2）：17-18.

［41］Macfarlane D R，Newman P J，Voelkel A. Methods of purification of zirconium tetrafluoride for fluorozirconate glass［J］. Journal of the American Ceramic Society，2010，85（6）：1610-1612.

［42］氟化银促成两个烯烃的氟化-偶联：简易合成 α-CF₃ 烯烃和 β-CF₃ 酮的新方法［J］．有机化学，2015，35（3）：741.

［43］Gao B，Zhao Y，Hu J. AgF-mediated fluorinative cross-coupling of two olefins：facile access to α-CF₃ alkenes and β-CF₃ ketones［J］. Angewandte Chemie International Edition，2015，54（2）：638-642.

［44］Junkins J，Farrar R L J，Barbar E J，et al. Preparation and physical properties of niobium pentafluoride［J］. Journal of the American Chemical Society，1952，74（14）：3464-3466.

［45］骆晔．镁/五氟化铌+单壁纳米碳管复合材料的储氢性能研究［D］．沈阳：中国科学院金属研究所，2007.

［46］Henne A L，Midgley T. Mercuric fluoride，a new fluorinating agent［J］. Journal of the American Chemical Society，2002，58（6）：884-887.

［47］赵鹏德，常琳，李子宽，等．三氟化硼制备及纯化进展［J］．低温与特气，2021，39（6）：1-4.

［48］巩晓辉，任少科，常琳，等．三氟化硼纯化工艺综述［J］．低温与特气，2021，39（6）：8-11.

［49］Saeki T，Son E，Tamao K. Boron trifluoride induced palladium-catalyzed cross-coupling reaction of 1-aryltriazenes with areneboronic acids［J］. Organic Letters，2004，6（4）：617-619.

［50］Cresswell A J，Davies S G，Roberts P M，et al. Beyond the Balz-Schiemann reaction：the utility of tetrafluoroborates and boron trifluoride as nucleophilic fluoride sources［J］. Chemical Reviews，2014，115（2）：566-611.

［51］刘海霞．干法氟化铝和无水氟化铝制备工艺和应用效果对比［J］．无机盐工业，2018，50（9）：10-13.

［52］谷正彦．无水氟化铝生产分析［J］．轻金属，2020（3）：5-8.

［53］杨勇，陈海洋，李煜坤，等．无水氟化氢和氟化铝工艺研发及工业应用进展［J］．2023，20：1-13.

［54］李立平，李煜乾，王辉，等．氟化亚锡的合成工艺研究进展［J］．广州化工，2021，49（24）：8-9.

［55］Paraskevas S，Weijden G A. A review of the effects of stannous fluoride on gingivitis［J］. Journal of Clinical Periodontology，2006，33（1）：1-13.

［56］Liang C C，Joshi A V. Conduction characteristics of polycrystalline lead fluoride［J］. Journal of the Electrochemical Society，1975，122（4）：466.

［57］袁宝和．半导体使用气三氟化砷的研制［J］．科技创新导报，2014（16）：61-62.

［58］李彬，王雪，姜爽，等．高附加值萘二酚类中间体的合成与应用进展［J］．化工进展，

2019 (4)：1903-1912.

[59] 王建萍，韩建军，叶家铭．氟化镧制备工艺研究 [J]．河南化工，2019，36 (2)：29-33.

[60] 赵永志，马莹，侯少春，等．氟化亚铈研究现状 [J]．稀土，2017，38 (5)：134-140.

[61] 武克忠，刘晓地，王新东，等．氟氢化钾非等温动力学参数的确定 [J]．化学工程师，2003 (6)：22-23.

[62] Kalbandkeri R G, Padma D K, Murthy A R. Reactions of potassium bifluoride with phosphorus halides [J]. Journal of Chemistry, 1984, 23：990-991.

[63] 赵燕．氟化氢钠刻蚀制备 $Ti_3C_2T_x$ 及其在钠离子电池上的应用 [D]．太原：太原理工大学，2021.

[64] 李保林，李国庭，胡庆福，等．工业氟化氢钠中 $NaHF_2$ 含量的测定 [J]．河北轻化工学院学报，1993，14 (1)：17-20.

[65] 韩纪磊，杨保鑫，李汝勇，等．中国氟化氢铵产品生产和市场状况 [J]．有机氟工业，2018 (1)：57-64.

[66] 刘宏江，曾燕，李鹏，等．制备方法对氟铝酸钾成分和性能的影响 [J]．材料研究与应用，2022，16 (6)：1030-1034.

[67] 陈位杰，王维，张洪涛．四氟铝酸钾对高锂电解质低温铝电解的影响 [J]．轻金属，2019 (1)：40-43.

[68] Konrad B, Bastian H, Franziska H, et al. Heat capacity of sodium and potassium hexafluorophosphate [J]. Zeitschrift Für Naturforschung B, 2023, 78 (11-12)：575-578.

[69] 肖铭．六氟磷酸锂合成技术的研究进展 [J]．精细与专用化学品，2016，24 (7)：17-20.

[70] 崔小明．六氟磷酸锂合成技术的研究进展 [J]．有机氟工业，2019 (2)：42-44.

[71] 李玉芳，伍小明．我国六氟磷酸锂合成技术研究进展 [J]．精细与专用化学品，2022，30 (5)：8-10.

[72] 张玥，王坤，刘大凡．锂离子二次电池电解质四氟硼酸锂制备技术研究进展 [J]．无机盐工业，2014，46 (3)：64-66.

[73] 桑俊利，王坤，刘大凡．四氟硼酸锂的制备研究 [J]．无机盐工业，2018，50 (5)：30-32.

[74] Zuo X, Fan C, Liu J, et al. Lithium tetrafluoroborate as an electrolyte additive to improve the high voltage performance of lithium-ion battery [J]. Journal of the Electrochemical Society, 2013, 160 (8)：A1199-A1204.

[75] Lane J R, Kjaergaard H G. Fluorosulfonic acid and chlorosulfonic acid：Possible candidates for oh-stretching overtone-induced photodissociation [J]. The Journal of Physical Chemistry A, 2007, 111 (39)：9707-9713.

[76] Liu S, Xu Z, Yi J. Effect of curing temperature on corrosion resistance of a chromium-free coating on hot dip galvanized steel sheet [J]. Int. J. Electrochem. Sci. , 2018, 13：6684-6692.

[77] Andreatta F, Lanzutti A, Paussa L, et al. Addition of phosphates or copper nitrate in a fluotitanate conversion coating containing a silane coupling agent for aluminium alloy AA6014

［J］. Progress in Organic Coatings，2014，77（12）：2107-2115.

［78］杨风春. 六氟砷酸锂的制备［J］. 新疆有色金属，1998（4）：31-34.

［79］ Koch V R，Young J H. 2-Methyltetrahydrofuran—lithium hexafluoroarsenate：a superior electrolyte for the secondary lithium electrode［J］. Science，1979，204（4392）：499-501.

9 氟化氢生产有机氟化工产品技术

有机氟化物包括含氟制冷剂、含氟聚合物、含氟精细化学品。其中，含氟制冷剂共包含四代制冷剂产品，即一代制冷剂 CFCs（氯氟烃）、二代制冷剂 HCFCs（氢氯氟烃）、三代制冷剂 HFCs（氢氟烃）和四代制冷剂 HFOs（氢氟烯烃），受《蒙特利尔议定书》影响，全球市场目前应用二、三、四代制冷剂，更加注重环境保护[1]。含氟聚合物主要包括氟树脂和氟橡胶，其中 PTFE、PVDF、PCTFE 等产品与军工业、航空航天等高科技产业密切相关。含氟精细化学品主要有含氟医药及中间体、含氟农药及中间体以及电子化学品，相关产品在半导体、光伏新能源等行业发展前景广阔[2]。氟化氢生产有机氟化物如图 9-1 所示。

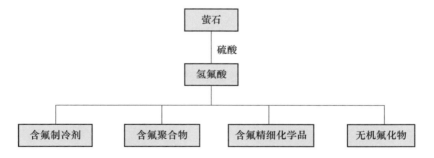

图 9-1　氟化氢生产有机氟化物

Fig. 9-1　Hydrogen fluoride produces organic fluoride

9.1　氟 制 冷 剂

9.1.1　分类及命名

氟制冷剂是含氟有机化合物的重要组成部分，具有无臭、无毒、无腐蚀性且不燃烧等特点，与常用制冷剂如氨和二氧化碳相比有很大的优越性[3]。从有机化学的角度看，这是一类含有氟和氯的烷烃，统称为氟氯烃，具有多卤代烃的性质。

氟制冷剂是我国的命名，常用 R 表示。氟利昂是美国杜邦公司的商品名，用 F 表示，因此氟制冷剂又被称为氟利昂。氟利昂是一系列氟氯烷的总称，不同的氟利昂用不同数字加以区分。例如，二氟二氯甲烷 CF_2Cl_2 称为氟利昂 12，简称 F12；1,1,2,2-四氟-1,2-二氯乙烷（$ClF_2C—CF_2Cl$）称为氟利昂 114，简称 F114，其中 F 代表氟利昂，后面数字的含义是：个位数代表氟原子数，十位数代表氢原子数加 1，百位数代表碳原子数减 1。化合物的氯原子数，是从能够与碳原子结合的原子总数中减去已结合的氟、溴和氢原子数的和后求得。如果化合物中含有 Br 原子，则在后面加字母 B，字母 B 后面的数字表示 Br 原子的原子数。

数字编码仅仅表达了含氟烃分子的元素组成，而分子结构的信息则要通过数码的"后缀"（小写英文字母）来表达。当含氟烃分子中有两个或两个以上碳原子时。由于与碳原子相连的其他原子排列不同，会形成不同的异构体。对于不同异构体，一般采用加后缀的办法加以区分。这些后缀字母按分子结构对称性的大小顺序，分别取 a、b、c，通常最对称的同分异构体，在数字码后不加后缀字母。例如，四氟乙烷有两种异构体，分别命名为 R134 和 R134a，前者代表对称异构体，故不加后缀；后者是唯一的不对称异构体，故加后缀"a"。对于存在两个以上异构体的化合物一般根据两个碳原子各自相连接的取代基总原子量的差值的大小来判断，两者之差越小，表明异构体的对称性越好，差值为 0 则是完全对称。

9.1.2 CFCs、HCFCs、HFCs 的性质及用途

9.1.2.1 全氟氯烃（CFCs）

全氟氯烃是指烷烃中的氢完全被氟和氯（或溴）取代了的化合物。主要包括 R11、R12、R13、R114、R115、R500、R502 等，由于对臭氧层的破坏作用最大，被《蒙特利尔议定书》列为一类受控物质。此类物质目前已禁止使用（表 9-1）。

表 9-1　全氟氯烃的 OPD 和 GWP 值[4]

Table 9-1　OPD and GWP values for perfluorocarbons[4]

序号	名称	ODP（消耗臭氧潜能值）	GWP（全球变暖潜能值）
1	R11	1	4000
2	R12	1	8500
3	R13	1	11700
4	R22	0.055	1700
5	R123	0.014	90
6	R124	0.03	470
7	R141b	0.10	600
8	R142b	0.05	1800

序号	名称	ODP（消耗臭氧潜能值）	GWP（全球变暖潜能值）
9	R32	0	650
10	R134a	0	1200
11	R125	0	2800
12	R143a	0	3800
13	R152a	0	140

（1）R11（一氟三氯甲烷）制冷剂/发泡剂。

物化性质：俗称氟利昂-11（FREON 11），分子式 CCl_3F，相对分子质量 137.37。无色液体或气体，熔点为-111 ℃，沸点为 23.7 ℃，密度 1.487×10^3 kg/m³。有醚味，微溶于水，易溶于乙醇、醚，化学稳定性好。

主要用途：用于大型中央空调制冷剂（离心式冷水机组）、聚氨酯（PU）泡沫塑料发泡剂。

（2）R12（二氟二氯甲烷）制冷剂。

物化性质：R12 在常温下为无色，无味，无腐蚀性的气体，加压可液化为无色透明的液体。R12 无毒、不燃，具有良好的热稳定性和化学稳定性。

主要用途：R12 可用作制冷剂灭火剂、杀虫剂和喷雾剂等，R12 作为制冷剂广泛用于冰箱、冷柜、中央空调冷水机组等制冷空调领域。

（3）R13（三氟一氯甲烷）制冷剂。

物化性质：R13，分子式 $CClF_3$，相对分子质量 104.5，常压下沸点-81.4 ℃，凝固点-181 ℃，密度（-30 ℃）1.298 kg/L。

主要用途：主要用于低温/超低温制冷剂。

（4）R502 制冷剂。

物化性质：R502 为混配工质，由 R22/R115 组成，其中 R22 为 48.5%（质量分数），R115 为 51.5%（质量分数），相对分子质量 111.63，沸点-45.6 ℃，为不可燃物质。

主要用途：主要用于低温制冷工质，可作为食品陈列、食品储藏、制冷、冰激凌机、低温冰箱以及低温冷冻压缩机用制冷剂。

（5）R503 制冷剂。

物化性质：R503 为混配工质，由 R13/R23 组成，其中 R13 为 60%，R23 为 40%，沸点-87.9 ℃，为不可燃物质。

主要用途：主要用于超低温制冷设备，如低温试验箱及冻干设备等。

9.1.2.2 含氢氟氯烃（HCFCs）

含氢氟氯烃是指烷烃中的部分氢完全被氟和氯取代了的化合物。主要包括

R22、R123、R141b、R142b 等，臭氧层破坏系数仅仅是 R11 的百分之几，因此，目前 HCFC 类物质被视为 CFC 类物质的最重要的过渡性替代物质。HCFC 因为含有 H，使得它在底层大气易于分解，对 O_3 层的破坏能力低于 CFCs，但长期和大量使用对 O_3 层危害也很大。在《蒙特利尔议定书》中 R22 被限定 2020 年淘汰，R123 被限定 2030 年，发展中国家可以推迟 10 年。

（1）R22（二氟一氯甲烷）制冷剂。

物化性质：R22（Freon22，二氟一氯甲烷，Chlorodifuoromethane），分子式 $CHClF_2$，相对分子质量 86.47。R22 在常温下为无色，近似无味的气体，不燃烧、无腐蚀、毒性极微，加压可液化为无色透明的液体，为 HCFC 型制冷剂。

主要用途：R22 广泛用于家用空调、中央空调和其他商业制冷设备；也可用作聚四氟乙烯树脂的原料和灭火剂 1121 的中间体。

（2）R123（二氯三氟乙烷）制冷剂。

物化性质：三氟二氯乙烷（2，2-二氯-1，1，1-三氟乙烷），分子式 CF_3CHCl_2，相对分子质量 152.93，沸点 27.85 ℃，CAS 注册号：306-83-2，是一种替代 R11（F11）的 HCFC 型制冷剂。

主要用途：R123 可替代 F11 和 F113 作清洁剂、发泡剂和制冷剂（中央空调/离心式冷水机组）[5]。

（3）R124（一氯四氟乙烷）制冷剂。

物化性质：一氯四氟乙烷（$CHClFCF_3$），HCFC124（R124），相对分子质量 136.5，沸点 -10.95 ℃，临界温度 122.25 ℃，临界压力 3.613 MPa。

主要用途：HCFC-124（R124）主要用作制冷剂、灭火剂，是混合工质的重要组分，可替代 CFC114。

（4）R141b（二氯一氟乙烷）制冷剂。

物化性质：二氯一氟乙烷（CH_3CCl_2F），HCFC141b，相对分子质量 116.95，沸点 32.05 ℃，临界温度 204.5 ℃，临界压力 4.25 MPa。

主要用途：该产品可替代 CFC11 作硬质聚氨酯泡沫塑料的发泡剂，替代 CFC113 作清洗剂，也用作制冷剂[6]。

（5）R142b（一氯二氟乙烷）制冷剂。

物化性质：一氯二氟乙烷（$CClF_2CH_3$），HCFC142b，沸点 -9.2 ℃，临界温度 136.45 ℃，临界压力 4.15 MPa，在常温下为无色气体，略有芳香味，易溶于油，难溶于水。

主要用途：HCFC142b（R142b）主要用作高温环境下的制冷系统，恒温控制开关及航空推进剂的中间体，还用作化工原料[7]。

（6）R402A 制冷剂。

物化性质：R402A 制冷剂是由 R22、R290 及 R125 组成的混配工质，是

HCFC 服务型混配制冷剂，其中 R22 为 38%，R290 为 2%，R125 为 60%。符合国际暖通空调组织（ASHRAE）的 A1 安全等级类别（这是最高的级别，对人身体无害）；符合美国环保组织 EPA、SNAP 和 UL 的标准。冷冻机油建议使用烷基苯 AB 合成油。

主要用途：替代 R502 用于商用制冷设备及一些交通制冷设施，适用于所有 R502 可正常运作的环境。

（7）R402B 制冷剂。

物化性质：R402B 制冷剂是由 R22、R290 及 R125 组成的混配工质，是 HCFC 服务型混配制冷剂，其中 R22 为 60%，R290 为 2%，R125 为 38%。符合国际暖通空调组织（ASHRAE）的 A1 安全等级类别（这是最高的级别，对人身体无害）；符合美国环保组织 EPA、SNAP 和 UL 的标准。冷冻机油建议使用烷基苯 AB 合成油。

主要用途：替代 R502 用于大型商用制冷设备，如制冰机。适用于所有 R502 可正常运作的环境。

（8）R408A 制冷剂。

物化性质：R408A 制冷剂是由 R22、R125 及 R143a 组成的混配工质，其中 R22 为 47%，R125 为 7%，R143a 为 46%，在常温下为无色气体，相对分子质量 87.01，沸点 -44.4 ℃，临界温度 83.8 ℃，临界压力 4.42 MPa。

主要用途：R408A 制冷剂主要用于替代 R502。

（9）R409A 制冷剂。

物化性质：R409A 由 R22、R124 和 R142b 组成的混配工质，R22 为 60%，R124 为 25%，R142b 为 15%，在常温下为无色气体。相对分子质量 97.4，沸点 -34.5 ℃，临界温度 106.8 ℃，临界压力 4.69 MPa。

主要用途：R409A 是 R12 的替代品，主要用于制冷系统。

9.1.2.3　含氢氟烃（HFCs）

含氢氟烃，主要包括 R134a、R125、R32、R407C、R410A、R152 等，臭氧层破坏系数为 0，但是气候变暖潜能值很高。在《蒙特利尔议定书》没有规定其使用期限，在《联合国气候变化框架公约》《京都议定书》中定性为温室气体。

（1）R23（三氟甲烷）制冷剂。

物化性质：R23（三氟甲烷），常压下沸点 -82.1 ℃，凝固点 -155.2 ℃，液体密度（25 ℃）0.67 kg/L，临界密度 0.525 kg/L，临界压力 4.83 MPa，消耗臭氧潜能值（ODP）为 0，为环保型制冷剂。

主要用途：是一种高压液化气，可用作制冷剂，替代 CFC13。同时又是哈龙 1301 理想替代品，具有清洁、低毒、灭火剂效果好等特点。

（2）R134a（四氟乙烷）制冷剂。

R134a 是目前国际公认的替代 R12 的主要制冷剂之一，常用于车用空调，商业和工业用制冷系统，以及作为发泡剂用于硬塑料保温材料生产，也可以用来配置其他混合制冷剂，如 R404A 和 R407C 等。

主要用途：主要替代 R12 用作制冷剂，大量用于汽车空调、冰箱制冷。

（3）R152a（二氟乙烷）制冷剂。

物化性质：HFC-152a（1，1-二氟乙烷 CH_3CHF_2），相对分子质量66.1，沸点-24.7 ℃，临界温度113.5 ℃，临界压力4.58 MPa，在空气中的燃烧极限为5.1%~17.1%（体积分数），破坏臭氧潜能值（ODP）为0。

主要用途：主要用作制冷剂、发泡剂、气雾剂和清洗剂，同时也是混合工质的重要组成。

（4）R404A 制冷剂。

物化性质：R404A 由 R125、R134a 和 R143a 组成的混配工质，其中 R125 为44%，R134a 为4%，R143a 为52%，R404A 是一种不含氯的非共沸混合制冷剂，常温常压下为无色气体，储存在钢瓶内，是被压缩的液化气体。其 ODP 为0，因此 R404A 是不破坏大气臭氧层的环保制冷剂。

主要用途：R404A 主要用于替代 R22 和 R502，具有清洁、低毒、不燃、制冷效果好等特点，大量用于中低温冷冻系统[8]。

（5）R407C 制冷剂。

物化性质：R407C 由 R125、R134a 和 R32 组成的混配工质，其中 R125 为25%，R134a 为52%，R32 为23%，常温常压下，R407C 是一种含氯的氟代烷非共沸混合制冷剂，无色气体，储存在钢瓶内，是被压缩的液化气体。其 ODP 为0，因此 R407C 为不破坏大气臭氧层的环保制冷剂。

主要用途：R407C 主要用于替代 R22，具有清洁、低毒、不燃、制冷效果好等特点，大量用于家用空调、中小型中央空调。

（6）R410A 制冷剂。

物化性质：R410A 由 R125 和 R32 组成的混配工质，其中 R125 为50%，R32 为50%，常温常压下，R410A 是一种不含氯的氟代烷非共沸混合制冷剂，无色气体，储存在钢瓶内，是被压缩的液化气体。其 ODP 为0，因此 R410A 是不破坏大气臭氧层的环保制冷剂。

主要用途：R410A 主要用于替代 R22 和 R502，具有清洁、低毒、不燃、制冷效果好等特点，大量用于家用空调、小型商用空调、户式中央空调等。

（7）R417A 制冷剂。

物化性质：R417A 由 R125、R134a 和 R600a（异丁烷）组成的混配工质，其中 R125 为47%，R134a 为50%，R600a 为3%，常温常压下，R417A 是一种不

含氯的氟代烷非共沸混合制冷剂，无色气体，储存在钢瓶内，是被压缩的液化气体。其 ODP 为 0，因此 R417A 是不破坏大气臭氧层的环保制冷剂。

主要用途：R417A 主要用于替代 R22，具有清洁、低毒、不燃、制冷效果好等特点，用于热泵（OEM 初装替换 R22）和空调（售后替换 R22）等。

（8）R507 制冷剂。

物化性质：R507 由 R125 和 R143a 组成的混配工质，其中 R125 为 50%，R143a 为 50%，R507 是一种不含氯的共沸混合制冷剂，常温常压下为无色气体，储存在钢瓶内，是被压缩的液化气体。其 ODP 为 0，因此 R507 是不破坏大气臭氧层的环保制冷剂。

主要用途：R507 主要用于替代 R22 和 R502，具有清洁、低毒、不燃、制冷效果好等特点，大量用于中低温冷冻系统。

（9）R508A 制冷剂。

物化性质：R508A 由 R116（六氟乙烷）和 R23 组成的混配工质，其中 R116 为 61%、R23 为 39%，R508A 是一种不含氯的共沸混合制冷剂，常温常压下为无色气体，储存在钢瓶内，是被压缩的液化气体。其 ODP 为 0，因此 R508A 是不破坏大气臭氧层的环保制冷剂。

主要用途：R508A 主要用于替代 R13、R23、R503，具有清洁、低毒、不燃、制冷效果好等特点，大量用于超低温冷冻系统，如医用制冷、科研制冷。

（10）R508B 制冷剂。

物化性质：R508B 由 R116（六氟乙烷）和 R23 组成的混配工质，其中 R116 为 54%，R23 为 46%。R508B 是一种不含氯的共沸混合制冷剂，常温常压下为无色气体，储存在钢瓶内，是被压缩的液化气体。其 ODP 为 0，因此 R508B 是不破坏大气臭氧层的环保制冷剂。

主要用途：R508B 主要用于替代 R13、R23、R503，具有清洁、低毒、不燃、制冷效果好等特点，大量用于超低温冷冻系统，如医用制冷、科研制冷。

9.1.3 氟化氢生产 HCFC、HFC 工艺

9.1.3.1 氟利昂的主要生产方法

氟利昂的生产主要有卤化锑催化剂液相法和金属卤化物或氧化物催化剂气相法两种方法。

A 卤化锑催化剂液相法

该法是用卤代锑作触媒，使氯烃和氟化氢进行液相反应生产氟制冷剂的经典方法[9]。该法所用催化剂主要为 $SbCl_5$，可用通式 SbF_xCl_{5-x} 表示。

以 HCFC22 为例：反应器中，利用氯仿稀释催化剂，在 60~120 ℃，0.5~2.0 MPa 条件下让 HF 与氯仿在催化剂作用下反应。反应方程如下：

$$CHCl_3 + 2HF \Longrightarrow CHClF_2 + 2HCl \tag{9-1}$$

反应产物从反应器出来后通过汽提塔，初步将氟利昂和催化剂及其他杂质分离，然后通过氯化氢分离单元，将氯化氢和氟利昂进行分离。

来自前系统的物料再经过液相水洗、碱洗后直接进入精馏单元，精馏得到高纯度的氟利昂。也有的采用气相法水碱洗、硫酸干燥等工序，先将粗产品进行除酸、脱水后再进入精馏系统，则精馏产生的重组分如氯仿、HCFC21 等即可直接回收到反应器系统进行循环利用[10]。

液相法生产的优点：反应副产物少，原料利用率高，装置生产能力大。

液相法生产的缺点：腐蚀性强，催化剂活性保持困难，对两个碳以上产品的氟对称性较差[11]。

B 金属卤化物或氧化物催化剂气相法

由于液相法的上述缺点，目前气相法已开始规模生产[12,13]。气相法的优点是选择性好，可深度氟化。气相生产法的关键仍是催化剂的选择，生产一个碳的氟利昂时，大多以 $FeCl_3$ 作为催化剂。这种催化剂在很小蒸气压、300 ℃ 左右的反应条件下，$FeCl_3$ 即蒸发，活性迅速下降。

生产二个碳的氟利昂时，多采用 Al_2O_3 上加铬、镍等催化剂，一般控制温度在 320~400 ℃下反应，温度高时容易积炭，所以选择催化剂时，尽可能要选择反应温度要求低的催化剂。

9.1.3.2 HCFC22 的生产方法

二氟一氯甲烷（HCFC22）是生产各种含氟高分子化合物的重要基本原料，可作制冷剂、氟溴灭火剂，也可用作杀虫剂、喷漆等方面的气雾喷射剂[14]。目前，国内 HCFC22 的生产方法：采用氯仿在五氯化锑催化下与氟化氢在反应釜中，在一定的温度和压力下发生液相催化氟化反应制成[15]。所用催化剂为五氯化锑（$SbCl_5$），氟化反应温度控制在 60~120 ℃ 左右。反应产物借助反应釜上的回流塔、冷凝器把未完全反应的氯仿、HF 及夹带的催化剂等再冷凝洗涤返回反应釜。其反应式如下：

主反应 $$CHCl_3 + 2HF \xrightarrow{SbCl_5} CHClF_2(HCFC22) + 2HCl \qquad (9-2)$$

副反应 $$CHCl_3 + HF \xrightarrow{SbCl_5} CHCl_2F(HCFC21) + HCl \qquad (9-3)$$

$$CHClF_2 + HF \xrightarrow{SbCl_5} CHF_3(HFC23) + HCl \qquad (9-4)$$

在反应过程中，为使催化剂活性保持最佳状态，可以适量通氯气，使三价锑恢复到五价锑以延长催化剂的使用寿命。

反应后物料先在水洗塔中除去大部分夹带的氯化氢和氟化氢，进入碱洗系统除去微量酸性物质后精制，通过精馏塔去除 HCFC21 和水等高沸物后制得成品 HCFC22。

HCFC22 反应过程分为氟化反应单元、粗产品处理单元、精馏单元及事故洗涤单元，各单元生产原理及反应机理简述如下[16]。

A 氟化反应单元

a 催化剂制备

本反应所用催化剂为五氯化锑（$SbCl_5$），其反应如下：

$$2Sb + 5Cl_2 === 2SbCl_5 \tag{9-5}$$

$$SbCl_3 + Cl_2 === SbCl_5 \tag{9-6}$$

$$SbCl_5 + xHF === SbCl_{5-x}F_x + xHCl(x = 0.1) \tag{9-7}$$

当 $x=1$ 时，即为 $SbCl_4F$，$SbCl_4F$ 对氯仿的氟化程度起主要作用，由于在生产过程中存在五价锑向三价锑的还原反应，因此，需相对持续稳定地加氯，以保证五价锑的含量。

b 氟化反应

原料氯仿和无水氟化氢进入反应器进行氟化反应，生产 HCFC22 的总的反应可表示如下：

$$CHCl_3 + 2HF \xrightarrow{SbCl_5} CHClF_2(HCFC22) + 2HCl \tag{9-8}$$

氯仿分步氟化过程反应如下：

$$SbCl_5 + HF === SbCl_4F + HCl \tag{9-9}$$

$$CHCl_3 + SbCl_3F === SbCl_5 + CHCl_2F(HCFC21) \tag{9-10}$$

$$CHCl_2F + SbCl_4F === SbCl_5 + CHClF_2(HCFC22) \tag{9-11}$$

上述过程中，发生如下副反应：

$$CHClF_2 + SbCl_4F === SbCl_5 + CHF_3(HFC23) \tag{9-12}$$

从上述反应可知，氯仿的氟化过程中，除生成所需的产品 HCFC22 外，还生成 HCl、HCFC21、HFC23 等副产物，为了获得纯净的产品 HCFC22 并降低原材料消耗，副产物必须与 HCFC22 分离并回收利用[17]。

c 混合物初馏

反应器出料组成包括：反应产物 HCFC22、副产物 HCFC21、HFC23、HCl 和微量光气 COCl；未反应及夹带的物流：AHF（无水氯化氢，下同）、$CHCl_3$、SiF_4、$SbC_{15-x}F$，它们一起进入反应器回流塔，本工序利用分馏的原理，物料经冷凝、回流、分馏洗涤，催化剂和大部分 AHF、$CHCl_3$、HCFC21 返回反应器中，以 HCFC22、HCl 为主的混合气体进入后续的氯化氢分离工序。一部分 CHCl、HCFC21、HF 在夹带上来的催化剂的作用下，进行氟化反应，从而使从反应器中带出的一部分 HF 与 CHCl、HCFC21 发生反应，提高了 HF 的利用率。

d 氯化氢分离

来自反应器回流塔的气体物流，组分包括 HCl、HCFC22，少量的 HCFC21、HFC23、HF 等，对于 HCl 可以得到进一步综合利用的企业，一般运用蒸馏原理，采用低温回流，分离 AHCl、HFC23 和 HCFC22 等有机物及 HF，塔顶分离出的

AHCl 中含有低沸点的 HFC23 等，而塔釜为 HCFC22、HCFC21、HF 及微量的 HCl 等，塔釜物料进入后续的水洗工序。对于 HCl 气体不能得到综合利用或者不生产高品级盐酸的单位，则也有直接将反应器回流塔出来的混合物直接进行气相水碱洗，从而省略了 HCl 干法分离与 HCl 精制工序。

e 氯化氢精制

来自氯化氢塔顶的 AHCl（无水氯化氢，下同）气体中，含有微量的 HF 及其含氟有机物 HFC23 等，为保证 HCl 的高品级质量，在进入盐酸吸收装置前，必须除去其中微量 HF，使各项指标均在控制范围内。氯化氢精制就是利用脱氟剂对 HF 和其他氟化物的吸收作用，使 HCl 气体有次序地通过脱氟剂床层，以除去 AHCl 气体中的 HF。根据通过脱氟剂床层后的 AHCl 中氟离子的含量来决定是否切换备用吸附床及更换脱氟剂，更换下来的脱氟剂经水洗除酸后，废渣送厂外指定地点深埋处理。

B 粗产品处理单元

a 水洗

来自氯化氢塔釜的混合物料进入本工序，其组分主要为 HCFC22 和少量的 HF、HCFC21、极微量的 HCl 等，本工序运用有机物不易溶于水而酸性介质如 HF、HCl 等易溶于水的特性，使物料和水在水洗塔内接触。再根据物料的相对密度不同，有机物在连续的水中沉降，从塔釜出料。酸性介质则溶于水形成相对密度相对小一点的酸溶液从塔顶排出，以达到除去残余酸性杂质的目的。同时通过控制，可得到一定浓度的 HF 水溶液。

b 碱洗

来自水洗塔底部的物料，尚有微量的 HF、HCl 等，根据酸碱中和原理，利用 5%~8% 浓度的碱缓冲溶液洗涤有机物料中所含的微量酸，并利用物料相对密度的不同，分离出废碱液和有机物料，使 HCFC22 的酸度指标达到要求。

C 精馏单元

本工序应用精馏原理，利用物料的沸点不同，集精馏除去少量 HCFC21 等重组分杂质和精馏脱水于一体、使富含水分的液相 HCFC22 粗产品经精馏后，在精馏塔顶获得水分、纯度均合格的 HCFC22 产品。塔釜的 HCFC21、水和少量 HCFC22 则经处理后回收利用（图 9-2）。

精馏塔顶出来的 HCFC22 经进一步冷凝、干燥后，一部分回流，一部分出料至产品储槽。

D 事故洗涤单元

有毒有害介质的事故排放气、安全阀泄放气进入本单元，其中含有 HCl、Cl₂、HF 和氟化反应产物。本工序采用工艺水喷射、喷淋洗涤的方法，使各组分基本从气相转入水中形成酸性废水，以防止废气逸入大气污染环境。酸性废水达

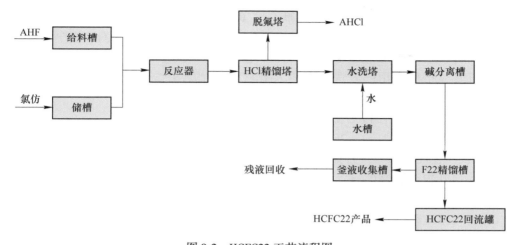

图 9-2 HCFC22 工艺流程图

Fig. 9-2 HCFC22 process flow diagram

一定 pH 值后排至废水池，外送。洗涤后的达标尾气高空排放。

9.1.3.3 HCFC141b/HCFC142b 的生产方法

HCFC141b 常温下是液体，沸点比 CFC11 略高，发泡工艺特性与 CFC11 相似，可以在 CFC11 发泡的生产设备上使用，无需对 CFC11 发泡设备进行改造。在不增加设备的条件下可直接用 HCFC141b 代替 CFC11，达到同样密度和相近物理特性泡沫体时，HCFC141b 的用量在一般情况下约为 CFC11 的 90%。这使得HCFC141b 成为不少聚氨酯泡沫塑料厂家的最佳选择。

在国外，HCFC141b 的原料路线有偏氯乙烯路线和以甲基氯仿为原料的工艺路线[18,19]。国内最早开发的是氯乙烯路线，现在以偏氯乙烯路线为主[20]。

用偏氯乙烯和 HF 加成后而得 HCFC141b，反应方程式如下：

$$CH_2 = CCl_2 + HF === CH_3 - CC_2F \tag{9-13}$$

由氯乙烯经 HF 加成后生成卤代烃，再经氯气取代反应生产 HCFC141b。

$$CH_2 = CHCl + HF === CH_3 - CHClF \tag{9-14}$$

$$CH_3 - CHClF + Cl_2 === CH_3 - CCl_2F + HCl \tag{9-15}$$

由偏氯乙烯制备 HCFC141b 有气固相催化法和液相催化氟化法。在 Al 催化作用下，偏氯乙烯和氟化氢进行固相氟化反应，选择性高，但产率和转化率低。液相催化氟化反应转化率较高，但选择性较低，副产物较多[21]。

以氯乙烯为原料制备 HCFC141b，须经过加成和光氯化两步制成，工艺控制要求较高，得率较低，且流程长，设备投资较多。

二氟一氯乙烷（以下简称 HCFC142b）在常温下为无色气体，略有芳香味。易溶于油，难溶于水。HCFC142b 是一种重要的有机中间体，可以用来生产偏氟乙烯（VDF）单体，继而制造聚偏氟乙烯（PVDF）树脂和氟橡胶弹性体。

按照生产所采用原料的不同，HCFC142b 的工艺路线可以分为三种：以甲基氯仿为原料的工艺路线、以偏氯乙烯为原料的工艺路线和以氯乙烯为原料的工艺路线。

按照生产所采用的方法的不同，HCFC142b 的生产方法可以分为直接氟代法、偏氯乙烯加成氟代法和光氯化法。

9.1.3.4 HFC134a 的生产方法

HFC134a（1，1，1，2-四氟乙烷）是一种良好的、国际公认的性能优越的 CFCs 长期替代品之一，它具有优异的物化性能，无毒、无色、无味、不爆、不燃、臭氧耗损潜值为 0，广泛用作汽车空调、冰箱、商业制冷行业的制冷剂，并可作为医药、家药、化妆品、清洗等行业的气雾推进剂、阻燃剂及发泡剂等[22]。

HFC134a 作为 CFC12 的替代品之一，主要用在汽车空调、家用冰箱以及大型工业空调的制冷机组。特别是在汽车空调中、由于其不可燃性，至今为止，HFC134a 几乎是唯一的替代品。

HFC134a 的原料合成路线，已报道的合成路线有数十条之多，其中主要的合成路线如图 9-3 所示[23]。在众多的原料合成路线中，综合考虑原料来源、生产工艺和三废处理等因素，只有三氯乙烯和四氯乙烯两条原料路线，具有实际的工业化生产价值[24]。

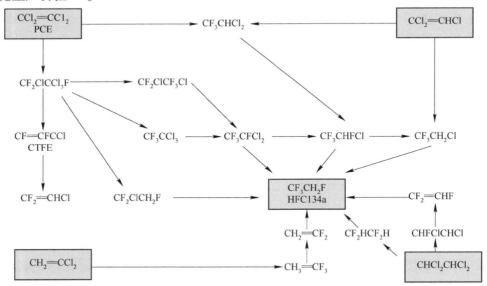

图 9-3 HFC134a 的主要合成路线

Fig. 9-3 Main synthesis route of HFC134a

目前，形成工业化生产的厂家，采用三氯乙烯原料路线的则有多家公司，如英国的 ICI 公司、法国的 ATO 公司、德国 Hoechst 公司、美国联信公司、意大利

Ausimont 公司及日本昭和电工株式会社等。采用四氯乙烯路线最具代表性的国外公司是美国的杜邦公司（杜邦公司因与其他产品联产而采用四氯乙烯路线）。

四氯乙烯路线：主要反应为四氯乙烯→CFC113/114/114a→HFC134a，前面一步反应发达国家主要 CFCs 生产厂几乎都有工业化装置，但后面一步反应在开发过程中有以下困难：（1）CFC114 与 CFC114a 沸点相差 0.6 ℃，难以分离；（2）氢化催化剂容易失活；（3）中间产物 HCFC124 需要更高的温度才能使其转化为 HFC134a，这样又将生成更多的副产物，主要是 HFC134。

用三氟乙烯作初始原料，就气相氟化而言转化率较高、反应条件温和、成本较低、较易实现工业化是一条技术难度不很大、收率较高的工艺路线；而用四氯乙烯作初始原料合成 HFC134a，优点是不仅可以得到 HFC134a，还可以较容易得到其他一些氯氟碳（CFCs）的替代品，如 HCFC123、HCFC124、HCFC125[25]。缺点是气相氟化比较困难，反应速度较慢，从而增加了催化剂体系选择的困难，就目前发展情况而言也是一种十分有希望工业化的工艺路线。而在实际的工业化生产中，三氯乙烯原料路线因反应步骤简单、副产物少等特点，所以被优先推荐使用。

三氯乙烯路线中，主要生产工艺有液相法、气相-液相法和气相法等[25]。以三氯乙烯（TCE）和氟化氢（HF）为原料，在催化剂的作用下，第一步进行加成和取代反应，生成 1，1，1-三氟-2-氯乙烷（HCFC133a）；然后在更高温度下，进行第二步反应生成 1，1，1，2-四氟乙烷（HFC134a）。反应方程式如下：

$$CCl_2 = CHCl + 3HF \Longrightarrow CF_3—CH_2Cl + 2HCl \tag{9-16}$$

$$CF_3—CH_2Cl + HF \Longrightarrow CF_3—CH_2F + HCl \tag{9-17}$$

A　液相法

液相法优点是沿用传统的氟利昂生产方法，生产工艺简单，技术也比较成熟。杜邦公司在 1982 年液相氟化制 HFC134a，但在高温下产生的对设备腐蚀和连续化生产上的困难，使此方法仅处于实验室小试阶段。中国科学院上海有机化学研究所以 Cl(CF—CF$_2$)$_4$OCF$_2$SO$_2$F（全氟烷氧基磺酰氟）为催化剂，在 KF 溶液中于 230 ℃、12.5 MPa 压力下反应 2 h，得到 88% 收率的 HFC134a。反应式如下：

$$CF_3CH_2Cl + KF \Longrightarrow CF_3CH_2F + KCl \tag{9-18}$$

与杜邦公司的方法相比，中国科学院上海有机化学研究所的方法所需反应温度降低，使腐蚀和副产物都得到了有效控制，使连续生产成为可能，但是短时间内还难以实现工业化生产。

B　气相-液相法

液相法不足之处是反应在高压釜中进行，尤其是第二步平衡反应，要求较高的反应温度和压力，给设备制造和安全生产带来较大的困难，使人们尝试用气

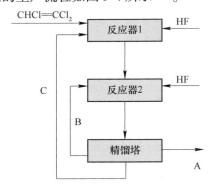
相-液相法催化生产 HFC134a。气相-液相法即第一步采用液相法合成 HCFC133a，第二步用气相催化法将它转化为 HFC134a。气相-液相法的优点是第一步反应基本上可利用原有的生产氟利昂产品的设备和工艺，液相水洗、碱洗、干燥等工艺的采用，能耗降低。此工艺对于大多数原生产 CFCs 产品的老厂来说，是一条可行的工艺路线。但是第二步平衡反应，气相单程转化率低、催化剂寿命较短等缺点，也制约着气相-液相法大规模应用。

C　气相法

气相-液相法的催化剂存在的问题较多，如转化率低、易结焦失活、耐腐耐温性差。而具有反应易于控制、"三废"污染少、便于大规模连续化生产等优点的气相法，逐渐替代液相法和气相-液相法，成为世界上 HFC134a 生产的主流。目前国际上许多化学公司都采用此方法生产 HFC134a，如英国 ICI、杜邦、日本的昭和电工等各大公司。

气相法在含铬催化剂的作用下，三氯乙烯（TCE）与无水氟化氢（HF）发生反应。第一步加成和取代反应先得到 HCFC133a，然后再由 HCFC133a 与 HF 在铬基催化剂作用下，在 350~380 ℃下生成产物 HFC134a。气相法第二步反应难度较大，转化率一般仅在 20%左右。因此在工业生产中多采用连续循环法，使大量原料得以回收减少有毒有害中间产物，并提高总收率。

如日本专利中报道的生产流程如图 9-4 所示[26]。

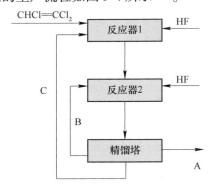

图 9-4　日本报道的生产流程

Fig. 9-4　Production process reported in Japan

在反应器 1 中，由三氯乙烯与无水氟化氢反应生成 HCFC133a 后，工艺介质进入反应器 2 得到 HFC134a。精馏塔顶馏出组分 A 为 HFC134a，侧馏分 B 主要含 HCFC133a、HFC134a 及少量 HF，再循环回到反应器 2 中重新利用，精馏塔釜液 C 主要是三氯乙烯和氢氟酸，直接循环到反应器 1 中重新利用。

有关 HFC134a 的制备方法，杜邦、埃勒夫阿托、英国 ICI、奥西蒙特、昭和株社、大金等著名公司在此领域都申请了包括工艺技术在内的很多专利，国内西安金珠、浙江省化工研究院、中国科学院上海有机化学研究所等也有部分 HFC134a 专利介绍[27,28]。

9.1.3.5 HFC32 的生产方法

HFC32（又称二氟甲烷）是一种热力学性能优异的氟利昂替代物，具有较低的沸点，制冷系数较大，臭氧损耗潜能值（ODP）为 0，全球变暖潜能值（GWP）为 HFC134a 的一半。HFC32 主要以混合工质的形式替代 HCFC22、CFC12。最重要的 HFC32 混合工质有：HFC32/HFC134a、HFC32/HFC125、HFC32/HFC125/HFC134a、HFC32/HFC152a、HFC32/HFC23 等。前三种混合工质属于 HCFC22 替代品，第四种属于 CFC12 替代品，第五种属于 CFC13B1（三氟溴甲烷）替代品。HFC32 和 HFC125、HFC134a 混配成混合工质 R407C、R410A 使用，作为制冷剂 HCFC22（$CHClF_2$）的替代品，能完全使用于已规格化的压缩机，而且热力学性能优于 HCFC22 15%。

HFC32 的合成路线主要有以下四种[29]：

（1）以二氯甲烷为原料的气相氟化法；

（2）以二氯甲烷为原料的液相氟化法；

（3）以二氟一氯甲烷为原料的氢解脱氯法；

（4）以甲醛为原料合成双（氟甲基）醚，再经氟化合成 HFC32。

在以上路线中，第一条路线易于连续生产且污染小、产率高，已成为工业合成 HFC32 的主要方法。

以二氯甲烷和无水氢氟酸为原料，气相催化氟化合成 HFC32 是一种日趋成熟的工业方法。反应方程式为：

$$CH_2Cl_2 + HF \Longrightarrow CH_3FCl(HCFC31) + HCl \tag{9-19}$$

$$CH_2FCl + HF \Longrightarrow CH_2F_2(HCFC32) \tag{9-20}$$

其核心技术是催化剂，而选择适宜的反应温度、物料比以及空速是提高原料转化率和延长催化剂使用寿命的关键。

国内 HFC32 生产企业大都采用上述的第一条及第二条生产路线。

9.1.3.6 HFC143a 的生产方法

HFC143a（又称 1，1，1-三氟乙烷），是新型混合制冷剂 R404A（由 HFC125、HFC143a 和 HFC134a 组成）和 R-408A（由 HCFC22、HFC143a 和 HFC125 组成）的重要组成部分，也可单独作为深度制冷剂，其沸点为-47.4 ℃，容积制冷量大于 HCFC22，且排气温度低于 HCFC22，臭氧破坏潜能值（ODP）为 0，全球变暖系数值（GWP）为 3800。鉴于以上优点，HFC143a 的开发受到了国内外化工界的高度重视。

HFC143a 是混合工质 R404A、R408A 和 R507A 的主要组分，这些混合工质主要用作低温和中温制冷剂，是 R502 的长期替代品和过渡替代品。

HFC143a 的合成路线主要有以下四种：

（1）以 HCFC142b 为原料气相氟化法；

（2）以 HCFC142b 为原料液相氟化法；

（3）以偏二氟乙烯为原料液相氟化法；

（4）以 HCFC141b 为原料气相氟化法[30,31]。

目前工业上较多的是采用合成路线（2）作为 HFC143a 的生产方法。

9.1.3.7　HFC125 的生产方法

HFC125（又称五氟乙烷），英文名 Pentafluoroethane，无色透明液体，在常温下为无色气体，是一种热力学性能优异的 ODS 替代品，具有较低的沸点，制冷系数较大，臭氧损耗潜能值（ODP）为 0，主要用于生产混配制冷剂组合物替代 R502 和 HCFC22，用于低温制冷和中温制冷。例如，404A（HFC125/HFC143a/HFC134a，42/54/4）、507A（HFC125/HFC134a 共沸物，50/50）、407C（HFC125/HFC32/HFC134a，25/23/52）和 410A（HFC125/HFC32，50/50），此外，也作为 Halon1301 的替代品。

五氟乙烷（HFC125）的工业合成路线按原料的不同可分为[32]：

（1）四氯乙烯（PCE）路线；

（2）三氯乙烯（TCE）路线；

（3）四氟乙烯（TFE）路线。

其中四氟乙烯路线的原料是四氟乙烯单体，其储存和运输都相当困难；三氯乙烯路线中，由于要经过产率较低的 HCFC133a 氯化或歧化步骤，因此一般只用于 HFC134a 和 HFC125 联产工艺中。而四氯乙烯路线原料易得，工艺简单、生产成本低，是目前国际上工业生产 HFC125 的主导路线。

9.1.3.8　HFC152a 的生产方法

HFC152a 应用领域广泛，且有扩大之势。HFC152a 既可作制冷剂、发泡剂，又可作气雾剂推进剂，此外，还可作制备其他化工产品的起始原料。尤其在气溶胶领域限制碳氢化合物用量之后，需求量将越来越大[33]。

HFC152a 的物化性质与 CFC12 接近，用作偏氟乙烯树脂 PVDF 的原料单体已有 30 多年的工业生产历史。由于 HFC152a 在空气中含量达 4.8%～16.8%时具有可燃性，因此不能单独作为制冷剂，而需与其他物质混合组成非共沸混合物来替代 CFC12 用作制冷剂，如格林柯尔的 R-411A、B、C，R500 等。HFC152a 也可用作 HCFC142b 替代品，聚烯烃的发泡剂。国外近几年 HFC152a 作为玻璃制品清洗剂和煤油工业活化剂用量增长速度也较快。

国内 HFC152a 主要作为生产 HCFC142b 和 VDF 原料和清华混合制冷剂的组分。国内年用量不大，绝大部分出口，作为混合工质 R401 和 R500 的组分。

HFC152a 的生产技术开发起始较早，现已形成一定的生产规模，主要用作混合制冷剂。生产方法按原料不同可分为以下三种[34]：

（1）以氯乙烯为原料的液相氟化法；

（2）以二氯乙烷为原料的液相氟化法；

（3）以乙炔为原料的气相氟化法。

目前最为普遍的是采用氯乙烯为原料的液相氟化法。

9.2 氟 树 脂

氟树脂又称含氟聚合物，是分子中含有氟原子的合成树脂的总称，通常可以分为合成树脂和合成橡胶两大类。氟元素是一种反应性能极高的元素，被称为是"化学界顽童"。氟原子一旦与其他元素结合，就会成为耐热、难以被药品和溶剂侵蚀的具有高度安全性能的化合物。同样，当聚合物中部分或全部氢原子被氟原子取代后，该聚合物则会具有很多其他聚合物无法比拟的优越性能，如耐候性、电绝缘性、耐摩擦性和耐化学品性能等。由于其优异的性能，含氟聚合物在航空、汽车、石油和化工等领域得到了广泛的应用[35-37]。

聚四氟乙烯（PTFE）是含氟聚合物中最主要、应用最广的品种，其他常见的含氟聚合物产品还有以下几种：全氟烷氧基聚合物（PFA）、四氟乙烯-六氟丙烯共聚物（FEP）、四氟乙烯-乙烯共聚物（ETFE）、聚偏氟乙烯（PVDF）和聚三氟氯乙烯（PCTFE）等（表9-2）。

表9-2 主要氟聚合物特性及企业

Table 9-2 Characteristics and enterprises of fluoropolymers

品种	主要特性	生产企业
聚四氟乙烯（PTFE）	耐热性、耐药品性、电气特性（高频特性）、不黏性、自润滑性	大金工业、三井-杜邦氟化物、旭硝子-ICI氟聚合物、Monteflon、Ausimont U.S.A、Dyneon
四氟乙烯-全氟烷基醚共聚物（PFA）	特性与PTFE相当，可熔融加工成形状复杂的制品	大金工业、三井-杜邦氟化物、旭硝子、Dyneon
四氟乙烯-六氟丙烯共聚物（FEP）	与PTFE相比，热性能差，其他性能相同，可熔融加工成形	大金工业、三井-杜邦氟化物、旭硝子
四氟乙烯-乙烯共聚物（ETFE）	机械强度（抗切断性）、电气绝缘性与耐射线性好	大金工业、杜邦、旭硝子、Dyneon
聚三氟氯乙烯（PCTFE）	优异的光学性质、机械强度，在极低温度下仍具有尺寸稳定性和耐冲击性	大金工业、3M、Ausimont U.S.A、Atochem
三氟氯乙烯-乙烯共聚物（ECTFE）	机械强度高，熔融加工性优异	Ausimont U.S.A

品种	主要特性	生产企业
聚偏氟乙烯（PVDF）	机械强度高，耐磨性优异	吴羽化学工业、大金工业、Dyanamit Nobel、Atochem、Atochem North America、Ausimont U.S.A、Solva
聚氟乙烯（PVF）	机械强度高，耐候性好	Ausimont U.S.A、Solva、杜邦公司
四氟乙烯-六氟乙烯-全氟烷基醚共聚物（EPE）	机械强度高，耐候性好	杜邦公司、三井-杜邦氟化物

9.2.1 聚四氟乙烯

聚四氟乙烯（PTFE）是 1938 年美国杜邦公司的 Royplunkett 博士在研究含氟制冷剂的过程中偶然发现的，它是第一个含四氟乙烯的聚合物。经试验，这种滑润的聚合物不溶解于酸、碱、有机溶剂，而且直到其熔融也只是形成韧性的透明胶体而不发生流动。

目前，PTFE 的应用已从最初的航空、航天和军工等国防领域扩展到石油化工、机械、电子电器、建筑、纺织等国民经济的各个领域[38]。PTFE 因具有优异的化学稳定性、耐高低温性能、不黏性、润滑性、电绝缘性、耐老化性、抗辐射性等特性，而被称为"塑料王"。

9.2.1.1 四氟乙烯（TFE）

四氟乙烯又称氟利昂 1114，CAS 号是 116-14-3，分子式为 C_2F_4，化学式 $CF_2 = CF_2$，相对分子质量为 100.02。

A 四氟乙烯的理化性质

四氟乙烯属无色、无味、易燃、易爆的可压缩气体和液化气体，易燃。熔点为 -142.5 ℃，沸点为（101.325 kPa）-76.3 ℃，临界温度为 33.3 ℃，蒸汽相对密度为 3.5 g/cm³，自燃点为 180 ℃，高于 200 ℃ 开始热解，并分解出有毒氟化氢气体。常压下爆炸极限 11%~60%，随压力的升高而变宽。与空气混合易爆，着火时的灭火剂为水，应在防爆间通风低温干燥处储存。

四氟乙烯性质活泼，能发生氢化、氢卤化、卤化、胺化、硝化、磺化及多种烷基取代反应，发生氧化、过氧化反应；本身共聚能生成二聚、环二聚体，长链聚合生成聚四氟乙烯，自聚反应热 172 kJ/mol，根据其特殊的化学键，局部过热易发生歧化反应，引发爆炸的可能。

由于四氟乙烯在高于它的临界温度（33.3 ℃）和临界压力（4.0 MPa）下很容易自聚，并且聚合反应强烈放热，因此四氟乙烯是运输条件苛刻，在储存时需要特别小心，以免发生爆炸。通常在纯的四氟乙烯单体中加入三乙胺类阻聚剂避免自聚。另外杜邦公司曾报道二氧化碳与四氟乙烯混合后，四氟乙烯的稳定性大大提高。

B　四氟乙烯的用途

四氟乙烯最主要的用途是作为单体生产各种均聚或共聚的高聚物，可与之共聚的单体有六氟丙烯、乙烯、全氟化醚、异丁烯、丙烯等，用于制造新型的热塑料、工程塑料、耐油耐低温橡胶等，广泛地应用于国防尖端和国民经济各工业部门。

四氟乙烯作为中间体，通过各种反应转变成其他重要的含氟中间体，如六氟丙烯、六氟含氧丙烷、六氟丙酮和全氟碘烷调聚物等，并进一步制造出各种有机氟产品。以四氟乙烯五聚体可制备含氟表面活性剂，用作氟蛋白泡沫灭火剂添加剂。四氟乙烯与三氧化硫环加成生成 β-磺内酯，由此可制备一系列长链含氟磺酸类化合物。丙烯腈与四氟乙烯于 150 ℃长时间加热则生成 2，2，3，3-四氟环丁烷甲腈。

C　四氟乙烯的生产路线

四氟乙烯最早见于 1933 年 O. Ruff 等将四氟甲烷在碳极电弧中进行热分解时的产物中，最早的四氟乙烯工业生产技术路线是 20 世纪 40 年代末美国采用的二氟一氯甲烷（HCFC22）为原料，通过热裂解制备而得，由于本方法采用的原料是氯仿，而氯仿比较容易得到，从氯仿转化为 HCFC22 的工艺又比较简单，因此该法被广为采用，直到现在世界各国的公司仍都在采用此路线。

$$2CHClF_2 \xrightarrow{600 \sim 800 \ ℃} CF_2 = CF_2 + 2ACl \tag{9-21}$$

除二氟一氯甲烷热解制四氟乙烯的工艺路线以外，还有许多工艺路线都曾被研究过，主要有以下几条[39]。

（1）氯仿热解。美国 Pennsalt 公司报道采用氯仿热解制备四氟乙烯，氯仿的分解率为 95%，分解产物中有 96%的四氟乙烯和全氟丙烯，其中四氟乙烯的单程收率为 42.5%，此法的主要优点是将制造二氟一氯甲烷的副产物氯仿加以利用，并可同时获得四氟乙烯和六氟丙烯两种有用的单体，此法的缺点是热解温度很高，产物中有极毒的全氟异丁烯。

$$2CHF_3 \xrightarrow{1000 \ ℃} CF_2 = CF_2 + 2HF \tag{9-22}$$

$$3CF_2 = CF_2 \xrightarrow{310 \ ℃} 2CF_3CF = CF_2 \tag{9-23}$$

（2）由 CFC114 制备。1964 年美国 Allied 公司报道，CFC114 与 H 在 375～430 ℃通过加入催化剂 Cr_2O_3-CuO-BaO 制四氟乙烯，根据意大利 Montedison 公司于 1970 年报道，现已能用乙烯直接一步氟氯化合成，产率可达 95.6%。这为石油气制备四氟乙烯的工艺路线广开门路。但由于 CFC114 采用钠汞齐催化剂脱氯，使制备复杂。

（3）由 CFC12 制备。1970 年意大利 Montedison 公司报道 CFC12 同时脱氯和

二聚来制备四氟乙烯，CFC12 在有机极性溶剂 DMF 或碳酸丙烯酯中有钠汞齐促进剂及阻聚剂萜二烯存在时脱氯二聚，气体中 98% 是四氟乙烯。这条路线主要由于甲烷一步氟氯化制 CFC12 工艺取得成功，同时用 CFC12 脱氯二聚生成四氟乙烯可以避免产生含氢的杂质。但由于采用钠汞齐作催化剂，使工艺复杂。

（4）三氟乙酸热解。美国 3M 公司的 La Zerte 研究将三氟乙酸钠与 10%~20% 的氢氧化钠粉末混合，并在 200 ℃ 以上的温度下加热制备四氟乙烯。由于原料有水分存在，生成的副产物中有氯仿，而使四氟乙烯分离困难，很难得到高纯的四氟乙烯单体。

（5）PTFE 热分解制备。PTFE 热分解法多用于实验室制备四氟乙烯单体。Lewis 和 Naylor 在 1947 年曾发表了关于 PTFE 于真空下进行热解的学术论文，在 600~700 ℃ 时，压力大于 1470 Pa 可得到四氟乙烯（TFE）、六氟丙烯（HFP）和全氟异丁烯（C_4F_8）；在 400~700 Pa 压力下裂解产物是 TFE 和 HFP；而低于 49 Pa 压力只得到 TFE。其后，Madorsky 等也报道了相同的结果。PTFE 粉在 200 mL 烧瓶中于 5~20 Pa 压力下，加热至 600~650 ℃ 并维持 0.5 h 可得到纯的 TFE。产率为 90%~96%，过程非常安全。

采用本法制备四氟乙烯时，当温度高于 200 ℃，PTFE 就开始缓慢分解；高于 415 ℃ 发生解聚，析出气态分解物；高于此温度分解反应便以很大的速度进行，温度越高，分解速度越快，其分解产物主要是 TFE、HFP、C_4F_8 等，因此 PTFE 大量分解是很危险的。C_4F_8 是极毒物质，其毒性比光气大 10 倍；而 TFE 与空气接触易生成极不稳定的过氧化物，过氧化物很易爆炸且分解时生成高毒性的氟光气。

综上所述，尽管实验室、中试甚至部分工业化装置从多种途径都制备得到了四氟乙烯，但迄今为止工业上仍以 HCFC22 制四氟乙烯的工艺路线为主，以下将主要介绍此工艺路线。

由 HCFC22 热解制造四氟乙烯技术。采用 HCFC22 热解制造四氟乙烯技术主要有以下几种[40]：

（1）热裂解法。这是美国杜邦公司最早开发并进行工业化的生产方法。

HCFC22 在一般的管式炉中于 800~900 ℃，在常压和没有稀释剂的情况下进行热解。当 HCFC22 转化率为 35% 时，C_2F_4 的产率为 90%~95%，而转化率为 90% 时，C_2F_4 产率只有 30%。因此为了保持 C_2F_4 高产率，HCFC22 转化率只能降低到 25%~35%。除杜邦公司以外，早期的英国 ICI 公司、日本的三井氟化学公司和法国的 Ato-chem 公司都是采用 HCFC22 热裂解技术。前苏联也是采用此法生产四氟乙烯的。

此法的优点是方法简便，设备简单，技术成熟，较容易实现工业化。主要缺点是 HCFC22 转化率比较低，设备的生产能力比较低，未反应的 HCFC22 原料在设备中循环，大大降低了设备利用率[41]。此外，热解气中高沸物显著增多，C_2F_4 产率不易提高，另外当热解管由小放大时，往往带来传热不均匀等弊病。

（2）水蒸气稀释热解。这是 20 世纪 50 年代末至 60 年代初发展起来的新工艺，由于该法转化率高，副产物少，产率高，它已成为工业上制取四氟乙烯的重要方法之一。目前以此法用于工业生产的有日本大金公司、英国的 ICI 公司和德国的 Hoechst 公司等，我国济南化工厂、阜新氟化学厂和泰州电化厂以此技术生产，其规模均在千吨/年。

过热水蒸气稀释热解方法是以高于热解温度的过热水蒸气作为热载体，与预热到接近反应温度的 HCFC22 原料预先进行混合并热解，过热水蒸气一方面提供热解所需之能量，另一方面降低了 HCFC22 分压，获得了较好的效果[42]。

此法的主要缺点是需要建立一套产生过热水蒸气的设备，同时由于水蒸气并不参与反应，所以反应后全部水蒸气又变成常温的水，因此能量消耗很大，其次水蒸气过热炉的开停车周期很长，升温和降温都不能很快，也不宜操作。

（3）深度热解。1963 年联邦德国 Hoechst 公司在 940 ℃ 于铂金管中将 HCFC22 热解气中除去四氟乙烯后的残液与新鲜 HCFC22 一起热解，可使 HCFC22 转化率提高到 84%，四氟乙烯产率可达 94%，同时联邦德国 Kali 公司于 1970—1971 年发表用 MIBK（甲基异丁基酮）作溶剂对上述热解气进行分离的专利，可得到纯度 99% 以上的四氟乙烯，但尚未用于工业生产。

杜邦公司曾于 1963 年研究 HCFC22 深度热解同时制四氟乙烯和全氟丙烯。如将 HCFC22 于 700～900 ℃ 以 0.1 s 接触时间在管式炉中热解。HCFC22 转化率控制在 86%～94%，产物中 C_2F_4 含量显著降低，但四氟乙烯、六氟丙烯和八氟环丁烷（即有用氟烃）的质量分数可保持在 70% 以上。日本旭硝子公司于 1965 年在杜邦公司基础上进一步改进热解设备和工艺条件，用 90% 物质的量 HCFC22 和至少含 10% 物质的量 C_2F_4 的混合物，在无 HCl 存在下通过二个管式反应器进行热解，使 C_2F_4 的总产率提高到 75% 以上，两者的比例可以自由调节，而不受 HCFC22 转化率的限制。甚至 HCFC22 转化率很高时，也不使无用的高沸物增加，因此与以往热解方式相比，这种热解方式可提高生产效率，如果生产厂重视联产品 C_3F_6 的利用，还可省去一套用 C_2F_4 生产 C_3F_6 的生产装置，这对提高设备利用率，降低成本极为有利。但由于产物比较复杂，三废较多，分离提纯方面的负担加重，同时不易扩大生产，因此尚未见到用于工业生产的报道。

（4）催化热解。杜邦公司早期曾研究用金属氯化物作催化剂开展小试试验，试验结果表明，在 700 ℃，$1.013×10^5$ Pa 下可使热解气中 HCFC22 质量分数达 85.7%，而 C_2F_4 质量分数为 13.7%。大金公司用铜或氯化亚铜作催化剂，当 HCFC22 转化率为 65%～70% 时，C_2F_4 产率为 95%，产物中三氟乙烯很少，并且在采用大口径热解管时 C_2F_4 产率未下降，可用于扩大生产，但未报道催化剂的寿命和活化方法，估计铜与热解时产生的 HCl 和少量 HF 发生反应而消耗，无工业生产价值。美国 Mobil 石油公司于 1963 年申请专利，用 Zn 交换的 13X 分子筛作催化剂，在 500~600 ℃ 时，HCFC22 转化率为 20%，C_2F_4 产率为 90%，若 HCFC22 转化率提高 90%，C_2F_4 仍保持 85% 的产率，而 HCFC22 热裂解在同样高的转化率时，C_2F_4 产率只有 30%。虽然从催化热解的工艺特点来看，可以在高转化率下得到高产率的 C_2F_4，但由于目前还未找到合适的催化剂，尚处于研究阶段，离工业实际应用还有较大距离[43]。

综上所述，目前可用于工业生产的 HCFC22 热解制 C_2F_4 的方法主要有两种：热裂解和水蒸气稀释热解。

9.2.1.2 聚四氟乙烯（PTFE）

聚四氟乙烯（PTFE）是世界上第一个工业化生产的氟树脂，也是至今为止生产规模最大的氟树脂品种。尽管现在能够生产各种类型的含氟聚合物，因聚四氟乙烯具有优异的化学稳定性、耐高低温性能、不黏性、润滑性、电绝缘性、耐老化性、抗辐射性等优良的综合性能，被广泛应用于航空、航天、石油化工、机械、电子、建筑、纺织等国民经济的各个领域[44]。

聚四氟乙烯在 1938 年是由美国 DuPont 公司的 Roy Plunkett 博士在应用四氟乙烯（TFE）合成含氟制冷剂（$CClF_2CHF_2$）的研究中偶然发现的，由 DuPont 公司于 1947 年首先工业化生产；现国外主要生产厂家有：美国 DuPont 公司、日本 Daikin 公司和 Asahi glass 公司、德国 Hoest 公司、英国 ICI 公司等，生产能力约 100 kt/a，国内主要生产厂家有：山东东岳化工公司、浙江巨圣氟化学有限公司、晨光化工研究院、三爱富新材料有限公司等，生产能力约 40 kt/a[45]。

下面介绍聚四氟乙烯的制备[46]。

A 聚合机理

四氟乙烯单体中含有一个 C＝C 键、四个氟原子综合的电子效应和位阻效应小，四氟乙烯分子结构对称，无极性，易发生自由基连锁聚合。

在 Fe/HSO_3^- 氧化还原体系等引发剂引发下，四氟乙烯的自由基连锁聚合历程按链引发、链增长、链终止和链转移四步进行：

$$Fe^{3+} + HSO_3^- \longrightarrow Fe^{2+} + HSO_3 \cdot \tag{9-24}$$
$$HSO_3 \cdot + F_2C = CF_2 \longrightarrow HSO_3(CF_2CF_2) \cdot \tag{9-25}$$
$$HSO_3(CF_2CF_2) + (m-1)F_2C = CF_2 \longrightarrow HSO_3(CF_2CF_2)_m \cdot \tag{9-26}$$
$$HSO_3(CF_2CF_2)_n \cdot + HSO_3(CF_2CF_2)_m \cdot \longrightarrow HSO_3(CF_2CF_2)_{(m+n)} \cdot HSO_3 \tag{9-27}$$

氟是电负性最强的元素，具有强吸电子性，使四氟乙烯中 C＝C 的键能减弱为 406~440 kJ/mol（乙烯为 615 kJ/mol），易聚合，聚合热高，达 155 kJ/mol，而一般乙烯单体的聚合热为 55~96 kJ/mol。四氟乙烯在微量氧存在下会分解，特强放热，易引起爆炸。

四氟乙烯中的 C—F 键键能大，达 485 kJ/mol（C—H 为 413 kJ/mol），聚合体系中自由基很难捉取聚四氟乙烯的 F 而转移或歧化终止，多半是耦合终止。四氟乙烯在水介质中属沉淀聚合，聚四氟乙烯完全不溶于水中，长链自由基易被包埋，因此，自由基寿命较长，有几小时到几十小时，只有等短链自由基扩散进来才有可能耦合终止。

B 聚合工艺

聚四氟乙烯可以通过对四氟乙烯气体或液体进行 R-辐射来制备，前者得到细分散粉末，后者得到的是均一的固体材料；也可以在水溶性自由基引发剂存在下通过溶液聚合、悬浮聚合、乳液聚合（或称分散聚合）制成。工业上通常采用悬浮聚合和乳液聚合来制备聚四氟乙烯，这两种方法都是以单釜间歇聚合的方式进行的。

四氟乙烯的聚合属水溶液沉淀聚合，具体聚合过程分三步：

（1）单体 TFE 溶于水的传质过程；

（2）TFE 稀水溶液聚合反应过程；

（3）聚合产物聚四氟乙烯不溶于水，从水相中沉析出来的过程。

四氟乙烯的悬浮聚合是指从水相中沉析出来的初级粒子聚附成粗粒，在搅拌作用下悬浮在水中；四氟乙烯的乳液聚合和悬浮聚合在工艺上很相似，所不同的是聚合体系中添加了少量表面活性剂，从水相中沉析出来的初级粒子在乳化剂作用下，形成稳定的乳液。

（1）悬浮聚合。四氟乙烯悬浮聚合实质上是自由基引发的水溶液沉淀聚合，聚合体系主要由四氟乙烯、水、引发剂和活化剂四组分组成[47]。

四氟乙烯单体纯度对产品聚合度影响较大，如单体中 $CF_2\!=\!CH_2$、$CF\!=\!CFH$ 和 CF_2H_2 等组分含量超标，在聚合时就会导致链转移反应和歧化终止的可能性大大增加，降低了聚四氟乙烯产品的聚合度。四氟乙烯单体能与微量氧易形成过氧化物，该化合物极不稳定，为易爆物；在微量氧存在下，四氟乙烯同时易热分解，强放热，引起暴聚。

通常用于悬浮聚合的四氟乙烯单体应达到以下性能指标，如表 9-3 所示。

表 9-3 用于悬浮聚合的四氟乙烯单体质量指标

Table 9-3 Quality specifications of tetrafluoroethylene monomer used for suspension polymerization

组分	指标/%，体积分数	组分	指标/%，体积分数
C_2F_4	≥99.98	C_2F_3H	≤0.00010
$CHClF_2$	≤0.0070	$C_2F_2H_2$	≤0.00010
CF_4H	≤0.0050	C_4H_8	≤0.00020

续表 9-3

组分	指标/%, 体积分数	组分	指标/%, 体积分数
C_2F_3Cl	≤0.00020	O_2	≤0.0020
$C_2F_2Cl_2$	≤0.00080	$N(C_2H_5)_3$	≥0.30
CF_2H_2	≤0.015	—	—

介质水中的氧含量也要控制，因为聚合体系中的氧会起阻聚作用，并使产品的热稳定性变差；水中的各种金属离子含量要求尽可能少，以提高制品的色泽和电性能。通常用于悬浮聚合的去离子水应达到的性能指标，如表 9-4 所示。

表 9-4　用于悬浮聚合的去离子水质量指标

Table 9-4　Quality specifications of deionized water used for suspension polymerization

项目	要求	项目	要求
Fe 浓度	≤0.008 mg/L	pH 值	6~8
电导率	≤3 μS/cm	氧化物浓度	≤0.75 mg/L

具体的自由基引发剂可采用过硫酸铵之类的无机过氧化物，或者用过硫酸盐与亚硫酸氢钠、硫酸亚铁组成的氧化还原体系。

为保持较快的初始聚合速度，还需加入盐酸等类型的活化剂。四氟乙烯悬浮聚合的工艺流程如图 9-5 所示。

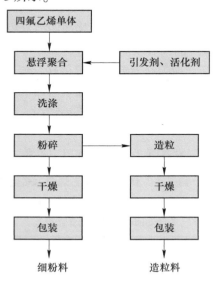

图 9-5　四氟乙烯悬浮聚合工艺流程图

Fig. 9-5　Flowchart of suspension polymerization of tetrafluoroethylene

在四氟乙烯悬浮聚合过程中，主要控制工艺指标有聚合温度、聚合压力和搅拌速度。随着聚合温度升高，引发剂分解速率增大，反应速度加快，产品聚四氟乙烯分子质量降低；另外，四氟乙烯聚合热较大，因此，从反应平稳性和产品性能的要求看，聚合温度一般控制在一个较低并较宽的范围内，如 10~60 ℃。

四氟乙烯在水中的溶解度极小，为使聚合反应不受单体 TFE 溶于水的传质过程控制，需有足够的搅拌速度，提高四氟乙烯在水中的溶解速度。随着聚合压力增大，提高了四氟乙烯在水中的溶解度，从而加快聚合速度。

悬浮聚合结束后，将悬浮在水中的聚合产物过滤、清洗、干燥后包装备用。聚四氟乙烯具有强烈的静电作用，需注意防止微量灰尘和有机杂质的混入，以免影响树脂质量。这种树脂的平均粒径为 150~250 μm，用于模压及挤压；把这种树脂经气流粉碎成平均粒径为 25~50 μm 的树脂，这种软细粉表观密度小，适宜于成形薄壁制品、薄膜制品及填充聚四氟乙烯制品等。如果把悬浮产物经预烧结，然后粉碎，可得到硬而滚动性好树脂，这种树脂适宜于用柱塞挤压工艺挤出成薄壁制品。如果把悬浮产物和适当的非离子型表面活性剂一起放入无离子水中，在一定温度下进行搅拌，可以得到流动性好的树脂，适于用自动模压工艺成形小型制品或用柱塞挤压工艺成形厚壁制品。

（2）乳液聚合。四氟乙烯的乳液聚合又称分散聚合，是在以含氟表面活性剂为乳化剂，以液体石蜡或氟氯油为分散稳定剂的水介质中，在过硫酸盐、过氧化氢等过氧化物引发剂引发的聚合[48]。

聚合体系除四氟乙烯、水、引发剂和活化剂外，还有乳化剂和稳定剂。

全氟辛酸铵、2，2，ω-三氢全氟戊醇的磷酸酯、ω-氢全氟庚酸或 ω-氢全氟壬酸钾都可用作乳化剂。

乳化剂的加入方式对聚四氟乙烯性能有较大的影响，采用分步加乳化剂的方式，聚四氟乙烯的标准相对密度、拉伸强度和断裂伸长率均有明显改善[49]。分散聚合初期，加入较少量的乳化剂，可减少生成的聚四氟乙烯微粒数量；在聚合过程中，再均匀加入剩余的乳化剂，使聚合体系中的乳化剂量满足聚四氟乙烯微核成长的需要，结果得到粒径分布窄的分散树脂，可有效降低糊状挤塑压力，提高成形比，改善挤出收缩率，提高树脂的机械性能。

稳定剂的作用很重要，分散聚合体系中有稳定剂的存在，一方面减少氟树脂对壁、浆的黏结现象；另一方面减少氟树脂微粒之间因碰撞而形成大颗粒的概率，使聚合体系更加稳定，防止凝聚物的产生。稳定剂的用量应适中，若用量少，聚合体系稳定性差，生产过程中容易产生凝聚物；若用量过多，会增加后处理的难度，也容易将其带入产品中，影响产品质量。

对于乳液聚合得到的聚四氟乙烯乳液，可用电渗析法浓缩，也可通过加热来浓缩分散。加热浓缩法是利用聚氧乙烷醚类水溶性好，加热到浊点以上的温度时具有分层作用，能将聚四氟乙烯粒子带到下层，达到浓缩的目的。将聚四氟乙烯分散液和非离子型表面活性剂以及碳酸铵按一定配比加入不锈钢浓缩釜中，加温至60~65℃直到分层。下层为浓度60%以上的聚四氟乙烯分散液，从浓缩釜底部放出，进行再处理；上层为非离子型表面活性剂的水溶液；中层为两者的混合液，把这种混合液集中后在80~90℃再进行分层回收。为了配制树脂质量分数在60%左右、表面活性剂质量分数在6%的成品，在经过浓缩的聚四氟乙烯分散液中尚需加入适量的非离子性表面活性剂。先将待补加的非离子型表面活性剂溶于水中，然后慢慢滴入浓缩的聚四氟乙烯分散液中，同时不断进行搅拌，最后加入氨水把pH值调到10左右。经过上述处理的聚四氟乙烯树脂主要用于喷涂和浸渍。用于成形电绝缘性能要求高的制品的聚四氟乙烯分散液的浓缩液，在浓缩前最好经过离子交换树脂处理，除去引发聚合时添加的化学试剂及分解物的离子杂质。浓缩的聚四氟乙烯分散液必须储存在15~25℃的环境中，并需经常摇动之，以免分散液分层。

另一类型的处理聚四氟乙烯乳液的方法是凝聚。将聚四氟乙烯分散液用无离子水稀释，放入带有推进式搅拌器的反应釜中进行机械搅拌凝聚，直到树脂脱水而全部上浮为止，然后将浮在水上树脂用无离子水进行清洗、过滤，在100~150℃干燥后备用。由于采用糊膏挤压成形，上述树脂经辐照降解可制得低分子质量树脂。

9.2.2 可熔性氟树脂

9.2.2.1 六氟丙烯单体

六氟丙烯合成的工艺路线。六氟丙烯（$CF_3CF=CF_2$，HFP）是有机氟工业基础原料之一，可以作为含氟共聚物的共聚单体，也是多种含氟化合物的中间体[50]。有机氟工业发展初期，HFP是作为HCFC22热解制TFE的副产物而少量获得。国外从20世纪50年代开始研究其工业化生产方法，美国杜邦公司首先开发了从TFE热解生产HFP的工艺技术，通过不断完善形成了经济规模的生产装置。迄今为止，世界上著名的氟化工公司仍以此法生产HFP。HFP的制备方法[51]：

在催化剂上，用氟化氢对氟氯链烯烃进行气相氟化：

$$CF_2ClCF=CF_2 + HF \xrightarrow{\text{催化剂；175 ~ 250 ℃}} CF_3CF=CF_2 + HCl \quad (9-28)$$

在极性溶剂介质中，用锌对卤丙烷进行脱卤化：

$$CF_3CFClCF_2Cl + Zn \longrightarrow CF_3CF=CF_2 + ZnCl_2 \quad (9-29)$$

在催化剂上，对卤丙烯进行气相歧化作用和对卤丙烷进行氢化作用：

$$2CF_2ClCF=CF_2 \xrightarrow{\text{AlF}_3；325 ℃} CF_3CF=CF_2 + CF_3CF=CCl_2 \quad (9-30)$$

$$CF_3CFClCF_3 + H_2 \xrightarrow{\text{CaF}_2；400 ~ 450 ℃} CF_3CF=CF_2 + HF + HCl \quad (9-31)$$

裂解氟烷烃和氟烯烃：

$$CF_2ClH \xrightarrow{800 \sim 900\,℃} CF_3CF = CF_2 + CF_2 = CF_2 + HCl + 其他产物 \quad (9-32)$$

$$CF_3H \xrightarrow{850 \sim 1000\,℃;\ 0.07 \sim 0.14\ MPa} CF_3CF = CF_2 + CF_2 = CF_2 + HF + 其他产物$$

$$(9-33)$$

$$CF_3H + CF_2 = CF_2 \xrightarrow{700\,℃} CF_3CF = CF_2 + HCl \quad (9-34)$$

$$CF_2 = CF_2 \xrightarrow{600 \sim 900\,℃} CF_3CF = CF_2 + 环 - C_4F_8 + 其他产物 \quad (9-35)$$

$$环 - C_4F \xrightarrow{750 \sim 800\,℃} CF_3CF = CF_2 + CF_2 = CF_2 + 其他产物 \quad (9-36)$$

裂解七氟油酸及其盐：

$$C_3F_7COONa \xrightarrow{220 \sim 260\,℃} CF_3CF = CF_2 + CO_2 = CF_2 + NaF \quad (9-37)$$

此外利用 PTFE 解聚也可以 HFP，PTFE 在 860 ℃、真空下热解可制得 58% 的 HFP。

实验生产方法：在极性有机溶剂介质中（乙醇，二氧杂环己烷），用锌对 1，1，1，2，3，3-六氟二氯丙烷进行脱卤化。合成在容积为 1~1.5 L 的三颈瓶中进行，并装有搅拌器、返回式冷却器和滴定漏斗，三颈瓶置于水槽中。通过侧管往瓶中装入 250 mL 溶剂、130 g 锌粉和 2~3 g 晶体氯化锌。在不停搅拌的情况下，加热三颈瓶到 70~80 ℃，逐渐滴入 1，1，1，2，3，3-六氟二氯丙烯和溶剂（500 g/250 mL）。根据气体产品的生成速度，调节混合物消耗，生成的气相产品经返回式冷却器进入冷却到收集器中。

工业上，采用裂解四氟乙烯来生产六氟丙烯[52]。该生产流程由以下几个主要阶段组成：

（1）裂解四氟乙烯；

（2）除掉裂解气中的炭黑和聚合物；

（3）除掉裂解气中的全氟异丁烯；

（4）压缩和冷凝裂解气；

（5）精馏分离六氟丙烯。

工业品中的杂质有：未反应的四氟乙烯、八氟环丁烷、全氟丁烯等。

目前国内外典型生产工艺过程包括 TFE 热裂解或 TFE 与 Rc318 共裂解或水蒸气稀释热解[51]。

A　TFE 与 Rc318 共热解技术

TFE 热解制 HFP 时常常发生 TFE 自聚，同时伴有因反应热积聚引发的歧化反应，并引发热解管和其他设备的堵塞，造成生产不正常。Rc318 是 TFE 热解过程中产生的副产物，经过裂解也可以生产 TFE 和 HFP。Rc318 的热解反应是吸热反应。因此将 TFE 与 Rc318 按一定比例混合共热解可以改善反应过程中的热量平衡，在一定程度上减少 TFE 自聚和歧化反应，减少结炭。在此处 Rc318 既是反应物又是稀释剂，TFE 与 Rc318 共热解技术实质上是稀释热解。图 9-6 为 TFE 与 Rc318 共热解工艺流程。

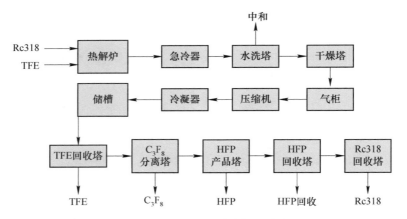

图 9-6　TFE 与 Rc318 共热解工艺流程

Fig. 9-6　Process flow for co pyrolysis of TFE and Rc318

工艺流程简述：纯 TFE 和 Rc318 混合计量进入热解炉。热解炉为 Inconel 或 Ni 制多管式炉，于 750~800 ℃ 下发生热解反应。热解气经过冷却器急冷、水洗、干燥后进入气柜，并经压缩冷凝使之液化储存于储槽内供精馏使用。

B　TFE 与 Rc318 水蒸气稀释热解

图 9-7 是 TFE 与 Rc318 水蒸气稀释热解工艺流程。

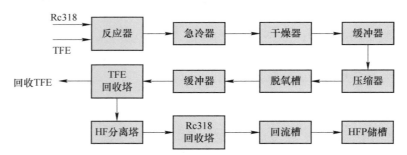

图 9-7　TFE 与 Rc318 水蒸气稀释热解工艺流程

Fig. 9-7　TFE and Rc318 Steam Dilution Pyrolysis Process Flow

工艺流程简述：预热到 400 ℃ TFE 和过热到 1050 ℃ 水蒸气按一定的比例混合后进入单管或多管反应器，在 850 ℃、接近常压下进行反应。反应产物进入急冷塔中以水溶液急冷，经冷却的水溶液不断循环，适时排出部分经中和处理合格排放。从急冷塔出来的热解气经碱石灰干燥后进入缓冲槽。自缓冲槽出来的气体经过带有级间冷却器的多级压缩与冷却后通过萜烯鼓泡槽脱氧，再冷凝脱除不凝性气体（CF_4、CO），冷凝液混合物贮存于中间槽供精馏使用。冷凝液经 TFE 回收塔、HFP 分离塔、Rc318 回收塔进行精馏以分离 TFE、HFP、Rc318，其中 TFE，Rc318 循环利用。精馏残液以 PFIB 为主，通过焚烧炉焚烧达到无害化处理目的，焚烧温度至少在 850 ℃以上。

HFP 是一种用途广泛的含氟有机物原料，主要用于生产灭火剂 HFC227ea，氟橡胶、氟塑料以及含氟精细化学品等[53]。如 HFP 与 VDF、TFE 等共聚后可生产高耐热、耐油、耐溶剂等特性的氟橡胶，广泛用于汽车工业、航天航空、石油化工等领域。与 TFE 以及 VDF 等共聚后还可以生产出氟塑料，良好的耐高低温、耐腐蚀、耐溶剂及良好电性能使之广泛应用于航天航空、电子工业、家电行业，尤其是数字通信和计算机行业中。通过 HFP 氧化制备的氧化六氟丙烯（HFPO）是一种重要的含氟有机中间体，主要作为六氟丙酮、六氟异丙醇、全氟丙基乙烯基醚以及含氟表面活性剂原料。HFC227ea 最大的用途是灭火剂，其 ODP 值为 0，已经作为哈龙的替代品；它还可以作为医用气溶胶的推进剂。HFP 还可以作为氟化试剂，在其他有机化合物中接入氟碳基团方面起着重要作用。

9.2.2.2 聚全氟乙丙烯

聚全氟乙丙烯（FEP，CAS 号 25076-11-2）是含氟聚合物的重要品种之一，由 TFE 和 HFP 共聚而成。由于两种单体共聚的特有性质，从 1960 年 DuPont 公开公开发明专利之时起就备受关注，目前 DuPont（包括 DuPont-Mistui）、Daikin、Dyneon 等公司已开发和生产了适应不同需求和应用领域的 FEP 产品（表 9-5）。

表 9-5 FEP 的商品名及生产商

Table 9-5 Trade name and manufacturer of FEP

共聚物	商品名	生产商
TFE-HFP	Teflon FEP 100、140、160、5100、6100、121A 等	Du Pont
	Dyneon FEP X6300、X6303、X6307、X6322 等	3 M 或 Dyneon
	Neoflon FEP NP-20、NP-30、NP-40 等	Daikin
	FR460、461、462、463 等	上海三爱富新
	Juflon FEP FJP-1、FJP-2、FJP-3、FJP-4 等	浙江巨化化工
	DS600、DS601、DS602 等	山东东岳集团

四氟乙烯和六氟丙烯共聚合生产 FEP[54]。四氟乙烯和六氟丙烯共聚合可采用聚合实施方法中常用的本体聚合、溶液聚合、悬浮聚合和乳液聚合等四种方法，其中悬浮聚合、乳液聚合最为常用，新近超临界聚合方法也成了最为关注的聚合手段。工业化生产 FEP 的悬浮聚合和乳液聚合两种体系的不同之处在于：在分散聚合体系中有分散剂或表面活性剂，并且采用无机过氧化物如过硫酸盐 KPS、APS 作为引发剂，而悬浮聚合工艺中没有分散剂或表面活性剂，引发剂大

多数采用有机过氧化物。这两种体系的聚合机理基本相同，包括引发剂分解出自由基，并经链引发、链增长、链终止过程形成共聚物。超临界聚合新近由 North Carolina-Chapel Hill（美国查珀尔希尔北卡罗来纳大学）和杜邦公司的科学家发现的一种以超临界二氧化碳为反应介质的氟聚合物生产工艺，获得的氟聚合物主要用于生产线缆的绝缘层、弹性管和工业用薄膜。

A 悬浮聚合

在圆柱形卧式高压反应釜中加入 22.68 份去离子水，该反应釜（长径比 L/D 为 10）带可通冷热水的夹套并装有桨式搅拌器，体积为 36.34 L。升温至 95 ℃，加入已经除氧的 HFP，起始压力 1723.75 kPa，加入新配制的 APS 溶液（APS 数量为 0.01 mol），搅拌 15 min 后，利用 TFE/HFP 气体混合物（质量比为 75/25）使压力升至 4481.75 kPa，以 0.0455 份/min 速度注入 APS 溶液（浓度为 0.0052 mol/份），维持未分解引发剂浓度在 2.19×10^{-4} mol/份的水平上，自由基浓度也维持在 2.08×10^{-5} mol/(min·L)。不断加入 0.0052 mol/份浓度的 APS 溶液直至反应压力开始下降后补加上述组成的 TFE/HFP 气体混合物，反应时间总共 80 min，反应压力维持在 4481.75 kPa。反应结束后气相空间的气体混合物含 68%的 HFP。浆料中固体量 4.6 份。凝聚、过滤并置于 5.04 cm 深的铝盘中干燥，干燥温度为 350 ℃，干燥时间 2 h。所得聚合产物是白色块状物，其熔点 280 ℃，比熔融黏度 7×10^3 Pa·s，比挥发分为 0.14%，比 IR 值 3.4（15.3%）。表 9-6 给出了 TFE 和 HFP 悬浮聚合反应的具体实例。

表 9-6 TFE 和 HFP 悬浮聚合反应

Table 9-6 Suspension polymerization reaction of TFE and HFP

聚合参数	例 1	例 2
引发剂种类	APS	APS
引发剂浓度/mmol·kg^{-1}	0.44	0.381
引发剂加入速度/mmol·min^{-1}	0.24	0.109
起始压力/kPa	3100.50	3031.60
补加混合物中 TFE/HFP 质量比	75/25	75/25
聚合压力/kPa	4478.50	4478.50
聚合时间/min	80	80
聚合温度/℃	95	95
反应结束时气相中 HFP 质量分数/%	68	69.60
熔体黏度/Pa·s	7000	6100
熔点/℃	280	272
聚合物中 HFP 质量分数/%	15.30	16.50

聚合参数	例1	例2
比挥发分质量分数/%	<0.14	<0.15
MIT 抗挠寿命/次	4500	5600
介电击穿强度/V·m^{-1}	>1500	>1000

B 分散聚合

1964 年 DuPont 公司开发出了能提高固体含量的分散聚合方法。与原有技术相比，聚合反应速度更快、分子质量与分子组成更适合、反应效率更高。在表面活性剂或分散剂、自由基引发剂存在下，反应温度 95~138 ℃，共聚单体混合物的气相密度维持在 0.18~0.30 g/cm^3。一般情况下分散聚合技术中的限制因素是分散体系中聚合物最大浓度或聚合物固含量。通过聚合温度和聚合压力、共混单体气相密度、聚合引发剂种类与浓度以及添加方式、分散剂浓度等因素的非同寻常组合，从而有效地匹配聚合速率、共聚组成和共聚物固含量，其中聚合温度在 95~138 ℃之间对聚合速率有着非同寻常的影响，例如，在 1788 kPa 压力下，大约 119 ℃时达到最优水平（表 9-7），在 110~127 ℃之间时变化量小于 10%，在 113~123 ℃之间变化量小于 5%（表 9-7）。

表 9-7 温度对 TFEW/HFP 共聚反应速率的影响
Table 9-7 The Effect of Temperature on the Reaction Rate of TFEW/HFP Copolymerization

温度/℃	95	100	105	110	115	119	125	130	135	138
相对反应速率	1.00	1.05	1.85	2.12	2.28	2.31	2.20	1.91	1.45	1.00

注：1. 相对反应速率：95 ℃时为1；
　　2. 比熔融黏度 7.5×10^3 Pa·s，比 *IR* 值 3.5 ［相当于 15.8%（质量分数）］，单体混合物中 HFP 质量分数为 74%，单体混合物气相密度为 0.208~0.355 g/cm^3。

影响气相密度的因素包括温度、压力及单体混合物组成，表 9-8 结果表明聚合速率、共聚物组成及分子质量由单体混合物气相密度控制，在 0.18~0.30 g/cm^3 之间影响最为明显，在大约 120 ℃时气相密度优化值为 0.20~0.25 g/cm^3，最优为 0.21~0.22 g/cm^3。

表 9-8 共聚单体混合物气相密度对聚合速率的影响
Table 9-8 Effect of Gas Phase Density of Copolymer Monomer Mixtures on Polymerization Rate

相密度/g·cm^{-3}	0.19	0.21	0.22	0.23	0.30
相对反应速率	0.73	0.96	1.00	0.62	0.56

注：1. 相对反应速率：气相密度 0.22 g/cm^3 时为1；
　　2. 比熔融黏度 7.5×10^3 Pa·s，比 *IR* 值 3.5 ［相当于 15.8%（质量分数）］，分散剂 0.15%，温度 120 ℃，压力和单体混合物组成变化。

表面活性剂的含量对共聚反应的速率、共聚物的组成及熔融黏度也有明显的影响。表 9-9 直观地反映出了分散剂对聚合速率的影响；表 9-10 数据表明分散剂对共聚物组成、分子质量的关系；表 9-11 将 120 ℃ 条件下共聚物组成与分散剂对聚合速率的影响相关联，表明分散剂量增大的情况下维持聚合速率则共聚物比 IR 值增加，或者保持共聚物比 IR 值时聚合速率增大。表 9-12 举例说明了表面活性剂或分散剂 0.1% 时聚合速率、混合单体气相组成与共聚物比 IR 值（或 HFP 质量分数）的关系。

表 9-9 表面活性剂质量分数对 TFE 和 HFP 聚合速率的影响

Table 9-9 The Effect of Surfactant Mass Fraction on the
Polymerization Rate of TFE and HFP

表面活性剂质量分数/%	聚合速率/ mol · (S · L)$^{-1}$	表面活性剂质量分数/%	聚合速率/ mol · (S · L)$^{-1}$
0	1.00	0.40	6.10
0.10	2.25	1.00	12.75
0.20	3.35	1.50	19.31
0.30	4.85	—	—

注：表面活性剂为 9-氢十六氟壬酸铵；HFP 质量分数为 75%，气相混合单体密度 0.235 g/cm^3，反应温度 120 ℃，反应压力为 42.13 atm，比熔融黏度 7.5×10^3 Pa · s，比 IR 值 3.5 [相当于 15.8%（质量分数）]。

表 9-10 表面活性剂含量对 TFE/HFP 共聚物比熔融黏度和比 HFP 质量分数的影响

Table 9-10 The Effect of Surfactant Content on the Specific Melt Viscosity and
Specific HFP Mass Fraction of TFE/HFP Copolymers

比熔融黏度（×10^3 Pa · s）	共聚物中 HFP 的质量分数/%	
	无表面活性剂	表面活性剂（0.1%）
20	12.10	12.90
15	12.30	13.40
10	12.70	14.10
6	13.20	15.00
3	13.90	16.30
1.50	14.50	17.50

注：表面活性剂为 9-氢十六氟壬酸铵；HFP 质量分数为 75%，反应温度 120 ℃，反应压力为 3447.5 kPa，聚合速率恒定。

表 9-11　表面活性剂含量和注入速率对 TFE/HFP 共聚物中 HF 质量分数的影响

Table 9-11　The Effect of Surfactant Content and Injection Rate on the Mass Fraction of HF in TFE/HFP Copolymers

表面活性剂质量分数/%	共聚物中 HFP 质量分数/%		
	聚合速率 $100/g \cdot (L \cdot h)^{-1}$	聚合速率 $200/g \cdot (L \cdot h)^{-1}$	聚合速率 $300/g \cdot (L \cdot h)^{-1}$
0.0	15.80	13.10	—
0.05	17.50	14.40	—
0.1	18.80	15.80	—
0.15	19.70	17.00	14.80
0.2	20.30	17.90	15.80
0.25	—	18.70	16.80
0.3	—	19.00	17.60
0.35	—	19.60	18.10
0.4	—	19.90	18.60
0.45	—	—	19.00

注：表面活性剂为 9-氢十六氟壬酸铵；HFP 质量分数为 75%，反应温度 120 ℃，反应压力为 3447.5 kPa，气相混合单体密度 0.235 g/cm³，比熔融黏度 7.5×10^4 Pa·s。

表 9-12　混合单体气相组成与共聚物比 *IR* 值（或 HFP 质量分数）、聚合速率的关系

Table 9-12　Relationship between Gas Phase Composition of Mixed Monomers and Copolymer Ratio *IR* Value（or HFP Mass Fraction），Polymerization Rate

表面活性剂质量分数/%	共聚物中 HFP 质量分数/%		
	聚合速率 $/100 \ g \cdot (L \cdot h)^{-1}$	聚合速率 $/200 \ g \cdot (L \cdot h)^{-1}$	聚合速率 $/300 \ g \cdot (L \cdot h)^{-1}$
150	70.00	59.60	—
200	82.40	68.60	58.50
250	—	77.60	65.00
300	—	86.50	71.30

注：比熔融黏度 7.5×10^3 Pa·s，表面活性剂或分散剂 0.1%，温度 120 ℃，压力 3447.5 kPa。比 *IR* 值 3.2、3.5、3.8，相当于 HFP 的质量分数为 14.4%、15.8%、17.1%。

从表 9-9~表 9-12 可以看出，通过改变分散剂或表面活性剂的添加量可以控制聚合速率、共聚组成和共聚物分子质量。通过比较还可以看出，不加分散剂时聚合速率在上述所示条件下被限制在 100 g/(L·h) 以下。

　　C　超临界聚合

　　TFE 和 HFP 超临界聚合与悬浮聚合工艺一样是沉淀聚合，属于溶液聚合。

高分子质量的氟聚合物在多种有机溶剂中的溶解度比较差，唯有 CFCs 和 CO_2 是无定形氟聚合物的良溶剂。以往较多地采用 CFCs，限于其对臭氧层的破坏，现已被禁用；即使用类似的 CHFC、HFC 替代，环境问题仍无法避免，要彻底解决该问题 CO_2 就成了一个最佳的选择。使用 CO_2 还可以避免水体系聚合过程产生的大量废水。另外，聚合过程中不会出现聚合活性链向 CO_2 的链转移的问题；氟单体在 CO_2 中的溶解度比在水中大得多；聚合产物与 CO_2 的分离工艺简单、能耗低等优点也是该方法的本质特点。当然 CO_2 来源方便、便宜、不燃和无毒也是其他聚合介质所无法比拟的。将 TFE 和 HFP 溶解在超临界二氧化碳中，加入过氧化物（一般采用有机全氟过氧化物）作为聚合的引发剂引发聚合。该工艺生产的聚合物不稳定端基更少，主要为全氟烷基，而不是羧酸端基。这种工艺获得的聚合物不稳定性端基个数要比传统的非水溶剂制备的聚合物还要小几个数量级，如 105 个碳原子仅有 0~3 个羧酸和酰氟端基。

该工艺还有一个最大的优点是与传统工艺相比还可以实现连续操作，二氧化碳、引发剂和氟单体连续进料，二氧化碳和氟聚合物及未反应的单体连续从反应釜出料。二氧化碳的迅速排出，快速冷却产物，并终止反应。在不存在分散剂或表面活性剂时，含氟单体、二氧化碳和有机过氧化物连续加入反应器中，聚合反应器在 CO_2 的临界状态或超临界状态下运行。反应混合物最初处于同一相，随着聚合反应的进行，不断增大的聚合物分子达到临界分子质量时，在介质 CO_2 中就会变得不溶，并聚集成不溶的聚合物相。由此工艺获得的氟聚合物的扫描电子显微镜（SEM）照片显示，聚合物颗粒形态和常规方法获得的产物颗粒形态类似。通常的聚合条件：压力 10~15 MPa，温度 30~40 ℃，二氧化碳中固体质量分数为 15%~40%。

9.2.2.3 聚偏氟乙烯

聚偏氟乙烯树脂（PVDF）是 20 世纪 70 年代发展起来具有优良综合性能的新材料，年增长速率 10% 以上，产量约占全部含氟塑料总量的 14% 左右，它的重要性在含氟高分子材料中位居第二位。

聚偏氟乙烯是 1，1-二氟乙烯经自由基聚合得到的线性高分子化合物，通常简称 PVDF。PVDF 是部分结晶的高聚物，其氟元素质量分数为 59.4%，氢元素质量分数为 3%，PVDF 高分子链的重复单元为—CH_2—CF_2—，由于聚合物链上 CH_2 和 CF_2 基团的交替排列，使它具有极性，因此 PVDF 有独特的结晶形态和介电性能，其介电常数特别高。不同于其他含氟树脂，在较高的温度下，PVDF 可以溶解在某些极性溶剂。

PVDF 树脂具有优良的耐化学腐蚀、耐高温、耐氧化、耐气候、耐紫外线和耐高温辐射的性能；PVDF 的拉伸强度和抗冲击强度优良，硬度高且耐磨，热变形温度高，抗蠕变疲劳性能佳，其使用温度范围为 -60~150 ℃，它是一种强而韧的结构材料。PVDF 的加工性能优良，可以通用加工设备进行模塑、挤塑和注塑等熔融加工，因此 PVDF 兼含氟树脂和通用树脂的特性，是一种综合性能优良，用途极其广泛的热塑性工程塑料。PVDF 树脂的应用市场主要有化工设备、电子和建筑涂料等 3 个方面。此外偏氟乙烯均聚物和共聚物还有独特的压电和热电性能，近些年来作为一种新颖的功能材料，PVDF 已引起人们的广泛兴趣，在理论和应用研究方面都不断取得新的进展。

20 世纪 60 年代中期，中国科学院上海有机化学研究所和上海市合成橡胶研究所分别进行过 PVDF 树脂实验室研究。80 年代后期，上海市有机氟材料研究所（上海市合成橡胶研究所）进行了 PVDF 中试研究，研制成功模塑和挤塑用的 PVDF 树脂和 PVDF 的涂料。在 20 世纪 90 年代，该所进行注塑用和涂料用 PVDF 以及偏氟乙烯共聚物树脂的研究，并建成 100 t/a 规模的中试生产装置。此外，上海三爱富新材料股份有限公司、晨光化工研究院、浙江省化工科技集团公司也生产模塑用 PVDF 树脂，表 9-13 列出了国内 PVDF 树脂生产企业商品名及牌号。

表 9-13 国内 PVDF 树脂生产企业商品名及牌号
Table 9-13 Product Names and Grades of Domestic PVDF Resin Production Enterprises

公司	商品名	牌号
上海三爱富	PVDF	FR701 FR702 FR801 FR901 等
上海曙光化工	PVDF	PVDF，23-14（偏氟乙烯-三氟氯乙烯共聚物）
晨光化工研究院上海曙光化工	PVDF	23-19（偏氟乙烯-三氟氯乙烯共聚物）

A 偏氟乙烯单体（VDF）的合成[55]

偏氟乙烯单体的合成主要工艺路线如下：

（1）乙炔加成 HF，再氯化和脱 HCl 法：

$$CH \equiv CH \xrightarrow{HF} CH_3CHF_2 \xrightarrow{Cl_2} CH_3CClF_2 \xrightarrow{-HCl} CH_2 = CF_2 \qquad (9\text{-}38)$$

工艺过程：以干燥的乙炔在氟磺酸存在下与氢氟酸反应，生成 1，1-二氟乙烷，经压缩、分馏、提纯，得精制 1，1-二氟乙烷，将其与定量配比的氯气充分混合于 650~680 ℃热解生成粗偏氟乙烯，再经压缩、分馏、提纯，得精单体。

（2）甲基氯仿法：

$$CH_3C \equiv Cl \xrightarrow{HF} CH_3CClF_2 \xrightarrow{-HCl} CH_2CF_2 \qquad (9\text{-}39)$$

甲基氯仿（CH_3CCl_3）与无水氢氟酸（AHF）在催化剂作用下于反应温度 36~45 ℃、反应压力 0.25~0.30 MPa、物料配比 AHF：CH_3CCl_3 = 1：2（摩尔比），回流冷凝温度 6~10 ℃，先制得 1，1，1-二氟一氯乙烷（CH_3CClF_2），然后在温度 760~780 ℃，停留时间 2.0~2.5 s 条件下 1，1，1-二氟一氯乙烷热解得偏氟乙烯（VDF），转化率达 93.41%，单程收率为 92.1%。工艺流程如图 9-8、图 9-9 所示。

图9-8　1，1，1-二氟一氯乙烷合成工艺流程图

Fig. 9-8　Process flow diagram for the synthesis of 1，1，1-difluorochloroethane

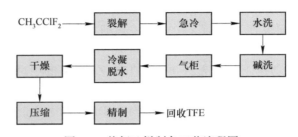

图9-9　偏氟乙烯制备工艺流程图

Fig. 9-9　Process Flow Chart for Preparation of Vinylidene Fluoride

（3）偏氯乙烯加成 HF，再脱 HCl 法：

$$CH_2=CCl_2 \xrightarrow{HF} CH_3CClF_2 \xrightarrow{-HCl} CH_2=CF_2 \qquad (9-40)$$

偏氯乙烯（VDC）和 HF 通入真空下加热到 300 ℃ 的 $CrCl_3 \cdot 6HO$ 催化剂层中，使气体的颜色从暗绿变成紫色，冷凝生成气体，在低温下分离偏氟乙烯。不同反应条件下 VDF 产率如表 9-14 所示。

表 9-14　不同温度和接触时间对 VDF 产率的影响

Table 9-14　Effects of different temperatures and contact times on VDF yield

反应参数	例1	例2	例3	例4
温度/℃	345	330	290	250
投料速度/L·h^{-1}	300	155	200	200
n（VDC）：n（HF）	1：4.70	1：2.70	1：5.30	1：4.70
VDF 产率/%	97.00	96.50	99.80	95.00

（4）三氟乙烷脱 HF 法：

$$CH_3CF_3 \xrightarrow{-HF} CH_2=CF_2 \qquad (9-41)$$

工艺过程：将 1，1，1-三氟乙烷气体通入镀铂的铁镍合金管，加热到 1200 ℃，接触 0.01 s 后通入装有氟化钠的装置中脱去 HF，然后把它收集在液氮槽中。VDF 的沸点为 -85.7 ℃，通过低温蒸发把它分离出来，未反应的三氟乙烷升温至-47.5 ℃回收。反应温度及接触时间对产品 VDF 产率的影响如表 9-15 所示。

表 9-15 三氟乙烷脱 HF 法反应对 VDF 产率的影响

Table 9-15 Effect of trifluoroethane dehF reaction on VDF yield

反应参数	例 1	例 2
温度/℃	1200	800
接触时间/s	0.010	4.40
投料速度/L·h⁻¹	9700	200
VDF 转化率/%	74.00	66.00
总转化率/%	75.40	76.00
VDF 产率/%	98.10	86.50
副产物的产率/%	1.90	13.50

（5）偏氯乙烯直接氟化 HF：

$$CH_2 = CCl_2 \xrightarrow{HF} CH_2 = CF_2 \tag{9-42}$$

偏氯乙烯在 CrF_3 催化剂存在下用 HF 直接氟化也可制得偏氟乙烯。

由 1，1-二氟乙烷光氯化或热氯化、甲基氯仿与 HF 反应及偏氯乙烯加成 HF 反应先制得 1，1，1-二氟一氯乙烷，继而热解制造偏氟乙烯是目前工业化生产技术路线。二氟一氯乙烷热解时，加入 2%~2.5%（质量）的 CCl_4 促进剂，反应温度可降到 550 ℃，偏氟乙烯的产率为 80%。若加入 0.5%~4%（质量）的氯气作促进剂，则可进一步提高二氟一氯乙烷转化率和偏氟乙烯产率。若同时加入 CCl_4 和 Cl_2 作促进剂，偏氟乙烯的选择性可高达 99%。加入水蒸气并在反应管中填充镍丝或铜丝可改善传热，或采用分段加热的反应器，转化率和产率均可达到 99% 以上，光氯化产物可提纯，也可不提纯而直接进入热解反应器，当反应温度为 600~720 ℃，反应时间为 15.5 s 时，以二氟乙烷计的总转化率可达 99.5%，偏氟乙烯的总产率可达 99.5%。

B 聚偏氟乙烯（PVDF）生产工艺及进展[56]

1948 年，Ford T 以水为介质，使用不同类型的自由基引发剂，将偏氟乙烯（VDF）单体在 30 MPa 以上压力和 20~250 ℃温度下聚合，首次得到 PVDF。此后，人们在较低压力下，分别由乳液聚合、悬浮聚合、溶液聚合和辐射聚合制得 PVDF 树脂。到目前为止，能够工业化生产的主要是乳液聚合和悬浮聚合这两种方法。

a 乳液聚合

乳液聚合一般原理是单体在搅拌和乳化剂的共同作用下，以 3 种状态存在：单体液滴、增溶于胶束中和溶于水中；乳液聚合反应的主要场所是增溶胶束，单体液滴起到单体仓库的作用，随着聚合反应的进行，单体通过水相溶解的单体向胶束中扩散,供给聚合所需的单体。

PVDF的乳液聚合,并不是真正意义上的乳液聚合,应属于溶液沉淀聚合。具体包括三步:

(1) VDF单体溶解在水相中的传质过程;

(2) 稀水溶液聚合;

(3) 聚合产物微粒不溶于水,从水相中沉淀出来,在乳化剂作用下,形成稳定的乳液。

在PVDF的乳液聚合过程中,聚合釜的搅拌速率选择是一个关键因素。聚合釜应保持足够的转速使聚合反应速率不受第一步的传质过程的控制,而由第二步的聚合过程控制,以提高聚合釜的利用率和树脂的分子质量;另外,聚合釜的搅拌速率也不能过快,以免造成乳液的不稳定。

乳液聚合体系主要由单体、乳化剂、引发剂、水四种组分组成。乳化剂在乳液聚合中的作用是:

(1) 降低界面张力,使单体分散成细小的液滴;

(2) 在液滴表面形成保护层,防止凝聚,使乳液得以稳定;

(3) 增溶作用,使部分单体溶于胶束内。

VDF乳液聚合一般采用含氟乳化剂,通式为$R_f X^- M^+$,这里R_f是$C_5 \sim C_{16}$的全氟烷基或全氟聚环氧亚烷基,X^-是—COO^-、—SO_3^-,M^+是H、NH^+或碱金属离子。其中最常用的是全氟辛酸碱金属盐,用量一般为单体质量的0.1%~0.2%。

PVDF乳液聚合工艺流程:聚合釜为130 L不锈钢高压釜,转速88 r/min。首先检查聚合体系的密封性能,然后对高压釜抽真空充氮以排氧,重复几次,直至聚合体系的氧含量达到要求;往聚合釜中加入去离子水和引发剂、乳化剂、缓冲剂等配方助剂后,通入VDF单体至聚合压力,加热至聚合温度,开始聚合反应;在聚合反应过程中,通过补加VDF单体来保持釜内压力在一恒定区间内;聚合反应结束后,将未反应的VDF单体回收利用;聚合乳液经凝聚、洗涤、分离、干燥、粉碎,得到PVDF产品。

VDF乳液聚合反应条件:聚合温度75~90 ℃;聚合压力2.0~3.8 MPa;聚合时间14 h;产物收率不小于90%。

PVDF乳液聚合工艺流程示意图如图9-10所示。

b 悬浮聚合

悬浮聚合原理:在VDF悬浮聚合中,VDF单体在搅拌和分散剂共同作用下,以液滴形式悬浮在分散介质去离子水中,使用油溶性引发剂,使该引发剂进入单体液滴、引发聚合反应,聚合产物PVDF树脂以固体粒子形式沉析出来。

VDF悬浮聚合体系主要由VDF单体、分散剂、油溶性引发剂、链转移剂和去离子水五种组分组成。

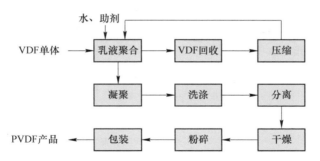

图 9-10 乳液聚合法制 PVDF 树脂工艺流程图

Fig. 9-10 Process Flow Diagram of PVDF Resin Prepared by lotion Polymerization

VDF 单体的临界温度为 30.1 ℃，VDF 悬浮聚合通常在较低温度下进行，这就需要高活性的引发剂，二异丙基过氧化二碳酸酯（IPP）、二-乙基己基过氧化二碳酸酯（EHP）等高活性的过氧化碳酸酯类化合物是工业上悬浮聚合制备 PVDF 最主要的引发剂。

VDF 悬浮聚合配方中使用的水溶性分散剂，通常为纤维素醚类和聚乙烯醇类，如甲基纤维素和羟乙基纤维素等。分散剂的主要作用是：

（1）吸附在 VDF 单体液滴表面，保持聚合体系的稳定。

（2）防止聚合物粒子之间发生聚并。分散剂用量对树脂颗粒大小影响显著、用量过大，树脂颗粒则太细。一般 VDF 悬浮聚合的分散剂用量为单体质量的 0.01%~1%，较合适的用量为单体质量的 0.05%~0.4%。

悬浮聚合工艺流程：在配有搅拌的不锈钢高压釜内，加入一定量的去离子水和分散剂，密闭反应釜，抽真空，充氮气置换氧气后，搅拌。升温至 50 ℃，充入 VDF 使釜压至 3.5 MPa，加入引发剂和其他阻剂，维持温度及压力；直到单体加完，压力降到 2.8 MPa，停止搅拌，聚合反应结束；聚合产物进行离心、洗涤、干燥、得到 PVDF 树脂。

VDF 悬浮聚合反应条件：聚合温度为 30~60 ℃；聚合压力为 2.0~7.0 MPa；聚合时间 15~22 h；产物收率不小于 90%。

VDF 悬浮聚合工艺流程如图 9-11 所示。

c 溶液聚合

VDF 能在饱和的全氟代或氟氯代溶剂中聚合，这类溶剂能溶解 VDF 和有机过氧化物引发剂，在均相中进行聚合反应。所用的溶剂沸点必须大于室温，又能溶解单体和引发剂。含十个或更少碳原子的全氟代烃或氟氯代烃，不论是单组分还是它们的混合物，都有生成自由基的倾向。为了尽量降低聚合时压力，所选溶剂的沸点必须大于室温，为此应选用碳原子数大于一个的氟代烃或氟氨代烃，合适的溶剂有一氟三氯甲烷、三氟一氯乙烷、三氟三氯乙烷等。引发剂的质量分数

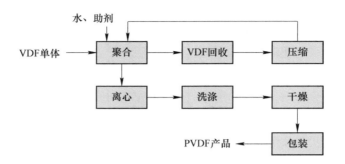

图 9-11 悬浮聚合法制 PVDF 树脂工艺流程图

Fig. 9-11 Process Flow Diagram of PVDF Resin by Suspension
Polymerization Method

为单体 0.2%~2.0%。可用的有机过氧化物有二叔丁基过氧化物、叔丁基氢过氧化物及过氧化苯甲酰，聚合反应温度为 90~120 ℃，压力为 0.6~3.5 MPa。例如，在装有磁性搅拌器的 1 L 高压反应釜内，加入含十二烷酰过氧化物的三氟三氯乙烷 500 g，用 N_2 置换反应釜后排空，加入 160 g VDF 单体，在室温下达到 1.2 MPa 压力，加热到 120~125 ℃，保持 20 h 并搅拌。在聚合过程中最大压力为 3.5 MPa，最小压力为 0.6 MPa，单体的转化率达 99.1%。生成的 PVDF 熔点达 169 ℃，不同溶剂和引发剂下 PVDF 的产率如表 9-16 所示。

表 9-16 不同引发剂引发的 VDF 溶液聚合的 PVDF 产率

Table 9-16 PVDF yield of VDF solution polymerization initiated
by different initiators （%）

引发剂	聚合温度/℃	反应介质			
		$CF_2Cl-CFCl_2$	$CFCl_3$	CF_2Cl-CH_2Cl	H_2O
二叔丁基过氧化物	120	99.1	90.6	84	84
十二烷酰过氧化物	80	52.8	84.1	20	0
二异丙苯基过氧化物	120	26.3	64.2	25.4	0
过氧化苯甲酸叔丁酯	110	23.6	50	44.2	0.8
过氧化苯甲酰	80	5.3	10.4	—	0

d 辐射聚合

VDF 也能辐射聚合，可免去聚合物受引发剂和其他组分的污染。辐射源可采用 ^{60}Co，照射量 10.32 C/(kg·h)，在 −40 ℃ 下聚合，所得的 PVDF 熔点达 175 ℃，而一般在水溶液中以化学引发剂引发聚合得到的 PVDF 熔点为 152 ℃。

9.3 精细有机氟化工

9.3.1　含氟表面活性剂

9.3.1.1　含氟表面活性剂的性质

含氟表面活性剂是近些年来逐步商品化的一类具有特殊性能的表面活性剂。与普通碳氢表面活性剂相比，含氟表面活性剂主要以全氟烷基或全氟烯基或部分氟化了的烷基等作为表面活性剂中的疏水基部分，然后再按需要引入适当的连接基及亲水基团，根据亲水基团性质的不同可分别制得阴离子型、阳离子型、非离子型及二型等系列产品[57]。

在所有元素中，氟的电负性最大、范德华原子半径除氢外最小、原子极化率最低，氟原子比碳原子与其他元素原子形成的单键键能都大，而且键长较短；C—F 键的键能是 116 kJ/mol，C—H 键的键能是 99.5 kJ/mol，C—F 键要比 C—H 键稳定，更不易断裂；又由于氟原子取代氢原子后，因氟原子的体积比氢原子大，使得 C—C 键因氟原子的屏蔽作用而得到保护，所以使原来键能不太高的 C—C 键也稳定了。因此，氟碳链不仅比碳氢链稳定，疏水作用更强烈，且氟碳链间相互作用力弱，体系表面能很低。

由于氟表面活性剂的特殊结构，使其表现出其他表面活性剂所没有的一些特性[58]。

A　高表面活性

含氟表面活性剂是迄今为止所有表面活性剂中表面活性最高的一种，这也是氟表面活性剂最重要的性质。并且由于其临界胶束浓度很低（$10^{-6} \sim 10^{-5}$ mol/L），其用量比碳氢表面活性剂小得多，在浓度很低时就能使溶液的表面张力显著降低。

一般碳氢链的表面活性剂的应用浓度需在 0.1%~1%之间，此时水溶液的表面张力只能降到（$30 \sim 35$）$\times 10^{-5}$ N/cm，而碳氟链表面活性剂用量在 0.005%~0.1%时，就能使水溶液的表面张力降至 20×10^{-5} N/cm 以下。

B　高化学稳定性

常温下，氟表面活性剂可在浓硝酸、发烟硫酸、有机过氧化物等强酸、强碱、强氧化介质中能稳定有效地发挥其表面活性剂作用，不会发生反应或分解。

C　高热稳定性

氟表面活性剂一般能耐 400 ℃以上高温。如无水全氟烷基磺酸加热到 400 ℃、3 h 后才有微量分解，而全氟烷基羧酸加热到 550 ℃才会发生分解现象，但相同碳原子数目的碳氢表面活性剂，加热到 300 ℃左右就已大量分解。

D 既憎水又憎油

氟表面活性剂分子中的含氟烃基，既是憎水基又是憎油基，当它与亲油基团相连后，即可制成油溶性的氟表面活性剂，具有降低有机溶剂表面张力的能力。这种特性表现在碳氟化合物构成的固体表面上，如聚四氟乙烯的表面上，不仅水不能铺展，而且碳氢油也不能铺展，不但如此，多种物质在这种表面上都不易附着，大大减少了污染。

E 良好的润湿渗透性和起泡稳泡性

添加氟表面活性剂的液体润湿力和渗透力大为提高，在各种不同的物质表面上都能很容易润湿铺展。在普通表面活性剂不能起泡的物质中，使用氟表面活性剂可以形成稳定的泡沫。

F 优良的复配性能

由于有高的化学稳定性，氟表面活性剂能与其他各类活性剂很好地相容，并可应用于几乎所有配方体系（各种 pH 值范围、各类水性、溶剂型、粉末或辐射固化体系）。氟表面活性剂与碳氢表面活性剂复配后，具有更高的降低表面张力的能力，这不仅大大降低了氟表面活性剂的使用成本，也开辟了氟表面活性剂更广阔的应用前景。

G 良好的环境相容性

尽管单质氟和离子性氟化物具有很强的毒性，但氟表面活性剂的毒性却很低或极低，对环境污染较小，而且在通常情况下氟表面活性剂的用量仅为碳氢表面活性剂用量的 $\frac{1}{100} \sim \frac{1}{10}$，因此，只要使用得当，是不会引起中毒的，对环境的污染也很轻微。

9.3.1.2 含氟表面活性剂的用途

氟表面活性剂具有许多优良而独特的性能，在化学、机械、纺织、电气、造纸、颜料涂料、油墨、玻璃陶瓷、冶金、燃料、皮革、感光材料、建筑、石油、消防等众多工业领域都有十分广泛的用途[59]。根据使用领域的不同，含氟表面活性剂具体用途如表 9-17 所示。

表 9-17 含氟表面活性剂的应用
Table 9-17 Application of Fluorinated Surfactants

应用领域	具体产品
化学工业	灭火剂、乳化剂、分散剂、抗静电剂、抑制蒸发剂等
机械工业	渗透剂、清洗剂、防锈剂、除水剂、润滑脱模剂等
纺织业	防水防油剂、织物整理剂、纤维渗透剂、纤维油剂等
涂料	颜料表面处理剂、流平剂、洗净剂、涂膜保护剂等
家庭用品	光亮蜡添加剂、清洁剂、憎水憎油剂、吸附剂等

应用领域	具体产品
造纸工业	防油处理剂、防黏剂、一次性餐具添加剂、分散剂
其他	照相用乳剂、杀菌剂、防尘剂等

A 氟烯经乳液聚合过程中的乳化

化工工业的氟烯烃乳液聚合过程中，需要加入氟表面活性剂作为乳化分散剂，乳化分散剂的作用是：当它溶于水时形成胶团，将聚合物单体加入该溶液时，单体就溶解于胶团内部。将水溶性聚合引发剂加入此溶液，在胶团内部的单体就发生聚合反应而生成高聚物粒子。在聚合过程中，如使用普通的碳氢表面活性剂作乳化剂，会引起自由基链转移副反应，或对聚合反应起抑制作用，且乳液稳定性差，而使用氟表面活性剂可以克服以上的弊端。氟表面活性剂全氟辛酸是四氟乙烯、六氟丙烯和三氟氯乙烯等含氟单体制备氟树脂和氟橡胶时必用的乳化剂。

B 高聚物材料的抗静电性

大多数高聚物材料都有绝缘性，不导电，因此摩擦过程产生的静电不易消失，会产生一系列的质量问题，甚至产生事故。用氟表面活性剂作抗静电剂，使之在塑料、橡胶等表面形成光滑的全氟烃基定向排列层，材料表面更加平滑，减少了因摩擦产生静电，从而起到抗静电的效果。

关于含氟表面活性剂的文献专利报道较多，例如，用阴离子氟表面活性剂 $C_6F_{13}SO_3Li$ 作为橡胶的抗静电组分，用阴离子-非离子表面活性剂混合物作聚氯乙烯抗静电剂，用非离子氟表面活性剂 $C_6F_{13}SO_2N(CH_2)_5CH_3CH_2CH_2(OCH_2CH_2)_nOH$ 的异丙醇溶液作聚酯薄膜的抗静电剂等。

C 造纸涂布

纸张涂布能提高纸的外观和印刷适印性，赋予纸张耐水耐油、抗静电等性质。涂布纸是市场中包装印刷用纸的主要来源，在其涂料配制中，氟表面活性剂的加入使用起着相当重要的作用。首先，它起到了涂料分散剂的作用，通过胶团作用使颜料粒子均匀地分散，涂料体系的黏度达到最低，提高了体系的流动性和涂布适应性；其次，在涂料制备中，常常会有气泡产生，影响纸张涂布的质量和效果（出现针孔、斑点和"鱼眼"），氟表面活性剂的加入能显著降低表面张力，达到抑泡、消泡的目的；此外，氟表面活性剂还用作涂布纸用涂料的润滑剂，提高纸张的表面平滑度、光泽度等。近年来，人们对特种纸的消费不断提高，市场要求包装用纸既耐水又耐油。经过硅表面活性剂处理的纸张，只能防水却不能防油，而氟表面活性剂的含碳氟链脂肪经基既憎水又憎油，是较为理想的选择。

D 消防灭火

氟表面活性剂的高表面活性使之在灭火剂的应用中发挥着不可替代的特殊作用。泡沫灭火剂主要分为化学泡沫灭火剂、蛋白泡沫灭火剂和合成泡沫灭火剂。蛋白泡沫灭火剂又可细分为普通蛋白泡沫灭火剂、含氟蛋白泡沫灭火剂和抗溶剂蛋白泡沫灭火剂；合成泡沫灭火剂又可细分为凝胶型抗溶剂泡沫灭火剂、轻水泡沫灭火剂和高倍泡沫灭火剂等。

其中，含氟蛋白泡沫灭火剂、轻水泡沫灭火剂和凝胶型抗溶剂泡沫灭火剂中都需要添加氟表面活性剂。

（1）氟蛋白泡沫灭火剂。氟蛋白泡沫灭火剂可由普通蛋白泡沫灭火剂中加入 0.005% ~ 0.05% 的阴离子或非离子型氟表面活性剂制得。由于氟表面活性剂的加入，降低了蛋白泡沫体系的表面张力和泡沫在液面上流动的剪切力，提高了泡沫流动性，因而其灭火速度比不加氟碳表面活性剂的蛋白泡沫提高 3~4 倍。

（2）轻水泡沫灭火剂。由于氟表面活性剂的使用，使水的表面张力大大降低，从而使水膜能在密度比其小的油面上均匀铺展，达到灭火的目的。轻水泡沫灭火剂灭火速度快、耐复燃好，泡沫稳定、流动性好，耐油污能力强，环境污染小。

（3）凝胶型抗溶剂泡沫灭火剂。凝胶型抗溶剂泡沫灭火剂是以天然高分子材料藻朊酸钠、尿素和甲酸铵为基料，或以多糖类物质为基料，加入氟表面活性剂和碳氢表面活性剂组成。它适用于扑灭因醇、醚、酮、醛、酯和胺等极性有机溶剂引起的火灾，加入氟表面活性剂可提高灭火剂的灭火速度和使用范围。此外，不同类型的灭火剂混合使用能达到更好的灭火效果，如轻水灭火剂与干粉灭火剂并用可达到 12 倍蛋白灭火剂的效果。

9.3.1.3 含氟表面活性剂的制备工艺

与碳氢表面活性剂相比，氟表面活性剂的合成相对困难。它的合成一般分为 3 步：首先合成含 6~10 个碳原子的碳氟化合物，然后制成易于引进各种亲水基团的含氟中间体，最后引进各种亲水基团制成各类氟表面活性剂。其中含氟烷基的合成是制备氟表面活性剂的关键，含氟烷基的工业化生产方法主要有电解氟化法、氟烯烃调聚法和氟烯烃齐聚法，是氟表面活性剂制备工艺中重点论述的部分。

A 电解氟化法

电解氟化法于 1941 年由美国 J. H. Simons 发明，由美国 3M 公司于 1950 年最早应用于工业化生产，应用至今，工艺成熟[60]。

通过电解氟化制备氟表面活性剂时，最常见的是将碳氢链烷基的酰氯或磺酰氯直接置换成相应的全氟烷基酰氟或全氟烷基磺酰氟产物：

$$C_nH_{2n+1}COCl + (2n + 2)HF \longrightarrow C_nF_{2n+1}COF + HCl + 副产物 \qquad (9-43)$$

$$C_nH_{2n+1}SO_2Cl + (2n + 2)HF \longrightarrow C_nF_{2n+1}SO_2F + HCl + 副产物 \qquad (9-44)$$

在电解过程中，需要将被氟化的有机物分散在无水 HF 中，并保持两者的比例为 (1:30)~(1:40)，在 5~7 V 直流电压、大于 2.0 A/dm² 电流密度条件下进行电解。由于氟化氢沸点 (19 ℃) 比较低，所以电解池设有冷凝回流装置，将反应温度控制在 0~20 ℃，以避免气态氟化氢由电解池逸出。

电解槽阴极上产生的氢气，首先通过回流冷凝装置使被带出的大部分 HF 气体重新变成液体回到电解槽中，然后气体通过含固态氟化钠的洗气罐使残留的 HF 再次被吸收，最后经液氮冷却，进一步除去气态杂质，使之纯化并加以利用。

电解槽阳极发生的是有机化合物的氟化反应。由于大部分的有机化合物不溶于 HF 而且密度也相对较大，因此沉积在电解槽的下部，待反应进行一段时间后，从电解槽下部将生成的氟化物排出，进行分离、除杂后就能得到产品。

电解氟化法缺点：生产成本高，反应过程中存在有机物的 C—C 键的断裂和环化等副反应，生成短链的副产物，并且电解氟化过程产生一系列氟化中间产物，因此，产率只能达到 10%~25%（全氟辛酰氟产率约 10%，全氟辛基磺酰氟约 25%）。

这一方法的优点在于一步合成即可获得全氟烷基化合物，方便对其进行进一步改性；电解氟化产品主要为直链的全氟烷基化合物，性能好。

B　调聚法

调聚法是指调聚剂在光、热、催化剂或者高温下产生活性自由基，与调聚单体发生单步或多步加成反应，生成目标分子质量的全氟碘代烷，最终生产含氟表面活性剂的制备工艺[61]。

应用调聚法工业制备含氟表面活性剂的含氟烷基的工艺包括以下步骤：

(1) 调聚剂的合成。调聚剂主要有三氟碘代甲烷、五氟碘代乙烷、2-全氟碘代丙烷、全氟碘代丁烷、1，2-四氟二碘代乙烷、1，4-全氟二碘代丁烷等，其中五氟碘代乙烷 (C_2F_5I) 和 2-全氟碘代丙烷是工业上最重要的调聚剂，其中用于全氟碘代烷调聚反应的调聚单体主要有四氟乙烯 (TFE) 和六氟丙烯 (HFP)。

1) 三氟碘甲烷的合成。三氟碘甲烷最早是 1948 年合成的，合成的工艺路线是：

$$I_2 + 5F_2 \longrightarrow 2IF_5 \qquad (9-45)$$

$$CF_4 \xrightarrow{IF_5} CF_3I \qquad (9-46)$$

2) 五氟碘甲烷的合成。碘单质与氟单质在 60~80 ℃ 的加热条件下生成五氟化碘 IF_5，然后用五氟化碘、单质碘（或氯化碘）与四氟乙烯在金属氟化物的催化作用下，加热 90~100 ℃，保持压力在 1 MPa，可得到 C_2F_5I。

3) 七氟碘代异丙烷的合成。碘和五氟化碘的混合物（摩尔比 2:1）与六氟丙烯在一定压力、140~150 ℃ 下反应，以金属铝或碘化铝为催化剂制得七氟碘代异丙烷。

（2）调聚反应。全氟烷基化合物与全氟烯烃（四氟乙烯、六氟丙烯）的调聚反应属于自由基反应。在化学工业中，通常采用四种方法产生自由基：

1）采用自由基引发剂，如过氧化苯甲酰、过氧化二碳酸酯等过氧化物和偶氮二异丁腈等偶氮类化合物均裂产生自由基。

2）用高温高压使调聚剂分子中共价键均裂产生自由基。

3）用紫外线或射线引发调聚剂分子中共价键均裂产生自由基。

4）Cu、Si、Zn 等金属催化。

C 齐聚法

由英国 ICI 公司开发，以四氟乙烯、六氟丙烯及相应的环氧化合物为单体进行阴离子齐聚，也是一种制备长碳链氟烷基中间体的方法。例如，六氟环氧丙烷在氟离子催化作用下，在非质子极性溶剂中发生阴离子聚合反应，生成 $C_6 \sim C_{14}$ 全氟齐聚物；四氟乙烯齐聚所得产物是四、五、六、七齐聚体的混合物，其中五聚体约占整个混合物 65% 左右。由于连接双键碳原子上的氟原子易被亲核试剂取代，所以可通过这一反应来引入所需的连接基团[62]。

以六氟丙烯齐聚为例说明齐聚生产原理与生产工艺。

六氟丙烯齐聚反应属阴离子聚合范畴，以 CsF、KF、RNF 等能电离出 F 的化合物为引发剂、DMF、DMSO 等极性非质子惰性化合物为溶剂，发生齐聚反应，几乎能定量生成支链二聚体和三聚体（物理性质如表 9-18 所示），在特殊条件下才有可能生成四聚体。

表 9-18 六氟丙烯二聚体和三聚体的物理性质

Table 9-18 Physical properties of hexafluoropropylene dimer and trimer

齐聚物	分子结构	沸点/℃	相对密度/g·cm^{-3}	表面张力/mN·m^{-1}
二聚物	D-1（E）	48	1.603	12.75
	D-1（Z）	48	1.603	12.75
	D-2	51	1.603	12.75
三聚物	T-1（Z）	106	1.815	15.70
	T-1（E）	106	1.815	15.70
	T-2	110	1.815	15.70
	T-3	114	1.815	15.70

六氟丙烯齐聚反应历程如图 9-12 所示。

由图 9-12 的反应历程可以看出，六氟丙烯齐聚物分子中与双键碳原子直接相连的氟原子较活泼，在碱性非质子极性溶剂中很容易与亲核试剂发生取代反应，引入中间连接体并进而引入亲水基制成含氟表面活性剂。

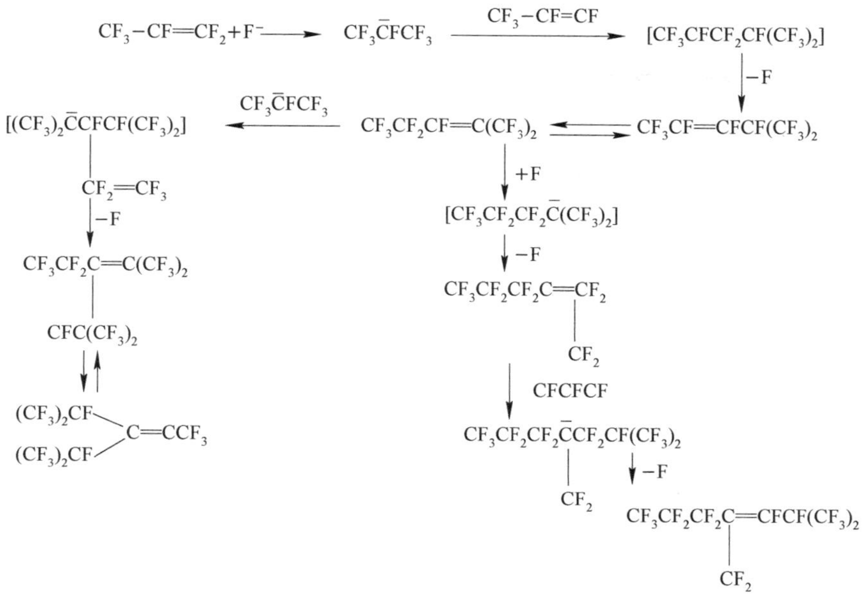

$$CF_3-CF=CF_2+F^- \longrightarrow CF_3\bar{C}FCF_3 \xrightarrow{CF_3-CF=CF} [CF_3CFCF_2CF(CF_3)_2]$$

$$\Big\downarrow -F$$

$$[(CF_3)_2\bar{C}CFCF(CF_3)_2] \xleftarrow{CF_3\bar{C}FCF_3} CF_3CF_2CF=C(CF_3)_2 \xleftarrow{} CF_3CF=CFCF(CF_3)_2$$

$$\begin{array}{c} CF_2=CF_3 \\ \Big\downarrow -F \end{array}$$

$$\Big\downarrow +F$$

$$CF_3CF_2C=C(CF_3)_2 \qquad [CF_3CF_2CF_2\bar{C}(CF_3)_2]$$

$$CFC(CF_3)_2 \qquad \Big\downarrow -F$$

$$CF_3CF_2CF_2C=CF_2$$

$$\begin{array}{c} (CF_3)_2CF \\ (CF_3)_2CF \end{array}C=CCF_3 \qquad CF_2$$

$$CFCF\bar{C}F$$

$$CF_3CF_2CF_2\bar{C}CF_2CF(CF_3)_2$$

$$CF_2 \qquad \Big\downarrow -F$$

$$CF_3CF_2CF_2C=CFCF(CF_3)_2$$

$$CF_2$$

图 9-12 六氟丙烯齐聚反应历程

Fig. 9-12 Oligomerization reaction process of hexafluoropropylene

六氟丙烯齐聚工艺条件不同, 将得到不同比例的混合物, 具体如表 9-19 所示。

表 9-19 六氟丙烯齐聚工艺条件对产物组成的影响

Table 9-19 Effect of Process Conditions on Product Composition of Hexafluoropropylene Oligomerization

引发剂		溶剂	转化率/%	齐聚体/%				
				二聚体		三聚体		
组分	用量/g			D-1	D-2	T-1	T-2	T-3
KF	0.35	DMF	96	53	6	1	24	16
KF	0.87	DMF	91	53	5	0	27	15
KF	1.74	DMF	93	52	4	0	28	16
KHF$_2$	0.47	DMF	97	48	2	1	23	31
KHF$_2$	1.16	DMF	93	38	3	1	22	36
KHF$_2$	2.34	DMF	93	41	4	1	19	35
KHF$_2$	1.16	DMSO	89	50	3	0	18	29
KHF$_2$	1.16	DMF	82	53	6	1	18	22

引发剂		溶剂	转化率/%	齐聚体/%				
				二聚体		三聚体		
组分	用量/g			D-1	D-2	T-1	T-2	T-3
KHF₂	1.16	DMF	88	46	7	0	16	31
KHF₂	1.16	MeCN	74	97	2	0	1	1
KF	0.87	MeCN	89	88	6	0	3	3

9.3.2 含氟整理剂

含氟表面活性剂是用于降低液体表面张力，而含氟整理剂则是用于降低固体的表面能。表面能的降低同表面活性剂类似，也是靠全氟基团在表面的密集规则排列。含氟整理剂是含有长链 R 基（碳氢链中的氢原子被氟原子部分或全部取代后形成的基团称 R 基）的表面改性剂，主要以衣料、纸、石材等固体为加工对象。氟原子极小的原子半径、极强的电负性、极高的 C—F 键键能及较小的分子间凝聚力等性质，使含氟整理剂能不改变基材原有的触感、通气性和保暖性等性能，却能给基材表面赋予憎水、憎油和防污等性能[63]。含 R 基与一般的碳氢化合物之间缺乏相溶性，不论固体还是液体，在介质中都形成胶束，泡或囊等分子聚集体，具有在表面层上取向的能力，即含氟化合物具有向表面的迁移性[64]。

9.3.2.1 含氟整理剂的发展过程与应用领域

在没有含氟调整剂之前，要达到憎水效果一般都是用有机硅化合物，但有机硅化合物没有憎油效果；之后出现的橡胶类型的表面整理剂，是被覆在织物表面上形成涂层，而使织物具有一定的憎水憎油效果，但是会使织物失去原有的透气性；后来出现的含氟整理剂不仅比以往的整理剂具有更优越的憎水憎油性能，而且保持了织物的舒适感和透气性等性能。

在织物整理剂领域，杜邦公司最早应用含氟聚合物进行了赋予织物憎水憎油性能的尝试，于 1950 年申请了聚四氟乙烯乳液处理织物的专利，但由于聚四氟乙烯及其共聚物的成膜温度远远高于常用纤维的融熔温度而未能获得进一步开发。3M 公司首先在织物整理剂的应用上获得突破，于 1955 年正式推出了商品名为 "Scotchgard" 的含氟整理剂。随后杜邦、赫斯特、阿托、大金、旭硝子和大日本油墨等公司相继推出了各自的含氟织物整理剂。目前能生产含氟织物整理剂的厂家也仅这几家[65]。

我国于 20 世纪 60 年代就组织过含氟织物整理剂的研发工作，在国家 "十五" 规划中也立项 "有机含氟多功能织物整理剂的合成及应用研究" 进行攻关，但一直没有突破含 R 化合物合成技术，国外公司为了垄断该领域的高额利润，也严格控制 R 化合物向我国出口，我国的含氟织物整理剂制备一直处在实验室研究阶段[66]。

在造纸工业中，含氟整理剂主要用作纸张涂布助剂和憎水憎油剂，已经有 30 多年的应用历史。目前在国外，采用含 R 基化合物处理的纸张已经在印刷、包装材料上占有相当的市场，经含氟整理剂处理过的憎油纸起初主要应用于非食品行业，自从得到 FDA（美国食品医药品局）、BGVV（德国联邦消费者保健和兽医研究所）的认可后开始在世界范围内应用于食品包装行业，应用范围不断拓展。

在其他领域，如汽车玻璃、建筑用玻璃、化妆品用微粉处理、光片表面处理等领域，含氟表面整理剂都有着广泛的应用。

9.3.2.2 含氟整理剂的结构

含氟整理剂中重要的是含 R_f 基，因它覆盖的表面才能抵挡常见的油类和其液体的润湿。表 9-20 中汇总了 H、F 和 Cl 原子的物理常数。

表 9-20 H、F、Cl 原子的物理常数

Table 9-20 Physical Constants of H、F、Cl Atoms

项　　目	H	F	Cl
最外电子层配置	$1s^1$	$2s^2 2p^0$	$3s^2 3p^5 d^0$
范德华引力半径（0.1 mm）	12	35	80
负电性	2.10	4	3
离子化能/kJ·mol^{-1}	1318.80	1688.50	1256
电子亲和力/ kJ·mol^{-1}	74.50	349.60	365.50
极化率（$10^{-3} m^3$）	0.79	1.27	4.61

含氟化合物具有独特的稳定性和 C—F 键的偶极性。表 9-21 比较了 C—F 键和其他 C—X（卤素）键键能的大小，表 9-22 则列出了 C—F 键键能同氟化程度的关系。可以发现，随卤原子半径的增加，C—X 键键能减小；随氟化程度的增加，C—F 键键能增加。正是 C—F 键的高键能使得含氟化学中间体具有很好的稳定性。

表 9-21 C—X 的性质

Table 9-21 Properties of C—X

结构	键能/kJ·mol^{-1}	结构	键能/kJ·mol^{-1}
H_3C	119.90	H_3C—Cl	326.60
C—C	347.50	H_3C—Br	280.50
H_3C—F	448.00	H_3C—I	238.60

表 9-22　C—F 的性质

Table 9-22　Properties of C—F

结构	键能/kJ·mol⁻¹	结构	键能/kJ·mol⁻¹
H_3CH	119.90	CHF_3	479.80
H_3CF	448.00	CF_4	485.70
CH_2F_2	456.40	—	—

下面介绍含 R_f 基的生产工艺。

A　电解氟化法

$$C_8H_{17}SO_2Cl \xrightarrow{\text{AHF，电解}} C_8F_{17}SO_2F \qquad (9-47)$$

电解氟化法的最大优点是只需一步反应，最大缺点则是氟化产率低，成本高。随碳链长度的增加，电解收率降低。如乙酸酰基氯电解氟化合成全氟乙酸酰氯的产率为 76%，而辛酸酰氯电解氟化合成全氟辛酸酰氟的产率只有 10%[67]。

由于磺酰基能稳定起始化合物，可以减少 C—C 键和 C—S 键的氧化断裂，所以用烷基磺酰氯替代烷基酰氯作为电解起始原料，能在一定程度上提高氟化产物的收率。如乙烷基磺酰氯氟化合成五氟乙烷基磺酰氟的收率为 79%，辛基磺酰氯氟化生成全氟辛基磺酰氟的收率为 25%，葵基磺酰氯氟化合成全氟葵基磺酰氟的收率只有 12%。我国工业电解合成全氟辛基磺酰氟的收率在 18% 左右。

电解得到全氟羧酸酰氟和全氟磺酰氟均可方便地转化成相应的酸、盐和其他衍生物作为含氟整理剂。目前采用电解法合成含 R_f 基化合物的公司主要有 3M 和大日本油墨。我国在电解方面做得较好的厂家主要是武汉德氟公司和巨化集团公司。

B　调聚法

调聚法是利用调聚剂同调聚单体反应，由短碳链含 R_f 基碘合成长碳链含 R_f 基碘的方法。调聚剂主要有 CF_3I、C_2F_5I 和（CF_3）$_2CFI$ 等短碳链含 R_f 基碘，调聚单体主要是 C_2F_4 等全氟烯烃[68]。其中 C_2F_5I 和 C_2F_4 是目前工业生产中普遍采用的调聚剂和调聚单体[69]。调聚法制得的含 R_f 基碘是直链结构，表面活性高，容易开发下游产品；目标产物收率高，产品较简单，易于纯化；反应时间短，生产成本较低。因此调聚法是目前最先进和最理想的生产含 R_f 基碘的工艺路线，也是目前合成含 R_f 基碘的主要方法。采用这种方法生产含 R_f 基碘的国外厂家主要有旭硝子、大金、杜邦、赫斯特和法国阿托等。

我国一些单位，如巨化集团公司、上海有机所、上海中临材料技术有限公司、上海福邦化工有限公司、山东东岳集团公司、山东中氟化工科技有限公司等都组织进行了含 R 基碘合成的实验室研究，并取得了一定进展。

根据 C_2F_5I 同 C_2F_4 调聚的引发方式，可把调聚反应分成三种类型：

（1）热引发：利用高温高压使分子中共价键均裂产生自由基；

（2）催化引发：利用催化剂、紫外线或 γ 射线引发分子中共价键均裂产生自由基；

（3）引发剂引发：采用自由基引发剂，如过氧化物、偶氮类化合物等的分解产生自由基。

C_2F_5I 同 C_2F_4 间的调聚反应是一个典型的串联反应，以光引发为例，调聚反应包含如下过程：

链引发　　　　　$$C_2F_5I + h\nu \longrightarrow C_2F_5\cdot + I\cdot \tag{9-48}$$

$$C_2F_5\cdot + C_2F_4 \longrightarrow C_2F_5(C_2F_4)\cdot \tag{9-49}$$

链增长　$$C_2F_5(C_2F_4)\cdot + (n-1)C_2F_4 \longrightarrow nC_2F_5(C_2F_4)\cdot \tag{9-50}$$

链转移　　$$C_2F_5(C_2F_4)\cdot + C_2F_5I \longrightarrow C_2F_5(C_2F_4)I + C_2F_5\cdot \tag{9-51}$$

$$C_2F_5(C_2F_4)_n\cdot + C_2F_5I \longrightarrow C_2F_5(C_2F_4)_nI + C_2F_5\cdot \tag{9-52}$$

链终止　　　　$$C_2F_5\cdot + C_2F_5\cdot \longrightarrow CF_3CF_2CF_2CF_3 \tag{9-53}$$

随含 R 基碘碳链长度的增加，C—I 离解能降低，反应中生成的调聚物会进一步同 C_2F_4 反应生成碳链更长的含 R_f 基碘化物，如 C_4F_9I 和 $C_6F_{13}I$ 同 C_2F_4 的反应速率分别是 C_2F_5I 的 1.4 倍和 3 倍，因此，利用调聚法得到的 $C_2F_5(CF_2CF_2)_nI$ 是一系列同系物的混合物。当 $n=1$ 时的短碳链调聚物（即 C_4F_9I）可再用作调聚剂，或直接作为中间体合成其他有用的化合物（如医疗材料）。而当 $n>5$ 时的长碳链调聚物在大部分溶剂中的溶解度都很小，且反应活性低，很难进一步转化为其他衍生物，只能作为工业废物处理；另外这部分高碳调聚物很难从反应釜中清除，增加了生产成本和难度。所以在进行 C_2F_5I 同 C_2F_4 的调聚反应时，必须控制这类长碳链调聚物的生成。但在所有的调聚过程中，得到的都是一个碳链长度分布或宽或窄的同系物的混合物，因此必须设法得到碳链长度分布较窄的产物，以提高目标产物（$C_6 \sim C_{12}$ 的含 R_f 基碘）的产率。为此多年来进行了各种研究，主要集中在引发方式、反应温度、调聚剂与调聚单体的摩尔比等合成工艺方面。

⬡ 9.4　本 章 小 结

有机氟化工是一种以含氟化合物为主要原料的化学工业，其主要产品是各种含氟高分子材料、氟化物、氟化剂等。其应用领域广泛，包括农药、医药、材料、原子能、航空航天等。有机氟化工的发展离不开氟元素的特殊性质。

在有机氟化工的应用方面，氟化高分子材料、含氟聚合物和含氟精细化学品是最具代表性的三类产品。氟化高分子材料是一种具有优异性能的高分子材料，如聚四氟乙烯、聚氟化乙烯、聚氟化丙烯等。含氟聚合物是一类含有氟元素的聚合物，如聚氟乙烯、聚氟乙烯-六氟丙烯共聚物等，具有优异的耐化学性、耐热性、耐辐射性等性能。含氟精细化学品是指含有氟元素的精细化学品，如氟化剂、氟化剂中间体等。氟化高分子材料、含氟聚合物和含氟精细化学品广泛应用于原子能、航空航天、农药、医药等领域。

在有机氟化工的发展历程中，中国一直处于世界领先地位。中国拥有丰富的萤石资源，这为有机氟化工的发展提供了重要的原材料基础。同时，中国的有机氟化工技术也在不断提高，已经形成了较为完整的有机氟化工产业链。

总之，有机氟化工作为一种高附加值的化工产业，其应用领域广泛，市场需求不断增加，未来发展前景广阔。但同时，有机氟化工产业也面临着一些挑战，如环境污染、安全生产等问题，需要加强技术研发和管理，提高产业的可持续发展能力。

参 考 文 献

[1] 黄捍国. 我国有机氟化工前景展望 [J]. 有机氟工业，2003 (4)：47-49.

[2] 我国有机氟精细化学品及氟化工现状 [J]. 精细与专用化学品，2001，9 (17)：6-8.

[3] 彭展鸿，苏利红，祝庆丰. 我国氟制冷剂行业发展困境与对策建议 [J]. 中国石油和化工经济分析，2016 (10)：37-39.

[4] 中华人民共和国国家质量监督检验检疫总局，中国国家标准化管理委员会. 制冷剂编号方法和安全性分类：GB/T 7778—2017 [S]. 2017：5.

[5] Chen Y, Lundqvist P, Johansson A, et al. A comparative study of the carbon dioxide transcritical power cycle compared with an organic rankine cycle with R123 as workingfluid in waste heat recovery [J]. Applied Thermal Engineering, 2006, 26 (17-18)：2142-2147.

[6] Assael M J, Karagiannidis L. Measurements of the thermal conductivity of liquid R32, R124, R125, and R141b [J]. International journal of thermophysics, 1995, 16：851-865.

[7] 卞白桂，徐南平，董军航，等. R22/R142b 和 R152a/R142b 混合工质在 348K 下的汽液平衡 [J]. 工程热物理学报，1993 (3)：238-240.

[8] Arora A, Kaushik S C. Theoretical analysis of a vapour compression refrigeration system with R502, R404A and R507A [J]. International Journal of Refrigeration, 2008, 31 (6)：998-1005.

[9] X. 孙，M. J. 纳帕，K. 克劳塞. 使用含氯烃从氟卤化锑催化剂除去氟：CN112912175A [P]. 2021.

[10] 陈科峰. 论述液相法生产 HCFC-22 特点 [J]. 有机氟工业，1997 (2)：4-5.

[11] 崔金玲. 浅析完全液相法生产 HCFC-22 的优点 [J]. 化工设计通信，2004 (2)：53-56.

[12] 毛伟，吕剑，王博. 一种用于脱卤化氢反应的介孔氧化铬基催化剂：CN104475080B [P]. 2017.

[13] 张伟，吕剑，曾纪珺. 2, 3, 3, 3-四氟丙烯的制备方法：CN1002603465B [P]. 2014.

[14] Rene W, James F, Jean-Marie Y. Process for the manufacture of 1 - chloro - 1, 1 - difluoroethane：US5159126 [P]. 1992.

[15] 刘玉，杨卓亚，潘海东．HCFC－22 生产中影响反应釜使用寿命的因素及其解决方法 [J]．有机氟工业，2002（1）：41-42.

[16] 陈志斌，陈宣东．四氟乙烯的安全生产技术 [J]．化工生产与技术，2002，9（5）：40-42.

[17] Montzka S A, Myers R C, Butler J H, et al. Global tropospheric distribution and calibration scale of HCFC－22 [J]. Geophysical Research Letters, 2013, 20（8）: 703-706.

[18] Henne A L. Doubling of fluorinated chains [J]. Journal of the American Chemical Society, 1953, 75（22）: 5750-5750.

[19] Henne A L, Plueddeman E P. The addition of hydrogen fluoride to halo－olefins [J]. Journal of the American Chemical Society, 2002, 65（7）: 1271-1272.

[20] 周飞翔，于万金，王术成，等．偏氯乙烯氟化制备 HCFC－142b 的研究进展 [J]．有机氟工业，2021（3）：27-32.

[21] Montzka S A, Myers R C, Butler J H, et al. Early trends in the global tropospheric abundance of hydrochlorofluorocarbon－141b and 142b [J]. Geophysical Research Letters, 2013, 21（23）: 2483-2486.

[22] Montzka S A, Myers R C, Butler J H, et al. Observations of HFC134a in the remote troposphere [J]. Geophysical Research Letters, 2013, 21（23）: 2483-2486.

[23] 王世栋．汽车空调制冷剂 HFC－134a 三氯乙烯合成工艺介绍 [J]．轻型汽车技术，2020，5：31-35.

[24] 郭本辉，吴少驹，郭艳红，等．HFC－134 合成反应中氢化反应的影响因素研究 [J]．有机氟工业，2009（4）：3-5.

[25] 李佳琦，司林旭．四氯乙烯制备 HFO－1234yf 工艺的技术研究和经济分析 [J]．有机氟工业，2016（3）：29-31.

[26] 张丹妮，毛利敢．制冷剂 1，1，1，2－四氟乙烷 HFC－134a 的合成工艺研究进展 [J]．山东化工，2016，45（5）：40-41.

[27] 骆昌平，李捷，吴圣洪．氟化催化剂制造及其应用：CN1044788C [P]．1999.

[28] 郭心正，赵璇，郑承武．1，1，1－二氯氟乙烷气相氟化制 1，1，1－三氟乙烷：CN1044803C [P]．1999.

[29] 张彦，雷俊．一种气相法生产 HFC－32 的催化剂及其制备方法：CN102895967A [P]．2013.

[30] 韦罗妮克·马蒂厄，斯特凡·姆罗斯．1，1，1－三氟乙烷的生产方法：CN1759085 [P]．2006.

[31] 丁芹，李明月，陈科峰．HCFC－142b/HFC－143a 应用及合成方法 [J]．有机氟工业，2010（4）：24-29.

[32] 应韵进．五氟乙烷（HFC－125）工业化生产工艺比较 [J]．有机氟工业，2011（1）：29-30.

[33] Lim J S, Seong G, Byun H S. Vapor-liquid equilibria for the binary system of 1, 1－difluoroethane（HFC152a）+n－butane（R－600）at various temperatures [J]. Fluid Phase Equilibria, 2007, 259（2）: 165-172.

［34］苏利红，贺爱国．二氟乙烷（HFC-152a）生产技术研究进展［J］．有机氟工业，2011（4）：30-33.

［35］王红．氟树脂在石油化工金属管道和设备腐蚀防护中的应用［J］．涂料工业，2018，48（9）：82-87.

［36］张万里，高自宏，孙斌．氟树脂在电线电缆上的应用［J］．有机氟工业，2017（2）：47-49.

［37］王合营，崔崑，姜涛．氟树脂在风电叶片涂料中的应用研究新进展［J］．涂料技术与文摘，2017，38（1）：30-34.

［38］陈念．国外聚四氟乙烯纤维的开发和应用［J］．产业用纺织品，1992（3）：19-23.

［39］朱顺根．四氟乙烯的生产与工艺（一）［J］．有机氟工业，1997（1）：4-27.

［40］朱顺根．四氟乙烯的生产与工艺（二）［J］．有机氟工业，1997（2）：4-27.

［41］Sung D J, Moon D J, Moon S, et al. Catalytic pyrolysis of chlorodifluoromethane over metal fluoride catalysts to produce tetrafluoroethylene［J］. Applied Catalysis A General, 2006, 159：233-236.

［42］Spatz M W, Motta S F Y. An evaluation of options for replacing HCFC-22 in medium temperature refrigeration systems［J］. International Journal of Refrigeration, 2004, 27（5）：475-483.

［43］Xin W, Xiaodong J, Hui W, et al. Catalytic pyrolysis of microalgal lipids to liquid biofuels：Metal oxide doped catalysts with hierarchically porous structure and their performance［J］. Renewable Energy, 2023, 212：887-896.

［44］Cheng S, Liu H, Logan B E. Power densities using different cathode catalysts（Pt and CoTMPP）and polymer binders（nafion and PTFE）in single chamber microbial fuel cells［J］. Environmental Science & Technology, 2006, 40（1）：364-369.

［45］陈仪庄．聚四氟乙烯的生产和应用近况［J］．上海化工，1995（4）：25-28.

［46］钱知勉．氟树脂性能与加工应用（续6）［J］．化工生产与技术，2005，14（4）：6-9.

［47］R. M. 阿滕．四氟乙烯的悬浮聚合：CN1087309C［P］．2002.

［48］葛成利，张炉青，耿兵．四氟乙烯乳液聚合的研究进展［J］．山东化工，2009，38（1）：21-24.

［49］Zhang J, Li J, Han Y. Superhydrophobic PTFE surfaces by extension［J］. Macromolecular Rapid Communications, 2004, 25（11）：1105-1108.

［50］Luo H, Zhang D, Jiang C, et al. Improved dielectric properties and energy storage density of poly（vinylidene fluoride-co-hexafluoropropylene）nanocomposite with hydantoin epoxy resin coated BaTiO$_3$［J］. ACS applied materials & interfaces, 2015, 7（15）：8061-8069.

［51］朱顺根．六氟丙烯的生产与工艺［J］．有机氟工业，1998（1）：7-37.

［52］沈建明．四氟乙烯和八氟环丁烷共裂解制六氟丙烯反应工艺的研究［D］．杭州：浙江大学，2006.

［53］Shi L, Wang R, Cao Y, et al. Fabrication of poly（vinylidene fluoride-co-hexafluoropropylene）（PVDF-HFP）asymmetric microporous hollow fiber membranes［J］. Journal of Membrane Science, 2007, 305（1-2）：215-240.

［54］叶志翔，黄华章，许生来．四氟乙烯和六氟丙烯共聚物制备方法：CN1200018C
　　　［P］．2005.

［55］朱友良，许锡均．偏氟乙烯单体的制备［J］．有机氟工业，2004（4）：16-20.

［56］何坚华，王正良，祝龙信．聚偏氟乙烯树脂的合成及应用［J］．化工生产与技术，
　　　2019，25（4）：30-33.

［57］Yang W，Chen，Han D，et al. Synthesis and characterization of the fluorinated acrylic latex：
　　　Effect of fluorine-containing surfactant on properties of the latex film［J］．Journal of Fluorine
　　　Chemistry，2013，149：8-12.

［58］佚名．含氟表面活性剂的性质和应用［J］．日用化学工业，1977（2）：40-43.

［59］Helaleh M I H，Alomair A，Tanaka K，et al. Ion chromatography of common anions by use of a
　　　reversed-phase column dynamically coated with fluorine-containing surfactant［J］．Acta
　　　Chromatographica，2005，15（15）：247-304.

［60］陈柏洲．全氟正辛基磺酰氟制备技术进展［J］．有机氟工业，1998（4）：10-13.

［61］Bekhli L S，Gorbatkina Y A，Ivanova-Mumzhieva V G，et al. Fluorine-containing compounds
　　　improving adhesion of epoxy oligomers to materials with low surface energy［J］．Polymer
　　　Science Series C，2007，49（3）：264-272.

［62］Meissner E，Wr Blewska A. Oligomerization of hexafluoropropylene oxide in the presence of
　　　alkali metal halides［J］．Polish Journal of Chemical Technology，2007，9（3）：95-97.

［63］Guo L，Jiang S，Qiu T，et al. Miniemulsion polymerization of fluorinated siloxane-acrylate latex
　　　and the application as waterborne textile finishing agent［J］．Journal of Applied Polymer ence，
　　　2014，131（8）：1-8.

［64］宋适，张永明，刘燕刚．聚合物型含氟整理剂的研究进展［J］．日用化学工业，2004，
　　　34（5）：300-303.

［65］雷发懋．超声波辅助萃取法测定织物树脂整理剂中的甲醛［J］．纺织科技进展，2015
　　　（5）：70-72.

［66］罗军，伍青，陈建军．含氟多功能织物整理剂的最新研究进展［J］．现代化工，2007
　　　（S1）：37-42.

［67］赵巍，于剑昆．电化学法制备有机氟化物的研究进展［J］．化学推进剂与高分子材料，
　　　2012，10（5）：28-35.

［68］Clark R，Dann J，Foley L. Photochemical reaction of ozone with 2-iodopropane and the four
　　　polyfluoroiodoethanes C_2F_5I，CF_3CH_2I，CF_2HCF_2I and CF_3CFHI in solid argon at 14 K. FTIR
　　　spectra of the iodoso-intermediates（Z-IO），the iodyl-intermediates（Z-IO$_2$），and the various
　　　complexes［J］．Journal of Physical Chemistry A，1997，101（49）：9260-9271.

［69］Lin Y Z，Xiao Y Z，Wei H Y，et al. Kinetics of the photochemical reaction of C_2F_5I and C_4F_9I
　　　with C_2F_4［J］．Berichte der Bunsengesellschaft/Physical Chemistry Chemical Physics，2010，
　　　101（8）：1158-1222.

附　　录

附录一　氟气理化性质及危险特性

氟气理化性质及危险特性如表 1 所示。

表 1　氟气理化性质及危险特性

<table>
<tr><td rowspan="3">标识</td><td colspan="2">中文名：氟气</td><td colspan="2">UN 编号：1045</td></tr>
<tr><td colspan="2">英文名：Fluorine</td><td colspan="2">危险化学品编号：23001</td></tr>
<tr><td colspan="2">分子式：F$_2$</td><td>分子量：38.00</td><td>CAS 号：7782-41-4</td></tr>
<tr><td rowspan="7">理化性质</td><td>外观与形状</td><td colspan="3">淡黄色气体，有刺激性气味</td></tr>
<tr><td>熔点/℃</td><td>−218</td><td>相对密度（水=1）</td><td>1.14（−200 ℃）</td></tr>
<tr><td>沸点/℃</td><td>−187</td><td>相对蒸汽密度（空气=1）</td><td>1.70</td></tr>
<tr><td>闪点/℃</td><td>—</td><td>饱和蒸气压/kPa</td><td>101.32（−187 ℃）</td></tr>
<tr><td>引燃温度/℃</td><td>—</td><td>爆炸上限/下限［%(V/V)］：</td><td>—</td></tr>
<tr><td>溶解性</td><td colspan="3">溶于水</td></tr>
<tr><td colspan="4"></td></tr>
<tr><td rowspan="2">毒性及健康危害</td><td>毒性</td><td colspan="3">LC50：233 mg/m^3，1 h（大鼠吸入）</td></tr>
<tr><td>健康危害</td><td colspan="3">本品高浓度时有强烈的腐蚀作用。急性中毒：高浓度接触眼和上呼吸道出现强烈的刺激症状，重者引起肺水肿、肺出血、喉及支气管痉挛。氟对皮肤、黏膜有强烈的刺激作用，高浓度可引起严重灼伤。慢性影响：可引起慢性鼻炎、咽炎、喉炎、气管炎、植物神经功能紊乱和骨骼改变，尿氟增高</td></tr>
<tr><td rowspan="3">燃烧爆炸危险性</td><td>危险特性</td><td colspan="3">强氧化剂，是最活泼的非金属元素，几乎可与所有的物质发生剧烈反应而燃烧，与氢气混合会发生爆炸。尤其是与水或杂质接触时，可发生激烈反应而燃烧，使容器破裂。氟对许多金属有腐蚀性，且能形成一层保护性金属氟化物</td></tr>
<tr><td>燃烧产物</td><td colspan="3">氟化氢</td></tr>
<tr><td>灭火方法</td><td colspan="3">本品不燃。消防人员必须穿特殊防护服，在掩蔽处操作。切断气源，须有无人操作的定点水塔或雾状水保持火场中容器冷却，切不可将水直接喷到漏气的地方，否则会助长火势</td></tr>
<tr><td rowspan="3">急救措施</td><td colspan="4">皮肤接触：立即脱去被污染的衣着，用大量流动清水冲洗至少 15 min，及时就医。</td></tr>
<tr><td colspan="4">眼睛接触：立即提起眼睑，用大量流动清水或生理盐水彻底冲洗至少 15 min，及时就医。</td></tr>
<tr><td colspan="4">吸入：迅速脱离现场至空气新鲜处。保持呼吸道通畅。若呼吸困难，给吸氧。呼吸心跳停止时，立即进行人工呼吸和胸外心脏按压术，及时就医</td></tr>
</table>

泄漏处置	泄漏污染区人员迅速撤离至上风处，并进行隔离，严格限制出入。建议应急处理人员戴自给正压式呼吸器，穿防毒服。从上风处进入现场。尽可能切断泄露源。合理通风，加速扩散。喷雾状水稀释、溶解，构筑围堤或挖坑收容产生的大量废水。将残余气体或漏出气体用排风机送至水洗塔或与塔相连的通风橱内，漏气容器要妥善处理，修复、检验后再用
储运注意事项	储存注意事项： 　　储存于阴凉、通风的库房，远离火种、热源。库温不超过 30 ℃，相对湿度不超过 80%。应与易（可）燃物、活性金属粉末、食用化学品分开存放，切忌混储。储区应备有泄漏应急处理设备。应严格执行极毒物品"五双"管理制度。 　　运输注意事项： 　　铁路运输时须报铁路局进行试运，试运期为两年。试运结束后，写出试运报告，报铁道部正式公布运输条件。铁路运输时应严格按照铁道部《危险货物运输规则》中的危险货物配装表进行配装。采用钢瓶运输时必须戴好钢瓶上的安全帽。钢瓶一般平放，并应将瓶口朝同一方向，不可交叉，高度不得超过车辆的防护栏板，并用三角木垫卡牢，防止滚动。严禁与易燃物或可燃物、活性金属粉末、食用化学品等混装混运。夏季应早晚运输，防止日光暴晒。公路运输时要按规定路线行驶，禁止在居民区和人口稠密区停留。铁路运输时要禁止溜放

附录二　氢氟酸理化性质及危险特性

氢氟酸理化性质及危险特性如表 2 所示。

表 2　氢氟酸理化性质及危险特性

标识	中文名：氢氟酸	UN 编号：1662		
	英文名：Hydrofluoric acid	危险化学品编号：81016		
	分子式：HF	分子量：20.01		CAS 号：7664-39-3
理化性质	外观与形状	无色透明有刺激性臭味的液体		
	熔点/℃	−83.1（纯）	相对密度（水=1）	1.26（75%）
	沸点/℃	120(35.3%)	相对蒸汽密度（空气=1）	1.27
	闪点/℃	—	饱和蒸气压/kPa	—
	引燃温度/℃	—	爆炸上限/下限［%(V/V)］：	
	溶解性	与水混溶		
毒性及健康危害	毒性	LC50：1044 mg/m³，1 h（大鼠吸入）		
	健康危害	入途径：吸入、食入、经皮肤吸收。 健康危害：主要引起高铁血红蛋白血症，可引起溶血及肝损害		
燃烧爆炸危险性	危险特性	本品不燃，但能与大多数金属反应，生成氢气而引起爆炸，遇发泡剂立即燃烧。腐蚀性极强		
	燃烧产物	氟化氢		
	灭火方法	消防人员必须穿特殊防护服，佩戴氧气呼吸器。采用雾状水或泡沫		
急救措施	皮肤接触：立即脱去被污染的衣着，用大量流动清水冲洗至少 15 min，及时就医。 眼睛接触：立即提起眼睑，用大量流动清水或生理盐水彻底冲洗至少 15 min，及时就医。 吸入：迅速脱离现场至空气新鲜处。保持呼吸道通畅。若呼吸困难，给吸氧。呼吸心跳停止时，立即进行人工呼吸和胸外心脏按压术，及时就医。 食入：误服者用水漱口，给饮牛奶或蛋清，及时就医			
泄漏处置	泄漏污染区人员迅速撤离至上风处，并进行隔离，严格限制出入。建议应急处理人员戴自给正压式呼吸器，穿防毒服。从上风处进入现场。尽可能切断泄露源。合理通风，加速扩散。喷雾状水稀释、溶解，构筑围堤或挖坑收容产生的大量废水。将残余气体或漏出气体用排风机送至水洗塔或与塔相连的通风橱内，漏气容器要妥善处理，修复、检验后再用			
防护	工程防护：密闭操作，注意通风。尽可能机械化、自动化，提供安全淋浴和洗眼设备。 呼吸系统防护：可能接触烟雾时，佩戴自吸过滤式防毒面具或空气呼吸器。 身体防护：穿橡胶耐酸碱服。手防护：戴橡胶耐酸碱手套。 其他：工作现场禁止吸烟、进食和饮水，工作后淋浴更衣，单独存放被毒物污染的衣服，洗后备用，保持良好的卫生习惯			

储运注意事项	包装方法： 小开口钢桶，螺纹口玻璃瓶、铁盖压口玻璃瓶，塑料瓶等。 储存注意事项： 储存于阴凉、通风的仓间内。远离火种、热源，防止阳光直射。应与碱类、金属粉末、易燃、可燃物、发泡剂等分开存放。不可混储混运。搬运时轻装轻卸，防止包装及容器损坏。分装和搬运作业要注意个人防护。按规定路线行驶，勿在居民区和人口稠密区停留

附录三　氟硅酸理化性质及危险特性

氟硅酸理化性质及危险特性如表 3 所示。

表 3　氟硅酸理化性质及危险特性

标识	中文名：氟硅酸；硅氟酸		UN 编号：1778	
	英文名：Fluosilicic acid；Silicofluoric acid		危险化学品编号：81025	
	分子式：H₂SiF₆	分子量：144.06		CAS 号：16961-83-4
理化性质	外观与形状	其水溶液为无色透明的发烟液体，有刺激性气味		
	熔点/℃	−17	相对密度（水=1）	1.2
	沸点/℃	108	相对蒸汽密度（空气=1）	—
	闪点/℃	—	饱和蒸气压/kPa	3.19（20℃）
	引燃温度/℃	—	爆炸上限/下限 [%(V/V)]：	—
	溶解性	与水混溶		
毒性及健康危害	毒性	LC50：—		
	健康危害	侵入途径：吸入、食入、经皮肤吸收。健康危害：皮肤直接接触，引起发红，局部有灼烧感，重者有溃疡形成，对机体的作用似氢氟酸，但较弱		
燃烧爆炸危险性	危险特性	受热分解放出有毒的氟化物气体，具有较强的腐蚀性		
	燃烧产物	氟化氢		
	灭火方法	用二氧化碳、砂土、干粉、泡沫灭火		
急救措施	皮肤接触：立即脱去被污染的衣着，用大量流动清水冲洗至少 15 min，及时就医。眼睛接触：立即提起眼睑，用大量流动清水或生理盐水彻底冲洗至少 15 min，及时就医。吸入：迅速脱离现场至空气新鲜处。保持呼吸道通畅。若呼吸困难，给吸氧。呼吸心跳停止时，立即进行人工呼吸和胸外心脏按压术，及时就医。食入：误服者用水漱口，给饮牛奶或蛋清，及时就医			
泄露处置	疏散泄漏污染区人员至平安区，禁止无关人员进入污染区，建议应急处理人员戴自给式呼吸器，穿化学防护服，不要直接接触泄漏物，在保证平安情况下堵漏。用砂土或其他不燃性吸附剂混合吸收，然后收集运至废物处理场所处置。也可以用大量水冲洗，经稀释的洗水放入废水系统。若大量泄漏，利用围堤收容，然后收集、转移、回收或无害处理后废弃			
储运注意事项	储存于阴凉、枯燥、通风处，远离火种、热源，预防阳光直射，应与易燃、可燃物，应与食用化品、碱类、易燃、可燃物等分开存放，不可混储混运，搬运时要轻装轻卸，预防包装及容器损坏			

附录四　氟化工产品图

氟化工产品图图如图1所示。

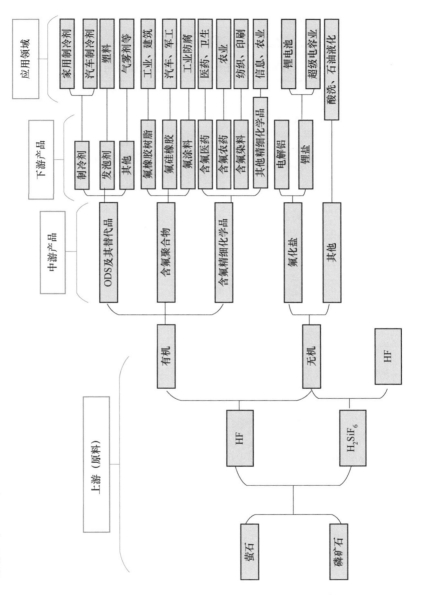

图1　氟化工产品图

附录五　主要无机氟化工产品性质及用途

主要无机氟化工产品性质及用途如表4所示。

表4　主要无机氟化工产品性质及用途

序号	名称	性质	用途	备注
1	氟化铝	无色或白色结晶。不溶于水、酸和碱。性质很稳定,加热情况下可水解。主要用于炼铝。可由三氯化铝与氢氟酸、氨水作用制得	用于炼铝生产,以降低熔点和提高电解质的电导率;酒精生产中用作起副发酵作用的抑制剂;也用作陶瓷釉和搪瓷釉的助熔剂和釉药的组分;还可用作冶炼非铁金属的熔剂	AlF_3
2	氟化镁	卤族元素氟和金属元素镁的化合物,无色四方晶体或粉末,无味,难溶于水和醇,微溶于稀酸,溶于硝酸	用作冶炼金属镁的助熔剂、电解铝的添加剂、光谱试剂;用于制造陶瓷、玻璃及冶炼镁、铝金属的助熔剂,光学仪器中镜头及滤光器的涂层	MgF_2
3	四水合氟化铁	白色晶体,在空气中易转变成棕色,在隔绝空气条件下,将铁溶于氢氟酸水溶液中,蒸发浓缩即得水合物	用作有机反应催化剂、也用于陶瓷工业	$FeF_2 \cdot 4H_2O$
4	氟化铅	白色结晶性粉末,微溶于水,不溶于氨、丙酮、乙酸、氢氟酸,溶于硝酸	主要用作还原剂、熔接剂及除硫剂,晶体氟化铅可用作红外线分光材料	PbF_2
5	氟化铯	白色结晶性粉末,易溶于水,溶于甲醇,不溶于吡啶、二噁烷	主要用于制备含氟异氰酸酯、催化剂等	CsF
6	氟化铋	白色结晶性粉末,溶于氢氟酸形成络合物,溶于无机酸,几乎不溶于水	主要用于制备五氟化铋	BiF_3
7	氟化锰	粉红色粉末,溶于稀的氢氟酸,几乎不溶于浓的氢氟酸	用于窑业、有色金属焊接原料	F_2Mn
8	氟化锂	碱金属卤化物,室温下为白色粉末,微溶于水,不溶于醇,溶于酸	主要用作波长分析型X射线荧光光谱仪中的分析晶体,还用作干燥剂、助熔剂,也可用于搪瓷工业,光学玻璃制造等	LiF
9	氟化汞	黄色至粉红色粉末,与氟代乙烯发生加成反应,形成多种有机汞化合物	一般用作选择性氟化试剂	F_2Hg
10	氟化铜	淡灰白色结晶性粉末,微溶于水,溶于醇、酸、丙酮、氨水	主要用于有机合成反应催化剂、氟化剂和高浓度电池等	CuF_2

序号	名称	性质	用途	备注
11	氟化铷	白色结晶性粉末，溶于水，不溶于乙醇、乙醚、液氨，溶于氢氟酸	主要用作试剂、制备牙膏等	RbF
12	氟化钪	白色粉末或者 3~12 mm 的多孔状颗粒	是制取金属钪和改进合金性能的添加剂	ScF_3
13	氟化镧	白色结晶性粉末，几乎不溶于水，可溶于醇	主要用于制备现代医学图像显示技术和核子科学要求的闪烁体、稀土晶体激光材料、氟化物玻璃光导纤维和稀土红外玻璃。在照明光源中用于制造弧光灯炭电极。在化学分析中用于制造氟离子选择电极。在冶金工业中用于制造特种合金和电解生产金属镧。用作拉制氟化镧单晶的材料	LaF_3
14	氟化锆	白色结晶性粉末，不溶于水，易溶于氢氟酸	氟化锆玻璃光纤的主要组成部分	ZrF_4
15	无水氟化铁（Ⅱ）	棕色细结晶粉末，微溶于水，不溶于乙醇、乙醚及苯等有机溶剂。在1100 ℃以上时，即熔融升华	用于有机化学中氟化反应的催化剂	FeF_2
16	氟硼酸	属于强无机酸，为无色透明液体，能与水醇混溶	主要用于金属表面氧化物、硅酸盐膜的清洁和腐蚀剂等	HBF_4
17	硼氟酸钾	也称为氟硼酸钾，为白色粉末或凝胶状结晶，微溶于水及热乙醇	用作热焊和铜焊的助熔剂，铝镁浇铸生产含硼合金的原料，在用树脂作磨料黏合剂的重型磨轮中用作填充料，是制三氟化硼和其他氟盐的原料，也用于电化学过程和试剂，在低铬酸镀铬及铅锡合金电解液中，也可用于铝合金的纹理蚀刻及钛、硅片的蚀刻	KBF_4
18	氟硼酸铜	蓝色光亮针状结晶，有吸湿性。极易溶于水。易形成水和氟的络合物	是铜和铜合金电镀液的组分，可作染料用滚筒和照相印刷滚筒的电镀电解质	$Cu(BF_4)_2$
19	氟硼酸铅	易溶于水	主要用于印刷线路的铅锡合金电镀及铅低温焊接，也用作分析试剂	$Pb(BF_4)_2$

序号	名称	性质	用途	备注
20	氟硼酸钠	白色或无色结晶体	在纺织印染工业中中长纤维织物的树脂整理催化剂、氧化抑制剂；在非铁金属精炼中，做铝和镁合金铸造时的砂粒剂；电化学处理、涂料、氟化剂以及用作化学试剂	$NaBF_4$
21	氟硼酸铵	清亮晶体或针状无色晶体，水溶液呈弱酸性	用作分析试剂、杀虫剂在纺织印染工业中用作树脂整理催化剂。作为气体助熔剂，以提供惰性气氛。用作铝或铜焊接助熔剂，用作镁和镁合金以及其他易氧化的金属铸造和精密铸造的砂型树脂黏结剂制造中的催化剂；可用作阻燃剂及化学试剂等	NH_4BF_4
22	氟氢化钾	无色结晶性粉末，易溶于水，不溶于乙醇，可溶于醋酸钾	主要用于制造无水氟化氢、纯氟化钾、元素氟生产的电解质，也用于制造光学玻璃、蚀绘玻璃还可用作银制品的焊接助熔剂、木材的防腐剂、掩蔽剂及苯烷基化的催化剂等	KHF_2
23	氟磷酸	无色油状液体	常用作金属去污剂、化学上光剂、催化剂、金属表面防腐剂等	H_2PO_3F
24	氟磷酸钠	白色结晶性粉末，可溶于水	主要用作防龋剂、牙齿脱敏剂，也可用于清洁金属表面和用作熔剂，还可用于制造特种玻璃，也用于杀菌剂、防腐剂	FNa_2O_3P
25	氟硅酸	无色透明液体。其盐类溶解度特殊，钾盐与钡盐不溶，铷盐微溶，钠盐、锂盐和铵盐可溶，铯盐、亚铁盐极易溶解。受热分解放出有毒的氟化物气体。具有较强的腐蚀性	主要用作制备氟硅酸盐及四氟化硅的原料，也应用于金属电镀、木材防腐、啤酒消毒等	H_2SiF_6
26	氟硅酸钠	白色结晶性粉末，属于配位盐，即络盐	主要用作玻璃和搪瓷乳白剂、助熔剂、农业杀虫剂，也用于陶瓷、玻璃、搪瓷、木材防腐、医药、水处理、皮革、橡胶及制氟化钠等	Na_2SiF_6
27	氟硅酸钾	为白色结晶性粉末，几乎不溶于冷水，不溶于液氨及醇，可溶于盐酸	主要用于木材防腐、农药、陶瓷瓷釉制造、铝和镁的冶炼及氟氯酸钾、钾玻璃等光学玻璃的制造以及合成云母和电焊条的原料	K_2SiF_6

序号	名称	性质	用途	备注
28	氟硅酸镁六水合物	白色结晶或粉末，易风化	用作混凝土的硬化剂和防水剂，用于硅石建筑物表面处理及制造陶瓷	$MgSiF_6 \cdot 6H_2O$
29	六氟硅酸铵	白色结晶或结晶粉末，无臭，溶于水，不溶于醇、酮	用作酿造业中的消毒剂，玻璃蚀刻剂，织物防蛀剂，木材防腐剂，金属焊接助熔剂，也用于电镀工业及用于制备人造冰晶石、氯酸铵等	$(NH_4)_2SiF_6$
30	六氟磷酸	又名六氟合磷氢酸，为无色液体	主要用作金属去污剂、化学上光剂、催化剂等，也用于金属表面防腐	HPF_6
31	六氟磷酸锂	白色结晶性粉末，易溶于水、溶于低浓度甲醇、乙醇、丙酮、碳酸酯类等有机溶剂	主要用作锂电池电解质材料	$LiPF_6$
32	六氟磷酸钾	白色结晶性粉末，高温分解为氟化钾、三氟化磷和单质氟	主要用作有机氟取代剂	KPF_6
33	六氟磷酸银	白色粉末，在光照下分解变黑，常因产生银而呈灰色。可溶于水，能溶于苯、甲苯、间二甲苯	一种用于从链烷烃中分离烯烃，也用作催化剂的化学物品	$AgPF_6$
34	六氟磷酸铵	白色结晶性粉末，溶于丙酮、甲醇、乙醇、乙酸甲酯	主要用作制造其他六氟磷酸盐的原料	NH_4PF_6
35	二氟磷酸锂	白色粉末固体	主要用作锂离子电池添加剂，用于提高锂电池的能量密度	$LiPO_2F_2$
36	六氟铝酸钠	一种络合物，不是复盐，溶解后存在 Na^+ 和 $[AlF_6]^{3-}$	主要用作炼铝的助熔剂、农作物的杀虫剂、搪瓷釉药的熔融剂及乳白剂。也用于制造乳白玻璃，还可作铝合金、铁合金和沸腾钢生产中的电解液及砂轮的配料等	Na_3AlF_6
37	六氟锆酸	浅绿色液体，常温常压下稳定，避免湿、热、高温、酸、氧化物	用于金属表面处理和清洗，也用于原子能工业和高级电器材料、耐火材料的生产	H_2ZrF_6
38	六氟锑酸银	白色至淡黄色结晶粉末	生成稳定的自由基正离子盐，在环氧化物开环反应中用作酸性催化剂	$AgSbF_6$
39	氟钽酸钾	白色结晶性粉末，微溶于冷水、氢氟酸，能溶于热水	主要用于制金属钽和其他钽化合物，也用作催化剂、试剂	K_2TaF_7

序号	名称	性质	用途	备注
40	四氟铝酸钾	由无水氢氟酸与氢氧化铝反应生成氟铝酸，然后在高温下与氢氧化钾反应，过滤，烘干，熔融，破碎制得。亦可由氟化铝、氟化铵和氯化钾反应制得	用作杀虫剂，也用于陶瓷、玻璃工业及铝钎焊	$KAlF_4$
41	氟锆酸钠	白色晶体	用于铝和镁的冶炼，硅橡胶的稳定剂	F_6Na_2Zr
42	氟锑酸	是氢氟酸和五氟化锑反应后的产物，属于超强酸	裂解高级烷烃，冶炼稳定金属等，也可以给玻璃雕刻各种图案。还可以通过提高它的辛烷值增强汽油的质量	$HSbF_6$
43	四氟硼酸银	白色结晶性粉末，可溶于水、苯、甲苯、硝基甲烷、乙醚	常用作催化剂催化多种偶联反应，也可作为反应添加剂用以提高反应产率和化学选择性	$AgBF_4$
44	六氟锑酸锂	一种斜六面体结构的白色状晶体	作为一种重要的锂盐应用于锂离子电池研究中	F_6LiSb

附录六　主要有机氟化工产品性质及用途

主要有机氟化工产品性质及用途如表 5 所示。

表 5　主要有机氟化工产品性质及用途

序号	名称	性质	用途	备注
1	六氟环氧丙烷	六氟丙烯的氧化产物，无色不燃气体，受压易液化，是有机氟材料的重要中间体	用于制备六氟异丙醇、含氟乙烯基醚（如 PPVE、PSVE、PEVE、PMVE）、含氟表面活性剂、含氟醚油类、全氟磺酸树脂等多种含氟精细化学品或聚合物，广泛用于化工、电子、医药、农业、汽车、新能源等重要领域	HFPO
2	全氟正丙基乙烯基醚	一种含氟乙烯基醚的共聚单体，无色透明液体	用于合成氟塑料，可有效地破坏以 TFE 基础的共具体的结晶度，广泛应用于合成含氟聚合物（如 PFA、改性聚四氟乙烯等），同时还可用来将氟官能团引入有机分子中，用于农业及制药行业	PPVE
3	四氟乙烷-β-磺内酯	一种无色透明液体，是一种特殊含氟精细化学品，工业生产四氟乙烷-β-磺内酯是一种环状结构与直链结构的混合物，其中环状结构不断向直链结构转换	可以与各种烯烃、环烷烃、亲核试剂等发生反应，合成各种结构的含氟化合物，是一种重要的含氟中间体，用于制备含羧酸基或磺酸基功能化合物，主要用于合成功能高分子材料及精细化学品，如 PSVE、含氟表面活性剂和氟油脂等	
4	3-甲氧基-2，2，3，3-四氟丙酸甲酯	无色透明液体，有香味，易燃，性能稳定，相对无毒，高温易分解	是一种重要的氟化工原料，可作为溶剂使用，还可用于生产全氟代或部分氟代的乙烯基醚、全氟羧酸树脂关键中间体，同时也用于生产黏结剂、燃料、医药中间体、含氟聚合物等产品	
5	全氟3，6-二氧杂-4-甲基-7-辛烯磺酰氟	常态下为无色透明液体	是有机氟材料的重要共聚用单体，主要是把功能性磺酸基团链引入聚合物中	PSVE
6	甲基全氟（5-甲基-4，7-二氧环己烷-8-烯酸乙酯）	常态下为无色透明液体	是有机氟材料的重要共聚用单体，主要是把功能性羧酸基团链引入聚合物中	PCVE

序号	名称	性质	用途	备注
7	六氟二酐	是合成聚酰亚胺的一种重要单体，其结构中含有含六氟异丙叉结构单元。可显著提高或改善聚亚酰胺的溶解性、热稳定性、抗燃性、抗氧性、可黏结性、透光性、介电常数、吸水性和颜色深度等，有效拓展聚酰亚胺的应用范围	有机合成中间体和医药中间	6FDA
8	双酚 AF	含氟精细化学品	主要用于氟橡胶的硫化剂，能使橡胶制品具有良好的抗压缩变形、抗化学腐蚀及热稳定性；可作为单体合成含氟聚酰（亚）胺、含氟聚酯、含氟聚芳醚、含氟聚醚酮、含氟聚碳酸酯、含氟环氧树脂、含氟聚聚氨酯及其他含氟聚合物，广泛用于微电子、光学、空间技术等方面	
9	六氟异丙醇	一种重要的含氟精细化学品，可用于制备含氟表面活性剂、含氟乳化剂、含氟医药等多种含氟化学品。可与水或大多数有机溶剂以任意比例互溶，但不溶于长链的烷烃。热稳定性好，并对紫外光有良好的透过性，优良的表面张力，对大分子、聚合物具有较好的溶解性	主要用于电子、电脑和金属零件的清洗剂，含氟表面活性剂。同时也作为高聚物溶液的黏度测试、分子量确定和其他终端分析，再生丝的纺丝溶剂使用	HFIP
10	三水六氟丙酮	无色透明液体，低毒，常温下稳定，便于运输和储存	它是一种重要的有机氟原材料，广泛用于医药、生化、合成材料等高科技领域。三水六氟丙酮作为有机原料和医药中间体，主要用作合成六氟异丙醇、双酚 AF、含氟聚酰亚胺单体 6FDA、七氟醚，还有人造纤维聚酯、聚醚纺丝等	六水丙酮水合物、水合六氟丙酮
11	全氟（2-甲基-3-氧杂己基）	一种无色透明液体，一般由六氟环氧丙烷为原料聚合面成，又称为六氟环氧丙烷二聚体。因其含有酰氟结构（—COF），遇水会分解产生氟化氢（HF），是一种重要的含氟中间体	用于合成含氟表面活性剂、含氟树脂中间体	

序号	名称	性质	用途	备注
12	2，5-双（三氟甲基）-3，6-二氧杂十一氟代壬酰氟	一种无色透明液体，该产品一般由六氟环氧丙烷为原料聚合而成	用于制备含氧羧酸或醚类化合物	六氟环氧丙烷三聚体
13	三氟乙酰氟	一种不燃气体，具有强刺激性，沸点为-59 ℃	在电子行业可以用作清洗剂和蚀刻剂，在农药中间体、含氟材料单体等领域有广泛的应用	
14	三氟乙酸	无色、有辛辣气味的液体，易吸潮、能发烟。能与水、氟代烷烃、甲醇、丙酮、苯、乙醚、四氯化碳和己烷互溶	作为一种重要的含氟中间体，由于含有三氟甲基的特殊结构，其性质不同于其他醇类，可以参与多种有机合成反应，尤其用于合成含氟的医药、农药和染料等领域	
15	三氟乙醇	在常温下是一种带有醇味的无色澄清液体，熔点-45 ℃，沸点73.6 ℃。三氟乙醇化学稳定，蒸馏时不分解，遇明火、氧化剂和高温时有燃烧的危险，能与水互溶，室温下可溶解聚酰胺、三乙酸纤维素及多肽，但不能溶解聚乙烯、聚丙烯等	可用于含氟的医药、农药、电子、新能源电池、涂料等领域，医药领域可用来生产麻醉剂、维生素、抗心律失常药物、镇痛药等，已成为含氟精细化学品的重要中间体之一	TEF、TFEA
16	三氟丙酸	无色、有毒、有腐蚀性的液体，能与水和各种有机溶剂互溶。此外氨基酸、多肽化合物和聚酯类高分子等在三氟丙酸中有很好的溶解性。由于三氟丙酸的三氟甲基强吸电子性，使三氟丙酸呈现较强的酸性，其酸性与氢氟酸相当	可用于合成蛋白质激酶抑制剂和含氟聚合物，也可作为反应催化剂和特殊溶剂使用	
17	三氟乙酸酐	一种带刺激性气味，易挥发的无色液体，有吸湿性，有毒，腐蚀性	常用作溶剂、催化剂、有机合成、脱水缩合剂，作为在气相色谱分析中的生物活性化合物，羟基和氨基的三氟乙酰化，伯胺、仲胺的保护剂，也用于醛类氧化成酸类、酯类和胺类。还可作为制备有机氟精细化学品、医药、农药的原料	

序号	名称	性质	用途	备注
18	三氟乙酸乙酯	一种无色液体，有酯的气味，若含有水分能影响其沸点。与水、乙醇能形成沸点为 54 ℃ 的三元共沸混合物。易燃、有毒、有腐蚀性	主要用于制造有机氟化物和医药，农药中间体，有机合成砌块	
19	三氟乙酰乙酸乙酯	常温下为无色透明液体，溶于乙醇、苯等有机溶剂	一种重要的中间体，用于含氟新材料的合成	乙基-4，4，4-三氟乙酯
20	三氟丙醛	无色、有毒、有刺激性气味的液体，能与水及氯仿、丙酮、四氯化碳等有机溶剂互溶。三氟丙醛不稳定，易生成三氟丙醛三聚体	可用于合成药物，增加药物的理化稳定性、脂溶性，更好地发挥药物的疗效，可用作合成中间体合成其他含氟精细化学品（三氟丙烯腈、三氟丙醇、溴代三氟丙醛等）	
21	全氟-2，5-二甲基-3，6-二氧杂辛酸	一种绿色含氟表面活性剂，无色透明液体	常被用作氟树脂、氟橡胶的聚合助剂，具有乳化、分散、增溶的作用，广泛用于 PTFE、FEP 等含氟聚合物的合成中	
22	全氟-2，5-二甲基-3，6-二氧杂庚酸	一种绿色含氟表面活性剂，无色透明液体	常被用作氟树脂、氟橡胶的聚合助剂，具有乳化、分散、增溶的作用，广泛用于 PTFE、FEP 等含氟聚合物的合成中	
23	2-（全氟丙氧基）全氟丙氧基三氟乙烯基醚	无色透明液体	用于含氟聚合物的共聚单体，将其引入聚合物后可以降低含 TFE 聚合物的结晶度，增强聚合物的抗蠕变性能	
24	六氟丙烯	常温常压下为无色气体，微溶于乙醇、乙醚	可用于制备氟橡胶、氟塑料 F46、多种含氟精细化学品、医药中间体、含氟灭火剂等，还可用作全氟磺酸离子交换膜（用于食盐电解）、氟碳油和全氟环氧丙烷、含氟表面活性剂等的原料	
25	四氟丙醇	无色透明液体，能与水及多种有机溶剂互溶。可作为多种有机物具有良好的溶解性	广泛用于 CD-ROM、DVD-R 等刻录光盘生产的染料溶剂	
26	三氟乙烯	室温下为无色气体，具有铁电、压电、热电及高介电性等独特的电性能	在电子、军事、医疗等行业具有广泛的应用价值，通过均聚或共聚可获得性能优异的含氟树脂	TrFE、HFO-1123、R1123

续表5

序号	名称	性质	用途	备注
27	甲基丙烯酸2，2，2-三氟乙酯	具有聚合性、有酯气味的无色透明液体	可进行本体聚合、溶液聚合和乳液聚合，容易与其他丙烯酸酯、苯乙烯、丙烯腈、醋酸乙烯等共聚，其聚合物具有憎水性、抗湿性、低光折射率、带负电性及高透氧性等性能，可广泛应用于接触镜片、光纤、计算机墨粉等领域	氟酯
28	邻氟甲苯	外观为无色液体，属于易燃类化学品	主要用作医药、农药中间体，如邻氟甲苯经氯化、水解生成重要的有机合成中间体邻氟苯甲醛，进而应用于医药、染料、农药等领域	2-氟甲苯、邻氟代甲苯、邻氟苯甲烷等
29	八氟环丁烷	是一种化学性能稳定、绝缘性良好、无毒且ODP值为零的绿色环保型特种气体	应用范围广泛，近年来被大量用作制冷剂代替禁用的氯氟烃类化合物，此外也常用于气体绝缘介质、溶剂、喷雾剂、发泡剂、大规模电路蚀刻剂、热泵工作流体等	全氟环丁烷、C-318
30	八氟丙烷	一种稳定性好的全氟化合物，标准状态下为无色气体，在水和有机物中溶解度都很小	可应用于半导体、医学、制冷剂等领域	全氟丙烷、R218、PFC218
31	四氟化硫	常温常压下外观为无色气体状，有强烈刺激性臭味，有毒性，腐蚀性，可腐蚀玻璃。在空气中不燃烧，600 ℃性质依然稳定，易溶于苯，可被强碱溶液完全吸收，遇浓硫酸可分解，遇水会发生剧烈反应	一种效果好、应用广泛的选择性氟化剂，可选择性氟化羰基、羟基。广泛用于精细化工、电子、液晶显示、医药、农药等领域。在精细化工领域，四氟化硫用来制备-氟三氯甲烷、多氟醚、表面处理剂、纤维处理剂等产品；在医药领域，四氟化硫用来制备抗癌药、生物医药、麻醉剂等；在电子产业中，高纯四氟化硫是一种电子特气，用于等离子刻蚀、化学气相沉积等方面	
32	六氟丁二烯	无色、无味气体，加压可液化，有毒性，具有易燃性，与空气混合达到一定浓度有爆炸危险	主要用作合成原料、电子特气，用于化学合成，电子蚀刻等领域	全氟丁二烯、六氟-1，3-丁二烯

续表5

序号	名称	性质	用途	备注
33	4,4-二氟二苯甲酮	一种重要的含氟有机精细化工产品和医药中间体	主要用于合成新型强效脑血管扩张药物"氟苯桂嗪"、抗2型糖尿病药"地格列汀"及治疗老年神经性痴呆症药物"都可喜"等药物。此外，还可用作新型半晶型芳香族热塑性工程塑料聚醚酮的主要单体	
34	二氟乙醇	酸性与苯酚相当，溶于水、酸、乙醇、乙醚等溶剂，是一种重要的脂肪族含氟中间体。由于含有二氟甲基的特殊结构，其化学性质不同于其他的醇类	参与多种有机合成反应，尤其是在含氟农药（如合成五氟磺草胺）、医药、氟聚合物和清洗剂等方面有广泛的用途，将二氟乙醇与偏氟乙烯进行加成反应制备1,1-二氟乙基-2,2-二氟乙基醚，该化合物热稳定良好，可以用于清洗 SUS 316 不锈钢板	2,2-二氟乙醇
35	三氟甲基苯甲酸	一种医药、农药化学中间体	用于一种新型广谱杀菌剂氟吡菌酰胺的合成，用于葡萄，梨果和核果类水果，蔬菜，大田作物的疾病控制	
36	六氟-2-丁炔	一种无色液化气体，溶于丙酮、乙腈和甲苯等溶剂	用作新一代绿色环保发泡剂和电子气体等。有潜力替代六氟化硫用作环保型绝缘气体，还可用于制备含双三氟甲基堆块化合物、耐腐蚀性新型材料、聚合催化剂等	HFB
37	六氟异丙基甲基醚	低毒性、气体导热性较低，化学稳定性较高，是一种安全环保的 HFEs 化合物，是 CFC、HCFC 的理想替代品之一	作为一种制备麻醉剂七氟醚的重要原料，也是制备多种含氟精细化学品的重要原料，同时由于其具有优良的环境性能，在制冷、发泡等领域有着广泛的应用前景	HFE-356mmz
38	八氟异丁烯	无色气体，易氧化生成氟光气及氟化氢，具有高亲电性，能与已知的大多数亲核试剂发生反应	用于电子及半导体等领域，包括光刻掩膜版的保护膜、聚合物涂层、传热介质	PFiB
39	全氟-3-甲基-2-丁酮	一种新型绝缘气体，具有不可燃、不消耗臭氧层、超低全球变暖潜值和高介电强度等性质	用于替代电力行业中需要被减排的六氟化硫气体。适用于中高压电力设备中，与开关内材料兼容性良好，低毒、无闪点符合健康和安全要求	
40	三氟乙醇	一种重要的全氟烯烃，无色液体，具有较强的挥发性	用作添加剂、组合剂或共聚单体，能赋予产品低表面能、化学稳定性和表面润滑性	PFBE

附录七　含氟污染物的排放标准

（1）含氟废气的排放标准。中华人民共和国国家标准 GB 16297—1996《大气污染物综合排放标准》规定了 33 种大气污染物的排放限值，同时规定了标准执行中的各种要求。本标准实施后再行发布的行业性国家大气污染物排放标准，按其适用范围规定的污染源不再执行本标准。本标准适用于现有污染源大气污染物管理，以及建设项目的环境影响评价、设计、环境保护设施竣工验收及投产后的大气污染物排放管理。

其中含氟废气污染物排放标准的具体指标如表 6 和表 7 所示。各项标准值均以标准状态下的干空气为基准。

表 6　现有污染源大气污染物排放限值

污染物	最高允许排放浓度/mg·m⁻³	最高允许排放速率/kg·h⁻¹				无组织排放监控浓度限值	
		排气筒高度/m	一级	二级	三级	监控点	浓度
氟化物	100（普钙工业）	15	禁排	0.12	0.18	无组织排放源上风向设参照点，下风向设监控点	20 μg/m³（监控点与参照点浓度差值）
		20		0.20	0.31		
		30		0.63	1.0		
		40		1.2	1.8		
	11（其他工业）	50		1.8	2.7		
		60		2.6	3.9		
		70		3.6	5.5		
		80		4.9	7.5		

表 7　新污染源大气污染物排放限值

污染物	最高允许排放浓度/mg·m⁻³	最高允许排放速率/kg·h⁻¹				无组织排放监控浓度限值	
		排气筒高度/m	一级	二级	三级	监控点	浓度
氟化物	90（普钙工业）	15	禁排	0.10	0.15	周围外浓度最高点	20 μg/m³
		20		0.17	0.26		
		30		0.59	0.88		
		40		1.0	1.5		
	9.0（其他工业）	50		1.5	2.3		
		60		2.2	3.3		
		70		3.1	4.7		
		80		4.2	6.3		

（2）含氟废水的排放标准。中华人民共和国国家标准 GB 8978—1996《污水综合排放标准》（GB 8978—1988《污水综合排放标准》替代版）提出年限制，用年限制代替原标准以现有企业和新扩改企业分类。本标准以实施之日为界线划分为两个时间段，1997 年 12 月 31 日前建设的单位，执行第一时间段规定的标准值。1998 年 1 月 1 日起建设的单位，执行第二时间段规定的标准值。

在标准适用范围上明确综合排放标准与行业排放标准不交叉执行的原则。造纸工业、船舶工业、海洋石油开发工业、纺织染整工业、肉类加工工业、合成氨工业、钢铁工业、航天推进剂使用、兵器工业、磷肥工业、烧碱工业、聚氯乙烯工业所排放的污水执行相应的国家行业标准，其他一切排放污水的单位一律执行本标准。其中含氟废水污染物排放标准的具体指标如表 8 和表 9 所示。

表 8　第二类污染物最高允许排放浓度

污染物	适用范围	一级标准	二级标准	三级标准
氟化物	黄磷工业	10	20	20
	低氟地区（水体含氟量<0.5 mg/L）	10	20	30
	其他排污单位	10	10	20

注：1997 年 12 月 31 日之前建设的单位。

表 9　第二类污染物最高允许排放浓度

污染物	适用范围	一级标准	二级标准	三级标准
氟化物	黄磷工业	10	20	20
	低氟地区（水体含氟量<0.5 mg/L）	10	20	30
	其他排污单位	10	10	20

注：1998 年 1 月 1 日后建设的单位。

本标准将排放的污染物按其性质及控制方式分为以下两类：第一类污染物，不分行业和污水排放方式，也不受收纳水体的功能类别，一律在车间或车间处理设施排放口采样，其最高允许排放浓度必须达到本标准要求（采矿行业的尾矿坝出水口不得视为车间排放口）。第二类污染物，在排污单位排放口采样，其最高允许排放浓度必须达到本标准要求。含氟化合物属第二类污染物。